高 等 学 校 教 材

园 林 制 图

金　煜　主编
阎宏伟　主审

图书在版编目(CIP)数据

园林制图/金煜主编. —北京:化学工业出版社,
2005.5(2024.8重印)
高等学校教材
ISBN 978-7-5025-6974-7

Ⅰ. 园… Ⅱ. 金… Ⅲ. 园林设计-建筑制图-高等学校-教材 Ⅳ. TU986.2

中国版本图书馆 CIP 数据核字(2005)第 037066 号

责任编辑:王文峡 陈 丽　　　　　　　文字编辑:谢蓉蓉
责任校对:顾淑云 吴 静　　　　　　　装帧设计:潘 峰

出版发行:化学工业出版社 教材出版中心(北京市东城区青年湖南街 13 号 邮政编码 100011)
印　　装:北京盛通数码印刷有限公司
787mm×1092mm 1/16 印张 26¾ 插页 2 字数 650 千字 2024 年 8 月北京第 1 版第 12 次印刷

购书咨询:010-64518888　　　　　　　　　　售后服务:010-64518899
网　　址:http://www.cip.com.cn
凡购买本书,如有缺损质量问题,本社销售中心负责调换。

总 定 价:45.00 元　　　　　　　　　　　　　　　　　　　版权所有　违者必究

前　言

　　中国加入 WTO 之后，园林规划、设计行业的从业人员面临着严峻考验，要在竞争中立于不败之地，关键是要提高自身的实力，专业技能是其中最为重要的一个方面。园林制图作为园林规划设计专业的基础课，课程学习直接关系到学生对本专业的理解及专业基本技能的掌握，乃至影响到今后的学习。在教学过程中，园林专业专用制图教材比较少，很多学校采用的是建筑专业的制图教材，虽然两个专业有相通之处，但在某些方面两者的表达方式还是有所区别，如平面图、效果图绘制等，当课程涉及到这些内容时，只能参考课外资料，无法实现系统的全面的教学，针对这一问题我们编写了这本教材。

　　在教材编写过程中，我们依据国家最新颁布的制图标准，根据园林规划设计专业的教学大纲对教材的内容进行了反复研究和多次修改，并将某些内容运用到教学实践环节中加以验证、进行调整，力求做到专业性、实用性和系统性相结合。

　　全书包括三方面的内容，共十一章，第一方面的内容为画法几何，主要介绍制图基本要求和投影基本理论；第二方面的内容为园林制图与表现，主要介绍园林专业制图的要求及方法，包括了园林平、立、剖面图的绘制，园林轴测图、透视图、鸟瞰图的绘制以及阴影表现技法等；第三方面的内容为计算机绘图，介绍了计算机绘图的方法和要求。书中结合文字叙述配备了大量的图，以增强读者对书中内容的理解。此外结合课程安排，还有配套的习题集，作为课后练习、复习的参考用书。

　　本书由金煜主编，阎宏伟主审。书中各章的编写人员分工如下：金煜（第一章、第六章、第七章、第九章），王浩（第二章、第四章），屈海燕（第三章、第八章、第十章），朱广师（第五章、第十一章）。

　　在本教材编写过程中得到了沈阳农业大学林学院各位老师的大力支持，在此表示衷心的感谢！

　　尽管我们主观希望尽最大努力编好这本教材，但由于水平有限，书中难免有错误和遗漏的地方，不妥之处还望广大读者和同行师长指正。

编　者

2004 年 12 月于沈阳

目 录

绪论 ……………………………………………………………………………………… 1
  一、学习本课程的目的和意义 ………………………………………………………… 1
  二、本课程的主要内容 ………………………………………………………………… 1
  三、学习本课程的方法 ………………………………………………………………… 2
第一章　制图基本知识 …………………………………………………………………… 3
  第一节　制图工具和仪器的用法 ……………………………………………………… 3
    一、绘图笔 ……………………………………………………………………………… 3
    二、图板、制图用尺 …………………………………………………………………… 4
    三、圆规与分规 ………………………………………………………………………… 6
    四、模板类 ……………………………………………………………………………… 6
    五、图纸 ………………………………………………………………………………… 8
    六、其它 ………………………………………………………………………………… 8
  第二节　制图标准 ……………………………………………………………………… 8
    一、图纸幅面 …………………………………………………………………………… 8
    二、图线 ………………………………………………………………………………… 11
    三、文字 ………………………………………………………………………………… 12
    四、尺寸标注 …………………………………………………………………………… 15
  第三节　几何作图 ……………………………………………………………………… 19
  第四节　仪器作图与徒手作图 ………………………………………………………… 24
    一、仪器作图 …………………………………………………………………………… 24
    二、徒手作图 …………………………………………………………………………… 24
  本章小结 ………………………………………………………………………………… 26
  本章重点 ………………………………………………………………………………… 26
第二章　投影基础 ………………………………………………………………………… 27
  第一节　投影基本知识 ………………………………………………………………… 27
    一、投影及其分类 ……………………………………………………………………… 27
    二、三面投影体系 ……………………………………………………………………… 28
  第二节　点的投影 ……………………………………………………………………… 31
    一、点的投影 …………………………………………………………………………… 31
    二、两点的相对位置 …………………………………………………………………… 33
  第三节　直线的投影 …………………………………………………………………… 35
    一、特殊位置直线 ……………………………………………………………………… 35
    二、一般位置直线 ……………………………………………………………………… 37
    三、直线上的点 ………………………………………………………………………… 38
    四、两条直线的相对位置 ……………………………………………………………… 40

第四节　平面的投影 ………………………………………………………… 43
　　　一、平面的表示方法 ……………………………………………………… 43
　　　二、平面的类型及其特征 ………………………………………………… 44
　　　三、平面内的点、线和图形 ……………………………………………… 46
　　　四、换面法 ………………………………………………………………… 50
　　本章小结 ………………………………………………………………………… 51
　　本章重点 ………………………………………………………………………… 52
第三章　曲线与曲面的投影 …………………………………………………………… 53
　　第一节　曲线 ………………………………………………………………… 53
　　　一、曲线的投影及其分类 ………………………………………………… 53
　　　二、常用的有规律曲线 …………………………………………………… 53
　　第二节　曲面 ………………………………………………………………… 56
　　　一、曲面及其分类 ………………………………………………………… 56
　　　二、回转面 ………………………………………………………………… 57
　　　三、非回转直纹面 ………………………………………………………… 62
　　第三节　平螺旋面 …………………………………………………………… 66
　　　一、平螺旋面投影的绘制 ………………………………………………… 66
　　　二、平螺旋面的应用 ……………………………………………………… 67
　　本章小结 ………………………………………………………………………… 72
　　本章重点 ………………………………………………………………………… 72
第四章　立体的投影 …………………………………………………………………… 73
　　第一节　立体的投影 ………………………………………………………… 73
　　　一、平面立体 ……………………………………………………………… 73
　　　二、曲面立体 ……………………………………………………………… 77
　　第二节　平面与立体相交 …………………………………………………… 80
　　　一、截交线的基本性质 …………………………………………………… 80
　　　二、平面与平面立体相交 ………………………………………………… 80
　　　三、平面与曲面立体相交 ………………………………………………… 83
　　第三节　立体与立体相贯 …………………………………………………… 87
　　　一、两平面立体相贯 ……………………………………………………… 88
　　　二、平面立体与曲面立体相贯 …………………………………………… 91
　　　三、曲面立体相贯 ………………………………………………………… 93
　　本章小结 ………………………………………………………………………… 95
　　本章重点 ………………………………………………………………………… 96
第五章　投影视图 ……………………………………………………………………… 97
　　第一节　组合形体的视图 …………………………………………………… 97
　　　一、组合形体视图的绘制方法 …………………………………………… 97
　　　二、组合形体视图的尺寸标注 …………………………………………… 101
　　　三、组合体视图的读图方法 ……………………………………………… 104
　　　四、读图与画图的结合——补全第三面投影 …………………………… 107

第二节　剖面图 ··· 109
　　一、剖面图的基本概念 ·· 109
　　二、剖面图的标注 ··· 111
　　三、剖面图的绘制方法 ·· 111
　　四、常用剖面图形式 ··· 111
第三节　断面图 ··· 114
　　一、断（截）面图的概念 ·· 114
　　二、常用断（截）面图形式 ··· 115
第四节　简化画法 ··· 116
　　一、对称构件的简化画法 ·· 116
　　二、相同要素的简化画法 ·· 117
　　三、较长图形的简化画法 ·· 117
本章小结 ··· 118
本章重点 ··· 118

第六章　园林设计图绘制 ·· 119
第一节　园林设计图内容及其要求 ··· 119
　　一、总平面图 ··· 119
　　二、现状分析图 ··· 120
　　三、分区平面图 ··· 122
　　四、道路系统设计图 ·· 122
　　五、竖向设计图 ··· 123
　　六、景观分析图 ··· 124
　　七、种植设计图 ··· 124
　　八、园林建筑小品单体设计 ··· 125
第二节　建筑平、立、剖面图 ··· 125
　　一、建筑平面图 ··· 125
　　二、建筑立面图 ··· 128
　　三、建筑剖面图 ··· 129
　　四、园林建筑小品平、立、剖面图示例 ··························· 132
第三节　园林构景要素的绘制方法 ··· 132
　　一、山——地形 ··· 132
　　二、水——水体 ··· 136
　　三、植物的表示方法 ·· 139
　　四、其它配景 ··· 143
本章小结 ··· 145
本章重点 ··· 145

第七章　轴测投影 ··· 146
第一节　概述 ··· 146
　　一、轴测投影的形成 ·· 146
　　二、轴测投影的基本性质 ·· 147

三、轴测投影的分类·················147
第二节　正轴测投影·····················147
　　一、正等轴测投影·················147
　　二、正二测投影···················157
第三节　斜轴测投影·····················160
　　一、正面（立面）斜轴测投影·····161
　　二、水平斜轴测投影·············162
第四节　轴测剖面图的绘制及轴测图的选择·············163
　　一、轴测剖面图···················163
　　二、轴测投影的选择·············165
第五节　轴测投影在园林设计中的应用·············165
本章小结·································168
本章重点·································169

第八章　阴影·································170
第一节　阴影的基本知识·················170
　　一、阴影的概念···················170
　　二、常用光线·····················170
第二节　基本几何元素的影·············171
　　一、点的影·······················171
　　二、直线的影·····················174
　　三、平面的影·····················179
第三节　平面立体的阴影·················183
　　一、基本形体的影···············183
　　二、组合形体的影···············186
　　三、组合形体阴影实例···········187
第四节　曲面立体的影···················194
　　一、圆柱的影·····················194
　　二、圆锥的影·····················194
　　三、组合立体的影···············194
第五节　园林设计图阴影表现···········199
本章小结·································201
本章重点·································201

第九章　透视图·································202
第一节　透视的基本知识·················202
　　一、透视概述·····················202
　　二、透视的种类···················204
第二节　基本几何元素的透视···········206
　　一、点的透视·····················206
　　二、直线的透视···················206
第三节　透视图的绘制···················213

  一、透视图参数的确定 ………………………………………………… 213
  二、视线法 …………………………………………………………… 217
  三、量点法 …………………………………………………………… 224
  四、利用量点法绘制立体中倾斜直线的透视 ………………………… 229
 第四节 辅助作法 ……………………………………………………… 230
  一、分比法 …………………………………………………………… 231
  二、利用矩形对角线作图 …………………………………………… 231
 第五节 鸟瞰图 ………………………………………………………… 234
  一、顶视鸟瞰图 ……………………………………………………… 234
  二、平视鸟瞰图 ……………………………………………………… 237
 第六节 曲线和曲面立体的透视 ……………………………………… 243
  一、曲线的透视 ……………………………………………………… 243
  二、圆的透视 ………………………………………………………… 244
  三、回转体的透视 …………………………………………………… 245
 第七节 透视阴影与倒影 ……………………………………………… 246
  一、透视阴影 ………………………………………………………… 246
  二、倒影 ……………………………………………………………… 249
 第八节 园林透视效果图绘制 ………………………………………… 250
  一、常视高园林效果图绘制 ………………………………………… 250
  二、鸟瞰效果绘制 …………………………………………………… 252
 本章小结 ………………………………………………………………… 253
 本章重点 ………………………………………………………………… 254
第十章 园林施工图绘制 …………………………………………………… 255
 第一节 园林工程施工图概述 ………………………………………… 255
  一、园林工程施工图总要求 ………………………………………… 255
  二、园林施工图组成 ………………………………………………… 255
  三、图纸封皮、目录的编排及总说明的编制 ……………………… 256
 第二节 园林工程施工图 ……………………………………………… 259
  一、施工总平面图 …………………………………………………… 259
  二、竖向施工图 ……………………………………………………… 262
  三、给排水施工图 …………………………………………………… 263
  四、种植施工图 ……………………………………………………… 267
 第三节 结构施工图 …………………………………………………… 268
  一、基础 ……………………………………………………………… 268
  二、钢筋混凝土构件 ………………………………………………… 269
 本章小结 ………………………………………………………………… 274
 本章重点 ………………………………………………………………… 274
第十一章 计算机制图 ……………………………………………………… 275
 第一节 概述 …………………………………………………………… 275
  一、AutoCAD 软件的研发 …………………………………………… 275

二、AutoCAD 软件功能简介 ……………………………………………………… 275
　　三、AutoCAD 2004 的新功能 …………………………………………………… 276
　第二节　快速入门 ……………………………………………………………………… 276
　　一、AutoCAD 系统 ……………………………………………………………… 276
　　二、AutoCAD 2004 的基本操作 ………………………………………………… 280
　第三节　实战演练 ……………………………………………………………………… 300
　　一、绘图步骤 ……………………………………………………………………… 300
　　二、计算机绘图的注意事项 ……………………………………………………… 307
　本章小结 ………………………………………………………………………………… 308
　本章重点 ………………………………………………………………………………… 308
附录 A　常用建筑材料图例 ……………………………………………………………… 309
附录 B　常用给排水图例 ………………………………………………………………… 310
附录 C　AutoCAD 常用快捷命令 ……………………………………………………… 312
　　一、字母类 ………………………………………………………………………… 312
　　二、常用 CTRL 快捷键 …………………………………………………………… 313
　　三、常用功能键 …………………………………………………………………… 313
参考文献 …………………………………………………………………………………… 314

绪　　论

一、学习本课程的目的和意义

在工程实践活动中，会涉及到建筑物或者构筑物的布局形式、体量大小、结构构造、施工方法和工艺等，这些内容大多数都很难用语言或文字加以准确清晰地描述，往往需要通过约定好的符号和图形加以"表述"，这些符号和图形就构成本行业特有的一种交流语言——图纸，所以"图纸"一直被称作设计工程行业的"共同语言"。作为专业人员，首先应该掌握基本的交流沟通方法——识图和绘图的技能。否则，不会读图，就无法理解设计者的设计意图，不会画图就无法表达自己的设计构想。

随着园林设计施工方面的国内外合作的增多，园林专业也面临着与国际接轨的问题，中国园林、规划行业的从业人员正面临着严峻地考验，如何在竞争中立于不败之地，关键就是提高自身的实力，专业的技能是最重要的一个方面。本课程的根本目的就是培养学生的绘图和读图能力，在此基础上结合专业特点提高学生的绘图水平，使图纸符合规范性、专业性和艺术性要求。

（一）规范性

国家相关部门于 2001 年颁布了新的制图标准。如《房屋建筑制图统一标准》（GB/T 50001—2001）、《总图制图标准》（GB/T 50103—2001）、《建筑制图标准》（GB/T 50104—2001）、《建筑结构制图标准》（GB/T 50105—2001）、《给排水制图标准》（GB/T 50106—2001）等。这些标准规范将作为今后制图的依据，本书中将设专门的章节对规范中的主要内容进行讲解和介绍，而且在配套的习题册中还有相应的练习，加强对规范的理解和掌握。

（二）专业性

园林专业具有与其它专业不同的特点，在绘制内容和绘制技法方面也有所不同。例如园林设计图中有很多符号是园林专业特有的，书中针对这一部分内容也做了详细的介绍。通过本书的学习，加强与专业的联系，使图纸符合专业方面的要求。

（三）艺术性

园林制图与一般的工程制图不同，除了规范性和专业性之外，还应该考虑到图纸的观赏效果。在学习过程中需要学生结合已有的美术基础对图面进行布局和装饰。园林设计图纸应该在满足规范性和专业性的前提条件下，同时兼顾艺术表现效果。

此外，现代社会追求效率、速度，计算机制图以其高效、便捷等优势已经成为专业人员必备的技能，所以熟悉和掌握计算机绘图软件的使用，学会利用计算机绘制园林设计图也是本课程的一个重要目的，本书同样也设专门章节对计算机制图的主要内容加以介绍。

二、本课程的主要内容

本书按照内容共分为三大部分：画法几何、园林制图与表现技法以及计算机制图。

（一）画法几何

画法几何部分是其它两个部分的基础，主要围绕三面正投影的相关内容展开，包括：投影体系的构成，点、线、面的投影，曲线、曲面的投影，立体的投影以及常用投影视图形式及其绘制方法。这一部分是利用平面图表现空间关系，属于对二维平面图形的研究。

（二）园林制图与表现技法

这一部分在投影知识的基础上展开，是投影理论的延续和实际运用，包括园林图纸的绘制，园林构景要素的表现，轴测投影，以及阴影和透视效果的绘制等。可以看出，这一部分就逐步地由二维平面向三维空间转化，并且这一部分也与园林专业的专业特性联系更为紧密。

（三）计算机制图

这一部分将介绍常用的软件 AutoCAD 的使用，并结合园林专业的实际情况针对初学者的需要引入一个设计项目，围绕这个项目逐步深入。这一部分以前两部分为基础，在设计过程中通常与手工制图相结合，以求质量和效率并重。

三、学习本课程的方法

由于课程内容较为抽象，加之实践性较强，所以在学习过程中应注重学习方法的选择。

1. 结合实物，提高能力

空间想像能力——也就是在头脑中架构形体的平面和立体效果或者进行相互转化的能力，这是一些初学者比较头痛的一个问题。开始的时候可以借助一些模型或者实物，通过图物对照，增强感性认识。但要逐步地减少这种依赖，直至可以完全依靠自己的空间想像能力完成二维和三维的相互转化。

2. 严谨认真，一丝不苟

习惯是逐步养成的，俗话说"习惯成自然"，好的习惯能够使人受益匪浅。在学习过程中，一开始就要熟悉掌握国家制图标准，并在绘图过程中严格遵守。除此之外，还应该做到一丝不苟、精益求精，尤其是一些细微之处的处理，比如：一个数字、一个符号等，每个人都要本着认真负责的态度完成每一张图纸。

3. 日积月累，循序渐进

在学习过程中随时随地的准备一张纸一支笔，将看到的、想到的记录下来，通过平日里大量的实践和锻炼，提高动手动脑的能力。同时多看一看其它专业人士绘制的作品，并在观察中总结经验，运用到实际工作中。

4. 广泛学习，综合提高

园林专业本身就是一个综合学科，涉及到美术、建筑、规划、工程等各个方面。要想学好本课程，对于相关的专业也应该有所了解。在学习过程中，通过大量的实践加强对专业知识的综合运用。

由于计算机绘图具有高效、准确的特点，在本行业中逐步普及。尽管对于园林专业而言，计算机绘图不是惟一也不是最适宜的一种方式，但是对于提高工作效率确实起到了很大的作用，因此计算机绘图已经成为现代从业人员必备的一项技能。计算机绘图与手工制图在方法和要求上都比较相似，因此在手工制图的基础上学习计算机绘图大有益处。两者结合符合园林专业的特征和时代发展的需要，如果能够熟练的掌握手工制图和计算机绘图，将有助于增强自身的竞争实力。

要想学好园林制图最根本的原则就是六个字——多看、多想、多画，相信付出了就一定会有收获！

第一章 制图基本知识

第一节 制图工具和仪器的用法

一、绘图笔

（一）绘图铅笔

绘图铅笔中常用的是木质铅笔［图1-1（a）］。根据铅芯的软硬程度分为B型和H型，"B"表示软铅芯，标号为B，2B，…，6B，数字越大表示铅芯越软。"H"表示硬铅芯，标号为H，2H，…，6H，数字越大表示铅芯越硬，"HB"软硬程度介于两者之间。

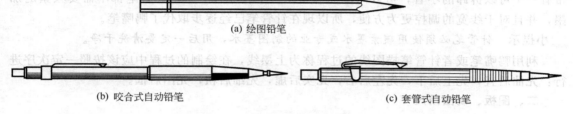

图1-1 绘图铅笔

削铅笔时，铅笔尖应该削成锥形，铅芯露出6～8mm，并注意一定要保留有标号的一端。

📖**小提示** 绘图时，根据不同用途选择不同型号的铅笔，通常B或HB用于画粗线，即定稿；H或者2H用于画细线，即打草稿；HB或者H用于画中线或书写文字。此外还要根据绘图纸选用绘图铅笔，绘图纸表面越粗糙选用的铅芯应该越硬，表面越细密选用的铅芯越软。

除了木质铅笔还有自动铅笔，自动铅笔根据外观形式又分为咬合式自动铅笔［见图1-1（b）］和套管式自动铅笔［见图1-1（c）］。

（二）鸭嘴笔

鸭嘴笔又称为直线笔或者墨线笔，笔头由两扇金属叶片构成（图1-2）。绘图时，在两扇叶片之间注入墨水，注意每次加墨量不超过6mm为宜。通过调节笔头上的螺母调节叶片的间距，从而改变墨线的粗度。执笔画线时，螺帽应该向外，小指应该放在尺身上，笔杆向画线方向倾斜30°左右。

图1-2 鸭嘴笔

（三）针管笔

针管笔又称为自来水直线笔，通过金属套管和其内部金属针的粗度调节出墨量的多少，从而控制线条的宽度（见图1-3），在绘图中根据需要选择不同型号的针管笔。

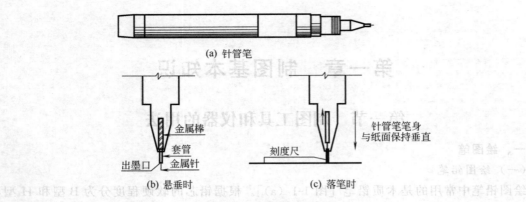

图 1-3 针管笔及其构造示意

针管笔由于构造不同添加墨水的方式有两种,一种可以像普通钢笔那样吸墨水,另一种带有一个可以拆卸的小管,可以向里面滴墨水。不管哪种方式,针管笔都不需要频繁的加墨,并且对于线宽的调控更为方便,所以现在针管笔已经逐步取代了鸭嘴笔。

📖 **小提示** 针管笔必须使用碳素墨水或专业的制图墨水,用后一定要清洗干净。

利用鸭嘴笔或者针管笔描图线的过程称为上墨线,在绘制的过程中应该按照一定次序进行:先曲后直,先上后下,先左后右,先实后虚,先细后粗,先图后框。

二、图板、制图用尺

(一) 图板

(1) 规格与型号:0 号(1200mm×900mm)、1 号(900mm×600mm)、2 号(600mm×450mm)。图板的大小要比相应的图纸大一些,0 号图板适用于绘制 A0 的图纸,1 号图板适用于绘制 A1 的图纸。

(2) 使用方法:选取光滑表面作为绘图工作面,将图纸利用图钉或者透明胶布固定于图板之上,绘制图纸时图板要倾斜放置,倾斜角度为 20°左右。

(二) 丁字尺

(1) 丁字尺的组成:由尺头和尺身构成,有固定式和可调式两种。

(2) 丁字尺的使用方法:尺头紧靠图板的工作边,上下移动尺身到合适位置,沿着丁字尺的工作边(有刻度的一边)从左到右绘制水平线条(见图 1-4)。

📖 **小提示** 不要使用工作边进行纸张裁剪,防止裁纸刀损坏工作边;另外,使用完毕最好将丁字尺悬挂起来,防止尺身变形。

(三) 三角板

一幅三角板有 30°×60°×90°和 45°×45°×90°两块。所有的铅垂线都是由丁字尺和三角板配合绘制的,具体方法见图 1-5。

📖 **小提示** 利用一幅三角板可绘制与水平线成 15°及其倍数角(如 30°、45°、60°、75°等)的斜线。可以自己试一试!

(四) 直尺

直尺是常见的绘图工具,作为三角板的辅助工具,用于绘制一般直线。直尺的用法比较简单,在这里就不做介绍了。

(五) 比例尺

很多时候需要根据实际情况选择适宜的比例将形体缩放之后绘制到图纸上。人们将常用

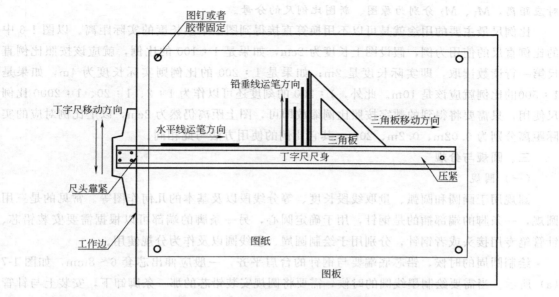

图1-4 图板、丁字尺、三角板的使用

的比例用刻度表现出来,用来缩放图纸或者量取实际长度,这样的量度工具称为比例尺。

常见的比例尺有三棱尺和比例直尺两种(图1-6)。

三棱尺成三棱柱状,通常有六种刻度,分别对应1∶100、1∶200、1∶300、1∶400、1∶500和1∶600。比例直尺外观与一般的直尺没有区别,通常有一行刻度和三行数字,分别对应三种比例,见图1-6,比例直尺有1∶100、1∶200和1∶500三种比例,还应注意比例尺上的数字以米(m)为单位。

📖**小提示** 比例尺换算。比例尺是图上距离与实际距离之比,分子为1,分母为整数,分母越大比例尺越小。实际距离=图上距离×M,M为比例尺分母。图纸比例尺主要根据图纸的类型和要求来确定,具体内容将在后续章节中介绍。

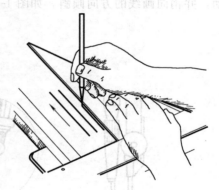

图1-5 铅垂线的绘制

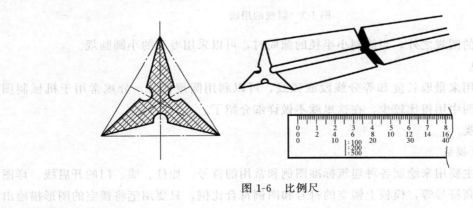

图1-6 比例尺

📖**小提示** 图纸缩放计算公式。$x = a \cdot M_1/M_2$,其中x代表缩放后图上距离,a为原图上

5

对应距离，M_1、M_2 分别为原图、新图比例尺的分母。

比例尺最主要的用途就是可以不用换算直接得到图上某段长度的实际距离。以图 1-6 中的比例直尺的使用为例，假设图上长度为 2cm，如果是 1：100 的比例，就应该按照比例直尺第一行读数读取，即实际长度是 2m；如果是 1：200 的比例则实际长度为 4m，如果是 1：500 的比例就应该是 10m。此外，1：200 的刻度还可以作为 1：2、1：20、1：2000 比例尺使用，只需要将得到的数字按照比例缩放即可，图上距离仍然为 2cm，以上比例对应的实际距离分别为 0.02m、0.2m、20m，其它比例的使用方法与此相同。

三、圆规与分规

（一）圆规

圆规用于画圆和圆弧、量取线段长度、等分线段以及基本的几何作图等。常见的是三用圆规，一条脚的端部插的是钢针，用于确定圆心，另一条脚的端部可以根据需要安装铅芯、针管笔专用接头或者钢针，分别用于绘制圆周、墨线圆以及作为分规使用。

绘制圆周的时候，铅芯底端要与钢针的台肩平齐，一般应伸出芯套 6～8mm，如图 1-7 (a) 所示。当需要绘制墨线圆的时候，需要将圆规安装铅芯的那一条脚卸下，安装上与针管笔连接的构件，如图 1-7 (b) 所示。绘制圆周或者圆弧的时候，应该按照顺时针的方向转动，并稍向画线的方向倾斜，如图 1-7 (c) 所示。

(a) 钢针台肩与铅芯
或者墨线笔头端部平齐

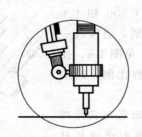
(b) 绘制墨线圆时圆规与
针管笔连接方式

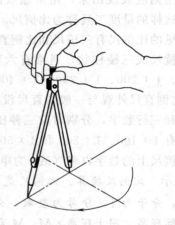
(c) 利用圆规绘制圆
弧运笔方向为顺时针

图 1-7　圆规的用法

除了一般的圆规之外，当绘制小半径的圆周时，可以采用专门的小圆圆规。

（二）分规

分规主要用来量取长度和等分线段或弧线，可以利用圆规代替，分规常用于机械制图中，在园林制图中用得比较少，在这里就不做详细介绍了。

四、模板类

（一）建筑模板

建筑模板主要用来绘制各种建筑标准图例和常用的符号，如柱、墙、门的开启线、详图索引符号、标高符号等，模板上镂空的符号和图例符合比例，只要用笔将镂空的图形描绘出来就可以了。

（二）曲线板

图纸中非圆曲线可以借助曲线板进行描绘。曲线板的形式有很多，如图 1-8 所示。为了保证曲线的圆滑程度，使用曲线板的时候应该注意其使用方法：首先定出曲线上足够数量的点，徒手将各点连接成曲线，然后在曲线板上选取相吻合的曲线段，从曲线起点开始，第一段连线的原则是找四点连三点，即找与点 1、2、3、4 吻合的曲线，但是只连接点 1、2、3 三个点。以后的部分连线的原则是找五点连三点，并向前回退一个点，如第二段曲线，找到与点 2、3、4、5、6 吻合的曲线然后顺次连接点 3、4、5，以后依此类推，如图 1-9 所示。

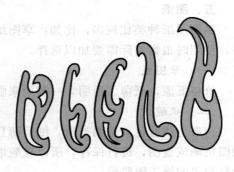

图 1-8　曲线板

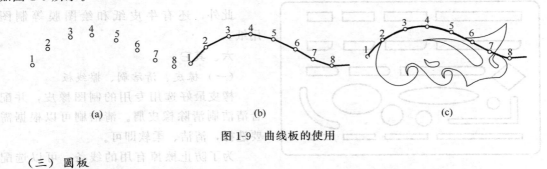

图 1-9　曲线板的使用

（三）圆板

在园林设计图纸中有很多圆形，如广场、种植池、树木的平面图例等，如果都借助圆规来绘制工作量大而且繁琐，这时可以借助圆板（图 1-10）。使用时，根据需要按照圆板上的标注找到合适直径的圆，利用标识符号对准圆心，沿镂空的内沿绘制圆周即可。

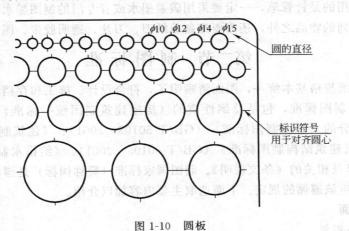

图 1-10　圆板

（四）椭圆板

除了圆板之外，还有用于绘制不同尺度椭圆的椭圆板。椭圆板形式与圆板相似，只不过镂空的图形是一系列椭圆，使用方法也与圆板相同。

📖 **小提示**　在使用模板或者丁字尺、三角板等工具时，为了防止跑墨，可以在这些工具的背面找几个支点，粘上相同厚度的纸片，这样工具与图纸就会保留一定的距离。

五、图纸

制图图纸种类比较多，比如：草图纸、硫酸纸、制图纸，各种图纸有着各自的特点和优势，使用时根据实际需要加以选择。

（一）草图纸

价格低廉，纸薄、透明，一般用来临摹、打草稿、记录设计构想。

（二）硫酸纸

一般为浅蓝色，透明光滑，纸质薄且脆，不易保存，但由于硫酸纸绘制的图纸可以通过晒图机晒成蓝图，进行保存，所以硫酸纸广泛应用于设计的各个阶段，尤其是需要备份图纸份数较多的施工图阶段。

（三）制图纸

纸质厚重，不透明，一整张为标准A0大小（1189mm×840mm），制图时根据需要进行裁剪。

此外，还有牛皮纸和绘图膜等制图用纸。

六、其它

（一）橡皮、清洁刷、擦线板

橡皮最好选用专用的制图橡皮，并配合清洁刷清除橡皮屑。清洁刷可以根据需要选择，清洁、柔软即可。

为了防止擦掉有用的线条，可以选配擦线板，外形如图1-11，有塑料的和金属的，也可以自己制作。

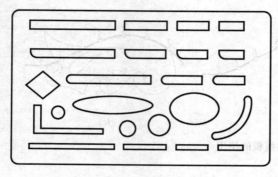

图1-11 擦线板

（二）墨水

由于制图使用的是针管笔，一定要采用碳素墨水或者专门的制图墨水。

除了上面所列的物品之外，还需要准备裁纸刀、刀片、透明胶带、图钉等。

第二节 制图标准

为了保证图纸规格基本统一，图面清晰明了，符合设计、施工和存档的要求，国家建设部颁布了有关的制图标准，包括总纲性质的《房屋建筑制图统一标准》（GB/T 50001—2001）和专业部分的《总图制图标准》（GB/T 50103—2001）、《建筑制图标准》（GB/T 50104—2001）、《建筑结构制图标准》（GB/T 50105—2001）、《给排水制图标准》（GB/T 50106—2001）以及相关的《条文说明》。制图国家标准（简称国标）是园林制图过程中，包括设计施工阶段应该遵循的规定。下面选取主要内容加以介绍。

一、图纸幅面

（一）图幅与图框

图幅是指图纸本身的大小规格。园林制图中采用国际通用的A系列幅面规格的图纸。A0幅面的图纸称为0号图纸（A0），A1幅面的图纸称为1号图纸（A1），以后以此类推。相邻幅面的图纸的对应边之比符合$\sqrt{2}$的关系（图1-12）。

在图纸中还需要根据图幅大小确定图框，图框是指在图纸上绘图范围的界限（图1-13）。图纸幅面规格及图框尺寸参见表1-1。

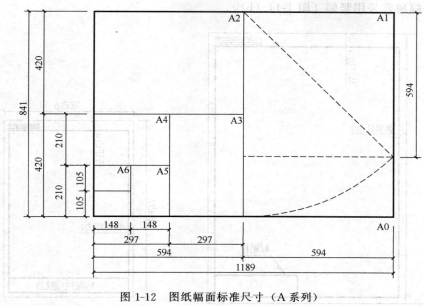

图 1-12 图纸幅面标准尺寸（A 系列）

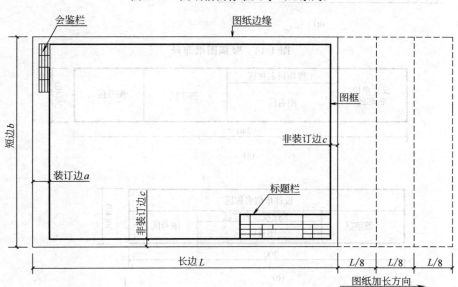

图 1-13 图幅与图框

表 1-1 图纸幅面及图框尺寸 单位：mm

尺寸	A0	A1	A2	A3	A4
$b \times L$	840×1189	594×840	420×594	297×420	210×297
a	25				
c	10			5	

关于图幅还需要注意以下问题。

(1) 以短边作垂直边的图纸称为横幅，以短边作为水平边的图纸称为竖幅。一般 A0～A3 图纸宜为横幅，如图 1-13。但有时由于图纸布局的需要也可以采用竖幅［图 1-14（a）］。

A4 以下的图幅通常采用竖幅 [图 1-14（b）]。

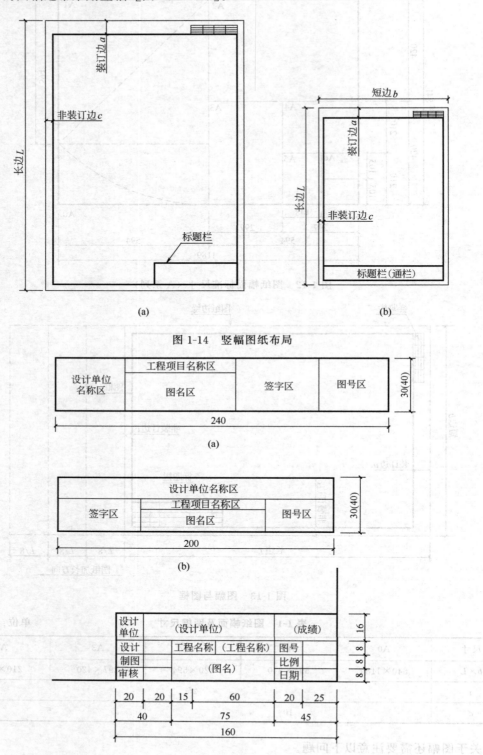

图 1-14　竖幅图纸布局

图 1-15　标题栏

(2) 只有横幅图纸可以加长，而且只能长边加长，短边不可以加长，按照国标规定每次加长的长度是标准图纸长边长度的 1/8（见图 1-13）。

(3) 一个工程设计中，每个专业所使用的图纸，一般不宜多于两种幅面，不含目录及表格所采用的 A4 幅面。

（二）标题栏和会签栏

标题栏位于图纸的右下角，通常将图纸的右下角外翻，使标题栏显现出来，便于查找图纸。标题栏主要介绍图纸相关的信息，如：设计单位、工程项目、设计人员以及图名、图号、比例等内容。标题栏根据工程需要确定其尺寸、格式及分区，制图标准中给出了两种形式，如图 1-15（a）、（b）所示。本书中根据教学的需要设立课程作业专用标题栏形式［图 1-15（c）］，仅供参考。

会签栏位于图纸的左上角，包括项目主要负责人的专业、姓名、日期等，具体形式见图 1-16。

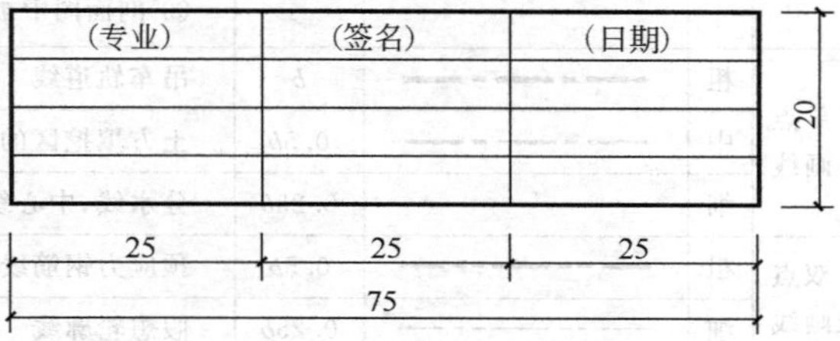

图 1-16 会签栏

二、图线

图纸中的线条统称为图线，按照图线宽度分为粗、中、细三种类型。粗线的宽度定为 b，b 宜从下列线宽系列中选取：2.0mm、1.4mm、1.0mm、0.7mm、0.5mm、0.35mm。每一粗线宽度对应一组中线和细线，每一组合称为一个线宽组。

每个图样，应根据复杂程度与比例大小，先选定基本线宽 b，再选用表 1-2 中相应的线宽组。

表 1-2 线宽组　　　　　　　　　　　　　　　　　　　　　　　　　单位：mm

线宽比	线 宽 组					
b	2.0	1.4	1.0	0.7	0.5	0.35
$0.5b$	1.0	0.7	0.5	0.35	0.25	0.18
$0.25b$	0.5	0.35	0.25	0.18	—	—

除了不同的线宽，园林制图中还采用不同的线型，线宽与线型组合，形成不同类型的图线，代表了不同的含义。在制图中应该根据需要选择表 1-3 中的图线。

表 1-3 图线

线型名称		线型	宽度	用 途
实线	粗	———	b	① 平面图中建筑物或园林建筑小品可见的主要轮廓线； ② 建筑物或园林建筑小品立面外部轮廓线； ③ 剖切断面的断面线； ④ 给水线； ⑤ 图框线
	中	———	$0.5b$	① 建筑物或园林建筑小品平、立、剖面图中一般轮廓线； ② 建筑物或园林建筑小品剖面图中非断面可见轮廓线； ③ 总平面图中新建的道路、桥梁、围墙及其它设施的可见的轮廓线和区域分界线； ④ 尺寸起止符
	细	———	$0.25b$	① 总平面图中新建的人行道、排水沟、草地、花坛等可见轮廓线； ② 原有建筑物、铁路、道路、桥涵、围墙等可见的轮廓线； ③ 图例线、索引符号、尺寸线、尺寸界线、引出线、标高符号

续表

线型名称		线型	宽度	用途
虚线	粗	- - - - - -	b	① 新建建筑物或园林建筑小品不可见的轮廓线; ② 排水线
	中	- - - - - - - -	$0.5b$	① 一般不可见的轮廓线; ② 总平面图中拟建或计划扩建的建筑物、铁路、道路、桥涵、围墙以及其它设施的轮廓线
	细	- - - - - - - - -	$0.25b$	① 总平面图中原有建筑物和道路、桥涵、围墙等设施不可见的轮廓线; ② 结构详图中不可见钢筋混凝土构件的轮廓线; ③ 剖面图中被去除部分的轮廓线
单点长画线	粗	—·—·—	b	吊车轨道线
	中	—·—·—	$0.5b$	土方填挖区的零点线
	细	—·—·—	$0.25b$	分水线,中心线,对称轴,定位轴
双点长画线	粗	—··—··—	$0.5b$	预应力钢筋线
	细	—··—··—	$0.25b$	假想轮廓线
折断线		～	$0.25b$	不需要全部画出的断开界线
波浪线		～	$0.25b$	不需要全部画出的断开界线

此外还应该注意以下几方面。
(1) 同一张图纸内,相同比例的各图样,应选用相同的线宽组。
(2) 图纸的图框和标题栏线,可采用表 1-4 的线宽。

表 1-4　图框线、标题栏线和会签栏线的宽度　　　　　　　　　　　单位:mm

幅面代号	图框线	标题栏外框线	标题栏分格线、会签栏线
A0、A1、A2、A3	1.4	0.7	0.35
A4、A5	1.0	0.7	0.35

(3) 相互平行的图线,其间隙不宜小于其中的粗线宽度,且不宜小于 0.7mm。
(4) 虚线线段的长度为 4～6mm,间隔 1mm;单点长画线或双点长画线的线段长度为 15～20mm,间隔 2～3mm,中间的点画成短划。当在较小图形中绘制单点长画线或双点长画线有困难时,可用实线代替。
(5) 图纸中有两种以上不同线宽的图线重合时,应按照粗、中、细的次序绘制;当相同线宽的图线重合时,按照实线、虚线和点画线的次序绘制。
(6) 单点长画线或双点长画线的两端不应是点,点画线与点画线交接或点画线与其它图线相交时,应是线段相交(图 1-17 中 a 点)。
(7) 虚线与虚线交接或虚线与其它图线相交时,应是线段相交(图 1-17 中 b 点)。虚线为实线的延长线时,需要留有间隙,不得与实线连接(图 1-17 中 c 点)。
(8) 图线不得与文字、数字或符号重叠、混淆,不可避免时,应首先保证文字等的清晰。

三、文字

(一) 汉字

制图标准规定图纸上所需书写的文字、数字或符号等,均应笔画清晰、字体端正、排列

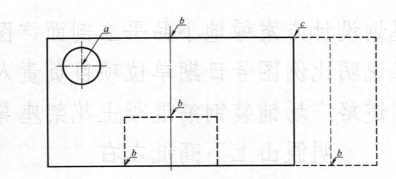

图 1-17 图线绘制方法示例

整齐，标点符号应清楚正确。文字的字高（代表字体的号数，即字号），应从如下系列中选用：3.5mm、5mm、7mm、10mm、14mm、20mm。如需书写更大的字，其高度应按$\sqrt{2}$的比值递增。图样及说明中的汉字，宜采用长仿宋体，宽度与高度的关系应符合表1-5的规定。

表 1-5　长仿宋体字体规格及其适用范围　　　　　　　　　　　　单位：mm

字高(字号)	20	14	10	7	5	3.5
字宽	14	10	7	5	3.5	2.5
(1/4)h			2.5	1.8	1.3	0.9
(1/3)h			3.3	2.3	1.7	1.2
使用范围	标题或封面文字	各种图标题文字	① 详图数字和标题用字；② 标题下的比例数字；③ 剖面代号；④ 一般说明文字			
		① 表格名称；② 详图及附注标题				尺寸、标高及其它

注：大标题、图册封面、地形图等的汉字，也可书写成其它字体，但应易于辨认。

为了保证美观、整齐，书写前先打好网格，字格的高宽比为3：2，字的行距为字高的1/3，字距为字高的1/4，书写时应横平竖直，起落分明，笔锋饱满，布局均衡（图1-18、图1-19）。

基本笔画	点	横	竖	撇	捺	挑	勾	折
形状	八丶	一	丨	丿	乀	丿	亅	𠃌
写法	八丶	一	丨	丿	乀	丿	亅	𠃌
字例	点溢	王	中	厂千	分建	均	才戈	国出

图 1-18　长仿宋体书写方法

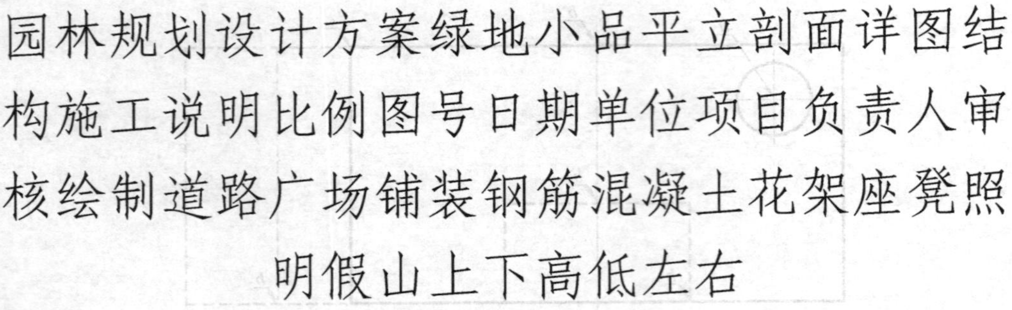

园林规划设计方案绿地小品平立剖面详图结构施工说明比例图号日期单位项目负责人审核绘制道路广场铺装钢筋混凝土花架座凳照明假山上下高低左右

图 1-19　长仿宋体书写示例

（二）字母与数字

字母和数字分 A 型和 B 型。A 型字宽（d）为字高（h）的 1/14，B 型字宽（d）为字高（h）的 1/10。用于题目或者标题的字母和数字又分为等线体（图 1-20）和截线体（图 1-21）两种写法。按照是否铅垂又分为直体（图 1-22）和斜体（图 1-23）两种，斜体的倾斜度为 75°。

字母、数字书写时还应该遵循制图标准中的相关规定，在这里就不做详细介绍了。

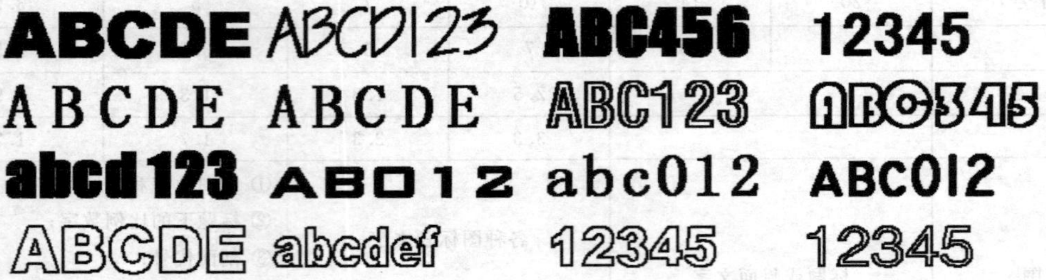

图 1-20　等线体字母和数字示例

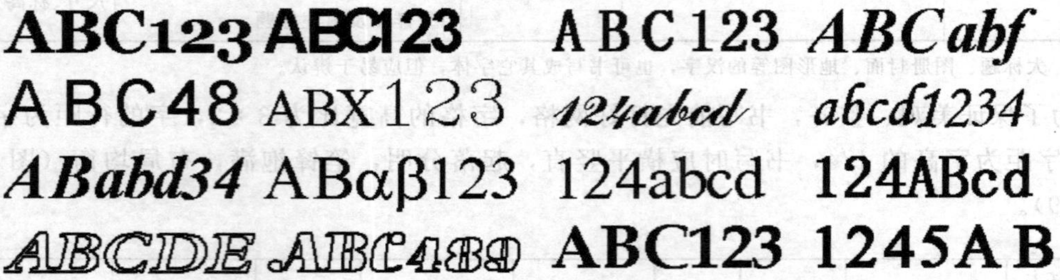

图 1-21　截线体字母和数字示例

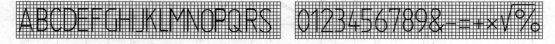

图 1-22　直体字母与数字书写示例

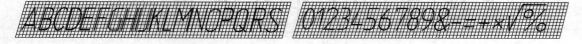

图 1-23　斜体字母与数字书写示例

四、尺寸标注

为了满足工程施工的需要，还要对所绘的建筑物、构筑物、园林小品以及其它元素进行精确的、详尽的尺寸标注。图纸中的标注应该按照国家制图标准中的规定进行标注，标注要醒目准确。

（一）线段标注

制图标准中规定图样上的尺寸应包括尺寸界线、尺寸线、尺寸起止符号和尺寸数字，如图1-24所示。对于线段的标注有以下规定。

（1）尺寸界线用细实线绘制，一般应与被注长度垂直，一端应离开图样轮廓线不小于2mm，另一端超出尺寸线2～3mm。必要时图样轮廓线可用作尺寸界线。

（2）尺寸线用细实线表示，应与被注长度的方向平行，且不宜超出尺寸界线。

📖**小提示**　任何图形轮廓线均不得用作尺寸线。

（3）尺寸起止符一般用中实线绘制，其倾斜方向应与尺寸界线顺时针成45°，长度应为2～3mm。半径、直径、角度与弧长的尺寸起止符，宜用箭头或圆点表示。

（4）尺寸数字应按设计规定书写。形体的每一尺寸一般只标注一次，并应标注在反映该形体最清晰的图形上。尺寸数字应依据其读数方向注写在靠近尺寸线的上方中部，如没有足够的注写位置，最外边的尺寸数字可注写在尺寸界线的外侧，中间相邻的尺寸数字可错开注写，也可引出注写。图线不得穿过尺寸数字，不可避免时，应将尺寸数字处的图线断开。

📖**小提示**　尺寸数字与绘图比例无关，反映的是几何形体真实的大小。尺寸的标注单位除了标高标注或特殊要求之外，线段尺寸标注的单位都是毫米（mm）。

此外在进行线段标注的时候还应该注意，互相平行的尺寸线，应从被注的图样轮廓线由近向远整齐排列，小尺寸线应离轮廓线较近，大尺寸线应离轮廓线较远（见图1-24）。图样最外轮廓线距最近尺寸线的距离，不宜小于10mm。平行排列的尺寸线的间距，宜为7～12mm，并应保持一致。最外边的尺寸界线，应靠近所指部位，中间的尺寸界线可稍短，但长度应相等。

（二）曲线标注

园林设计或施工中经常会用到不规则曲线，对于简单的不规则曲线可以用截距法（又称

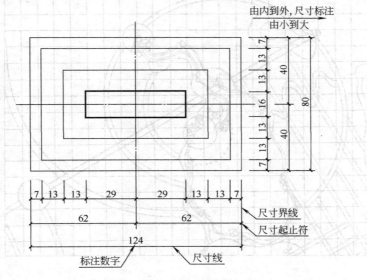

图1-24　尺寸标注方法示例

坐标法）标注，较为复杂的可以用网格法标注。

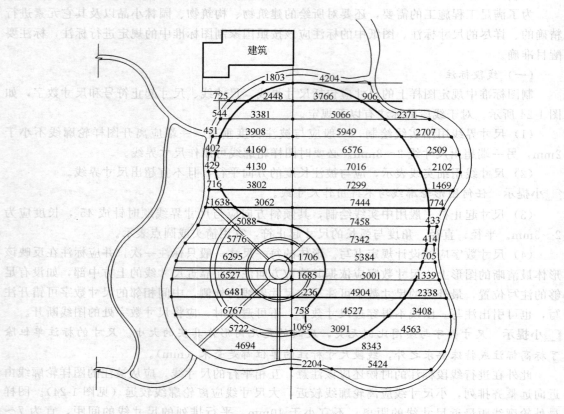

图 1-25 截距法标注

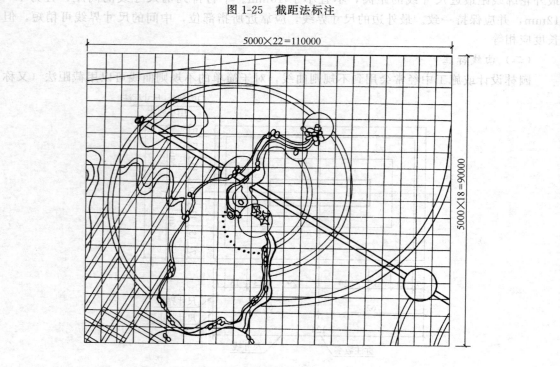

图 1-26 网格法标注

(1) 截距法——为了方便放样和定位，通常选用一些特殊方向和位置的直线，如永久建筑物的墙体线、建筑物或构筑物的定位轴等作为截距轴，然后绘制一系列与之垂直的等距的平行线，标注曲线与平行线交点到垂足的距离，如图1-25所示。

(2) 网格法——用于标注复杂的曲线，所选的网格的尺寸应该能够保证曲线或者图形放样精度的要求，精度要求越高，网格划分应该越细，网格边长应该越短，如图1-26所示。

📖**小提示** 园林施工放线图常常采用网格法，相关内容参见第十章第二节园林施工图。

曲线标注的方法与线段标注相同，但为了避免小短线起止符的方向影响到尺寸的标注和读图，所以标注曲线的时候通常用小圆点作为尺寸起止符。

(三) 圆、角度和圆弧的标注

圆（半径、直径）、圆弧和角度的尺寸起止符宜用箭头表示，画法如图1-27所示，其中b代表的是图中粗线的线宽。

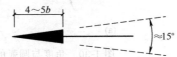

图1-27 箭头绘制标准

1. 圆的标注——需要标注圆的半径和直径

半径的尺寸线，应一端从圆心开始，另一端画箭头指至圆弧［图1-28 (a)］。半径数字前应加注半径符号"R"；对于大圆半径标注可以采用图1-28 (b)、(c)所示的两种形式进行标注；较小圆的半径尺寸，可标注在圆外［图1-28 (d)］。

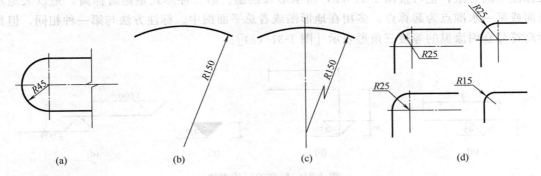

图1-28 半径的标注方法

标注圆的直径时，直径数字前，应加符号"ϕ"，在圆内标注的直径尺寸线应通过圆心，两端画箭头指至圆弧［图1-29 (a)、(b)、(c)］，也可以利用线段标注方式进行标注，见图1-29 (d)。

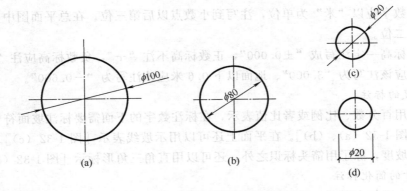

图1-29 直径的标注方法

2. 角度与圆弧的标注

角度的尺寸线应以圆弧线表示,该圆弧的圆心应是该角的顶点,角的两个边为尺寸界线。角度的起止符号应以箭头表示,如没有足够位置画箭头,可用圆点代替。角度数字应水平方向注写[图 1-30 (a)]。

标注圆弧的弧长时,尺寸线应用与该圆弧同心的圆弧线表示,尺寸界线应垂直于该圆弧的弦,起止符号用箭头表示,弧长数字上方应加注圆弧符号"⌒"[图 1-30 (b)]。圆弧尺度有时还可以利用弦长的尺度进行量度,弦长的

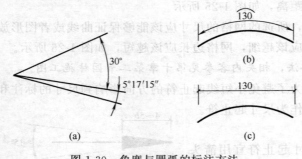

图 1-30 角度与圆弧的标注方法

标注方法与线段的标注方法相同[图 1-30 (c)]。

(四)标高的标注

标高(某一位置的高度)的标注有两种形式:第一种形式是相对标高,是将某一水平面如室外地坪作为基准零点,其它位置的标高是相对于这一点的高度,主要用于建筑单体的标高标注。标高符号采用等腰直角三角形表示,如图 1-31 (a) 所示的方式用细实线绘制,如果标注空间有限,也可按图 1-31 (b) 所示形式绘制。第二种形式是绝对标高,是以大地水准面或某一水准点为起算点,多用在地形图或者总平面图中。标注方法与第一种相同,但是标高符号宜用涂黑的等腰三角形表示[图 1-31 (c)]。

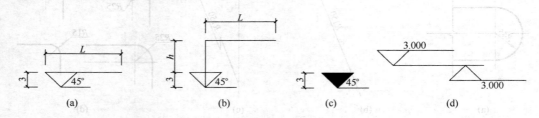

图 1-31 标高的标注方法

L—取适当长度注写标注数字;h—根据需要取适当高度

此外,在标高标注时还应该注意以下几点。

(1) 标高符号的尖端应指至被注高度的位置。尖端一般应向下,也可向上[图 1-31 (d)]。

(2) 标高数字应以"米"为单位,注写到小数点以后第三位。在总平面图中,可注写到小数点以后第二位。

(3) 零点标高一定注写成"±0.000",正数标高不注"+",负数标高应注"−",例如地面以上 3 米应该注写为"3.000"、地面以下 0.6 米应该注写为"−0.600"。

(五)坡度的标注

坡度可以用百分数、比例或者比值表示,在标注数字的下面需要标注坡面符号——指向下坡的箭头[图 1-32 (a)、(b)]。在平面上还可以用示坡线表示[图 1-32 (c)]。立面上常利用比值表示坡度,除了用箭头标识之外,还可以用直角三角形标示[图 1-32 (d)]。

(六)尺寸的简化标注

在标注时,可能会遇到一系列相同的标注对象,这时可以采用简化的标注方法。如正方

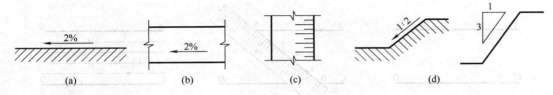

图 1-32 坡度的标注方法

形可以采用"边长×边长"或者"□"正方形符号等方式进行标注[图 1-33（a）]；连续排列的等长尺寸，可用"个数×等长尺寸＝总长"的形式标注[图 1-33（b）]；对于多个相同几何元素的标注可采用如图 1-33（c）的方式，标注为：相同元素个数×一个元素的尺寸。

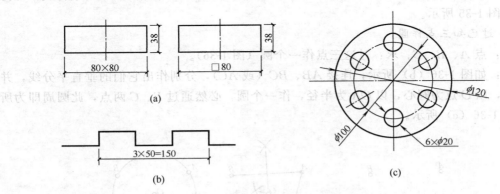

图 1-33 简化标注

第三节 几何作图

基本的几何作图方法包括线段等分、圆周等分、圆弧连接、椭圆等，在绘图过程中经常会用到这些绘图方法。

（一）等分直线段

已知：直线 AB。求：将其五等分（图 1-34）。

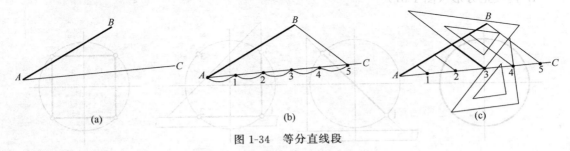

图 1-34 等分直线段

作法：过 A 点作任意直线 AC，用圆规（或者直尺）在 AC 上从点 A 开始依次截取相等的 5 段长度，得 1、2、3、4、5 各点，连接 $B5$，然后如图 1-34 所示，过各等分点分别作直线 $B5$ 的平行线，交 AB 于四个等分点，即为所求。

📖 小提示　利用等分线段的方法还可以将直线按比例分段。

（二）等分两平行线之间的距离为已知等份

已知：平行线 AB 和 CD。求：将其间的距离五等分（图 1-35）。

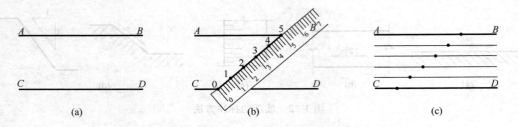

图 1-35 等分两平行线之间的距离

作法：置直尺 0 刻度于直线 CD 的任意位置上，摆动尺身，使刻度 5（或者 5 的倍数）落在直线 AB 上，截得 1、2、3、4 各等分点，过各等分点作 AB（或 CD）的平行线，即为所求，如图 1-35 所示。

（三）过已知三点作圆

已知：点 A、B、C。求：过这三点作一个圆（图 1-36）。

作法：如图 1-36（b）所示，连接 AB、BC（或 AC），分别作出它们的垂直平分线，并交于点 O，以 O 点为圆心，以 OA 为半径，作一个圆，必然通过 B、C 两点，此圆周即为所求，如图 1-36（c）所示。

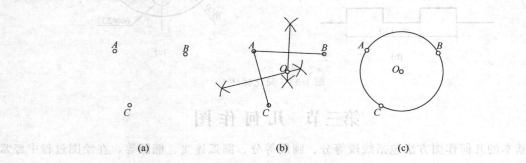

图 1-36 过已知三点作圆

（四）作已知圆的内接正多边形（或称圆周的等分）

1. 内接正方形（图 1-37）

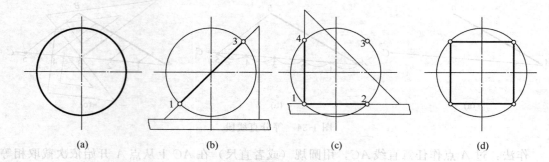

图 1-37 作已知圆的内接正方形

作法如下。

（1）如图 1-37（b）所示，用 45°三角板斜边过圆心作直径交圆周于 1、3 点。

（2）移动三角板，用直角边作垂线 14 和 23。

（3）用丁字尺画 12 和 34 两水平线，如图 1-37（c）所示。

2. 内接正五边形（图1-38）

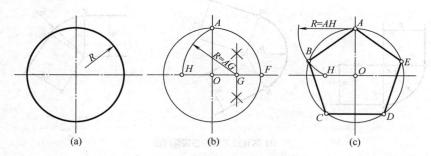

图1-38 作已知圆的内接正五边形

作法如下。

(1) 如图1-38 (b) 所示，作出半径 OF 的中点 G，以点 G 为圆心，以 AG 为半径作弧，交直径于点 H。

(2) 以 A 为圆心，AH 为半径画弧，交圆周于点 B，则 AB 长度即为五边形的边长。

(3) 以点 A 为起点，用 AB 长度依次截取五边形的各个顶点，各点连接成线，即得圆的内接正五边形（图1-38）。

3. 内接正六边形（图1-39）

可以用两种方法求作：一种是如图1-39 (b) 所示用圆规作图，一种是如图1-39 (c) 所示用三角板作图。

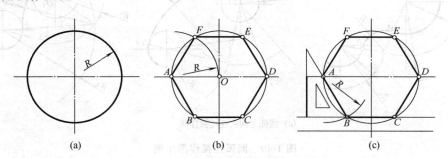

图1-39 作已知圆的内接正六边形

（五）圆弧连接

圆弧连接是指用已知半径的圆弧，圆滑连接两条已知线（直线或圆弧）。这个起连接作用的圆弧，称为连接弧。

📖 **小提示** 为保证圆滑连接，作图时必须求出连接弧的圆心和连接弧与被连接线段或圆弧的连接点（即切点）。

1. 求取连接弧的圆心轨迹

(1) 与直线相切时，其圆心在与直线距离 R（连接弧半径，下同）的平行线上，如图1-40 (a)、(b) 所示。

(2) 与圆心为 O_1，半径为 R_1 的圆弧相切时，其圆心在已知圆弧的同心圆上，该圆半径根据相切情况（内切、外切）而定：两圆外切时，$R_外 = R + R_1$；两圆内切时，$R_内 = R - R_1$，如图1-40 (b)。

(3) 如果是利用圆弧连接两条弧线，则要根据连接弧半径依据已知条件分别作出两条轨

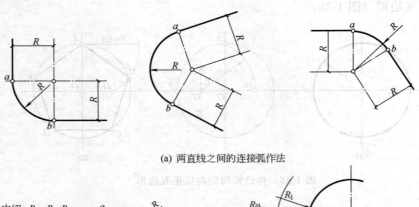

(a) 两直线之间的连接弧作法

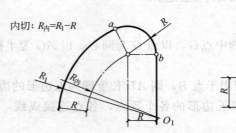
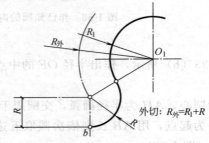

(b) 直线与圆弧之间的连接弧作法

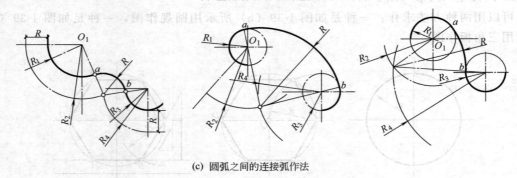

(c) 圆弧之间的连接弧作法

图 1-40 圆弧连接作图示例

迹弧，其交点即为连接弧的圆心，如图 1-40（c）所示。

2. 连接弧切点的位置

（1）与直线相切时，从连接弧的圆心向已知直线作垂线，其垂足就是切点，如图 1-40（a）所示，a、b 点即为切点；

（2）与圆弧相切时，切点是已知圆弧和连接弧的连心线与已知圆弧的交点，如图 1-40（b）、（c）所示，a、b 点即为切点。

3. 圆弧连接的作图步骤

（1）首先按照第一点介绍的方法确定连接弧圆心。

（2）找出连接点，即连接弧与已知线段或者圆弧的切点。

（3）最后在两连接点之间画出连接圆弧。

（六）椭圆的近似画法

椭圆画法较多，如八点法、四点法、同心圆法，在绘制中根据精度的要求加以选择。

1. 八点法（图 1-41）

(1) 过长短轴的端点 A、B、C、D 作椭圆外切矩形 1234，连接对角线 [图 1-41（a）]。

(2) 以 1C 为斜边，作 45°等腰直角三角形 1EC，以点 C 为圆心，CE 为半径作弧，交 1、4 于点 F、点 G；再从在 F、G 引短边的平行线，与对角线交于点 5、6、7、8 四个点 [图 1-41（b）]。

(3) 用圆滑曲线连接点 A、5、C、6、B、7、D、8、A，即得所求椭圆 [图 1-41（c）]。

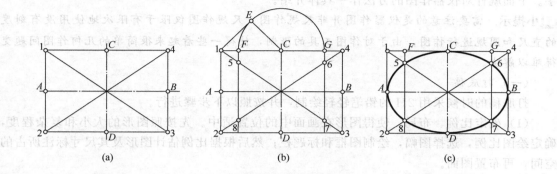

图 1-41　八点法作椭圆

2. 四点法（四心法）[图 1-42（a）]

(1) 画长短轴 AB、CD，延长 OC，在延长线上截取 $OK=OA$；连接 AC，并取 $CE=CK$（长短轴差）。

(2) 作 AE 的中垂线与长、短轴上交于两点 O_1、O_2，在轴上取对称点 O_3、O_4 得四个圆心。

(3) 分别以 O_1、O_2、O_3、O_4 为圆心，以 O_1A、O_2C、O_3B、O_4D 为半径，顺序作四段相连圆弧，即为所求。

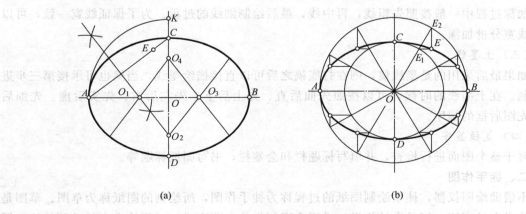

图 1-42　四点法和同心圆法作椭圆

3. 同心圆法 [图 1-42（b）]

以 O 点为圆心，分别以长轴 AB 和短轴 CD 为直径，作两个同心圆。过点 O 作若干射线，如图 1-42（b）所示，一条射线交两个圆周于 E_1 和 E_2，其中 E_1 位于小圆周上，E_2 位于大圆周上。过 E_1 点作水平线，过 E_2 点作铅垂线，两直线交点 E 即为椭圆上的一个点。按照相同方法作出椭圆上的一系列点，用圆滑的曲线将这些点连接起来，即得椭圆。

第四节　仪器作图与徒手作图

一、仪器作图

利用绘图仪器绘制图纸的过程称为仪器作图。在要求比较严格、对精确度要求较高的时候采用仪器作图。绘制的方法与步骤可以概括为：先底稿、再校对、上墨线、最后复核签字。下面就针对仪器作图的方法作一具体介绍。

📖**小提示**　需要注意的是仪器作图并非尺规作图。尺规作图仅限于有限次地使用没有刻度的直尺和圆规进行作图，由于对作图工具的限制，使得一些看起来很简单的几何作图问题变得难以解决。

（一）打底稿

打底稿的时候采用 2H 的铅笔轻轻绘制，并按照以下步骤进行。

（1）确定比例、布局，使得图形在画面中的位置适中。先按照图形的大小和复杂程度，确定绘图比例，选择图幅，绘制图框和标题栏；然后根据比例估计图形及其尺寸标注所占的空间，再布置图面。

（2）确定基线。绘制出图形的定位轴、对称中心、对称轴或者基准线等。

（3）绘制轮廓线。根据图形的尺度绘制主要的轮廓线，勾勒图形的框架。

（4）绘制细部。按照具体的尺寸关系，绘制出图形各个部分的具体内容。

（5）标注尺寸。按照国家制图标准的规定，按照图样的实际尺寸进行标注。

（6）整理、检查。对所绘制的内容进行反复的校对，修改错线和添加漏线，最后擦除多余的线条。

（二）定铅笔稿

如果铅笔稿作为最后定稿，铅笔图线加深一定要做到粗细分明，通常宽度 b 和 $0.5b$ 的图线常采用 B 和 HB 的铅笔加深，宽度为 $0.25b$ 的图线采用 H 或者 2H 的铅笔绘制。

加深过程中一般按照先粗线，再中线，最后绘制细线的过程。为了保证线宽一致，可以按照线宽分批加深。

（三）上墨线

如果最后采用的是墨线稿，则在打底稿之后可以直接描绘墨线，当然也可承接第三步进行绘制。在上墨线的时候，可以按照先曲后直、先上后下、先左后右、先实后虚、先细后粗、先图后框的顺序。

（四）复核签字

对于整个图面进行检查，并填写标题栏和会签栏，书写图纸标题等。

二、徒手作图

不借助绘图仪器，徒手绘制图纸的过程称为徒手作图，所绘制的图纸称为草图。草图是工程技术人员交流、记录设计构思、进行方案创作的主要方式，工程技术人员必须熟练掌握徒手作图的技巧。徒手作图的制图笔可以是铅笔、针管笔、普通钢笔、速写笔等，可以绘制在白纸上，也可以绘制在专用的网格纸上。

（一）对于徒手作图应该注意以下问题

（1）草图的"草"字只是相对于仪器作图而言，并没有允许潦草的意思。草图上的线条也要粗细分明，基本平直，方向正确，长短大致符合比例，线形符合国家标准。画草图用的铅笔要软些，例如 B、HB；铅笔要削长些，笔尖不要过尖，要圆滑些；画草图时，持笔的位置高些，手放松些，这样画起来比较灵活。

(2) 画草图时要手眼并用。作垂直线、等分线段或圆弧，截取相等的线段等，都是靠眼睛估计决定的。

(3) 徒手画平面图形时，不要急于画细部，先要绘制出轮廓。画草图时，既要注意图形整体轮廓的比例，又要注意整体与细部的比例是否正确，草图最好画在方格纸（坐标纸）上，图形各部分之间的比例可借助方格数的比例来确定。

(二) 徒手绘图的方法

1. 直线的绘制

学习徒手线条图的绘制可以从简单的直线开始练习。在练习中应该注意运笔的速度、力量、方向和支撑点。运笔速度要保持均匀平稳，用笔力量应该适中，基本运笔方向为从左至右、从上至下。运笔的支撑点：第一种以手掌一侧或者小指关节与纸面接触的部分作为支撑点，适合于作较短的线条；第二种以肘关节为支撑点，靠小臂和手腕的转动，同时小指关节轻轻接触纸面，适用于绘制较长的直线；第三种是将整个手臂和肘关节架空或者肘关节和小指轻触纸面，可以作出更长的线条。

画水平线时，铅笔要放平些，初学画草图时，可先画出直线两端点，然后持笔沿直线位置悬空比划一、两次，掌握好方向，并轻轻画出底线。然后眼睛盯住笔尖，沿底稿线画出直线，并改正底稿线不平滑之处。画铅垂线和倾斜线时的方法与绘制水平线的方法相同，要特别注意眼睛要盯住线的终点（图1-43）。

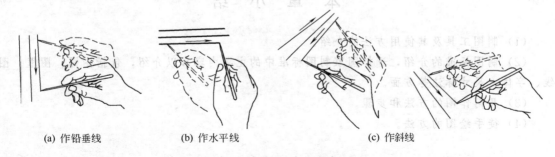

(a) 作铅垂线　　　(b) 作水平线　　　(c) 作斜线

图 1-43　徒手绘制直线的方法

通过直线徒手绘制练习，掌握绘图的技巧后，就可以进行线条的排列、交叉和叠加的练习，在这个练习中要尽量保证整体排列和叠加的块面均匀。

2. 曲线的绘制

在徒手绘制曲线的时候，可以先确定曲线上一系列点，然后将这些点顺次连接。一定要注意曲线的光滑度，尽量一气呵成，如果中间不得不中断，断点处不能出现明显的接头。

3. 圆和椭圆的绘制

绘制大圆的时候可以按照图1-44的方法：绘制出圆心以及垂直的两条对称轴线，并确定好圆周上四个分点，将小指放置在圆心位置，以小指支撑点为圆心，绘图笔放置在其中一个点上，顺时针旋转纸张，保持笔长不变，就可以绘制出所

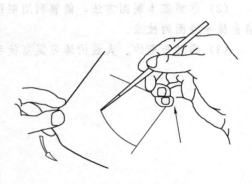

图 1-44　徒手绘制大圆

需的圆周。

如果绘制小圆的话,方法较为简单。首先将圆心确定出来,经过圆心作相互垂直的径向射线,并在射线上目测半径长度,绘制出圆周的四个分点,然后用曲线将四个点连接起来,即得圆周,如图 1-45(a)所示。对于稍大的圆周可以采用如图 1-45(b)所示的方法绘制,即作出圆周上 8 个或者 12 个点后连接成圆。

徒手绘制椭圆的方法如图 1-45(c)所示,按照椭圆的长短轴绘制出矩形,连接对角线,在椭圆中心到每一个矩形顶点的线段上,通过目测得到 7∶3 的分点。最后将四个分点和长短轴端点顺次连接成椭圆。

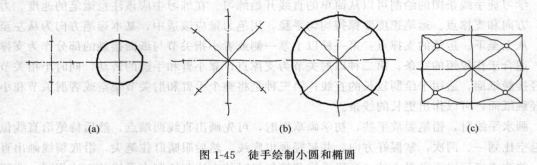

图 1-45 徒手绘制小圆和椭圆

本 章 小 结

(1) 制图工具及其使用方法的介绍。
(2) 制图标准的介绍,选择国家制图标准中的主要内容加以介绍,包括图幅、图框、图线、字体、尺寸标注等方面。
(3) 几何作图的方法和步骤。
(4) 徒手绘图的方法。

本 章 重 点

(1) 了解并掌握《国家制图标准》中的主要内容,并通过课后作业针对图线、尺寸标注、字体等方面加以练习。
(2) 掌握基本制图方法,能够利用制图工具精确、快速地完成制图工作,同时应该注意培养徒手绘图的技法。
(3) 通过长期的、大量的练习提高徒手绘图的技法。

第二章 投影基础

第一节 投影基本知识

一、投影及其分类

（一）投影

影子的形成是身边非常常见的一种现象，如图2-1（a）所示，在光源的照射下，形体会在平面上投下影子，影子可以反映出物体的外部轮廓特征，正是基于这一点，人们根据影子的形成原理，抽象出一种用以表现物体形态特征的方法。但是仅仅表现其外部轮廓还是不够的，还要表现出物体的所有形态特征才可以，这也是制图学中的投影法与影子形成原理不同之处。如图2-1（b）所示，通过几何形体上一点的投影线与投影面相交，所得的交点就是这一点在这个平面上的**投影**。这种利用投影表现几何形体的方法，称为**投影法**。

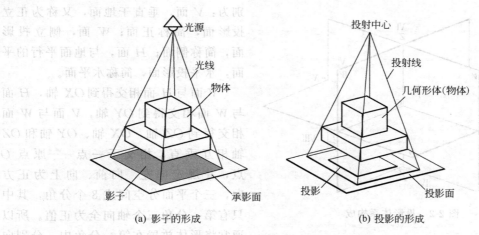

(a) 影子的形成　　(b) 投影的形成

图2-1　影子与投影

（二）投影构成要素

如图2-1（b）所示，投影要素包括：投射中心（发出投射线）、几何形体（表现对象）、投影面，缺少其中任意一项都无法形成投影。由于构成要素的不同，也就形成了不同的投影形式。

（三）投影的分类

按照投射线是否平行，将投影分为中心投影和平行投影两种形式：中心投影的投射中心有限远，从投射中心发散出投射线，也就是说投射线是聚积的，这样的投影方式与人眼发出视线比较相似，形成的投影也与人观看的效果相似，最主要的应用就是透视效果图，但是中心投影一般无法反映几何形体的实际大小；平行投影的投射中心无限远，投射线可以近似看成相互平行，尽管无法像中心投影表现的那么逼真，但是平行投影可以表现出形体的尺寸和比例，所以在施工图、结构图等需要精确尺度测量的时候要采用平行投影，最主要的应用是三视图（三面正投影）。在中心投影和平行投影分类基础上还分出若干不同的投影形式，具体内容参见表 2-1。

表 2-1 投影的分类

投影	平行投影	正投影	三面正投影	投射线相互平行，并垂直于投影面
			正轴测	
			标高投影	
		斜投影	斜轴测	投射线相互平行，倾斜于投影面
	中心投影	透视图	一点透视	投射线聚积于一点
			两点透视	
			三点透视	
			鸟瞰图	

在实际工作中，常用的投影图包括：三视图、轴测图和透视图。其中使用最为广泛的是平行投影法中的三面正投影（三视图），三面正投影也是研究其它投影形式的基础，所以我们首先针对三面正投影进行介绍。

二、三面投影体系

（一）三面投影体系的构成

在三面正投影图中，承影面是三个相互垂直的平面，构成三面投影体系。这三个平面分别为：V 面，垂直于地面，又称为正立投影面，简称正面；W 面，侧立投影面，简称侧面；H 面，与地面平行的平面，水平投影面，简称水平面。

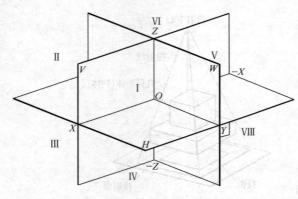

图 2-2 投影体系构成

V 面与 H 面相交得到 OX 轴，H 面与 W 面相交得到 OY 轴，V 面与 W 面相交得到 OZ 轴。OX 轴、OY 轴和 OZ 轴相互垂直，相交于一点——原点 O 点，并规定向左、向前、向上为正方向，三个平面分空间成 8 个分角，其中只有第一分角三个轴向全为正值。所以通常将形体放置在第一分角内，分别向三个投影面投影，这就构成了最基本的三面投影体系（图 2-2）。

📖**小提示**　三面投影体系在我们身边比比皆是，比如：盛物体的方盒子、教室、房间等等，任何一个六面体都可以看成三面投影体系，在学习过程中不妨结合实物来加深理解。

（二）投影体系的展开

三维投影体系展开的过程如图 2-3（a）所示，V 面保持不变，H 面绕着 OX 轴向后旋转，W 面绕着 OZ 轴向后旋转，令 V 面、H 面、W 面三个投影面在同一个平面中［图 2-3（b）］。由于平面是无限延展的，所以投影面的边界可以省略，仅绘制投影轴、原点，并标注投影面、投影轴以及原点的符号就可以了，如图 2-3（c）所示。

对于展开之后的三面投影体系，需要注意以下问题。

(1) 展开之后三面投影体系三个投影面所表现的内容没有改变，尤其是尺度关系没有变。

(2) 展开之后三面投影体系中三个轴向所指示的方向没有改变，即顺着 OX 轴方向向左，顺着 OY 轴方向向前，顺着 OZ 轴方向向上。

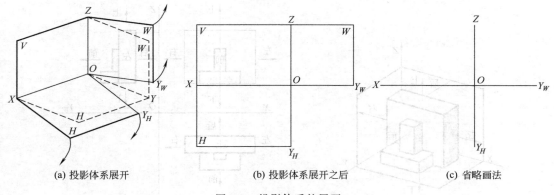

(a) 投影体系展开　　　　　　　(b) 投影体系展开之后　　　　　　(c) 省略画法

图 2-3　投影体系的展开

(3) 展开之后，OY 轴被一分为二，虽然对应的仍然是同一条 OY 轴，即所指向的方向没有改变，但是两条 OY 轴分别属于不同的投影面，在 H 面中的称为 OY_H 轴，在 W 面中的称为 OY_W 轴。

（三）三面正投影的形成及其特征

将几何形体（点、线、面或者立体）放在三面投影体系（一般是第一分角）中，分别向三个投影面作投影。由于三面正投影投射线相互平行，并且与投影面保持垂直，所以几何形体的投影相当于经过几何形体上的某一点向投影面作垂线，垂足就是这一点所对应的投影，如图 2-4（a）所示。如图 2-4（b）所示，根据前面所介绍的方法，将三面投影体系展开，得到几何形体的投影。

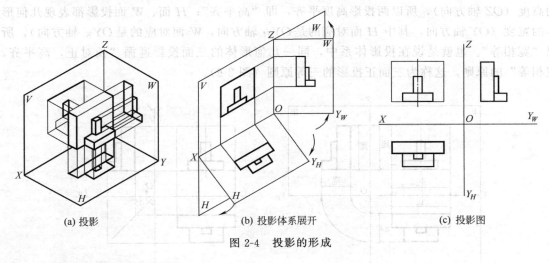

(a) 投影　　　　　　　　　(b) 投影体系展开　　　　　　　　(c) 投影图

图 2-4　投影的形成

三面正投影具有以下特性。

(1) 可量度性　V、H、W 面体系中，平行于投影面的直线、平面在投影面中的投影反映实形和实长。如果将某一物体想像成为空间立体，V 面投影就反映立体的长度和高度，以及立体上与 V 面平行的所有平面的实形；H 面反映立体的长度和宽度，以及与 H 面平行的所有平面的实形；W 面反映立体的高度和宽度，以及与 W 面平行的所有平面的实形。这样就可以根据投影图进行尺度的度量。

(2) 指向性　OX 轴、OY 轴、OZ 轴表示三个方向，OX 轴表示左右关系，OY 轴表示

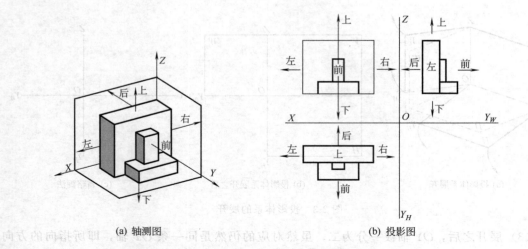

(a) 轴测图　　　　　　　　　　(b) 投影图

图 2-5　投影图的指向性

前后关系、OZ 轴表示上下关系，并且投影图还可以表现形体的上下左右前后六个朝向。根据这些关系就可以确定形体各个部分的相对位置关系，有助于识图（图 2-5）。

📖**小提示**　在展开的投影图中 OY 轴被分成两条轴，H 面中的 OY_H 轴，图中位置竖直向下，W 面中的 OY_W 轴，图中位置水平向右，而实际上这两条轴对应同一条 OY 轴，表现的仍然是前后的位置关系。

（3）三等原则　由于 V 面、H 面投影都表现了几何形体的长度，也就是 OX 轴上的长度相同，所以 V 面、H 面的投影左右对齐，即"长对正"；V 面、W 面投影都表现几何形体的高度（OZ 轴方向），所以两投影高度平齐，即"高平齐"；H 面、W 面投影都表现几何形体的宽度（OY 轴方向，其中 H 面对应的是 OY_H 轴方向，W 面对应的是 OY_W 轴方向），所以"宽相等"。也就是说在投影体系中，同一几何形体的三面投影遵循"长对正，高平齐，宽相等"的原则，这称为三面正投影的三等原则（图 2-6）。

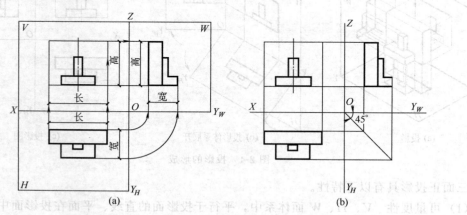

图 2-6　投影原则

在投影图中，"长对正，高平齐"利用丁字尺和三角板就可以作出，而"宽相等"则要借助圆规 [图 2-6（a）] 或者 45°线 [图 2-6（b）] 进行 H 面、W 面投影的转换。

通常情况下，采用三面投影表现形体的特征就已经足够了，所以 V 面、H 面、W 面投影称为基本投影。但也有例外，投影图的多少主要取决于所表现对象自身的特点，对于简单的可采用两面投影（V 面和 H 面投影）；而对于复杂的对象，如建筑物、园林景观等，则需要利用多面投影，表现其更多的特征。无论怎样，其投影都要遵循基本的投影关系。

第二节 点的投影

点是最为基本的构图元素，无论多么复杂的空间立体都可以看成由点所构成的，所以点的投影规律是最基本的投影规律，是线、面、体投影的基础。

一、点的投影

（一）点的投影的形成

空间中点的投影就是经过空间中的点分别向投影面作垂线，垂足就是点在相应投影面的投影，并规定空间中的点用大写字母表示，而投影用小写字母表示，不同投影面中的投影加注不同的标识，例如空间中一点 A，H 面投影 a，V 面投影 a'，W 面投影 a''。

（二）点的投影规律

规律一：投影的连线垂直于相应的投影轴。

如图 2-7（c）中 $aa' \perp OX$ 轴，$a'a'' \perp OZ$ 轴。

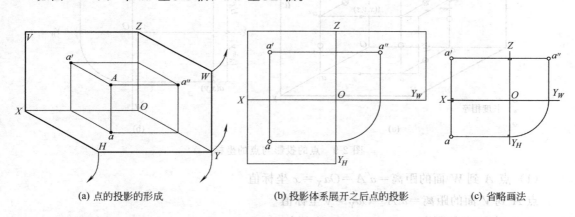

(a) 点的投影的形成　　　　(b) 投影体系展开之后点的投影　　　　(c) 省略画法

图 2-7　点的投影

📖 **小提示**　这一规律与我们前面提到的"长对正，高平齐，宽相等"这一基本投影规律相符。想想看，是不是这样。

规律二：空间一点到投影面的距离等于该点在任意投影面垂直面内的投影到其投影轴的距离。

如图 2-8，任意平面 V_1 面与 H 面垂直，向 V_1 面作投影 a_1'，可以证明四边形 Aaa_Xa' 和四边形 $Aaa_{1X}a_1'$ 都是矩形，所以有 $Aa=a_X a'$ 和 $Aa=a_{1X}a_1'$，即 $Aa=a_X a'=a_{1X}a_1'$，规律二得证。

根据规律二点到 H 面的距离就等于点的 V 面、W 面投影分别到 OX 轴、OY 轴的距离，点到 V 面的距离就等于点的 H 面、W 面投影分别到 OX 面、OZ 轴的距离，点到 W 面的距离就等于点的 H 面、V 面投影分别到 OY 轴、OZ 轴的距离。这样我们就可以根据点的

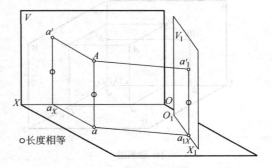

图 2-8　点的投影规律二

投影确定其空间的位置，或者根据点的空间位置确定其投影的位置。

当看到三面投影体系以及它的三条轴的时候，你会联想到什么？一定是空间坐标系，那么我们是不是可以将两者联系起来呢？如果这样就可以利用坐标快速、准确地绘制点的投影了。

根据投影体系和坐标体系的相似性，可以将三个投影面看成三个坐标面，三条投影轴看成三条坐标轴，也就是 OX 轴相当于 x 坐标轴，OY 轴相当于 y 坐标轴，OZ 轴相当于 z 坐标轴，投影面的原点相当于坐标原点。所以就会有如下规律。

规律三：点的投影与投影轴的距离等于该点与相应的投影面的距离，并与该点的坐标值对应。

如图 2-9 所示，如果已知空间一点 $A(x,y,z)$，根据规律三可以得到点 A 的坐标与其投影的关系。

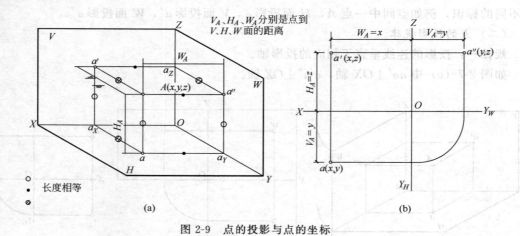

图 2-9 点的投影与点的坐标

（1）点 A 到 W 面的距离 $=a''A=Oa_X=x$ 坐标值

点 A 到 V 面的距离 $=a'A=Oa_Y=y$ 坐标值

点 A 到 H 面的距离 $=aA=Oa_Z=z$ 坐标值

（2）投影面中的投影分别为 $a(x,y)$，$a'(x,z)$，$a''(y,z)$。

如图 2-10 所示，点与投影面的相对位置关系有四种：空间中的点（点 A），投影面上的点（点 B，在 V 面上），投影轴上的点（点 C，在 OY 轴上），以及原点上的点（点 D），这些点的坐标值以及投影都有其独特之处，具体内容见表 2-2。

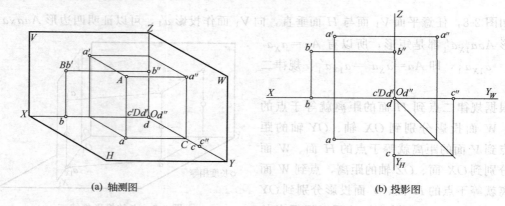

(a) 轴测图　　　　　　　　　　　　　　(b) 投影图

图 2-10 不同位置点的投影

表 2-2　各种位置的点的坐标、投影特点

点的位置	坐 标 特 点	投 影 特 点	实　例
空间	(x, y, z)，都不为 0	投影都不在投影轴	点 $A(x_A, y_A, z_A)$ x_A、y_A、z_A 都不为 0
投影面上	有一个为 0（包含点的坐标系的坐标值不为 0）	点所在投影面中的投影与本身重合，另两个在相应的投影轴上	点 $B(x_B, y_B, z_B)$ $y_B=0$
投影轴上	有两个为 0（包含投影轴对应的坐标值不为 0）	两个投影与其本身重合，另一个落于原点上	点 $C(x_C, y_C, z_C)$ $x_C=0$，$z_C=0$
原点上	三个坐标值都为 0	三面投影与原点重合	点 $D(x_D, y_D, z_D)$ x_D、y_D、z_D 都为 0

📖**小提示**　需要注意的是图 2-10 中点 C 的投影，点 C 位于 OY 轴上，它的 H 面投影与 W 面投影重合，都在 OY 轴上，但在投影图中 H 面投影应该绘制在 OY_H 轴上，而 W 面投影应该绘制在 OY_W 轴上。

（三）绘制点的投影

由于点的任意两个投影包含了确定该点空间位置的三个轴向的信息，所以根据两面投影就可以求出点的第三面投影。

【例 2-1】　已知点 A 的 V 面、H 面投影 [图 2-11（a）]，求作 W 面投影。

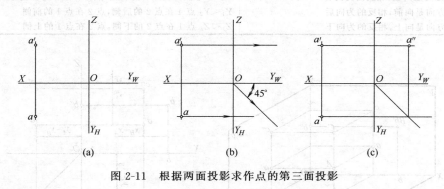

图 2-11　根据两面投影求作点的第三面投影

作法如下。

（1）根据规律一，a'' 与 a' 的连线垂直于 OZ 轴，所以经过 a' 作一条水平线 [图 2-11（b）]。

（2）根据基本投影规律——"宽相等"，OY_H 轴和 OY_W 轴上的长度相同，如图 2-11（c）所示，利用 45°线即可得到点 A 的 W 面投影。

除了利用已知投影确定点的投影之外，还可以利用点的坐标确定点的投影。

【例 2-2】　已知点 A（15，8，10），求作 V 面、H 面、W 面投影。

作法如下。

（1）画出投影轴，在 OX 轴上向左截取 15 个单位，作 OX 轴的垂线，点 A 的 V 面、H 面投影必在这条铅垂线上。

（2）点 A 的 V 面投影 a'（15，10），根据这一坐标值，在 OZ 轴上截取 10 个单位，作 OZ 轴的垂线，这条水平线与步骤一中的铅垂线的交点即为 a'。

（3）点 A 的 H 面投影 a（15，8）和 W 面投影 a''（8，10），如图 2-12 所示，根据坐标值分别确定其它两面投影 a 和 a''。

二、两点的相对位置

点的相对位置关系通常利用点的坐标与投影相结合的分析方法，通过两点沿左右（OX

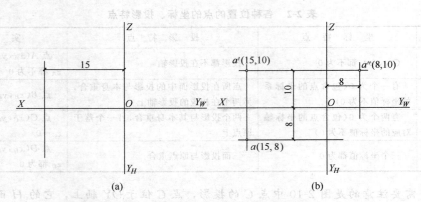

图 2-12 根据点的坐标确定点的投影

轴)、前后（OY 轴)、上下（OZ 轴) 三个方向之间的距离, 即两点的距离差 (坐标差或者相对坐标), 来确定两点间的相对位置 (见表 2-3)。

表 2-3 两点的相对位置关系

投 影	坐 标
顺着 OX 轴方向是向左, 相反的为向右	$X_1 < X_2$ 点 1 在点 2 的右侧, 点 2 在点 1 的左侧
顺着 OY 轴方向是向前, 相反的为向后	$Y_1 < Y_2$ 点 1 在点 2 的后侧, 点 2 在点 1 的前侧
顺着 OZ 轴方向是向上, 相反的为向下	$Z_1 < Z_2$ 点 1 在点 2 的下侧, 点 2 在点 1 的上侧

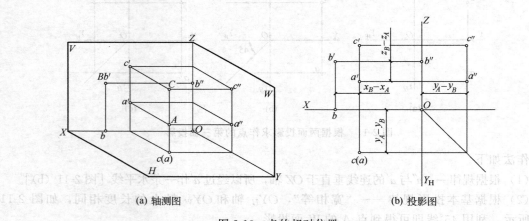

(a) 轴测图　　　　　　　　　　　(b) 投影图

图 2-13 点的相对位置

如图 2-13 所示, 根据立体图和投影图可以看出点 A 在点 B 的右前下方, 则必有 $x_A < x_B$, $y_A > y_B$, $z_A < z_B$。

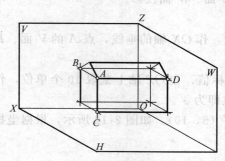

图 2-14 重影点

此外, 还有一种比较特殊的情况, 如图 2-13 中点 A 和点 C 的相对位置关系, 它们是正上正下的关系, 在 H 面中的投影落在同一个点上。如果两个点位于同一条投影线上, 在投影线垂直的投影面上的投影必将重合, 这样的点称为**重影点**。正前、正后的关系是 V 面的重影点, 如图 2-14 中点 A 和点 B; 正上、正下的关系是 H 面的重影点, 如图 2-14 中点 A 和点 C; 正左、正右的关系是 W 面的重影点, 如

图2-14中点 A 和点 D。为了便于区分，被遮挡的点的投影加"（ ）"，如图2-13（b）点 A 和点 C 的 H 面投影，点 A 在点 C 的下方，点 A 不可见，所以 H 面投影表示为"c（a）"。

第三节　直线的投影

空间中一条直线可以用直线上两个端点的字母来标记，例如：直线 AB 也可以用一个大写字母表示，如：直线 L。此外，直线与投影面 H 面、V 面、W 面的夹角分别用 α、β、γ 表示。

根据直线与投影面的位置关系将直线分为两种类型：一般位置直线和特殊位置直线。一般位置直线即不平行于投影面，也不垂直于投影面。特殊位置直线包括投影面平行线和投影面垂直线。只平行于一个投影面的直线称为投影面平行线，分为：正平线、水平线、侧平线，分别平行于 V 面、H 面和 W 面。垂直于投影面的直线称为投影面垂直线，分为：正垂线、铅垂线、侧垂线，分别垂直于 V 面、H 面和 W 面。投影面垂直线必定平行于另外两个投影面。

一、特殊位置直线

（一）投影面平行线

1. 特征

表2-4中列出了三种投影面平行线，从中可以得到投影面平行线的投影特征。

表2-4　投影面平行线投影特征

名称	轴测图	投影图	投影特征
正平线			① 正面投影反映实长，倾斜于投影轴，反映 α、γ 角； ② 水平投影比实长短，平行于 OX 轴； ③ 侧面投影比实长短，平行于 OZ 轴
水平线			① 水平投影反映实长，倾斜于投影轴，反映 β、γ 角； ② 正面投影比实长短，平行于 OX 轴； ③ 侧面投影比实长短，平行于 OY_W 轴
侧平线			① 侧面投影反映实长，倾斜于投影轴，反映 α、β 角； ② 正面投影比实长短，平行于 OZ 轴； ③ 水平投影比实长短，平行于 OY_H 轴

（1）平行投影面上的投影反映实长及真角（直线与投影面的真实倾角）。
（2）另外两个投影不反映实长，比实长短，并平行于相应的投影轴。

📖 小提示　这里的"相应的投影轴"指的是构成平行投影面的两条投影轴。

2. 读图

对于直线仅提供两面投影就足以确定其空间位置,所以经常是针对两面投影判定直线的属性特征。

如果直线的两面投影中有一个投影平行于投影轴而另一个投影倾斜于投影轴,则这条直线一定是投影面的平行线,平行于倾斜投影所在的投影面。

如图 2-15 所示,直线 AB 是什么类型?当然可以作出第三面投影加以判定,但比较麻烦。图中直线的两个投影平行于不同的投影轴,则直线一定是投影面的平行线,平行于这两条投影轴组成的投影面,或者是没有绘制出来的那个投影所在的投影面。所以直线 AB 是投影面的平行线,平行于 W 面,即一条侧平线。

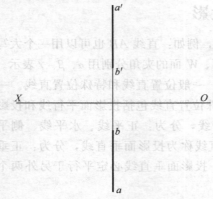

图 2-15 投影面平行线的判定

📖 **小提示** 在许多投影图中,直线的属性特征都要通过它的投影来判定,这是图中隐含的已知条件,这将有助于对图纸的理解。

(二)投影面平行线

表 2-5 投影面垂直线投影特征

名称	轴测图	投影图	投影特征
正垂线			① 正面投影聚积成一点; ② 其它两个投影平行于 OY 轴,并反映实长
铅垂线			① 水平面投影聚积成一点; ② 其它两个投影平行于 OZ 轴,并反映实长
侧垂线			① 侧面投影聚积成一点; ② 其它两个投影平行于 OX 轴,并反映实长

1. 特征

表 2-5 中列出的是投影面的垂直线相关信息，从中可以得出投影面垂直线的投影特征。

(1) 在垂直投影面中投影聚积成一点。

(2) 另外两个投影反映实长，并平行于相应的投影轴。

📖 小提示 这里的"相应的投影轴"指的是垂直投影面之外的那一条投影轴。

2. 读图

当直线的一个投影聚积成一点时，该直线必然是投影面的垂线，垂直于聚积投影所在的投影面。

如图 2-16 所示，这样的情况该如何判定呢？当直线的两面投影同时平行于同一条投影轴时，则这条直线一定是投影面的垂直线，它垂直于没有画出的那个投影所在的投影面。所以直线 AB 是一条侧垂线。

可以按照图 2-17 的程序判定直线的类型。

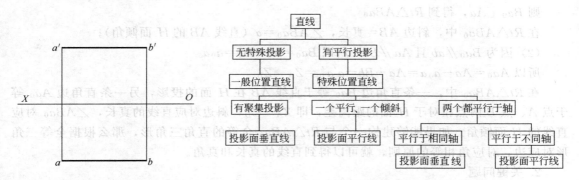

图 2-16 投影面垂直线的判定　　　　图 2-17 直线类型的判定

二、一般位置直线

除了特殊直线之外，剩下的就是一般位置直线，既不平行也不垂直于投影面，它们的出现也是非常普遍的。

(一) 一般位置直线的特点

如图 2-18 所示，一般位置直线的投影有以下特征。

(1) 各个投影面中的投影都倾斜于投影轴。

(2) 与实际长度相比三个投影长度缩短，也就是说三个投影都不反映实长。

如图 2-18 所示，直线 AB 三面投影都是倾斜的，没有聚积的投影，也没有平行的投影，也没有反应实长和真角的投影。这就存在一个问题，就是如何通过投影图得到直线的实际长度和真实倾角呢？

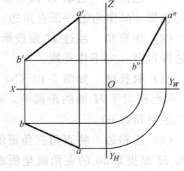

图 2-18 一般位置直线及其投影

(二) 一般位置直线实长与真角的求取

题目：已知一般位置直线 AB 的两面投影，请根据直线两面投影求直线 AB 的实长以及 H 面、V 面的真实倾角。

解决方法：**直角三角形法**。

1. 推导过程 [图 2-19 (a)]

(1) 建构直角三角形。在平面 ABba 中，经过点 B 作 Ba_0∥H 面

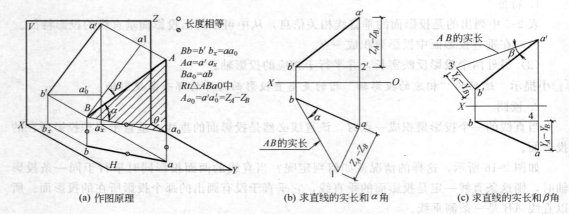

(a) 作图原理　　　　　　　(b) 求直线的实长和 α 角　　　　　(c) 求直线的实长和 β 角

图 2-19　直角三角形法求直线的实长和真角

则 $Ba_0 \perp Aa$，得到 $Rt\triangle ABa_0$。

在 $Rt\triangle ABa_0$ 中，斜边 AB＝真长，$\angle ABa_0 = \alpha$（直线 AB 的 H 面倾角）；

（2）因为 $Ba_0 // ab$ 且 $Aa // Bb$　所以 $Ba_0 = ab$　$Bb = a_0a$

所以 $Aa_0 = Aa - a_0a = Aa - Bb = a'a'_0 = Z_A - Z_B$

在 $Rt\triangle ABa_0$ 中，一条直角边 Ba_0 等于直线 AB 在 H 面的投影，另一条直角边 Aa_0 等于点 A、点 B 两点相对于 H 面的距离差，即 $Z_A - Z_B$，斜边对应直线的真长，$\angle ABa_0$ 对应直线的 H 面倾角。如果能够建构一个与 $Rt\triangle ABa_0$ 全等的直角三角形，那么根据全等三角形对应边、对应角相等的原则，就可以得到直线的真长和真角。

2. 关键问题

如何利用已知条件建构 $Rt\triangle ABa_0$ 的全等三角形。

3. 作图步骤 ［图 2-19（b）］

以求取 H 面倾角为例。

（1）选投影　选取 H 面投影 ab 为第一条直角边（如果求取的是 V 面的倾角，则选择 V 面的投影 $a'b'$ 作为第一条直角边）。

（2）作直角　经过 H 面投影的任意一个端点向任意方向作投影的垂线，如图 2-19（b）中选择过点 a 向下作垂线。

（3）取长度　如图 2-19（b）所示，在 V 面中量取 $a'b'$ 两点的垂直距离差，$a'2'$ 这就是 AB 两点相对于 H 面的距离差，在上一步所做的垂线上从垂足点 a 开始截取 $a1 = a'2'$，得到第二条直角边 $a1$。

（4）连斜边　将直角三角形的斜边连接起来，斜边 $b1$ 的长度就是直线 AB 的实长，斜边与 H 面投影 ab 的夹角就是所求的倾角，如图 2-19（b）。

利用同样方法可以作出直线的真长及 V 面倾角 ［图 2-19（c）］。

三、直线上的点

（一）规律

规律一：直线上的点的投影一定在直线同面投影之上。

规律二：定比关系。如果直线不垂直于投影面，点分线段之比等于点的投影分线段投影之比。

如图 2-20 所示，点 C 在直线 AB 上，点 C 的 H 面投影一定在 AB 的 H 面投影之上。并且在三面投影体系中会有以下关系：$AC:CB=ac:bc=a'c':b'c'=a''c'':b''c''$。

（二）应用

【例 2-3】 已知 AB 的两面投影及直线上两个点——点 C 和点 D [图 2-21（a）]，又知点 C 的 H 面投影，点 D 分直线 AB 之比 2∶3，求出点 C 的 V 面投影及点 D 的投影。

分析：求取点 C 的方法很简单，只要根据直线上点的投影规律一和点的投影规律就可以作出。根据已知条件，点 D 分直线 AB 的比例为 2∶3，根据直线上点的投影规律二，可以得到 $AD:DB=ad:db=a'd':d'b'=2:3$，也就是说只要找到分直线 AB 的任意投影之比为 2∶3 的点就应该是所求点的投影。具体作法参见图 2-21。

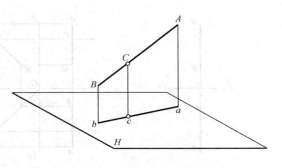

图 2-20 直线上点的投影规律

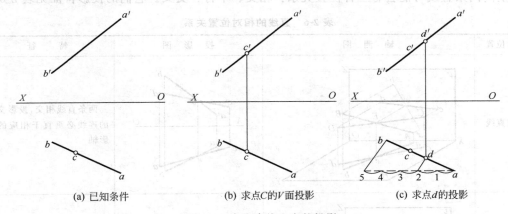

(a) 已知条件　　(b) 求点 C 的 V 面投影　　(c) 求点 d 的投影

图 2-21 求取直线上点的投影

作法如下。

(1) 经过点 c 向上作铅垂线，与 $a'b'$ 的交点即为点 c'——点 C 的 V 面投影；

(2) 经过点 a 作一条任意直线，将其 5 等分，连接 $b5$，经过第二个等分点作 $b5$ 的平行线，与 ab 的交点即为点 d，按照步骤一所介绍的方法作出点 D 的 V 面投影。

【例 2-4】 已知侧平线 AB 的两面投影，及其上一点 C 的 H 面投影，求出点 C 的 V 面投影 [图 2-22（a）]。

分析：点 C 在直线 AB 上，根据直线上点的投影规律二，则有 $AC:CB=ac:cb=a'c':c'b'$，也就是说要在 $a'b'$ 上找到一点令其分 $a'b'$ 之比等于点 c 分线段 ab 之比。关键问题是如何将 $a'b'$ 和 ab 联系起来，使二者具有可比性。

作法一：

作出第三面投影——W 面投影，然后根据直线上点的投影规律分别作出点 C 的其它面投影 [图 2-22（b）]。

作法二：

(1) 经过 a' 作任意直线，在直线上截取 $a'1'=ab$，并量得 $a'2'=ac$；

(2) 连接 $b'1'$，经过点 $2'$ 作 $b'1'$ 的平行线，与 $a'b'$ 的交点就是所求的点 c' [图 2-22（c）]。

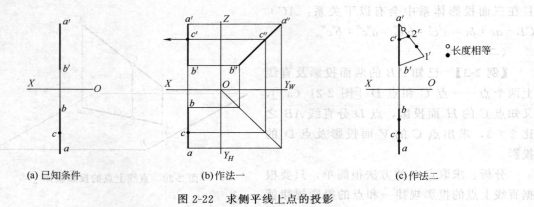

(a) 已知条件　　　　　(b) 作法一　　　　　(c) 作法二

图 2-22　求侧平线上点的投影

四、两条直线的相对位置

（一）两条直线的相对位置关系

空间两条直线可能会有三种位置关系：相交、平行、交叉。它们的投影特征见表 2-6。

表 2-6　直线的相对位置关系

相对位置	轴测图	投影图	特　征
相交直线			两条直线相交，投影交点的连线必垂直于相应的投影轴
平行直线			两条直线相互平行，投影一定相互平行
交叉直线			即不平行也不相交的直线称为交叉直线。交叉直线的投影可能平行也可能相交，同面投影的交点是直线上相对于这一投影面的一对重影点

📖 **小提示**　在两面投影体系中判定两条直线的位置关系，当存在侧平线时，投影平行的两直线不一定平行；投影相交的两直线不一定相交，需要作出第三面投影或者利用下面例题中介绍的方法加以判定。

【例 2-5】 已知两直线的两面投影如图 2-23（a），试判断两条直线的相对位置关系。

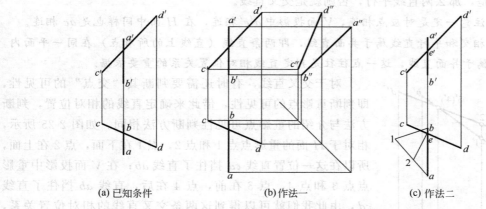

(a) 已知条件　　　　(b) 作法一　　　　(c) 作法二

图 2-23　判定两条直线的相对位置关系

分析：这两条直线中有一条是侧平线，两条直线投影相交，所以两条直线有可能相交，也有可能交叉。可以作出 W 面投影加以判定，这是最保守的做法。那还有其它更为简单的方法吗？假设直线相交，投影的交点就是两直线交点的投影，包含于直线之中，也就是说，交点应该符合定比关系。所以可以通过判断交点投影分线段投影之比是否相同来判定。

作法一：

作出 W 面投影，交点投影的连线不垂直于投影轴，所以直线不是相交的关系，而是交叉直线。

📖**小提示**　由图 2-23（b）可以看出，在不绘制投影轴的情况下，仅利用 45°斜线就能够绘制出第三面投影，这条 45°线可以画在任何适当的位置，对于作图结果没有影响。

作法二：

如图 2-23（c）所示，看交点的投影分直线段投影是否成比例，直接观察，或者经过点 a 作任意直线，在直线上截取 $a1=a'b'$，$a2=a'e'$，可以看出交点 E 的投影分线段投影不成比例，所以两直线不是相交的关系，而是交叉直线。

如图 2-24（a）中两条侧平线的两面投影相互平行，对于这样的问题同样可以通过 W 面投影加以判定，此外还有一个更为简单的方法，就是"对角线法"。对角线法基于四点共面的假设进行判定，具体方法是：假设两条直线平行，那么四个顶点一定共面，形成的是平面

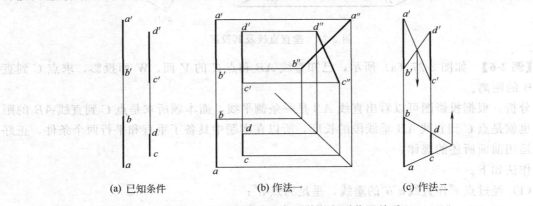

(a) 已知条件　　　　(b) 作法一　　　　(c) 作法二

图 2-24　判断两条平行侧平线的相对位置关系

四边形，则它的对角线一定是相交直线。如图 2-24（c）所示，判断"对角线"是否是相交直线，如果是，那么两直线平行，否则就是交叉直线。

📖 **小提示**　注意一定是对应点相连，V 面投影中 $a'c'$ 相连，在 H 面中同样也是 ac 相连。

📖 **小提示**　相交和平行直线属于共面直线，即两条直线（直线上的所有点）在同一平面内，而交叉直线属于异面直线，这一点往往是判定直线相对位置关系的重要依据。

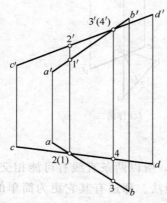

图 2-25　交叉直线的可见性

对于交叉直线，有时还需要判断其"交点"的可见性，即判断重影点的可见性，借此来确定直线的相对位置，判断方法与介绍的重影点可见性判断方法相同。如图 2-25 所示，相对于 H 面的重影点点 1 和点 2，点 1 在下面，点 2 在上面，所以在这一位置直线 cd 挡住了直线 ab；在 V 面投影中重影点点 3 和点 4，点 3 在前，点 4 在后，直线 ab 挡住了直线 cd，由此我们就可以得到这两条交叉直线的相对位置关系，这将有助于对某些立体形态的分析和理解。

（二）相互垂直的两条直线

除了以上所涉及到三种直线位置关系之外，还有一种比较特殊的情况，就是两条直线相互垂直。相互垂直的两条直线存在以下规律。

规律： 两条直线相互垂直，其中有一条直线平行于某一投影面，则在这一投影面中两直线投影相互垂直。

如图 2-26 所示，直线 $AB \perp AC$，且 $AC // H$ 面，在 H 面投影中则有 $ab \perp ac$。

📖 **小提示**　两直线相互垂直不一定就是相交的关系，还可能是交叉关系，如图 2-26 中的直线 AB 和直线 DE。

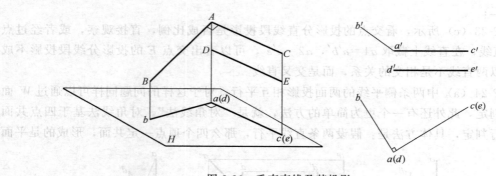

图 2-26　垂直直线及其投影

【**例 2-6**】　如图 2-27（a）所示，已知直线 AB 和点 C 的 V 面、W 面投影，求点 C 到直线 AB 的距离。

分析： 根据投影图可以看出直线 AB 是一条侧平线，而本题所求是点 C 到直线 AB 的距离，也就是点 C 到直线 AB 垂线段的长度，所以在本题中具备了垂直和平行两个条件，正好可以运用前面所述的规律。

作法如下。

（1）经过点 c'' 作直线 $a''b''$ 的垂线，垂足为点 d''；

（2）经过点 d'' 作水平线，与投影 $a'b'$ 相交于点 d'，连接 $c'd'$，即得垂线段 CD 的两面

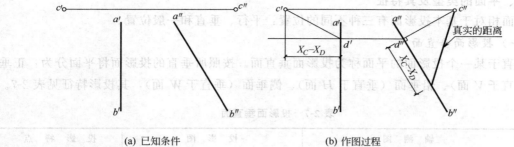

(a) 已知条件　　　　　　　　(b) 作图过程

图 2-27　求点到直线的距离

投影；

（3）利用直角三角形法求得垂线段 CD 的真实长度，也就是点 C 到直线 AB 的距离，用引出线加以注释 [图 2-27（b）]。

第四节　平面的投影

一、平面的表示方法

平面有多种表示方法，如图 2-28 所示，平面可以利用点、直线、图形等元素表示，其中最为常用的是利用平面图形表示 [图 2-28（e）]。

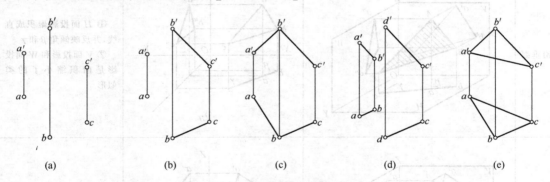

图 2-28　平面的表示方法

此外，还可以如图 2-29 所示，利用平面与投影面的交线——迹线来表示。平面的迹线分别为：水平迹线——平面与 H 面的交线，用 P_H 表示；正面迹线——平面与 V 面的交线，用 P_V 表示；侧面迹线——平面与 W 面的交线，用 P_W 表示。

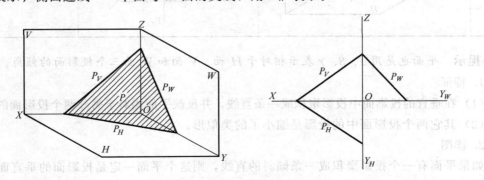

图 2-29　利用迹线表示平面

二、平面的类型及其特征

平面相对于基本投影面有三种不同的位置：平行、垂直和一般位置。

（一）投影面垂直面

垂直于某一个投影面的平面称为投影面垂直面。按照所垂直的投影面将平面分为：正垂面（垂直于 V 面）、铅垂面（垂直于 H 面）、侧垂面（垂直于 W 面），其投影特征见表2-7。

表2-7 投影面垂直面

名称	轴测图	投影图	投影特点
正垂面	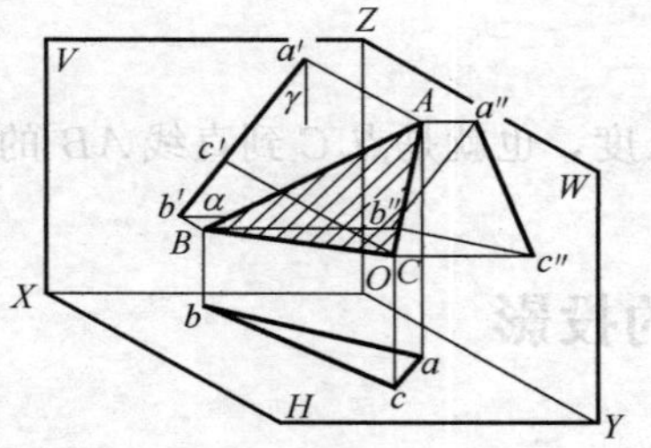	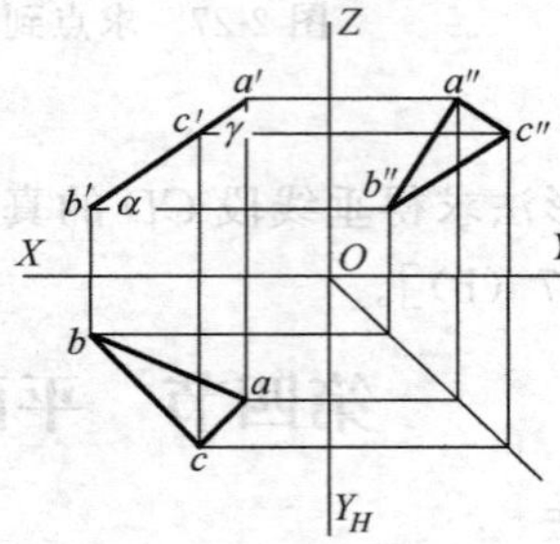	① V 面投影聚积成直线，并反映倾角 α 和 γ ② H 面投影和 W 面投影是面积缩小了的类似形
铅垂面	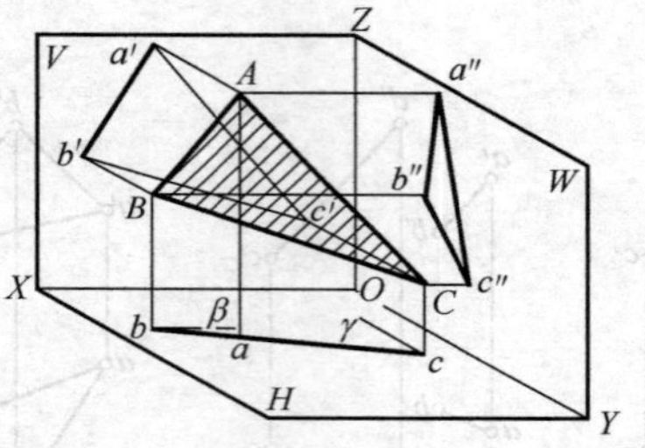	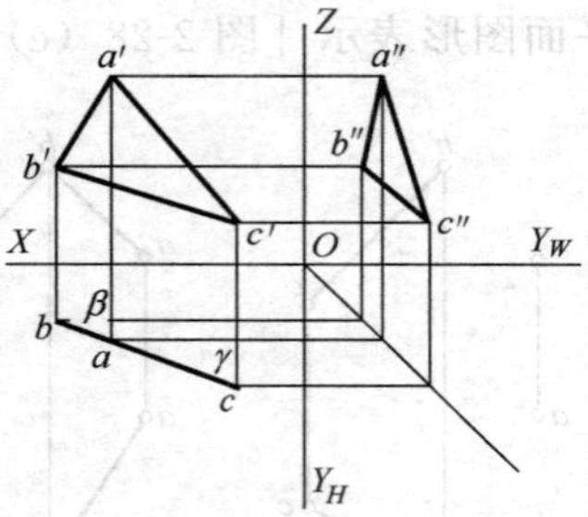	① H 面投影聚积成直线，并反映倾角 β 和 γ ② V 面投影和 W 面投影是面积缩小了的类似形
侧垂面	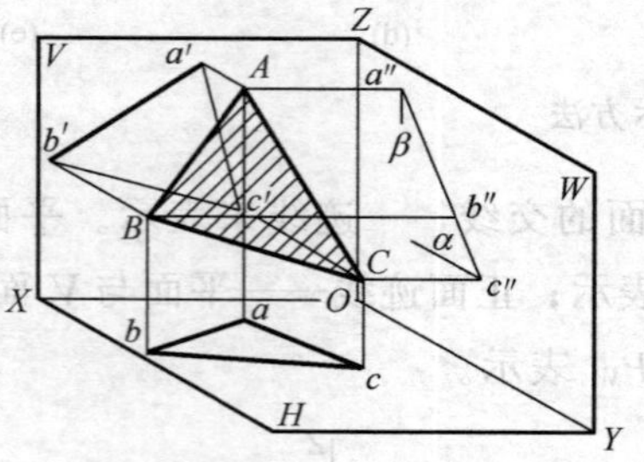	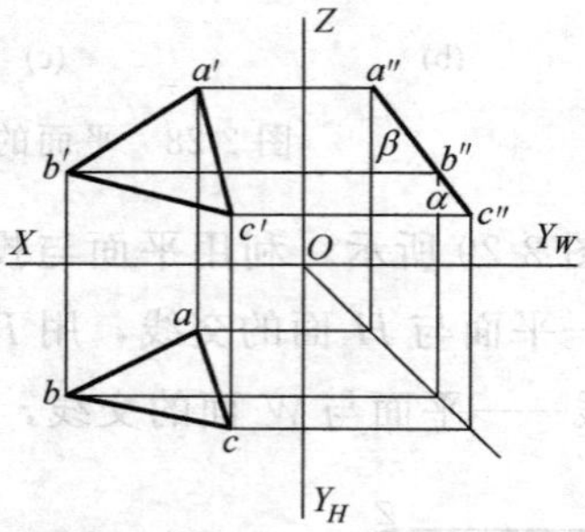	① W 面投影聚积成直线，并反映倾角 α 和 β ② H 投影和 V 面投影是面积缩小了的类似形

📖 **小提示** 平面也是用 α、β、γ 表示相对于 H 面、V 面和 W 面三个投影面的倾角。

1. 特征

（1）在垂直的投影面中投影聚积成一条直线，并反映平面相对于另外两个投影面的倾角。

（2）其它两个投影面中的投影是缩小了的类似形。

2. 读图

如果平面有一个投影聚积成一条倾斜的直线，则这个平面一定是投影面的垂直面，它垂直于聚积投影所在的投影面。

3. 设置投影面垂直面

由于投影面垂直面的聚积投影给作图带来了很大的方便,所以在解题过程中往往需要设立一些投影面垂直面作为辅助平面或者辅助投影面。其设置的依据就是投影面垂直面的投影特征——在所垂直的投影面中聚积成一条直线。

(1) 设置任意投影面垂直面 方法很简单:只要作出投影面垂直面在该投影面中的聚积投影,并加注字母标示即可。如图 2-30(a)一个铅垂面 P 在 H 面中聚积成一条直线,要想用投影图表现,只要在 H 面中绘制任意一条直线,加上相应的字母标注 P_H,这条直线就表示铅垂面 P 在 H 面中的聚积投影,也就代表了一个铅垂面。图 2-30 中,图(b)表示一个水平面,图(c)表示一个正垂面。

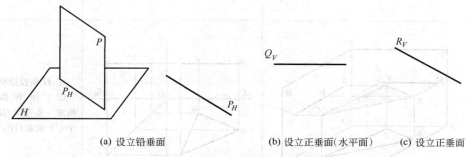

(a) 设立铅垂面　　　　(b) 设立正垂面(水平面)　　(c) 设立正垂面

图 2-30　设立投影面垂直面

(2) 通过某一点或者某一直线作投影面垂直面 如果指定投影面所经过的点或者线的话,则只要按照要求作一条直线,并且包含已知点或者线就可以了。如图 2-31(a)所示,要求经过点 A 作一个铅垂面,只要经过点 A 的 H 面投影 a 作一条直线并标注 P_H,那么这条直线代表的就是一个经过点 A 的铅垂面。同样的道理也可以经过一条直线作出投影面的垂直面,如图 2-31(b)所示。

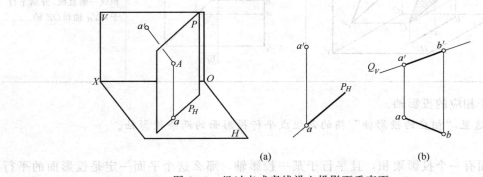

(a)　　　　　　　　　　(b)

图 2-31　经过点或者线设立投影面垂直面

(二) 投影面平行面

平行于某一个投影面的平面称为投影面平行面,投影面平行面一定是另外两个投影面的垂直面。按照所平行的投影面将平面分为:正平面(平行于 V 面)、水平面(平行于 H 面)、侧平面(平行于 W 面),其投影特征见表 2-8。

1. 特征

(1) 投影面平行面在所平行的投影面中反映实形。

(2) 投影面平行面同时又是另外两个投影面的垂直面,所以其它两面投影聚积成一条直

表 2-8 投影面平行面

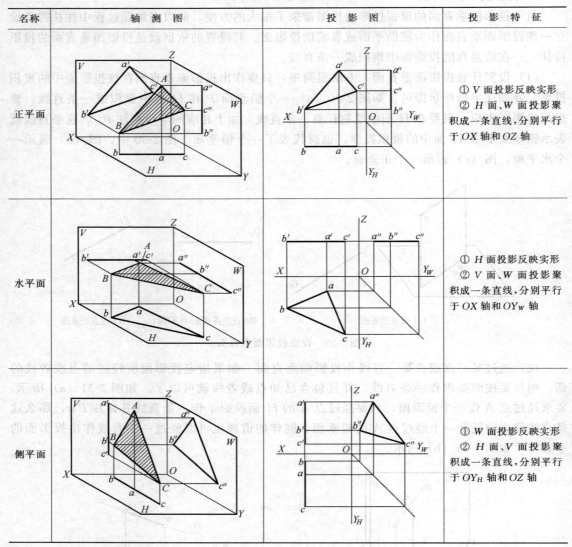

线,且平行于相应的投影轴。

📖小提示 这里"相应的投影轴"指的是组成平行投影面的两条投影轴。

2. 读图

如果平面有一个投影聚积,且平行于某一投影轴,那么这个平面一定是投影面的平行面,平行于非聚积投影所在的投影面。

（三）一般位置平面

如图 2-32 所示,一般位置平面相对于三个投影面都是倾斜的,所以它的三个基本投影都是缩小了的类似形。

三、平面内的点、线和图形

（一）平面内的点、线和图形

对于特殊位置平面,可以借助特殊的投影来解决问题,如：聚积投影、反映实形的投影。

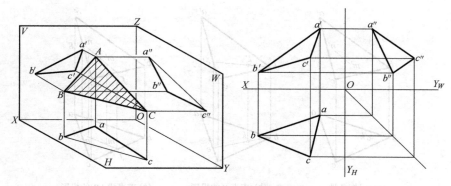

图 2-32　一般位置平面及其投影

【例 2-7】　已知△ABC 的三面投影如图 2-33（a），求三角形内切圆圆心的投影。

作法如下。

（1）根据投影可以判定△ABC 是一个水平面，所以 H 面投影反映实形，则作出 H 面投影三角形 abc 的内切圆圆心点 d，即为三角形内切圆圆心的 H 面投影；

（2）根据点的投影特性，利用平面的聚积投影，求得点 d 的其它两面投影 [图 2-33（b）]。

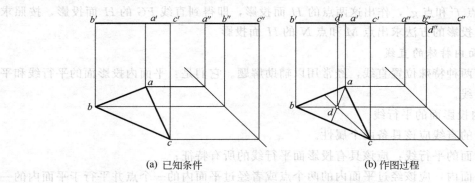

(a) 已知条件　　　　　　　　　　　(b) 作图过程

图 2-33　求取三角形内切圆圆心的投影

对于一般位置平面，首先需要在平面内建构出一条包含所求点或线的直线，利用这条"辅助线"来解决问题。

📖小提示　其实这是最为常用的一种解题方法——将问题分解简化，就是将求取平面内点、线的问题转化为求取直线上点或线的问题。在以后的学习中会经常用到，尤其对于一些复杂的形体，应该注意对这种方法的掌握及其应用。

一条直线如果经过平面内两点，或者经过平面内一点且平行于平面内一条直线，那么这条直线一定在平面内，也包括直线上的所有的点。这是确定一般位置平面内点、线、图形投影的原理。

【例 2-8】　已知△ABC 的三面投影，以及平面内一点 K 的 H 面投影和直线 MN 的 V 面投影 [图 2-34（a）]，补全点 K 和直线 MN 的其它投影。

分析：在平面内一定有一条直线包含所求点或者所求线，在平面内找到这条直线，就可以将问题转化为求取直线内的点或线的投影问题了。

作法如下。

（1）连接点 k 和点 b（平面内任意一个顶点），延长 bk 与对边交于点 e，直线 BE 一定在

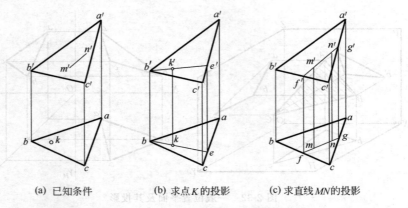

(a) 已知条件　　　(b) 求点K的投影　　　(c) 求直线MN的投影

图 2-34　求平面上点、线的投影

平面内，同时包含了点 K，符合条件；

(2) 作出直线 BE 的 V 面投影 $b'e'$，经过点 k 向上作铅垂线，与 $b'e'$ 的交点即点 k 的 V 面投影，如图 2-34 (b)；

(3) 如图 2-34 (c) 所示，双向延长直线 MN 的 V 面投影，与两条边的 V 面投影 $b'c'$ 和 $a'c'$ 分别交于点 f' 和点 g'，作出这两点的 H 面投影，即得到直线 FG 的 H 面投影，按照求取直线上点的投影的方法求出点 M 和点 N 的 H 面投影。

(二) 平面内特殊的直线

平面内有两种特殊位置直线，经常用以辅助解题。它们是：平面内投影面的平行线和平面的最大斜度线。

1. 平面内投影面的平行线

这一类型的直线应该具备两个属性。

(1) 投影面的平行线：应该具有投影面平行线的所有特征；

(2) 在平面内：应该经过平面内的两个点或者经过平面内的一个点并平行于平面内的一条直线。

现在以水平线为例，具体作法如下 [图 2-35 (a)、(b)]。

(1) 首先在 V 面中找到一个已知点，通常为平面的一个顶点，如点 b'。

(2) 经过已知点 b' 作水平线，与对边交于点 d'，$b'd'$ 就是平面内水平线的 V 面投影。

(3) 求取水平线 BD 的 H 面投影。

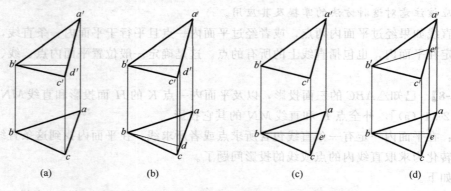

(a)　　　　(b)　　　　(c)　　　　(d)

图 2-35　一般位置平面内水平线、正平线的作法

平面内的正平线 [图 2-35（c）、(d)]，侧平面作法与此相同。

2. 平面最大斜度线

如图 2-36 所示，平面 P 中直线 AC 相对于 H 面的倾角是最大的，对于平面内相对于某一投影面的倾角最大的直线就称为平面内相对于这一投影面的**最大斜度线**。

由图 2-36 可以得出平面最大斜度线具有的特性及其几何意义。

（1）最大斜度线相对于投影面的倾角就是平面相对于这一投影面的倾角。

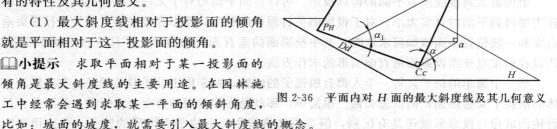

图 2-36　平面内对 H 面的最大斜度线及其几何意义

📖**小提示**　求取平面相对于某一投影面的倾角是最大斜度线的主要用途。在园林施工中经常会遇到求取某一平面的倾斜角度，比如：坡面的坡度，就需要引入最大斜度线的概念。

（2）平面内相对于某一投影面的最大斜度线垂直于平面内该投影面的平行线。

如图 2-36，平面 P 相对于 H 面的最大斜度线 AC 垂直于水平线 AB 和 CD（直线 CD 是平面 P 的水平迹线，属于特殊的水平线）。在 H 面中，最大斜度线 AC 的投影与水平线 AB 和 CD 的投影相互垂直。

【**例 2-9**】 如图 2-37（a）所示，利用△ABC 的两面投影求△ABC 相对于 H 面的倾角。

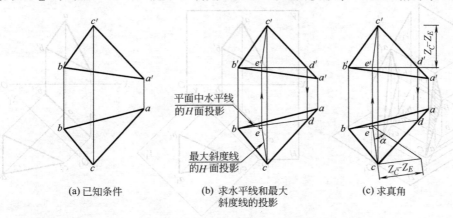

(a) 已知条件　　(b) 求水平线和最大斜度线的投影　　(c) 求真角

图 2-37　利用最大斜度线求取平面倾角

分析：平面内最大斜度线的倾角等于平面的倾角，所以求平面相对于 H 面的倾角其实就是求平面内 H 面最大斜度线的倾角。在 H 面中最大斜度线与平面内的水平线的投影相互垂直，而平面内的水平线的作法前面已经介绍过了，由此可以得出解题思路。

作法如下。

（1）作平面内的水平线。在 V 面中经过 b' 作水平线，与 $a'c'$ 交于点 d'，$b'd'$ 为水平线的 V 面投影，根据点的投影特性，作出平面内水平线的 H 面投影 bd[图 2-37（b）]。

（2）作最大斜度线。经过点 c 作 bd 的垂线，垂足为点 e，ce 为最大斜度线的 H 面投影，然后作出其 V 面投影［图 2-37（b）］。

（3）求倾角。如图 2-37（c）所示，利用直角三角形法求出最大斜度线相对 H 面的倾角，这个角就是平面相对于 H 面的倾角。

从上面的解题过程可以看出，这是一个比较综合的问题，这里包含了最大斜度线、平面中投影面平行线这两种特殊的元素，还运用了最大斜度线的特性、相互垂直两直线的投影规律，以及直角三角形法求一般位置直线倾角。在今后的学习和工作中经常会遇到这类问题，无论多么复杂的问题都是由一系列简单的问题构成，都可以将问题分解简化，然后再将其化零为整，这是解决制图问题经常采用的方法。

四、换面法

借助最大斜度线或者平面的特殊投影，可以得到平面相对于某一投影面的倾角。有时候还需要得到平面的真实大小，对于投影面平行面可以利用其投影直接求得，但是像投影面垂直面和一般位置平面该如何求取呢？其中投影面的垂直面较为简单，并且使用的频率较高，所以我们重点介绍投影面垂直面实形的求作方法。

举一个简单的例子，每一个人都有照镜子的经验，如果你不是正对着镜子，在不转动身体的前提下又想照到正面该怎么做？很简单，那就是在你的面前再立一面镜子，是不是？尽管镜面成像与投影形成还是有区别，但是不妨将投影面看成平面图形的镜子，要想得到实形，就得在它的"面前"设立一个新的镜面（投影面），就像图 2-38（a）所示。△ABC 垂直于 H 面，与 V 面是倾斜的关系，而新设立的 V_1 面与 △ABC 相互平行，则在 V_1 面中，△ABC 的投影反映实形。如果用新设立的 V_1 面替换原来的 V 面，那么在 V_1 面中就可以得到 △ABC 的实际大小了。这种利用更换投影面求取平面实形的方法称为**换面法**。

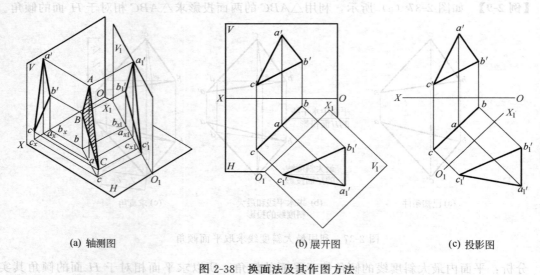

(a) 轴测图　　　　　　　　　(b) 展开图　　　　　　　　　(c) 投影图

图 2-38 换面法及其作图方法

具体说：**换面法是保持几何元素的位置不动，在两投影面体系中，保留一个投影面，用一个与保留投影面相互垂直的新投影面替换另一个投影面，从而组成一个新的投影体系，使得几何元素处于有利于解题的位置**。应该注意新建的投影面需要具备以下条件。

（1）新建的投影面应该垂直于保留的投影面，这样两个投影面才可以组成新的投影体系。

（2）新投影面的位置应该处于有利于解题的位置，也就是说新投影面应该尽量平行于求解的平面图形。

第一个条件是基本条件，而第二个条件是希望达到的效果，但是这种效果有时候需要经过多次换面才可能达到。对于投影垂直面只要经过一次换面，新的投影面就可以同时具备这两个条件。

通过对图 2-38（a）的观察，你是否发现了什么规律？

首先，△ABC 与 H 面垂直，在 H 面中投影聚积成一条直线，与 V 面倾斜，是用新投影面 V_1 面替换了 V 面，所以在换面法中保留的是聚积投影所在的投影面，也就是平面垂直的投影面，而替换的是非聚积投影所在的投影面，这是第一点。其次，V_1 面与 H 面垂直，所以 V_1 面是一个铅垂面，按照前面所介绍的投影面垂直面的设立方法，只要在 H 面中作一条直线并进行标注就可以实现，这条线也就是 V_1 与 H 面的交线——新的投影轴。除了垂直于 H 面，V_1 还要平行于△ABC，因此新的投影轴与△ABC 在 H 面的聚积投影应该相互平行，这是第二点。还有呢，你注意到 V 面投影和 V_1 面投影之间的关系了吗？点的 V 面投影到原投影轴的距离和 V_1 面投影到新投影轴的距离都等于点到 H 面的距离（点的投影规律二），也就是说替换前后，新旧投影到对应投影轴的距离相等，这是换面法最主要的作图原理。在此基础之上，将投影体系展开，前面所述的关系仍然成立。如图 2-38（b）所示，利用换面法求投影面垂直面实形的作图过程。

（1）换新面。首先确定保留和替换的投影面，保留的是聚积投影所在投影面，替换的是非聚积投影所在投影面。

（2）作新轴。在聚积投影的一侧作投影的平行线，这就是新投影面的新投影轴。

（3）作垂线。分别经过保留投影向新投影轴作垂线。

（4）量距离。在垂线上从新投影轴向另一侧量取替换投影到替换投影轴的距离，得到新投影。

（5）连图形。将新投影依次连接，即得平面的实形。

图 2-39（a）是利用换面法作正垂面的实形。在许多投影图中投影轴可以省略，以简化作图步骤。如图 2-39（b）所示，可以利用平面图形上保留投影面的平行线求取△ABC 的实形，其作图方法与图 2-39（a）相似，只不过不再是以 OX 轴作为基准量取距离，而是以平面中过点 A 的正平

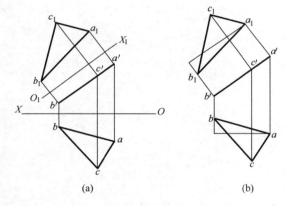

图 2-39　换面法求作正垂面的实形

线作为基准，量取的是其它各点到基准线（正平线）的距离，也就是点 B 和点 C 相对于点 A（基准点）的前后距离差。

求取平面的实形仅是换面法应用的一个方面，除此之外，求取直线的实长、求取距离、求取平面、直线的夹角等，都可以利用换面法解答。在这里就不一一列举，如果对这些内容感兴趣，请参阅相关资料。

本　章　小　结

（1）介绍投影的基本理论。

（2）投影体系：投影体系的组成及其各部分名称，投影体系的展开等。

（3）点的投影：点的投影规律、绘制方法，点的投影与点的坐标的关系，点与点的相对

位置关系以及重影点。

(4) 直线的投影：特殊直线的投影特征及读图的方法，直角三角形法求一般位置直线的真长，直线上点的投影的求取方法，直线与直线的相对位置关系及其投影特征。

(5) 平面的投影：平面的投影及其读图方法，设立投影面垂直面的方法，平面内点、线、图形投影的绘制，利用最大斜度线求平面的倾角，利用换面法求投影面垂直面的实形。

本 章 重 点

(1) 点的投影规律，这是研究投影的基础。
(2) 利用直角三角形法求一般位置直线的真长和真角。
(3) 相互垂直的两直线，其中一条直线为投影面平行线时两条直线的投影特征。
(4) 利用最大斜度线求平面相对于投影面的倾角。
(5) 换面法求取平面的实形。
(6) 求解点、线、面的综合问题。常见的类型：直线定点，平面定点、定线，作投影面垂直面，作某一平面的平行线，作平行平面等。

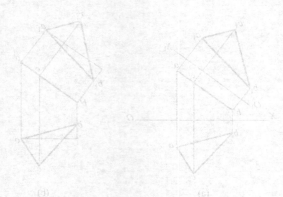

第三章 曲线与曲面的投影

第一节 曲 线

一、曲线的投影及其分类

曲线可以看成点的运动轨迹，是一系列点的集合。如图 3-1（a）所示，曲线的投影就是由曲线上各点的同面投影顺次连接而成；曲线上的点的投影一定在曲线的同面投影上。

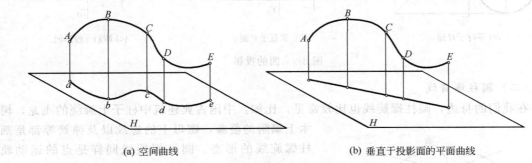

(a) 空间曲线　　　　　　　　　(b) 垂直于投影面的平面曲线

图 3-1　曲线的投影

按照曲线上点的空间位置关系分为：平面曲线和空间曲线两种。空间曲线的投影是平面曲线 [图 3-1（a）]；平面曲线的投影仍然是平面曲线，但当平面曲线垂直于投影面时平面曲线的投影聚积为直线 [图 3-1（b）]。

按照点的运动轨迹有无规律将曲线分为：有规律曲线和无规律曲线。有规律的曲线包括：圆周、椭圆、正弦曲线、余弦曲线、抛物线、螺旋曲线等。无规律的曲线在园林设计中，尤其是自然式园林中较为多见，因为无规律可循，所以往往借助曲线上主要的点来确定曲线，并且点取得越多，曲线越圆滑。

二、常用的有规律曲线

（一）圆

圆是设计中最为常用的平面曲线，圆的投影有三种情况。

1. 平行于投影面

（1）在所平行的投影面中反映实形；

（2）其它两个投影面中聚积成一条直线。

2. 垂直于投影面

（1）在所垂直的投影面中聚积成一条直线，长度等于圆的直径；

（2）其它两个投影面中的投影为椭圆，长轴是平行于这一投影面的直径的投影，短轴是圆周内作为投影面最大斜度线的直径的投影，如图 3-2 所示。

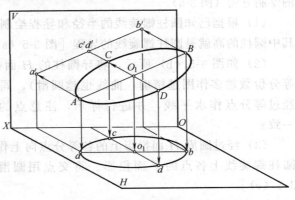

图 3-2　垂直于投影面的圆的投影

3. 倾斜于投影面

所有的投影都是椭圆，长轴是平行于这一投影面的直径的投影，短轴是作为这一投影面的最大斜度线的直径的投影。

三种情况的圆周的投影见图 3-3。

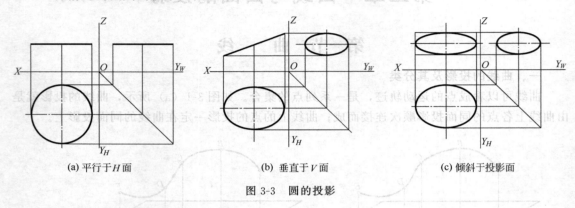

(a) 平行于 H 面　　　　　　(b) 垂直于 V 面　　　　　　(c) 倾斜于投影面

图 3-3　圆的投影

（二）圆柱螺旋线

在我们的身边，圆柱螺旋线也比较常见，比如：中国古典建筑中柱子上缠绕的飞龙，树木上攀附的蔓藤，螺母上的螺纹以及弹簧等都是圆柱螺旋线的形态。圆柱螺旋线同样是点的运动轨迹：如图 3-4 所示，点 M 沿着一条直线做匀速直线运动，与此同时，这条直线绕着与其平行的轴线做等速圆周运动，动点 M 的轨迹就是一条圆柱螺旋线。直线旋转形成的圆柱面称为圆柱螺旋线的导圆柱，直线与轴线的垂直距离称为圆柱螺旋线的半径，直线旋转一周（360°）动点 M 在直线上移动的距离称为圆柱螺旋线的一个导程。圆柱螺旋线的运动方向如果符合右手定律则为右旋圆柱螺旋线，如果符合左手定律则为左旋圆柱螺旋线。

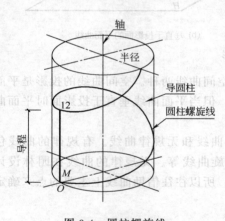

图 3-4　圆柱螺旋线

对于圆柱螺旋线只要给定了半径和导程就可以绘制其投影。现在以轴线垂直于 H 面的右旋圆柱螺旋线为例，介绍圆柱螺旋线一个导程内投影的绘制方法（图 3-5）。

（1）根据已知圆柱螺旋线的半径和导程绘制出圆柱螺旋线导圆柱的 H 面和 V 面投影，其中圆柱的高就是圆柱螺旋线的导程 [图 3-5（a）]。

（2）如图 3-5（b）所示，将导圆柱的 H 面投影等分若干等份（图中等分成 12 等份，等分份数越多作图越精确，曲线也越圆滑），同时在 V 面投影中将导程等分成相同等份，经过等分点作水平线，并进行标示，注意点的排列顺序应该与圆柱螺旋线的旋转方向一致。

（3）经过圆周 H 面投影上的各等分点向上作铅垂线，与对应标号的水平线相交，得到圆柱螺旋线上各点的 V 面投影。将交点用圆滑曲线相连，即得所求的圆柱螺旋线 [图 3-5（c）]。

（4）最后判定投影的可见性 [图 3-5（d）]。

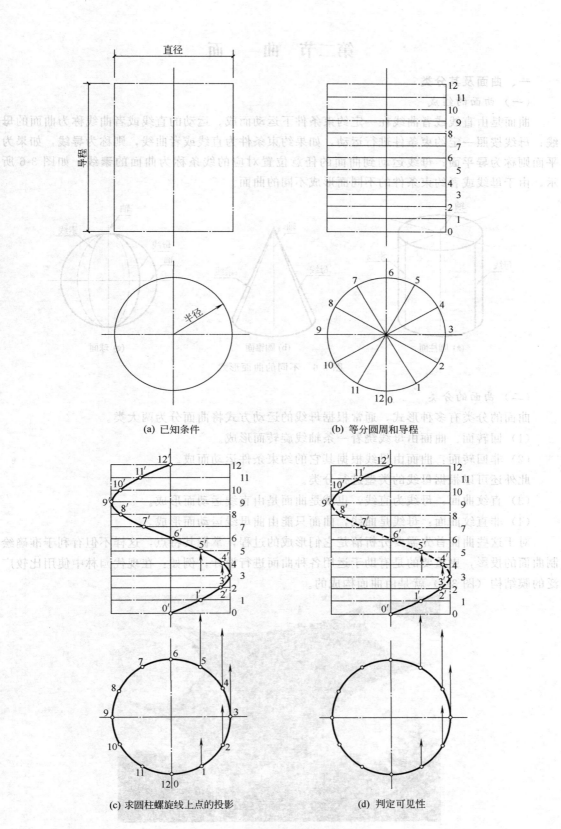

图 3-5　圆柱螺旋线的画法

第二节 曲　　面

一、曲面及其分类

（一）曲面的组成

曲面是由直线或者曲线在一定约束条件下运动而成。运动的直线或者曲线称为曲面的**母线**；母线按照一定约束条件进行运动，如果约束条件为直线或者曲线，则称为**导线**，如果为平面则称为**导平面**；母线运动到曲面的任意位置对应的线条称为曲面的**素线**。如图 3-6 所示，由于母线或者约束条件的不同而形成不同的曲面。

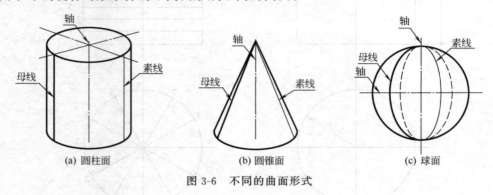

图 3-6　不同的曲面形式

（二）曲面的分类

曲面的分类有多种形式，通常根据母线的运动方式将曲面分为两大类。

（1）回转面：曲面由母线绕着一条轴线旋转而形成。

（2）非回转面：曲面由母线根据其它的约束条件运动而成。

此外还可以根据母线的类型进行分类。

（3）直纹曲面：母线为直线，也就是曲面是由直线运动而形成。

（4）非直纹曲面：母线是曲线，曲面只能由曲母线运动而形成。

对于这些曲面首先需要分析清楚它们形成的过程，掌握其特点，这样不但有利于准确绘制曲面的投影，更重要的是有助于运用各种曲面进行设计，例如：在现代园林中使用比较广泛的膜结构（图 3-7）就是由曲面构成的。

图 3-7　膜结构

二、回转面

如前所述,回转面就是由直母线或者曲母线绕着一条轴线旋转而成的曲面。如图 3-8 (a) 所示,曲母线上的任意一点的运动轨迹都是圆,这个圆称为曲面的**纬圆**。轴线与投影面垂直的回转面是比较多见的,这类回转面的投影具有共同的特点 [图 3-8 (b)]。

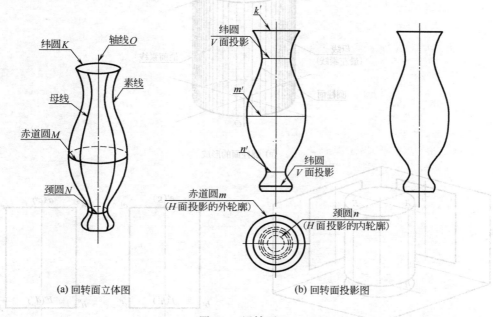

图 3-8 回转面

(1) 纬圆在轴线垂直的投影面中的投影反映实形,并且是以轴线聚积投影为圆心的一组同心圆。

(2) 纬圆在其它投影面中聚积成一系列相互平行的线段,聚积投影都垂直于回转面的轴线的投影,长度等于该纬圆的直径。

(3) 当曲母线圆滑连续的时候,曲面上直径最大的纬圆称为赤道圆,直径最小的纬圆称为颈圆。如图 3-8 (b) 所示,在 H 面中,赤道圆 M 是曲面的外部轮廓,颈圆 N 是曲面的内部轮廓。

下面介绍几种比较常见的回转面。

(一) 圆柱面

圆柱面是由一条直母线绕着与母线平行的轴线旋转而成。当圆柱面的轴线垂直于 H 面时,圆柱面的投影如图 3-9。

可见圆柱面在所垂直的投影面中的投影聚积成一个圆周,圆周的圆心为轴的聚积投影;另外两面投影都是矩形,是由两个底圆的聚积投影和圆柱面的轮廓素线的投影构成。在圆柱面中有四条重要素线,即对应圆周四分点的素线,如图 3-9 (a) 所示,四条主要素线是最左、最右、最前和最后四条素线。圆柱面 V 面投影的轮廓线是由最左和最右的两条素线构成,圆柱面被其分成前半部分和后半部分,V 面中前半部分可见,后半部分被遮挡;而 W 面中投影的轮廓线对应的是最前和最后的两条素线,它们将圆柱面分为左半部分和右半部分,W 面中圆柱面的左半部分可见,右半部分被遮挡。明确四条主要轮廓素线投影的位置,将有助于分析圆柱面的可见性,从而判断圆柱面上的点或者线的可见性。

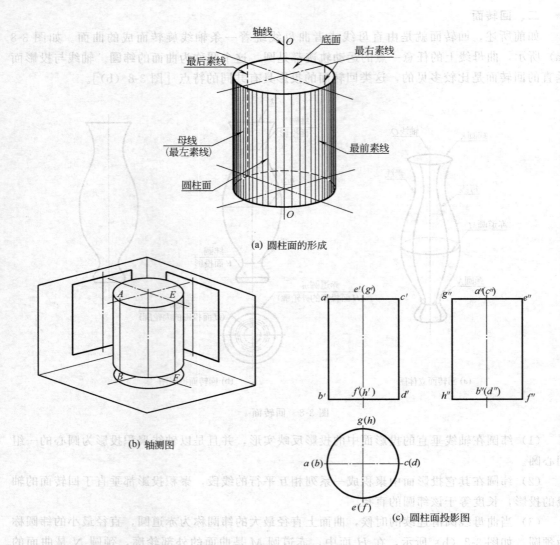

图 3-9 圆柱面

与平面相同，曲面上的点、线同样也是借助曲面上的线来确定的。对于求回转面上的点或者线的投影的问题最常用的方法就是利用曲面上的纬圆或者素线来求解，前者称为纬圆法，后者称为素线法。其原理是：在回转面上，一定能够找到一个纬圆或者一条素线包含所求点，利用这一关系就可以将问题解决。

【例 3-1】 已知圆柱面的三面投影，以及圆柱面上的一点 K 和一曲线 MN 的一个投影，补全其它投影 [图 3-10（a）]。

分析：首先需要找到包含所求点（或线）的纬圆或者素线。应该注意的是在 H 面投影中圆柱面，包括圆柱面上的点或者线都要聚积在同一个圆周之上，可以利用聚积投影求解。此外，不要忘记点或者线的可见性判定。

作法如下。

(1) 补全点 K 的投影 [图 3-10（b）]。因为点 K 的 V 面投影可见，所以点 K 应该位于圆柱面的左前部分，作出经过点 K 的素线的投影，根据直线上点的投影特性确定点 k 的其

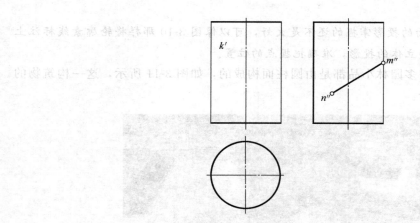

(a) 已知条件

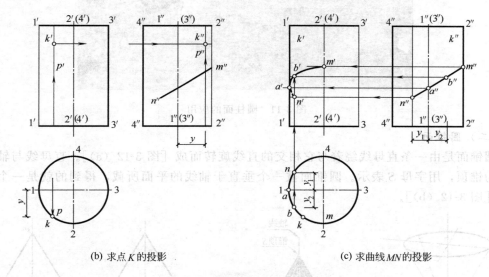

(b) 求点K的投影　　　　　　　　　　(c) 求曲线MN的投影

图 3-10　圆柱面上的点和线

它投影。

📖小提示　在求作投影的时候可以将45°线省略，利用所求点与基准点的相对距离求解。

本例中求取包含点 K 的素线 P 的 W 面投影时，以轴线的 H 面投影作为基准，量取点 k（素线 P 的聚积投影）与轴的前后距离差，也就是两者沿着 OY 轴方向的垂直距离。在 W 面中，在轴线 W 面投影的右侧（实际上应该是轴线的前侧）量取相同长度，即得素线 P 的 W 面投影 p''，点 k'' 可求。

最后判定可见性。因为点 K 是位于圆柱的左前表面上，所以三面投影都是可见的。

（2）补全线 MN 的投影 [图 3-10（c）]。线 MN 并不是直线而是曲线，所以除了点 M 和点 N 之外，还需要在曲线上再找几个中间点，如图中的点 A 和点 B。首先绘制在轮廓素线上的点——点 M 和点 A 的投影，然后运用素线法求出点 N 和中间点点 B 的投影。

（3）在 V 面中，曲线 MN 以点 A 为界，$\overset{\frown}{ABM}$ 位于前半圆柱上，所以 $\overset{\frown}{ABM}$ 的 V 面投影可见；而曲线 $\overset{\frown}{AN}$ 位于后半圆柱上，因此 V 面投影不可见性，如图 3-10（c）所示，$a'b'm'$

是实线，$\overparen{a'n'}$ 是虚线。

📖**小提示** 如果对于曲面的投影掌握的还不是太好，可以像图 3-10 那样将轮廓素线标注上字母，以便更好理解曲面立体的投影，准确把握点的位置。

在园林设计中，有许多园林小品都是由圆柱面构成的，如图 3-11 所示，这一构筑物的顶棚就是圆柱面的一部分。

图 3-11 圆柱面的应用

（二）圆锥面

圆锥面是由一条直母线绕着与它相交的直线旋转而成 [图 3-12（a）]。直母线与轴的交点称为锥顶，用字母 S 表示。圆锥面被一个垂直于轴线的平面所截，得到的就是一个正圆锥面 [图 3-12（b）]。

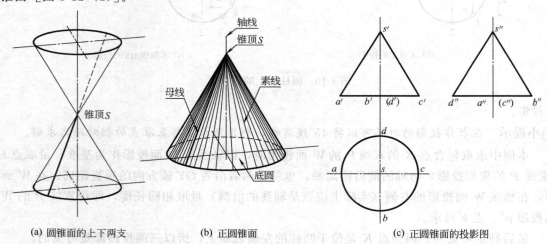

(a) 圆锥面的上下两支　　(b) 正圆锥面　　(c) 正圆锥面的投影图

图 3-12 圆锥面

如果正圆锥面的轴线垂直于 H 面，它的三面投影如图 3-12（c）所示。圆锥面的 H 面投影也是一个圆，与圆锥面的底圆等大，这一圆周及其内部是圆锥面上所有点的 H 面投影的集合。V 面投影和 W 面投影都是等腰三角形，三角形的"腰"是圆锥面四条特殊的素线——轮廓素线。V 面投影对应的是最左（$s'a'$）和最右（$s'c'$）的两条素线，圆锥面的前半部分可见，后半部分不可见；W 面投影对应的是最前（$s''b''$）和最后（$s''d''$）的两条素线，左半部分可见，右半部分不可见。等腰三角形的底是圆锥面底圆的聚积投影，长度等于底圆的直径。

【例 3-2】 已知圆锥面上一点 A 的 V 面投影，求点 A 的其它投影 [图 3-13 (a)]。

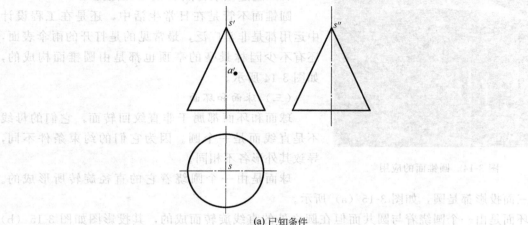

(a) 已知条件

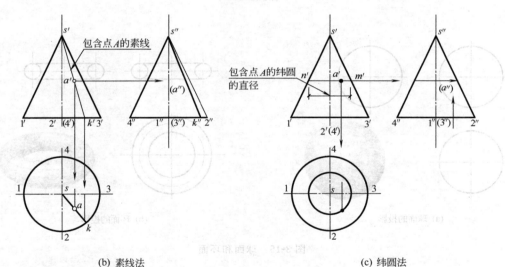

(b) 素线法　　　　　　　　　　　　(c) 纬圆法

图 3-13　求取圆锥面上的点

分析：圆锥面上的点也可以运用素线和纬圆求作。

作法一：素线法 [图 3-13 (b)]

(1) 连接 $s'a'$，延长与底圆投影交于点 k'，SK 是包含点 A 的一条素线。

(2) 经过点 k' 向下作铅垂线，与 H 面的右前圆周的交点就是点 K 的 H 面投影，连接 sk，得素线 SK 的 H 面投影。

📖 **小提示**　根据已知条件，点 a' 可见，所以包含点 A 的素线 SK 应该在圆锥面的前半部分。

(3) 根据点的投影特性，得到点 A 的 H 面、W 面投影，并判定可见性。

作法二：纬圆法 [图 3-13 (c)]

(1) 经过点 a' 作水平线，与轮廓素线的 V 面投影交于点 m' 和点 n'，$m'n'$ 是包含点 A 的

61

纬圆在 V 面中的聚积投影，长度等于纬圆的直径。

（2）在 H 面中以 s 点为圆心，以 $1/2m'n'$ 为半径作圆，这就是纬圆的 H 面投影，经过点 a' 的铅垂线与纬圆 H 面投影的前半圆相交，交点就是点 A 的 H 面投影 a。

（3）通过量取得点 A 的 W 面投影 a''

圆锥面不管是在日常生活中，还是在工程设计中运用都是非常广泛，最常见的是打开的雨伞表面，还有不少园林景亭的亭顶也都是由圆锥面构成的，如图 3-14 所示。

（三）球面和环面

球面和环面都属于非直纹回转面，它们的母线不是直线而是一个圆。因为它们的约束条件不同，导致其外形各不相同。

球面是由一个圆绕着它的直径旋转所形成的。

图 3-14　圆锥面的应用

它的三面投影都是圆，如图 3-15（a）所示。

环面是由一个圆绕着与圆共面但在圆之外的直线旋转而成的，其投影图如图 3-15（b）所示。

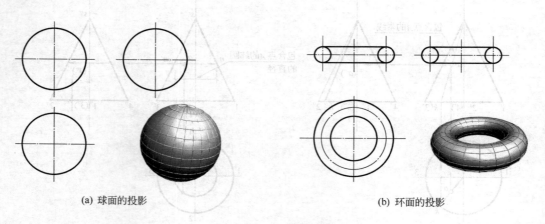

(a) 球面的投影　　　　　　　　　　(b) 环面的投影

图 3-15　球面和环面

三、非回转直纹面

非回转面中比较常用的是母线为直线的非回转直纹面，如：柱面、锥面、锥状面等。

（一）柱面

柱面是一直线（母线）沿着一曲导线并平行于一条直导线运动而形成，如图 3-16 所示。绘制柱面的投影时，必须画出曲导线、直导线母线和一系列素线的投影，相邻两条素线的投影相互平行。

柱面根据垂直于轴的截面（正截面）与柱面的交线（正截交线）的形状命名，图 3-17（a）中柱面的正截交线是一个椭圆，但因为它的水平截面是圆周，并且轴线倾斜，所以称为斜圆柱面；图 3-17（b）是一个椭圆柱面，而圆柱面是特殊的柱面 [图 3-17（c）]。

柱面的应用比较广泛，常用作建筑物或者构筑物的屋面，如图 3-18 所示，这一构筑物的顶棚就是柱面，形式简单，但造型优美。

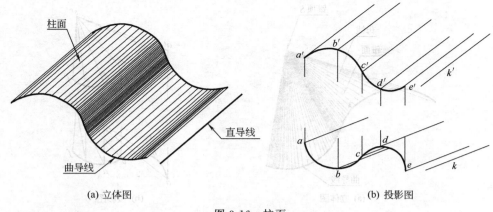

图 3-16 柱面

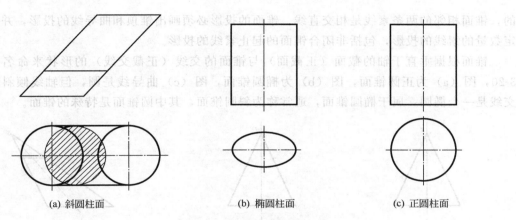

图 3-17 常见柱面形式

图 3-18 柱面的应用

（二）锥面

直母线沿着一条曲线运动，并始终经过一点，形成的曲面称为锥面（图 3-19）。那一定点称为锥顶，曲导线可以是平面曲线，也可以是空间曲线，可以是封闭的，也可以是开敞

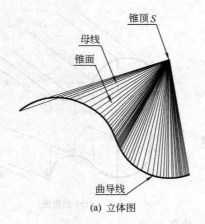
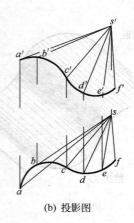

(a) 立体图　　　　　　　　　　(b) 投影图

图 3-19　锥面

的，锥面相邻的两条素线是相交直线。锥面的投影必须画出锥顶和曲导线的投影，并画出一定数量的素线的投影，包括非闭合锥面的起止素线的投影。

锥面根据垂直于轴的截面（正截面）与锥面的交线（正截交线）的形状来命名。如图3-20，图（a）为正圆锥面，图（b）为椭圆锥面，图（c）曲导线是圆，但轴线倾斜，正截交线是一个椭圆，属于椭圆锥面，通常称为斜圆锥面，其中圆锥面是特殊的锥面。

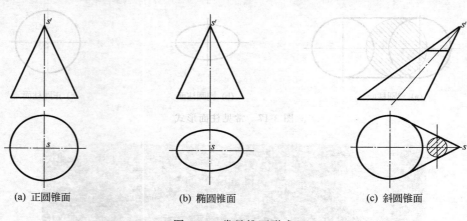

(a) 正圆锥面　　　　　　(b) 椭圆锥面　　　　　　(c) 斜圆锥面

图 3-20　常见锥面形式

（三）锥状面和柱状面

锥状面是由直母线的两个端点分别沿着一条直导线和一条曲导线运动，并始终平行于一个导平面而形成的曲面（图 3-21）。

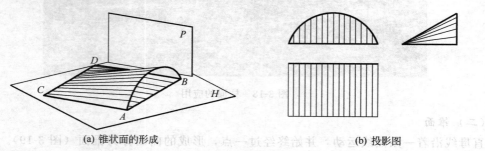

(a) 锥状面的形成　　　　　　　　　　(b) 投影图

图 3-21　锥状面

在绘制锥状面的投影的时候，需要画出直导线、曲导线和导平面的投影，以及一系列素线的投影。当导平面平行于投影面时，导平面的投影一般省略。

柱状面是由直母线上两个端点分别沿着两根曲导线运动，并始终平行于导平面 P 而形成的，如图 3-22（a）所示，图 3-22（b）是柱状面的投影，绘制方法同锥状面。

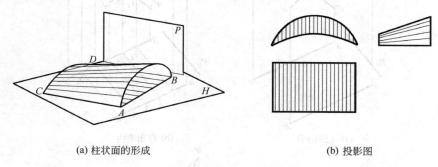

(a) 柱状面的形成　　　　　　　　　　(b) 投影图

图 3-22　柱状面

（四）双曲抛物面

双曲抛物面，又称翘平面，是由直母线的两个端点分别沿着两条交叉的直导线运动，并始终平行于一个导平面而成的（图 3-23）。

如果给定双曲抛物面的两条直导线 AB、CD 和导平面 P [图 3-24（a）] 就可以确定这一双曲抛物面的投影。具体作图步骤如下：

（1）等分 ab 为 6 等分（分得越细，绘制得越精确），得各等分点的 H 面、V 面投影 [图 3-24（b）]。

（2）经过等分点 1、2、3、…、6 作 P_H（平面 P 在 H 面的迹线）的平行线，

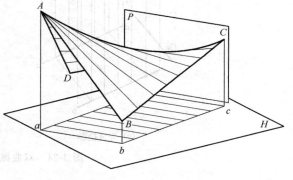

图 3-23　双曲抛物面

交 cd 于点 1_1、2_1、3_1、…、6_1，分别找到对应的 V 面投影 $1_1'$、$2_1'$、$3_1'$、…、$6_1'$ [图 3-24（b）]。

（3）在 V 面中，连接对应点，得到各条素线的投影。

（4）作出与各素线 V 面投影相切的包络线，是一条抛物线，即完成双曲抛物面的投影绘制 [图 3-24（c）]。

如果以素线 AC 和 BD 为导线，导线 AB 和 CD 为母线，以平行于 AB 和 CD 的平面 Q 为导平面，也可以形成一个双曲抛物面，其形状与刚刚绘制的双曲抛物面相同，如图 3-24（d）所示。因此，同一个双曲抛物面可以有两组素线，各对应不同的导线和导平面，同一组素线为交叉直线，而每一素线与另一组对应素线为相交直线。

当两个方向的导平面都垂直于 H 面时，双曲抛物面的水平截交线是双曲线，正平面和侧平面的截交线是抛物线。如果水平面经过曲面的中心，它的截交线为两条相交的直线，是两组双曲线的渐近线；而过中心的正平面和侧平面的截交线是抛物线，分别对应曲面 V 面投影和 W 面投影的轮廓线。

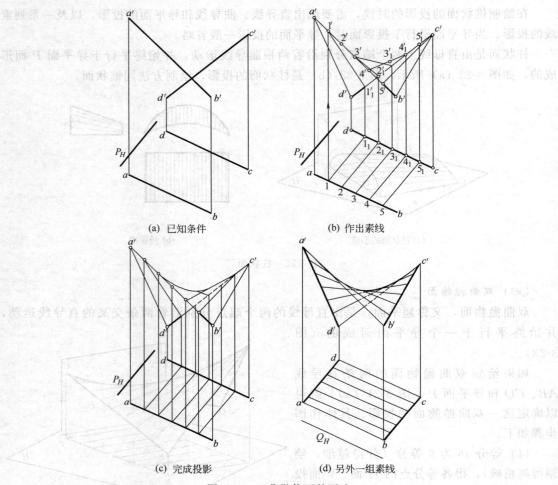

图 3-24 双曲抛物面的画法

第三节 平螺旋面

平螺旋面是锥状面的一种，它的曲导线是一根圆柱螺旋线，而直导线是该圆柱螺旋线的轴线，当直母线运动时，一端沿着曲导线运动，另一端沿着直导线运动，但始终与轴线垂直，如图 3-25 所示。

一、平螺旋面投影的绘制

平螺旋面分为完整的平螺旋面和中空的平螺旋面，它们的组成基本相同，都是由圆柱螺旋线（中空的为两条）和一系列素线（包括直母线）构成，所以绘制平螺旋面的投影可以看成各组成要素投影的组合。下面以垂直于 H 面的完整的平螺旋面为例介绍平螺旋面投影的绘制方法。如图 3-26（a）所示，已知平螺旋面的半径和导程，求作平螺旋面的两面投影。

（1）根据已知条件，按照第一节中介绍的步骤绘制曲导线——圆柱螺旋线的两面投影。

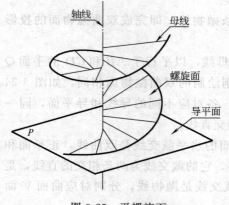

图 3-25 平螺旋面

(2) H 面中,连接圆柱螺旋线上的等分点与轴线的聚积投影,得到平螺旋面素线的 H 面投影。

(3) V 面中,经过圆柱螺旋线上各等分点向轴线投影引垂线,得到素线的投影,即得完整平螺旋面的投影 [图 3-26(b)]。

中空的平螺旋面可以看成一个完整的平螺旋面截去一个小圆柱,如图 3-26(c),小圆柱与平螺旋面的截交线是一条圆柱螺旋线,它与第一条曲导线同轴同导程但半径不同。

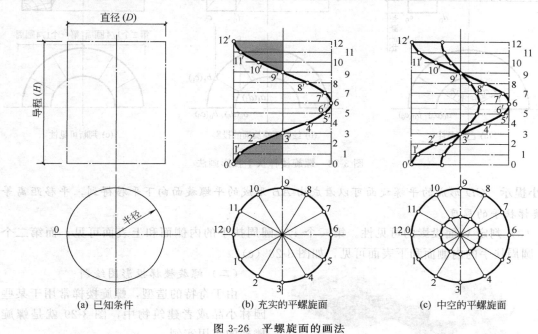

(a) 已知条件　　　　　(b) 充实的平螺旋面　　　　(c) 中空的平螺旋面

图 3-26　平螺旋面的画法

二、平螺旋面的应用

(一) 螺旋楼梯扶手投影图绘制

平螺旋面应用很广,最为常见的就是螺旋楼梯及其附属的构件。首先让我们来看一下螺旋楼梯楼梯扶手(图 3-27)投影的画法。

如图 3-28 所示,螺旋楼梯扶手可以看成由矩形 $ABCD$ 四个顶点做螺旋运动形成的四条圆柱螺旋线构成的。运动后 AD 和 BC 边形成内外圆柱面的一部分,组成扶手的内外侧面;AB 和 CD 形成两个平螺旋面,组成扶手的上下表面,这两个平螺旋面半径、导程和轴线都相同,只是在垂直位置上相差一个楼梯扶手的厚度。在绘制楼梯扶手投影图时,上下表面的投影是关键部分,所以首先需要绘制两个平螺旋面,然后再判定其可见性。

(1) 根据平螺旋面的画法,作出 AB 形成的平螺旋面的 V 面投影。

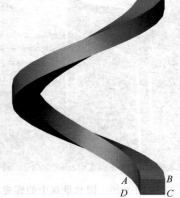

图 3-27　螺旋楼梯扶手效果

(2) 将上表面的各点向下平移一个楼梯扶手的厚度,并连接,作出 CD 形成的平螺旋面的 V 面投影 [图 3-28(b)]。

67

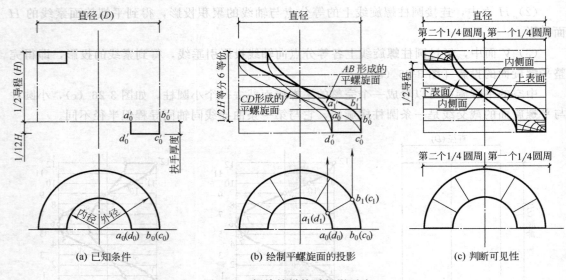

图 3-28 螺旋楼梯扶手投影画法

📖 **小提示** *CD* 形成的平螺旋面可以看成由 *AB* 形成的平螺旋面向下平移得到，平移距离等于楼梯扶手的厚度。

(3) 判定 V 面投影的可见性。第一个 1/4 圆周扶手的内侧面和上表面可见，而第二个 1/4 圆周扶手的内侧面和下表面可见，如图 3-28（c）。

（二）螺旋楼梯投影图绘制

由于奇特的造型，螺旋楼梯常用于某些园林小品或者建筑物中，图 3-29 就是螺旋楼梯的应用实例。

在绘制螺旋楼梯投影图之前，需要先了解一下楼梯的构造，也就是由哪些表面构成的，如图 3-30 所示，楼梯是由楼梯板和台阶组成，而台阶又是由踢面、踏面以及两个侧面组成。从图 3-31 上可以看出螺旋楼梯的组成与普通楼梯相同，楼梯板和前面介绍的楼梯扶手作法相同，都是由平螺旋面构成的。楼梯踢面是一系列铅垂面，在 H 面中聚积成直线，在 V 面中的投影是矩形。楼梯踏面是一系列水平面，在 H 面中反映实形——呈扇形，在 V 面中聚积成直线。所以踢面和踏面的投影都可以利用特殊平面的聚积性进行绘制。

图 3-29 园林景观中的螺旋楼梯

如图 3-32（a）所示，已知螺旋楼梯的内外半径、踢面高度和楼梯板厚度，并规定一个导程中有 12 级台阶。根据已知条件绘制螺旋楼梯的 V 面投影，具体作法如下。

(1) 作楼梯板的投影 [图 3-32（b）]。作法与楼梯扶手相同。根据已知条件应该将螺旋

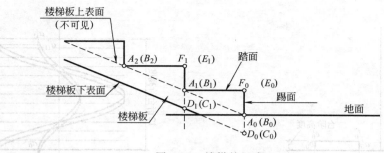

图 3-30 楼梯的组成

楼梯的 H 面投影等分为 12 等份（旋转一周的台阶数）。楼梯板的上表面就是台阶所在的表面，所以在这一平螺旋面的基础上作台阶的投影。

📖 **小提示** 平螺旋面的导程是台阶高度的 12 倍，而非楼梯板厚度的 12 倍。

（2）绘制第一级台阶的 V 面投影。第一级台阶由踢面 $A_0B_0E_0F_0$、踏面 $A_1B_1E_0F_0$ 以及台阶的两个侧面组成。踢面 $A_0B_0E_0F_0$ 是正平面，在 V 面中反映实形，其中 A_0B_0 是楼梯板上表面的第一条素线，经过 $a'_0b'_0$ 作高度为 1/12 导程（台阶的高度）的矩形，得到第一级台阶踢面的 V 面投影 $a'_0b'_0e'_0f'_0$。第一级台阶的踏面 $A_1B_1E_0F_0$ 是一个水平面，H 面投影反映实形，V 面投影聚积成一条直线，其中 E_0F_0 是第一级台阶踢面的上端线，而 A_1B_1 是第二级台阶踢面的下端线，对应图中楼梯板上表面的第二条素线，在 H 面中对应第二条素线。找到点 A_1、B_1、E_0、F_0 的 V 面投影，连接各点得第一级台阶踏面的 V 面投影，如图 3-32（c）所示。

图 3-31 螺旋楼梯效果图

（3）绘制第二级台阶的 V 面投影。第二级台阶由踢面 $A_1B_1E_1F_1$、踏面 $A_2B_2E_1F_1$ 以及台阶的两个侧面组成。踢面 $A_1B_1E_1F_1$ 是铅垂面，经过 $a'_1b'_1$ 作高度为 1/12 导程（台阶的高度）的矩形，得到第二级台阶踢面的 V 面投影 $a'_1b'_1e'_1f'_1$。第二级踏面 $A_2B_2E_1F_1$ 是一个水平面，H 面投影反映实形，V 面投影聚积成一条直线，其中 E_1F_1 是第二级台阶踢面的上端线，而 A_2B_2 是第三级台阶踢面的下端线，在 H 面中对应第三条素线，找到各点的 V 面投影，连接各点得第二级台阶的 V 面投影，如图 3-32（d）所示。

（4）按照以上的方法作出其它级台阶的投影，需要注意的是起止位置的踢面都是正平面，V 面投影都反映实形，而 1/4 圆周和 1/2 圆周位置的踢面都是正垂面，V 面投影都聚积成直线，如图 3-32（e）所示。

（5）判定可见性，如图 3-32（f）所示。

在此基础上如果加上装饰线效果会更真实［图 3-32（g）］，还可以结合前面介绍的方法添加楼梯的扶手和栏杆。

尽管螺旋楼梯包含的平面、曲面较多，组成较为复杂，但作法仍然围绕着点、线、面的投影来绘制，在绘制过程中认真分析每一个构成元素的投影特征，许多问题就迎刃而解。

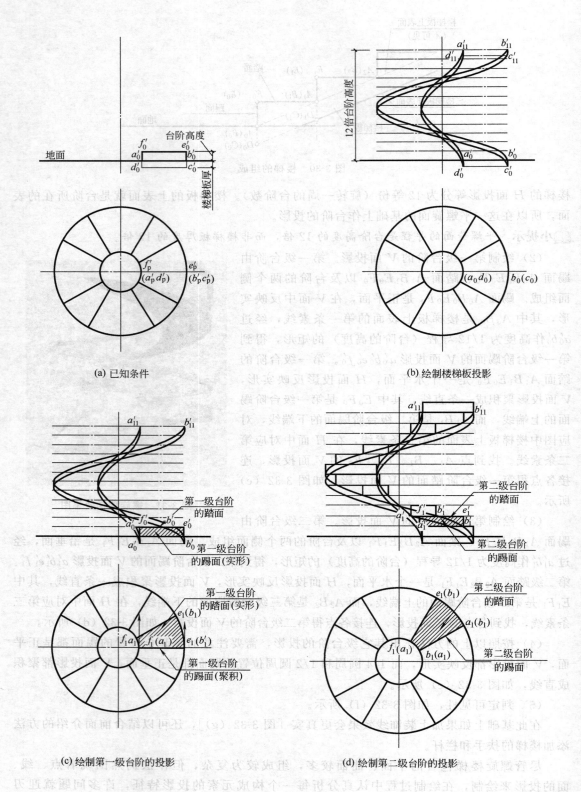

图 3-32 螺旋楼

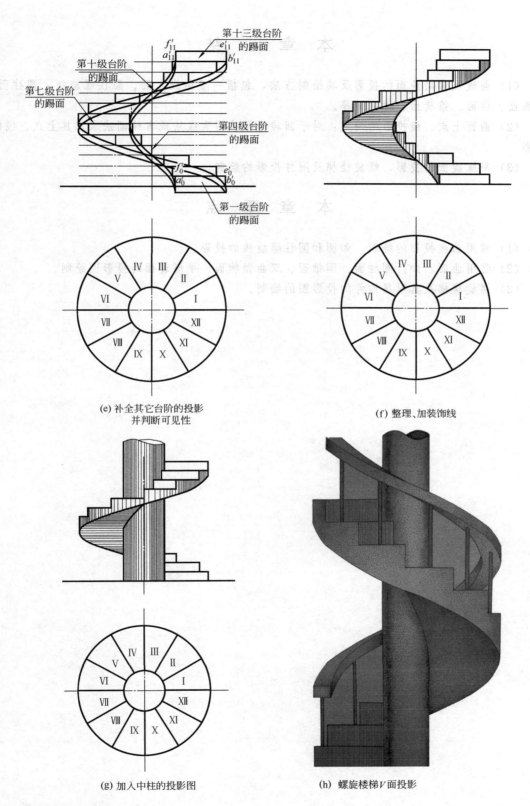

(e) 补全其它台阶的投影并判断可见性

(f) 整理、加装饰线

(g) 加入中柱的投影图

(h) 螺旋楼梯V面投影

梯投影图画法

本 章 小 结

(1) 曲线及常用曲面的投影及其绘制方法，包括一般曲线、圆、圆柱螺旋线、圆柱面、圆锥面、锥面、锥状面、柱状面等。

(2) 曲面上点、线投影的确定：对于回转面常采用素线法或者纬圆法求取其上点、线的投影。

(3) 平螺旋面的投影，螺旋楼梯及附件投影的绘制。

本 章 重 点

(1) 常用曲线投影的绘制，如圆和圆柱螺旋线的投影。
(2) 常用曲面，如：圆柱面、圆锥面、双曲抛物面、平螺旋面的投影图绘制。
(3) 螺旋楼梯及其附属构件的投影图的绘制。

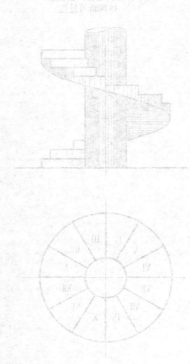

第四章 立体的投影

如图4-1所示，这座奇特的景亭其实就是由一个三棱锥（亭顶）和三个圆台（柱）组成的，有很多复杂的建筑物或者构筑物都是由简单的立体结构组合而成的。这些组成复杂形体的简单立体被称为基本几何形体，按照其表面的组成通常分为两大类：一类其表面皆由平面组成（如棱柱、棱锥）称为平面立体；另一类表面是由曲面和平面组成（如圆柱、圆锥）称为曲面立体。

图4-1 景亭

第一节 立体的投影

一、平面立体

（一）平面立体的投影

平面立体的各表面均为平面多边形，它们都是由直线段（侧棱或者底棱）构成，而每一棱线都是由两个端点（顶点）所确定，因此，绘制平面立体的投影，实质上就是绘制平面立体各多边形表面，也就是绘制各棱线和各顶点的投影。在平面立体的投影图中，可见棱线用实线表示，不可见棱线用虚线表示，借此可以区分可见表面和不可见表面。

常见的平面立体有棱柱和棱锥。

1. 棱柱

图4-2（a）是一个位于三面投影体系中的直立三棱柱，它是由三个铅垂的棱面（其中后棱面为正平面）和两个水平的顶面和底面组成。图4-2（b）是该三棱柱的三面投影图。从三棱柱的投影图中可看出：水平投影是一个三角形，它是三棱柱顶面和底面的重影，三角形的三条边分别是左、右、后三个棱面的聚积投影，三角形的三个顶点分别是三条铅垂棱线的聚积投影；V面投影中两个并列的矩形是三棱柱左、右两个棱面的投影，V面投影的外形轮廓则是三棱柱后侧棱面的投影（反映实形），上、下两条水平线是三棱柱顶面和底面的聚积

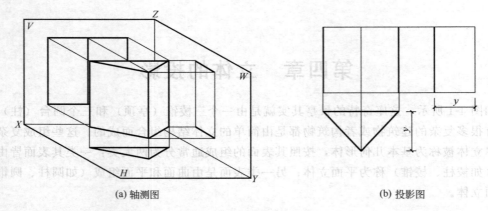

图 4-2 三棱柱及其投影

投影；W 面投影只是一个矩形，左、右二棱面在此重影，上、下两条水平线仍是顶面和底面的聚积投影，矩形左边线是三棱柱后侧棱面（正平面）的聚积投影。

2. 棱锥

图 4-3（a）是一个位于三面投影体系中的正三棱锥，锥底为水平面，后侧棱面为侧垂面，其它两个棱面则是一般位置平面。

从三棱锥的三面投影图中可看出：三棱锥的 H 面投影是由三个全等的三角形组成，它们分别是三个棱面的 H 面投影，投影的外轮廓是一个等边三角形，是三棱锥底面的投影（反映实形）；V 面投影由两个三角形组成，它们是三棱锥左、右棱面的投影，投影的外轮廓是一个等腰三角形，是后侧棱面的投影，其底边为锥底的聚积投影；W 面投影是一个三角形，是左、右棱面的重影，左侧的斜边是后侧棱面（侧垂面）的聚积投影，底边仍为锥底的聚积投影。

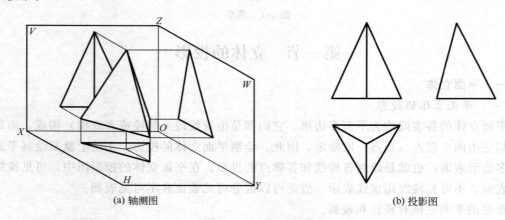

图 4-3 三棱锥及其投影

（二）平面立体上点、线、面的投影

求作平面立体表面上点（或线）的投影，实质上就是在平面上取点作线的问题。由于平面立体的棱面皆是平面多边形，因此，在具体作图时，把立体各棱面看成相对独立的平面，就可应用第二章第四节中求取平面中点、线的投影的方法解题。这其实就是问题简化的过程——将求取立体表面点的投影转化为求取平面上点的投影，然后再继续转化为求取直线上点的投影的问题。

但由于平面立体的各棱面存在着相对位置的差异,必然会出现投影的相互重叠,从而产生可见与不可见的问题,因此,对处于不同表面上点(或线)的投影,还要进行可见性的判定,并对其投影进行标示。

【例 4-1】 已知三棱柱的三面投影及其表面上的点 M 和点 N 的 V 面投影 m' 和 n',请补全点 M 和点 N 的投影(图 4-4)。

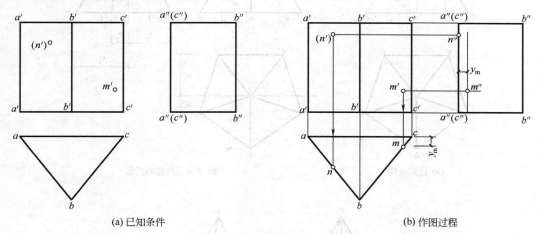

(a)已知条件　　　　　　　　　　　　　(b)作图过程

图 4-4　求三棱柱表面点的投影

分析:根据已知条件,M 点必在三棱柱右前侧的棱面上(因 m' 可见),而 N 点必在三棱柱的后侧棱面上(因 n' 不可见)。

作法如下。

(1)由于棱柱各棱面的 H 面投影具有聚积性,所以点 M 与点 N 的 H 面投影一定落在对应棱面的聚积投影上,分别经过点 m' 和点 n' 向下作铅垂线,与棱面聚积投影的交点就是两点的 H 面投影 m 和 n。

(2)按投影规律求出这两点的侧面投影 m'' 和 n''。

小提示　如图 4-4(b)所示,在求取点 M 的 W 面投影时,可以不借助 45°线,而是通过量取点的相对距离的方法求解。

【例 4-2】 已知五棱锥的两面投影及其表面上折线 MKN 的 V 面投影[图 4-5(a)],补全五棱锥及折线的投影。

分析:根据题中所给出的投影可知:点 M 和点 N 分别位于五棱锥的 SAB 和 SBC 棱面上,这两个棱面都是一般位置的平面,就需要在棱锥的棱面上作出过已知点的辅助线,然后再求出辅助线上该点的投影,也就是一般位置平面上定点的方法。

作法如下。

(1)补全五棱锥的投影[图 4-5(b)]。本例题中仍然运用量取距离差的方法确定五棱锥各顶点的投影。选定点 S 为基准点,定出点 s'' 的位置,然后在 H 面中量取各顶点的 H 面投影相对于点 s' 的前后距离差(OY 轴上的距离差),按照各顶点相对于点 S 的位置确定各点的 W 面投影。在 W 面中侧面 SAB 将侧面 SBC 遮挡住,侧面 SAE 将侧面 SCD 遮挡住,这两组侧面的投影重合;侧面 ADE 是一个侧垂面,在 W 面中聚积成一条直线。

(2)利用过 K 点且平行于底边的直线为辅助线求点 K 的投影[图 4-5(c)]。

① 点 K 在侧棱 SB 上,根据点的投影特征,作出点 K 的 W 面投影 k''。

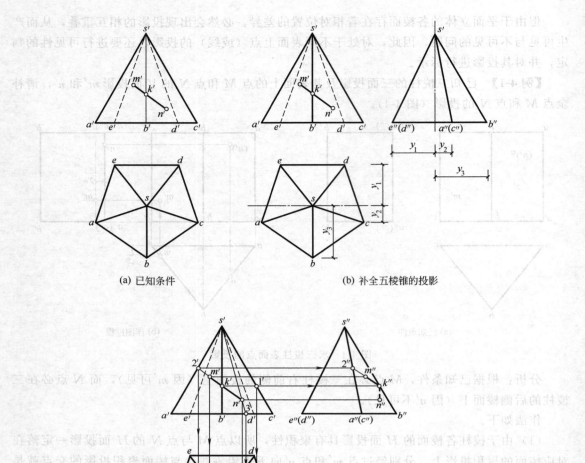

(a) 已知条件   (b) 补全五棱锥的投影

(c) 补全直线 MN 的投影

图 4-5 棱锥表面点的投影

② 在 V 面中，经过点 k' 作底边投影 $b'c'$ 的平行线，与 $s'c'$ 交于点 $1'$。

③ 作出点 Ⅰ 的 H 面投影点 1，经过点 1 作 bc 的平行线，与 sb 的交点就是点 K 的 H 面投影 k。

(3) 利用直线的延长线补全点 M 的投影 [图 4-5 (c)]。

① 延长 $k'm'$，与侧棱投影 $s'a'$ 交于点 $2'$。

② 作出直线 KⅡ 的 H 面投影和 W 面投影，根据直线上点的投影求取方法求出点 M 的其它投影。

📖 **小提示** 这种方法似曾相识，其实在 [例 2-9] 中求平面内直线 MN 的投影就采用了这种方法，如果还是看不明白，你可以将侧面 SAB 和直线 KM 的投影提取出来，单独考虑。

(4) 利用经过棱顶的直线求点 N 的投影 [图 4-5 (c)]。

① 连接 $s'n'$，并延长，与底棱 $b'c'$ 交于点 $3'$。
② 作出直线 $S\text{Ⅲ}$ 的 H 面投影，经过点 n' 向下作铅垂线与 $s3$ 的交点即点 N 的 H 面投影 n。
③ 利用量取相对距离差的方法，可以求出点 N 的 W 面投影 n'。

（5）连线，判断可见性。在 H 面中各个侧面都是可见，在侧面 SAB 和 SBC 上直线 MK 和 KN 的投影也都是可见的。在 W 面中由于侧面 SBC 被 SAB 所遮挡，所以直线 KN 是不可见的，所以 $k''n''$ 应该为虚线 [图 4-5（c）]。

二、曲面立体

（一）常见曲面立体的投影

曲面立体是由曲面或曲面和平面所围成。在投影图中表示曲面立体，就是把组成曲面立体的各表面的投影表示出来，并判别可见性。但由于曲面立体的表面多是光滑曲面，不像平面立体存在着明显的棱线，因此，在绘制曲面立体投影时，一定要把曲面形成的规律和投影的表达联系起来，从而建立起比较清晰的曲面投影轮廓线（也称曲面的转向轮廓线），以便更好的掌握曲面投影的特点，如图 4-6 对于球体的分析。

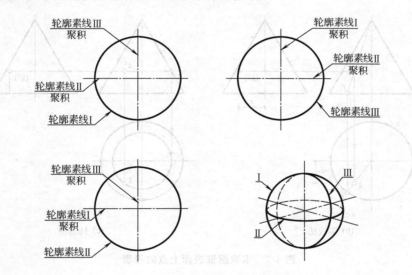

图 4-6 球体的分析

常见的曲面立体多为回转体。回转体是由一母线（直线或曲线）绕一固定的轴线作旋转运动所形成，如：圆柱、圆锥、球和环的投影等。在第三章中已经介绍过圆柱面、圆锥面、球面和环面，它们的投影图也就是对应的曲面立体的投影，所以这里也就不重复论述了。

（二）曲面立体上点、线的投影

由于曲面立体是由平面与曲面组成的，所以其上的点或线可能位于平面上，也可能位于曲面之上。平面上的点、线投影的求取比较简单，前面已经做了介绍，曲面上的点、线投影的求取就需要结合曲面的特征加以分析研究。

与回转面相同，回转体也就可以利用**素线法**或者**纬圆法**求取曲面上的点、线的投影。下面通过例题介绍曲面立体上点、线投影的求取方法。

【例 4-3】 已知圆锥的三面投影以及圆锥上一点 K 的 V 面投影 [图 4-7（a）]，根据已知条件补全点的投影。

图 4-7（b）对应的是素线法，图 4-7（c）对应的是纬圆法，具体作法参照曲面上点、

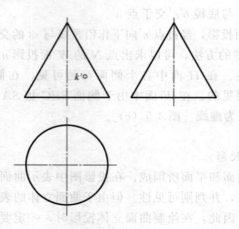

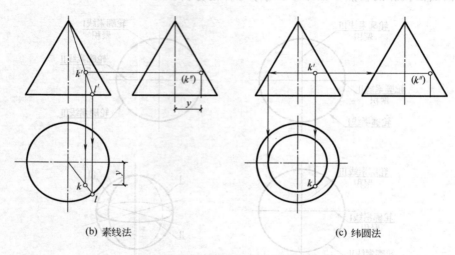

图 4-7 求取圆锥表面上点的投影

线投影的求作方法。需要注意的是绘制出点的投影之后,不要忘记判定点的投影的可见性。例如图中点 K 的 W 面投影 k'' 是不可见的。

【例 4-4】 已知球体的投影及其上一条曲线的 V 面投影,补全曲线的投影。

分析:如图 4-8(a)所示,曲线所在的平面垂直于 V 面,在 V 面聚积成一条直线,曲线最低和最高点分别为点 A 和点 B,这两点将曲线分为前半部分(位于前半球上)和后半部分(位于后半球上)。除此之外还有曲线与水平轮廓素线的交点点 C、点 C_1,将曲线分为上半部分和下半部分;曲线与侧平轮廓素线的交点点 D、点 D_1,将曲线分为左半部分和右半部分。仅有这些特殊点还不够,还需要再取几个中间点,这样才能够准确的绘制曲线的投影。具体作法如图 4-8(b)。

作法如下:

(1)求特殊点的投影

① 点 A 和点 B 是曲线与正平轮廓素线的交点,在 H 面和 W 面中这条素线都是聚积的,所以根据聚积投影就可以确定点 A 和点 B 的投影。

② 点 C、点 C_1 是曲线与水平轮廓素线的交点,两点前后对称。点 C、点 C_1 的 H 面投

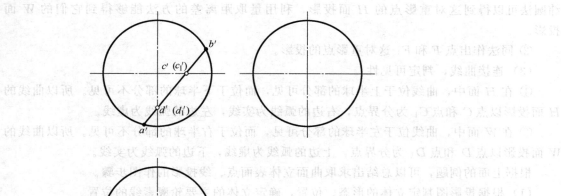

(a) 已知条件

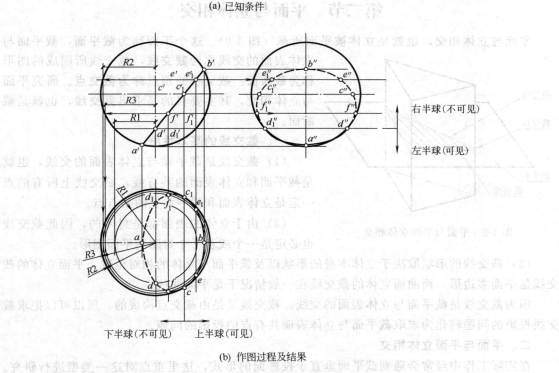

(b) 作图过程及结果

图 4-8 求取球体上线的投影

影就是经过点 c'、点 c_1' 重影点的铅垂线与球体 H 面投影的交点。利用量取距离差的方法，求得这两个点的 W 面投影。

③ 点 D 和点 D_1 是曲线与侧平轮廓素线的交点，利用纬圆法可以得到这两点的 H 面投影，W 面投影就是经过这两个点在 V 面中的重影点作水平线，与球体的 W 面投影的交点。

(2) 求一般点的投影

① 在曲线 V 面投影上取一个点（其实是一对重影点）——点 E 和点 E_1 的重影。利用

纬圆法可以得到这对重影点的 H 面投影，利用量取距离差的方法能够得到它们的 W 面投影。

② 同法作出点 F 和 F_1 这对重影点的投影。

（3）连接曲线，判定可见性

① 在 H 面中，曲线位于上半球的部分可见，而位于下半球的部分不可见。所以曲线的 H 面投影以点 C 和点 C_1 为分界点，右边的弧线为实线，左边的弧线为虚线。

② 在 W 面中，曲线位于左半球的部分可见，而位于右半球的部分不可见。所以曲线的 W 面投影以点 D 和点 D_1 为分界点，上边的弧线为虚线，下边的弧线为实线。

根据上面的例题，可以总结出求取曲面立体表面点、线投影的作图步骤。

（1）根据投影图判定立体的形态、位置，确定立体的主要轮廓素线的位置。

（2）根据已知投影判断点或直线的位置，利用素线法或者纬圆法求出投影。当求解曲线的投影时，应该先求出特殊位置上点的投影，如轮廓素线上的、投影面垂直面上的点等，然后再求取一般位置点的投影，连接成线。

（3）根据点、线所在的位置判定可见性。

第二节　平面与立体相交

平面与立体相交，也就是立体被平面所截（图 4-9）。这个平面称为**截平面**，截平面与立体表面的交线称为**截交线**，截交线所围成的图形称为**截断面**。截交线的顶点称为**截交点**。研究平面与立体相交，其主要目的是求出**截交线**，也就是截断面。

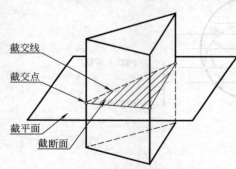

图 4-9　平面与平面立体相交

一、截交线的基本性质

（1）截交线是截平面与立体表面的交线，也就是截平面和立体表面的共有线，截交线上所有的点一定是立体表面和截平面上的共有点。

（2）由于立体的表面都是封闭的，因此截交线也必定是一个或若干个封闭的平面图形。

（3）截交线的形状取决于立体本身的形状以及截平面与立体的相对位置，平面立体的截交线是平面多边形，而曲面立体的截交线在一般情况下是平面曲线。

因为截交线是截平面与立体表面的交线，截交线又是由截交点构成的，所以可以把求截交线投影的问题转化为求取截平面与立体表面共有点的投影的问题。

二、平面与平面立体相交

在实际工作中经常会遇到截平面垂直于投影面的形式，这里重点对这一类型进行研究。如图 4-9 所示，平面与平面立体相交，截交点其实就是截平面与平面立体的侧棱或者底棱的交点。当截平面垂直于投影面时，在所垂直的投影面中的投影聚积为一条直线，所得的截交线在这一投影面中的投影也应该聚积，聚积投影与截平面的聚积投影（截平面迹线的投影）重合，所以截平面的聚积投影就可以看成截交线的已知投影，而聚积投影与侧棱或底棱投影的交点就是截交点的投影。根据这种关系就可以将求取截交线、截交点的投影转化为求取侧棱或者底棱上点的投影的问题。

由于立体的形态特征不同，截交线的形状也是不同的，在作图方法上也略有差异，下面将结合三道例题加以介绍。

(一) 平面与完整的立体相交

【例 4-5】 求正垂面 P 与三棱锥的截交线及断面的实形（图 4-10）。

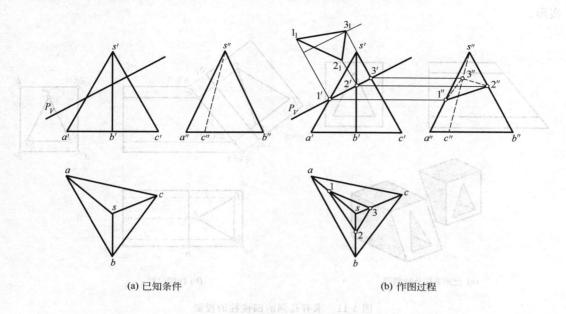

(a) 已知条件　　　　　　　　　　　(b) 作图过程

图 4-10　求作三棱锥截交线的投影

分析：从 V 面投影中可看到，截平面 P 只与三个棱面相交。因此，截交线是一个三角形。

由于截平面是一个正垂面，它的 V 面投影具有积聚性，因此，截交线的 V 面投影必重影于 P_V 上，且为 P_V 与三棱锥 V 面投影重叠的一段。三条棱线的 V 面投影（$s'a'$、$s'b'$、$s'c'$）与 P_V 的交点就是三个截交点的 V 面投影 $1'$、$2'$、$3'$，也就是说截交线的 V 面投影已经已知，只要求作截交线的水平投影和侧面投影即可。

作法如下。

(1) 确定截交点的 V 面投影 $1'$、$2'$、$3'$。

(2) 过 $1'$、$2'$、$3'$ 向下引铅垂线，与 sa、sb、sc 相交，得截交点的 H 面投影点 1、2、3。

(3) 过 $1'$、$2'$、$3'$ 向侧面引水平线，与 $s''a''$、$s''b''$、$s''c''$ 相交，得截交点的 W 面投影点 $1''$、$2''$、$3''$。

(4) 连接各交点的同面投影，即可得截交线的水平投影和侧面投影。

(5) 判断可见性。H 面三个侧面可见，所以截交线投影都是可见的，用实线表示；而在 W 面中，侧面 SAC 和 SBC 都被侧面 SAB 所遮挡，所以在这两个侧面上的截交线是不可见的，它们的投影用虚线表示。

(6) 利用换面法求取断面的实形，如图 4-10（b）所示。

(二) 平面与有孔洞的平面立体相交

有孔洞的立体是比较常见的，比如一些管状的构造等。有孔洞的立体其实是从一个立体中减去了另一个立体，如图 4-11 中这一立体。这样立体的截交线也是由两个部分构成的，即截平面与外部的实体和内部的孔洞相交所形成的截交线。所以解决这类问题的时候就需要分别求出两条截交线的投影，然后根据立体的特点判定其可见性。

【例 4-6】 如图 4-11 所示，已知平面立体的两面投影，请补全立体的投影并求取断面的实形。

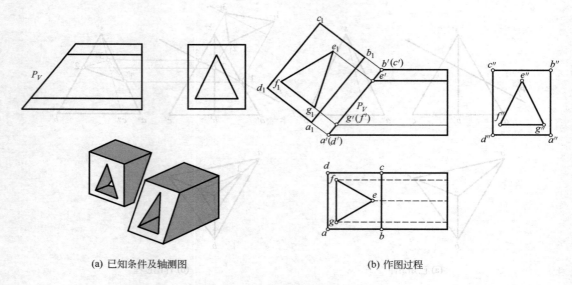

(a) 已知条件及轴测图　　　　　　　　(b) 作图过程

图 4-11　求有孔洞的四棱柱的投影

分析：由投影图可以看出这一立体是在一个四棱柱中挖去一个三棱柱，然后被一个正垂面所截而成的。截平面与四棱柱形成的截交线是断面的外部轮廓线，与三棱柱形成的截交线就是断面的内部轮廓线，需要分别求出两条截交线的投影。

📖小提示　对于这样的投影图可以先将其补全，即恢复截切之前的状态，然后再分析各部分的几何关系。

作法如下。

（1）立体被正垂面 P_V 所截，在 V 面中断面的投影与平面 P 的迹线 P_V 重合，可以利用截平面迹线与平面立体棱线投影的交点得到断面的 V 面投影。由于立体的侧面都垂直于 W 面，所以截交线的 W 面投影与立体的 W 面投影重合，也就是说截交线的 W 面投影也已经已知。

（2）经过各个截交点的 V 面投影向下作铅垂线，与四棱柱四条侧棱的 H 面投影相交，就可得到截交线外部轮廓线（四棱柱的截交线）的 H 面投影 $abcd$。使用同样方法，根据截交线的 W 面投影利用量取距离差的方法，作出内部轮廓线（三棱柱的截交线）的 H 面投影 efg。

（3）三棱柱的棱线在 H 面中是不可见的，应该用虚线绘制。其它的棱线、截交线都是可见的，用实线绘制。

（4）利用换面法绘制出断面的实形［图 4-11（b）］。

（三）带缺口的平面立体

立体被几个相交的平面截切时，就会在立体上形成不同形状的缺口。如图 4-12 中就是四棱柱被切出一个缺口后的形状。

绘制这样立体的投影关键问题就是要把缺口轮廓线的投影表达清楚。缺口轮廓线实质就是切口平面与立体的截交线，但需要注意的是此时截平面不是一个，而是数个，需要对数个截平面逐个进行分析，分别求出它们与立体的交线以及截平面之间交线的投影。

📖 **小提示** 在绘制有缺口的立体的投影图时，除了要考虑截交线的投影之外，还应该注意截断面的交线。

【例 4-7】 如图 4-13（a）所示，已知四棱锥的两面投影，求它的第三面投影。

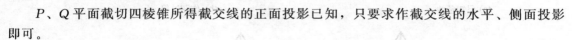

图 4-12 有缺口的四棱柱

分析：四棱锥被两个平面所截，其一为水平面 P，其二为正垂面 Q。平面 P 与四棱锥相交的截交线在 V 面中聚积成一条水平线，与侧棱 SA、SB 和 SD 相交于点Ⅰ、Ⅱ、Ⅸ三个点。平面 Q 与四棱锥相交的截交线在 V 面中聚积，与侧棱 SA、SB 和 SD 相交于点Ⅴ、Ⅳ、Ⅵ三个点。除此之外，平面 P 与平面 Q 的交线与侧面 SBC 和 SCD 相交于点Ⅲ和点Ⅷ。四棱柱的截交线是由 8 个截交点构成的，其中点Ⅱ和点Ⅸ、点Ⅳ和点Ⅵ以及点Ⅲ和点Ⅷ是相对于 V 面的重影点，所以在 V 面投影中只能看到 5 个交点。

P、Q 平面截切四棱锥所得截交线的正面投影已知，只要求作截交线的水平、侧面投影即可。

作法如下。

(1) 作出完整的四棱锥的投影，为了便于区别，侧棱用细点画线绘制。

(2) 点Ⅰ和点Ⅴ在棱线 SA 上，其水平投影 1、5 及侧面投影 1″、5″可在 sa 及 $s''a''$ 上直接求得，如图 4-13（b）。

(3) 点Ⅱ、点Ⅸ、点Ⅳ和点Ⅵ在棱线 SB 和 SD 上，先求出它们的侧面投影，再根据点的投影规律，求出水平投影 2、8、4 和点 6，如图 4-13（b）。

(4) 点Ⅲ和点Ⅷ分别在 SBC 及 SCD 面上，利用面上求点的方法（辅助线法）求出点Ⅲ和点Ⅷ的水平投影点 3 和点 7 及侧面投影点 3″和点 7″，如图 4-13（b）。

(5) 连线并判定可见性。依次连接各截交点以及对应截交点和四棱锥顶点的投影，得到截交线和立体的投影，在 H 面中由于侧面 SBC 和 SCD 的遮挡，交线 37 是不可见，所以用虚线绘制，其它线条的投影都是可见的。在 W 面中截交线都是可见的，但是应该注意由于侧面与截断面的遮挡侧棱 SC 是不可见，所以 $s''c''$ 用虚线绘制，由于有一部分与侧棱 $s''a''$ 剩余部分重合，所以仅中间部分（缺口所对的部分）为虚线，如图 4-13（c）。

三、平面与曲面立体相交

平面与曲面立体相交，其截交线在一般情况下是平面曲线或平面曲线与直线段的组合图形。

当截平面为特殊位置平面时，其投影至少有一个具有聚积性，因此，截交线的投影也至少有一个聚积成直线段，且重影于截平面的迹线，成为截交线的一个已知投影。而求作截交线的其它投影，则可根据曲面的性质，利用素线法或者纬圆法求它们与截平面的一系列共有点。

下面分别讨论平面与常见的曲面立体相交截交线的形状及画法。

（一）平面与圆柱相交

平面与圆柱相交时，由于截平面与圆柱的轴线相对位置不同，其截交线有三种不同的形状（表 4-1）。

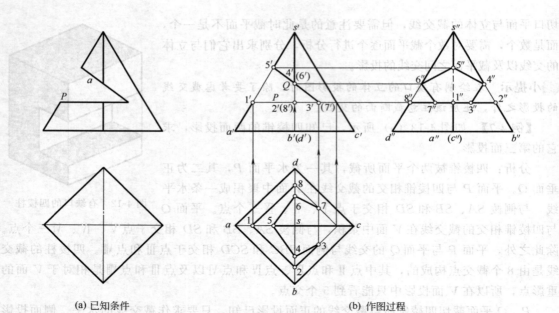

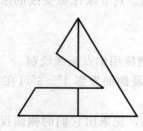
(a) 已知条件

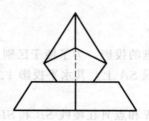
(b) 作图过程

(c) 作图结果

图 4-13 求作四棱锥的投影

表 4-1 平面与圆柱相交的截交线与断面形式

截平面位置	垂直于轴线	倾斜于轴线	平行于轴线
轴测图			

续表

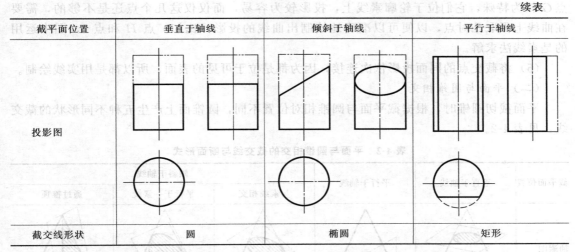

【例 4-8】 已知某一园林小品的 V 面投影及 W 面投影的轮廓线，补全其投影。

分析：由图 4-14（a）可以看出构成这一小品的基本几何形体是圆柱（V 面投影为矩形，W 面投影为圆），而且这一圆柱的轴线垂直于 W 面。圆柱被水平面 P 和正垂面 Q 所截，根据表 4-1 所列出的内容，水平面截圆柱断面为矩形，正垂面截圆柱断面为椭圆，两个截平面的交线构成这两个断面的交线。

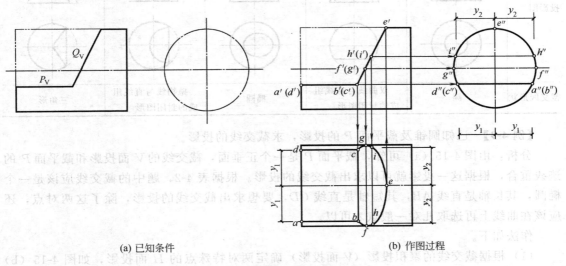

(a) 已知条件　　　　　　　　　　(b) 作图过程

图 4-14　园林小品投影图绘制

作法如下。

（1）作出完整圆柱的 H 面投影，用细点画线绘制。

（2）根据圆柱的形态特征，截平面 P 与截平面 Q 截得的两个截断面分别是水平面和正垂面，在 W 面中前者聚积成一条水平线，后者为一段圆弧，与圆柱的投影重合，如图4-14（b）。

（3）根据点的投影特性绘制出截平面 P 对应的截交线的投影 $abcd$，bc 为两个截平面的交线。

（4）利用素线法或者纬圆法求出截平面 Q 所形成的截交线的投影，其中点 E、点 F 和

点 G 较为特殊,它们位于轮廓素线上,投影较为容易,而仅仅这几个点还是不够的,需要在曲线上再取几对点,以便可以准确地绘制出曲线的投影,比如:点 H 和点 I,图中运用的是素线法求解。

(5) 将截交点的同面投影依次连接,因为都是位于可见的表面,所以都是用实线绘制。

(二) 平面与圆锥相交

平面截切圆锥时,根据截平面与圆锥相对位置不同,圆锥面上产生五种不同形状的截交线,见表4-2。

表 4-2 平面与圆锥相交的截交线与断面形式

截平面位置	垂直于轴线	平行于轴线	倾斜于轴线		
			与素线相交	平行于一素线	通过锥顶
轴测图	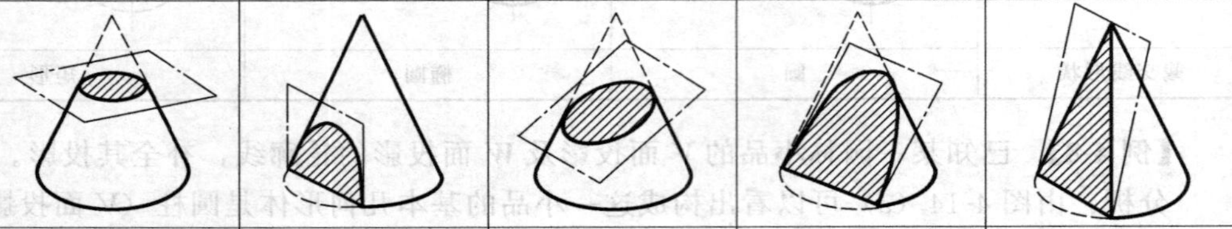				
投影图	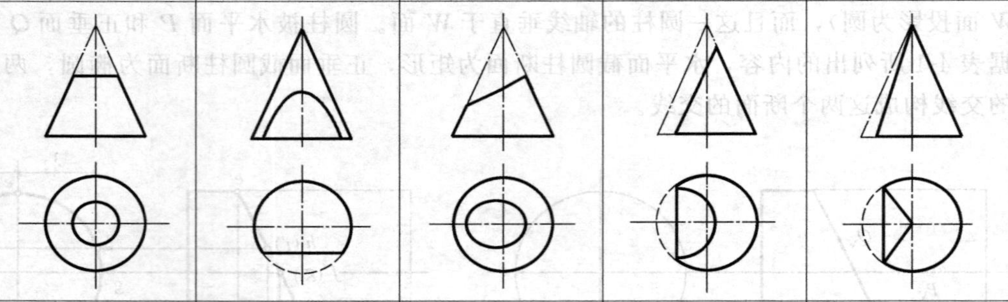				
截交线形状	圆	双曲线与直线组成的封闭图形	椭圆	抛物线与直线组成的封闭图形	三角形

【例 4-9】 已知圆锥及截平面 P 的投影,求截交线的投影。

分析:由图 4-15 (a) 可知,截平面 P 是一个正垂面,截交线的 V 面投影和截平面 P 的迹线重合,根据这一投影就可以求出截交线的投影。根据表 4-2,题中的截交线应该是一个椭圆,其长轴是直线 AB,其短轴是直线 CD,要想求出截交线的投影,除了这两对点,还应该在曲线上再选取几对一般点才可以。

作法如下。

(1) 根据截交线的聚积投影(V 面投影)确定两对特殊点的 H 面投影,如图 4-15 (b) 中的长轴端点的投影点 a、点 b 和短轴端点的投影点 c、点 d。

📖 小提示 短轴端点 CD 的 V 面投影就是长轴 V 面投影的中点。

(2) 在聚积投影上再选择几个点,如图中截交线上对 V 面的重影点点 E 和点 F、点 G 和点 H,利用素线法或者纬圆法求出这些点的 H 面投影[图 4-15 (c)]。

(3) 将 a-e-c-g-b-h-d-f-a 用圆滑曲线连接起来,得到截交线的 H 面投影[图 4-15 (d)]。

(三) 平面与球相交

平面与球的截交线总是圆,但由于截平面与投影面的相对位置不同,则截交线——圆的投影可能是直线、圆或椭圆。

当截平面与投影面平行时,截交线圆的投影反映实形,其它两面投影则聚积成长度等于

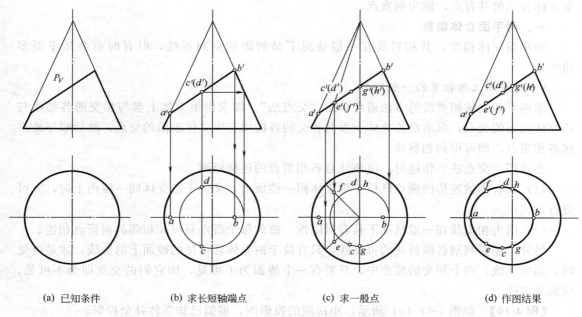

(a) 已知条件　　(b) 求长短轴端点　　(c) 求一般点　　(d) 作图结果

图 4-15　求圆锥上截交线的投影

该圆直径的直线段 [图 4-16（a）]。当截平面与投影面倾斜时（截平面仍为投影面的垂直面），截交线——圆在所垂直的投影面中聚积成直线，在其它两个投影面上的投影为椭圆，椭圆的长轴是截交圆中平行于该投影面直径的投影，而短轴则为截交圆中处于截平面对该投影面最大斜度线位置上直径的投影 [图 4-16（b）]。

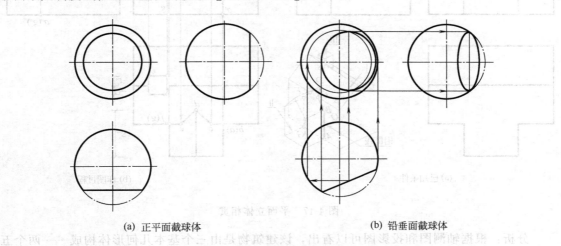

(a) 正平面截球体　　　　　　　(b) 铅垂面截球体

图 4-16　球体上的截交线

球体表面上的截交线投影的求取方法与圆柱和圆锥相似，仍然是运用素线法或者纬圆法，在这里就不再具体介绍了。

第三节　立体与立体相贯

在实际工作中常常会遇到由两个或两个以上的基本形体相交（或称**相贯**）而成的组合形体，它们的表面交线称为**相贯线**。相贯线是两相交立体表面的共有线，相贯线上的点是两相交立体表面的共有点，称为**相贯点**。

一、两平面立体相贯

两平面立体相交，其相贯线在一般情况下是封闭的空间折线，但有时也会是平面多边形。

（一）平面立体相贯的一般问题

求两平面立体相贯线的方法通常采用"交点法"，即求出甲立体上参与相交的各棱线与乙立体表面的交点，再求出乙立体上参与相交的各棱线与甲立体表面的交点，然后顺序地连接各相贯点，即可得到相贯线。

在运用"交点法"作题时，应该注意各相贯点的连接原则。

（1）只有当被连接的两点既位于甲立体同一棱面上，又位于乙立体同一棱面上时，方可进行连接；

（2）因为相贯线在一般情况下具有封闭性，故此每个折点只应和相邻的两折点相连。

另外，还要判别各段折线的可见性，只有位于两立体皆可见的棱面上的交线，才是可见的，画成实线；两个相交的棱面中，只要有一个棱面为不可见，则它们的交线即为不可见，应画成虚线。

【**例 4-10**】 如图 4-17（a）所示，小房屋的投影图，根据已知条件补全投影。

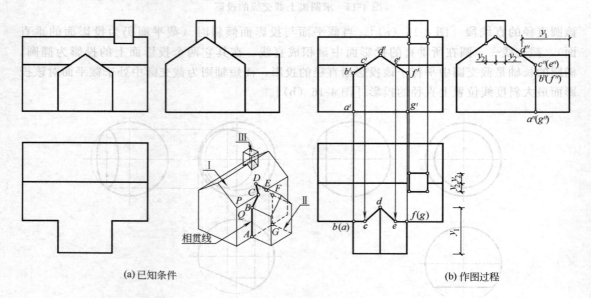

图 4-17 平面立体相贯

分析：根据轴测图和投影图可以看出，该建筑物是由三个基本几何形体构成——两个五棱柱垂直相贯（棱柱 Ⅰ 和棱柱 Ⅱ），一个四棱柱（棱柱 Ⅲ）与其中一个五棱柱（棱柱 Ⅰ）垂直相贯。由于三个立体的棱面都是特殊的平面，所以可以利用棱面的特殊投影解题。比如：两个五棱柱的相贯线 $A\text{-}B\text{-}C\text{-}D\text{-}E\text{-}F\text{-}G\text{-}A$（图 4-17）位于棱柱 Ⅱ 的五个棱面和棱柱 Ⅰ 的棱面 P 和棱面 Q 上，相贯线的 V 面投影落于棱柱 Ⅱ 的五个棱面的聚积投影上，在 W 面中相贯线落于棱柱 Ⅰ 的棱面 P 和棱面 Q 的聚积投影上，所以相贯线的 V 面投影和 W 面投影已经已知，只要求出相贯线的 H 面投影即可。

作法如下：

(1) 求相贯点。根据棱柱Ⅰ和棱柱Ⅱ棱面的聚积投影可以得到相贯点和相贯线的 V 面、W 面投影，如图 4-17（b）所示。通过距离的量取可以确定各个相贯点的 H 面投影。

📖**小提示** 如果没有 W 面投影可以利用平面内求点的投影的方法求出相贯点的投影。

(2) 连接相贯点。将各个相贯点依次连接，$abcdefga$ 即为所求，如图 4-17（b）所示。

(3) 按照上述的方法，求作棱柱Ⅰ和四棱柱（棱柱Ⅲ）的相贯线。

（二）同坡屋面

坡屋面的交线是两个平面立体相贯的工程实例。但由于造型特殊，坡屋面屋面交线的作图方法与一般立体相贯的求取有所不同。而且坡屋面的屋面交线还具有特定的名称，如图 4-18 所示。

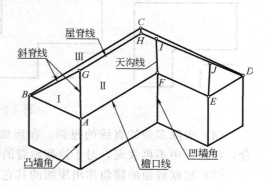

如果各坡面的水平倾角相同，则称为同坡屋面。同坡屋面屋面交线的投影具有以下特征。

(1) 同坡屋面如果前后檐口线平行且等高，前后坡面必相交成水平的屋脊线，屋脊线的 H 面投影平行于檐口线的 H 面投影，且与两条檐口线距离相等。

(2) 檐口线相交的相邻两个坡面相交于倾斜的斜脊线或者天沟线，它们的 H 面投影平分两条

图 4-18 同坡屋面

檐口线的 H 面投影。如果两条檐口线相互垂直，则斜脊或者天沟的 H 面投影与檐口线的 H 面投影的夹角为 45°。

(3) 必有一条屋脊线、两条斜脊线或者一条屋脊线、一条斜脊线和一条天沟线共点，交点是三个相邻屋面的公共点，即两斜一直交一点。

如图 4-18 所示，点 G 就是斜脊线 AG 和 BG 以及屋脊线 GH 的交点，也就是坡面Ⅰ、坡面Ⅱ、坡面Ⅲ的公共点。

已知屋面外形轮廓及屋面倾角，求取屋面交线的作图方法。

(1) 找出基本单元——一字形屋面。将檐口线尽可能延长，与相应的檐口线相交，得到一系列矩形，也就是找到组成这一屋面的基本单元。

📖**小提示** 无论怎样的同坡屋面都可以看成由若干一字形屋面相贯而形成的，所以首先需要找到最基本的组成。通常将檐口线延长，自然就会找到隐含于其中的成员（图 4-19）。对于一些比较简单的屋面形式这一过程可以省略。

(2) 作斜脊线和天沟线的投影。在每一个单元屋面中作出屋面的斜脊线的 H 面投影，

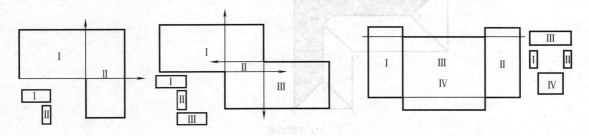

图 4-19 找到构成屋面的基本单元

在屋面的凹墙角的位置作出天沟线的投影，对于同坡屋面如果相邻檐口线垂直，则斜脊线或者天沟线的 H 面投影与其夹角为 45°。

（3）作屋脊线。屋脊线投影的绘制应该从屋面的一侧开始（通常从左侧开始），从第一对斜脊的交点开始顺着屋面的走势依次绘制。如图 4-20 所示，不同屋面形式屋脊线的走势情况。

📖**小提示** 屋脊线的走势与屋面轮廓的走势相同，所以看到屋面的平面状态，屋脊线的投影也就不难确定了。

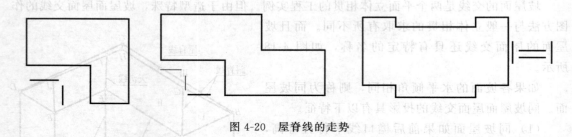

图 4-20 屋脊线的走势

（4）去除多余的直线的投影。在屋面相贯过程中，不是从墙角发出的斜脊线与坡面重合，在投影中不再表现，对于这些斜脊的投影应该擦除。

（5）根据坡面的倾角作出屋面的其它两面投影。

【例 4-11】 如图 4-21（a）所示，已知同坡屋面的倾角为 30°，并给出屋面的平面轮廓，补全同坡屋面的投影。

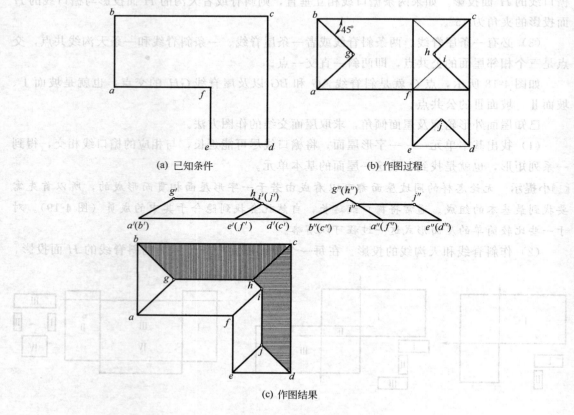

图 4-21 作屋面交线

作法如下。

(1) 将同坡屋面檐口线 af 和 ef 延长，找到构成这一同坡屋面的基本单体（一字形屋面），在每一个一字形屋面中作出相邻檐口线的 45°角平分线，即斜脊线，再在同坡屋面的凹墙角处作出天沟线（仍然与相交檐口线成 45°角），三对斜脊线相交于点 g、点 h 和点 j，一条天沟线与斜脊线交于点 i。

(2) 从左侧开始，经过第一个交点点 g 作平行于檐口线 af 的直线，也就是横向一字形屋面的屋脊线，这条屋脊线到点 h 即终结。接下来是纵向的一字形屋面的屋脊线，由于纵向的要比横向的一字形屋面矮，所以它的屋脊线与横向屋面的斜脊线相交，交于点 i，因此第二条屋脊线应该从点 i 开始，至点 j 结束［图 4-21（b）］。

(3) 擦除不是从屋角发出的斜脊线，并对同坡屋面的 H 面投影进行整理、检查，g-h-i-j 就是所求的屋脊线的 H 面投影，ag、bg、ch、hi、dj、ej 是斜脊线的 H 面投影，fi 是天沟线的 H 面投影。

(4) 作出其它两面投影。因为坡面倾角为 30°，所以与投影面垂直的坡面的聚积投影与水平线的夹角为 30°。如图 4-21（c）所示，在 V 面中坡面 ABG、$EJIF$ 和坡面 $CDJIH$ 都垂直于 V 面，在 V 面中的投影聚积成直线，直线与水平线的夹角为 30°。而坡面 $AFIHG$、EDJ 和坡面 $BCHG$ 垂直于 W 面，所以 W 面投影聚积成直线。

二、平面立体与曲面立体相贯

平面立体与曲面立体的表面交线，一般是由数段平面曲线组合而成的空间曲线。每一段平面曲线都是平面立体的棱面与曲面立体表面的交线，相邻两段平面曲线的连接点（也称结合点）是平面立体的棱线与曲面立体表面交点。因此，求作平面立体与曲面立体的相贯线，可归结为求作平面与曲面的交线和求直线与曲面的交点的问题。

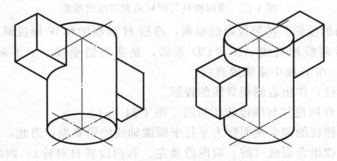

图 4-22 平面立体与曲面立体相贯

根据上面的分析，关于求取平面立体和曲面立体相贯线有两种作法（见图 4-22）。

(1) 先求相贯点，再连成相贯线。先求出平面立体上棱线与曲面立体的贯穿点、或曲面立体上轮廓素线或者一般素线与平面立体上棱面的贯穿点，然后再将相贯点连接成线。

(2) 直接求出相贯线的投影。利用特殊投影求出平面立体的某一棱面与曲面立体上曲面的截交线，然后进行综合得到完整的相贯线。

【例 4-12】 求作四棱柱与圆柱的相贯线的投影（图 4-23）。

分析：由图 4-23（a）可知，这个相贯体是由一个侧垂的四棱柱与铅垂的圆柱相贯而成，形成左右对称的两组相贯线。这两组相贯线在圆柱的表面上，并且是圆柱面与四棱柱四个侧面的公共部分，又因为圆柱面在 H 面中有聚积性，所以，相贯线的 H 面投影就是圆柱聚积投影与四棱柱 H 面投影相交的两段弧线。在 W 面中侧垂的四棱柱的侧面同样具有聚积性，根据相贯线的特征，四棱柱侧面的聚积投影就是左右两条相贯线的重影。

作法如下。

(1) 分析投影，找到主要结合点的投影。如图 4-23 所示，左侧相贯线（A-B-F-D-C-E-A）由四段线段围合而成，结合点点 A、点 B、点 C 和点 D 就是四棱柱四条侧棱与圆柱面的交点。其中前后两段 AB 和 CD 是四棱柱前后两个棱面与圆柱面的交线，是圆柱面上素线的一部分；而上下两段是四棱柱上下侧面与圆柱面的交线，是圆柱面纬圆的一部分——$\overparen{AEC}$ 和 $\overparen{BFD}$，其中点 E 和点 F 是四棱柱上下表面与圆柱最左侧素线的交点。在 W 面中这一系列的点都落在四棱柱四个侧面的聚积投影上。根据上面的分析标注出各点的 H 面和 W 面投影，如图 4-23（b）所示。

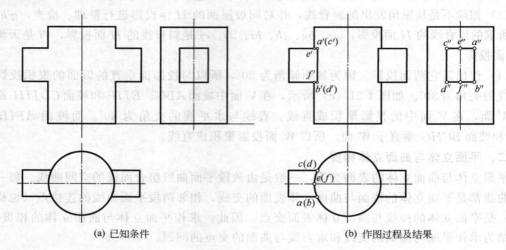

(a) 已知条件　　　　　　　　　　　(b) 作图过程及结果

图 4-23　求四棱柱与圆柱的相贯线的投影

(2) 作出 V 面的投影。按照投影的原则，根据 H 面投影和 W 面投影确定各主要相贯点的 V 面投影。前后两段相贯线 AB 和 CD 重影，是两条铅垂线，上下两段相贯线 $\overparen{AEC}$ 和 $\overparen{BFD}$ 平行于 H 面，在 V 面中聚积成直线。

(3) 根据对称性，作出右侧相贯线的投影。

【例 4-13】　求作四棱柱与圆锥的相贯线 [图 4-24（a）]。

分析：由于四棱柱的四个棱面皆为平行于圆锥轴线的铅垂面，因此，四棱柱和圆锥的相贯线是由四段双曲线组合而成（前、后两段及左、右两段各自对称）。四段双曲线的结合点恰是四棱柱的四条棱线与圆锥面的交点。

由于四棱柱各棱面的水平投影有积聚性，所以相贯线的水平投影全部与各棱面的水平投影重合（矩形），余下只需求作相贯线的正面投影及侧面投影即可。

作法如下。

(1) 求特殊点

① 相贯线上的四个主要的相贯点（各段双曲线上的最低点）。这四个点是四棱柱四条侧棱与圆锥表面的交点，它们的水平投影为已知，在四根棱线的聚积投影处，用素线法或者纬圆法都可以求出它们的正面投影 [图 4-24（b）]，再补出侧面投影。

② 求各段双曲线上的最高点的投影。前、后两段双曲线上的最高点是圆锥面最前、最后两根素线与四棱柱前、后两棱面的交点，可直接在 W 面投影中定出。如图 4-24（b）中的点 C，点 C 位于前段，在 W 面中是四棱柱前侧面的聚积投影与圆锥最前素线投影的交点。

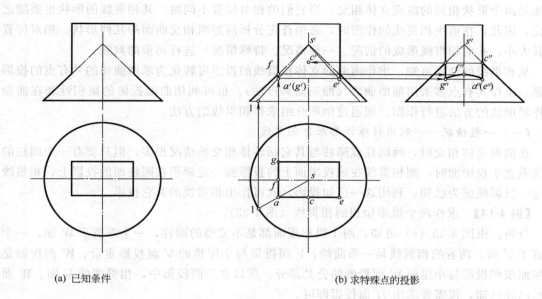

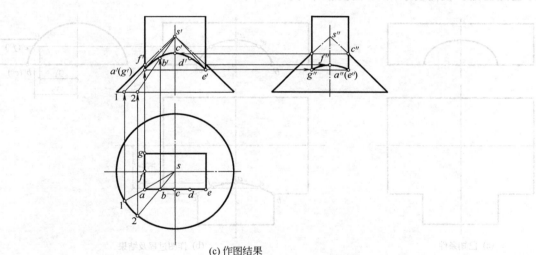

图 4-24 求四棱柱与圆锥的相贯线的投影

同理,左、右两段双曲线上的最高点是圆锥面上最左、最右两根素线与四棱柱左、右两棱面的交点,可直接在 V 面投影中找到,然后再求出其侧面投影,如点 F。

(2) 求一般位置的点。可用素线法(或纬圆法)求出前、后两段双曲线上几对处于对称位置的一般点,如图 4-24(c)中的点 B 和点 D。

(3) 连点。将各点的投影用圆滑曲线连接。在 V 面中,前后两段双曲线重影,左右两段双曲线聚积成直线;在 W 面中左右两段双曲线重影,前后两段双曲线聚积成直线,如图 4-24(c)。

三、曲面立体相贯

两曲面立体相贯,在一般情况下其相贯线是封闭的空间曲线,特殊情况下也可能是平面曲线或直线。

相贯线的形状不仅取决于相交两曲面立体的几何形状,而且也和它们的相对位置有关。

即使是两个形状相同的曲面立体相交，当它们的相对位置不同时，其相贯线的形状也要随之变化，因此，在解决相贯线的作图时，必须首先分析清楚两相交曲面的几何形状、相对位置及其大小，并对相贯线形成的情况（一般情况、特殊情况）进行初步的判断。

从相贯线的性质可知，求作两曲面立体相贯线的投影可转化为求两曲面的共有点的投影问题。求作共有点多采用辅助面法（即三面共点法），也可利用曲面投影的聚积性和在曲面上作辅助线的方法进行作图。现通过例题介绍求作相贯线的方法。

（一）一般情况——利用特殊投影求作相贯线

在曲面立体相交时，两圆柱或圆柱与其它回转体相交的情况很多，但只要有一个圆柱的轴线垂直于投影面时，则相贯线在该投影面上的投影就一定聚积在圆柱面的投影上，相贯线的这一投影便成为已知，利用这一已知投影，就可作出相贯线的其它投影。

【例 4-14】 求作两个拱形屋顶的相贯线（图 4-25）。

分析：由图 4-25（a）可知，两个拱形屋面都是不完整的圆柱，一个垂直于 W 面，一个垂直于 V 面。两者的相贯线是一条曲线，V 面投影与小屋顶的 V 面投影重合，W 面投影是大屋面聚积投影与小屋面 W 面投影的公共部分。所以在三面投影中，相贯线的 V 面、W 面投影已经已知，仅需要求出 H 面投影即可。

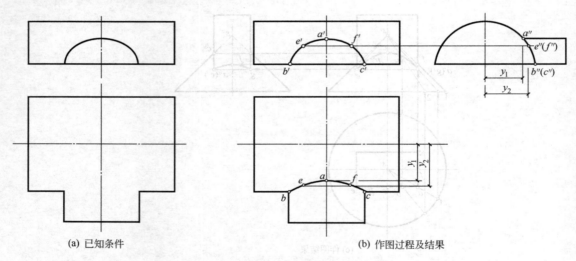

(a) 已知条件　　　　　　(b) 作图过程及结果

图 4-25　求作两拱形屋面交线的投影

作法如下。

(1) 作出特殊点的投影。所谓特殊点就是轮廓素线与对应曲面的交点，如图 4-25（b）所示，点 A 是小屋面最上面一条轮廓素线与大屋面的交点，而点 B 和点 C 则分别是小屋面最左和最右轮廓素线与大屋面的交点（点 B 和点 C 左右对称）。根据点所在的位置，主要是其所在的素线的位置确定这三个点的 H 面投影。

(2) 作出一般点的投影。因为交线是一条曲线，所以我们还需要在曲线上再找到几个点，如图 4-25（b）中的点 E 和点 F（点 E 和点 F 左右对称），根据 V 面和 W 面的聚积投影，利用量度法可以求作出这两个点的 H 面投影。

(3) 将各点的 H 面投影用圆滑曲线连接起来，即得两拱形屋面交线的 H 面投影。

（二）两曲面立体相贯的特殊情况

两曲面立体的相贯线，在一般情况下是封闭的空间曲线，但在某些特殊情况下，相贯线可能是平面曲线（圆或椭圆）或直线。了解和掌握特殊情况下相贯线的投影特点可以简化作图步骤，提高作图速度。

1. 两同轴回转体相贯

两同轴回转体相贯，相贯线是垂直于轴线的圆周，也就是两曲面立体共有的纬圆。

如图 4-26（a）所示，圆锥与球体相贯，球体的球心正好在圆锥的轴线上，等同于轴线相同，相贯体的相贯线就是两个曲面共有的线条。根据两个立体的特征，相贯线是两立体最左侧素线交点［图 4-26（a）中的点 A 和点 C］绕着共有轴线旋转一周得到的，也就是它们共有的纬圆。当轴线垂直于投影面时，相贯线在垂直投影面中反映实际大小，在其它两个投影面中聚积成一条垂直于轴线的直线段，投影轮廓线的交点是直线段的两个端点。

根据上面的分析，当两个同轴且垂直于投影面的回转体相贯时，在与轴线平行的投影面中，轮廓素线交点的连线就是相贯线的投影，如图 4-26（a）中的点 a' 和点 b'、点 c' 和点 d'，并且投影垂直于轴线投影，长度等于两回转体共有纬圆（相贯线）的直径，在与轴线垂直的投影面中，按照对应纬圆的直径绘制相贯线的投影。

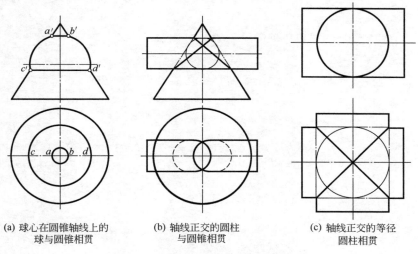

(a) 球心在圆锥轴线上的 (b) 轴线正交的圆柱 (c) 轴线正交的等径
　　球与圆锥相贯　　　　　　与圆锥相贯　　　　　　圆柱相贯

图 4-26　曲面立体相贯的特殊情况

2. 公切于同一球面的两个圆柱或者圆柱与圆锥相贯

两个圆柱或者圆柱与圆锥同时外切于同一球面而相交时，它们的相贯线可以分解成二次曲线。当相交轴线平行于同一投影面时，相贯线是垂直于该投影面的两个椭圆。

如图 4-26（b）所示，轴线都平行于 V 面的圆锥与圆柱相贯，并外切于同一个球面，则在 H 面中，相贯线的投影是两个对称的椭圆，在 V 面中，相贯线的投影是聚积成直线，并且是两曲面立体轮廓素线交点的连线。图 4-26（c）是两个等径的圆柱垂直相贯，并且它们的轴线都平行于 H 面，所以相贯线是垂直于 H 面的两个椭圆，在 H 面中聚积成直线，相贯线的 V 面投影重叠，都落在正垂圆柱的聚积投影之上。

本　章　小　结

（1）平面立体和曲面立体投影图的绘制。

（2）平面与平面立体或曲面立体相交，求截交线的投影，本章节仅研究截平面为投影面垂直面时截交线的投影。

(3) 平面立体和平面立体相贯、平面立体与曲面立体相贯，以及曲面立体与曲面立体相贯，相贯线投影的求取。

本 章 重 点

(1) 基本几何形体，如：棱柱、棱锥、圆柱、圆锥等的投影图的绘制。
(2) 当截平面为投影面垂直面时，求取截交线的投影，并利用换面法求断面的实形。
(3) 平面立体与平面立体相贯时相贯线投影的绘制。
(4) 同坡屋面投影图的绘制。
(5) 平面立体与曲面立体相贯、曲面立体与曲面立体相贯时相贯线投影的绘制。
(6) 同轴回转体相贯或者切于同一球面的回转体相贯时相贯线投影的绘制。

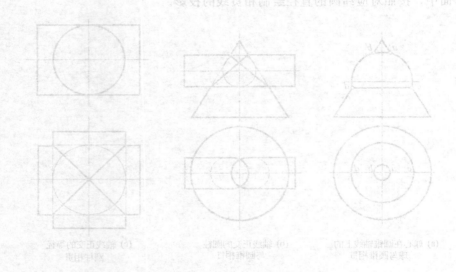

第五章 投影视图

投影与视图是对同一事物不同的称谓。前几章节我们对点、线、面、立体的投影进行了介绍,在工程设计中几何形体的投影又称为视图,三面投影图称为三面视图或者三视图。三视图表现形体的外观,为了更好的表现形体的内部构造,还需要结合剖面图和断面图等形式,这都将作为本章的重点。

第一节 组合形体的视图

在实际工作中很多建筑和园林小品都是由组合形体构成的,如图5-1所示。如何利用三视图表现这些形体,在表现的时候又有哪些要求呢?

图 5-1 建筑群与园林小品

一、组合形体视图的绘制方法

(一)组合形体的形成和形体分析法

尽管组合形体的形状各式各样,但经过分析都可以看成由一些基本几何形体(如:棱柱、棱锥、圆柱、圆锥等)按照一定组合方式组合而成。它们的组合方式有以下几种。

1. 叠加型

由两个或者两个以上的几何形体按照不同的方式叠加而成。如图5-2所示,这个组合形体可以分解为上下两个部分,是由一个四棱柱和一个四棱台叠加而成的。

2. 切割型

在一个基本几何形体基础上切去若干个几何体所形成的立体形式。如图5-3所示,图中这一构件就是经过多次截切而形成的,这个组合体最基本的形体是一个四棱柱,两个侧垂面将四棱柱的两个角切掉,如图5-3(b)所示。之后又被一个正垂面所截,最后在此基础上挖去一个孔槽,如图5-3(c)所示。

3. 混合型

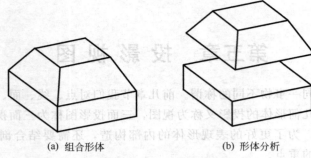

(a) 组合形体　　　　(b) 形体分析

图 5-2　叠加型组合形体

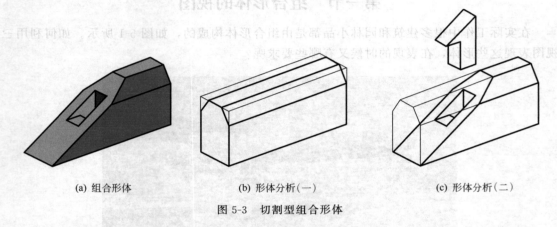

(a) 组合形体　　　　(b) 形体分析(一)　　　　(c) 形体分析(二)

图 5-3　切割型组合形体

在实际工作中常常遇到一些形态比较复杂的形体，它们都是由基本几何形体通过叠加和切割两种方式形成的立体形式。

通过分析，确定复杂的形体的组合方式及组成元素，这种分析方法就称为形体分析法。形体分析法常用于根据立体图绘制三视图的解题过程。分析过程中组合形体实际上仍然是一个整体，将它看成由若干基本形体构成，仅是一种假设，目的是理解它的形状，分析它的形态特征，以便于更好地绘制它的投影图。

（二）组合形体视图及其布局

设计施工中常将组合形体的三面投影称为三面视图或者三视图。如图 5-4，对应的就是图 5-3 中组合形体的三视图。水平投影面（H 面）上的投影称为平面图（俯视图或者顶视图），正投影面（V 面）上的投影称为正立面图（主视图），侧投影面（W 面）上的投影称为左侧立面图（左视图或者侧视图）。

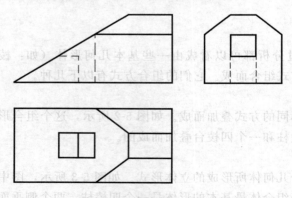

图 5-4　组合形体的三视图

对于按照正投影法绘制出来的视图仍然符合投影图中的"三等原则"：主视图与平面图长对正，主视图与侧视图高平齐，平面图与侧视图宽相等。各基本视图如按图 5-4 所示的位置关系布局，可以不必标注视图的名称。否则，就应注明视图的名称。对于单独画出的视图均需在图的正下方注明视图的名称,并在图名下用粗实线绘一条横线,其长度应等于图名所占长度。

(三)组合形体视图的绘制方法

不管是怎样的组合方式,组合形体视图的绘制方法基本相同:首先对组合形体进行形体分析,选择视图,画底稿、定稿,最后检查、加深图线,完成全图。下面以图5-5(a)所示的立体为例介绍组合形体视图的绘制方法。

1. 形体分析

利用形体分析法确定组成组合形体的基本几何形体。如图5-5(a)所示,此形体是由长方体底板、长方体立板和六棱柱叠加而成的。

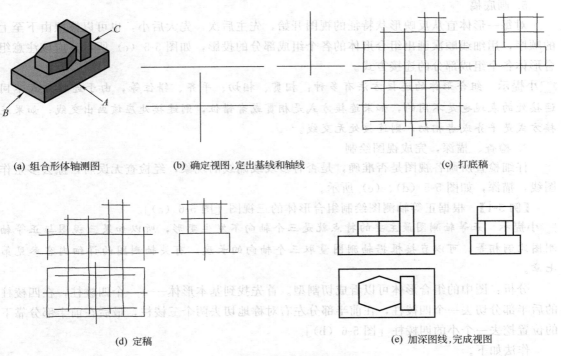

(a) 组合形体轴测图　　(b) 确定视图,定出基线和轴线　　(c) 打底稿

(d) 定稿　　(e) 加深图线,完成视图

图5-5　组合形体三视图绘制

2. 主视图的选择

画图时,主视图一经确定,其它视图的投影方向及布局关系也随之而定,选择主视图时,应考虑以下几点原则。

(1)主视图应该突出形体的形状特征。为此,主视方向应能显示组合形体各组成部分的形态特征及其相对位置关系。图5-5(a)中A、B两个主视方向,相比之下,A向的主视图为佳。

(2)尽量减少图中虚线。从主视方向可以看到形体表面的数量最多,也就是说从该方向向投影面作投影,可以反映的立体表面数量最多,被遮挡的表面数量最少。如图5-5(a)中的A、C方向比较,当然A方向的投影较为完全,所以A方向较好。

(3)合理布局图纸空间。除了上面提到的两个方面,在绘制的时候还应该结合绘图范围、图纸布局等实际情况对主视图进行调整。

3. 确定视图数量

对于较为简单的形体绘制主视图和平面图就可以将形体的特征表述清楚；对于较为复杂的形体除了三视图之外还需要增加其它方向的投影，即采用多视图的表现方式。为了提高空间想像能力和绘图能力，保证作图的准确性，初学者最好按照三等原则将三个视图全部绘制出来。

4. 布置图面

画图之前，要根据形体的形状特点，选择恰当的比例和图幅；在画图时，应首先绘制中心线、对称线或基线，在图幅内定好各视图的位置，如图5-5（b）所示。

📖 **小提示** 如果还要对组合形体的视图进行尺寸标注，在布局的时候不要忘记预留尺寸标注的空间。

5. 画底稿

对每一形体宜从反映形状特征的视图开始，先主后次，先大后小，也可以按照由下至上的顺序，用细线顺次画出组合形体的各个组成部分的投影，如图5-5（c）所示。应该注意组合形体各个组成部分的连接方式。

📖 **小提示** 组合形体的连接方法有多种：相贯、相切、平齐、错位等，由于连接方式不同连接处的表现也是不同的，如果连接方式是相贯或者错位，则连接处应该画出交线；如果连接方式是平齐或者相切，则连接处无交线。

6. 检查、描深，完成视图绘制

仔细检查所画各视图是否准确，是否有多线或漏线的现象，经检查无误后，擦去多余作图线，描深，如图5-5（d）、（e）所示。

【例5-1】 根据正等轴测图绘制组合形体的三视图［图5-6（a）］。

📖 **小提示** 正等轴测图最主要的特点就是三个轴向不发生变形，所以如果三视图与正等轴测图比例相等，可以直接根据轴测图量取三个轴向的长度。有关轴测图的详细内容参见第七章。

分析：图中的组合形体可以看成切割型。首先找到基本形体——一个四棱柱，在四棱柱的后半部分切去一个四棱柱，在前半部分左右对称地切去两个三棱柱，最后在前半部分靠下的位置挖去一个小的四棱柱［图5-6（b）］。

作法如下。

（1）形体分析，确定主视方向，如图5-6（b）所示。

（2）绘制基本形体——四棱柱的三视图。根据正等轴测图量取基本形体的长、宽、高，根据三面投影的特征，按照三视图的布局形式绘制出四棱柱的三视图［图5-6（c）］。

（3）后部切去一个四棱柱后的三视图。切去的四棱柱与基本形体长度相等、上部平齐，但是高度不同，所以组合形体后部保留一个小的平台［图5-6（b）］。根据轴测图确定切除的四棱柱的长、宽、高，以及与基本四棱柱的高度差，将其表现在三视图中。注意在V面投影中，小平台的聚积投影不可见，需要用虚线绘制［图5-6（d）］。

（4）前部切去两个角后的三视图。其实切去的是两个左右对称的三棱柱（垂直于V面），此时组合形体的顶部呈"T"形，前部出现了两个左右对称的斜面，斜面垂直于V面，在V面中聚积成直线［图5-6（e）］。

（5）前部挖去一个小的四棱柱后的三视图。在组合形体的前面中央位置挖去一个小的四棱柱，形成一个"门洞"。这一小四棱柱与基本四棱柱底部平齐，高度、宽度（对应"门洞"的深度）和长度（对应"门洞"的宽度）都可以在正等轴测图中量取。

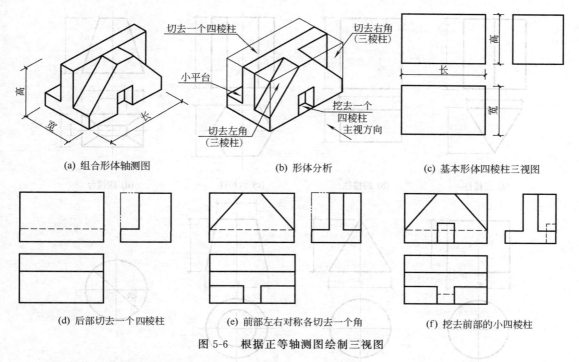

图 5-6 根据正等轴测图绘制三视图

(6) 最后对三视图进行整理,定稿[图 5-6 (f)]。

二、组合形体视图的尺寸标注

在工程中除了要表现形体各部分的形态特征,还要给定它们尺寸,才可以准确地确定其形状。我们在第一章已经介绍了尺寸标注的基本方法,在这里将结合具体情况进行详细介绍。

(一) 基本几何形体的尺寸标注

常见的基本几何形体包括棱柱、棱锥、圆柱、圆锥和球等,图 5-7 给出了一些常见几何形体的尺寸标注形式。

基本几何形体应注出其长、宽、高三个方向上的尺寸,即定形尺寸。由于形体特征各有不同,所以在进行尺寸标注的时候还略有差异。

(1) 平面立体其长、宽尺寸应该标注在能够反映其底面真形的平面图上,而高度尺寸应该标注在反映高度方向的正立面图上[图 5-7 (a)、(b)、(c)、(d)]。

(2) 曲面立体应注明直径和高度方向的尺寸,直径尺寸应该注写在非圆的视图中,标注数字前需要加前缀"ϕ"[图 5-7 (e)、(f)、(g)]。对于球体在直径符号前面还需要加注字母"S",如图 5-7 (h) 所示。

当标注对象是一个截断体时,除了要标注主要的定形尺寸之外,还需要注明可以确定截断面位置的尺寸,即定位尺寸,而不标注截断面的尺寸;对于相贯体同样要标注出参与相贯的基本几何形体的定形尺寸以及确定它们之间相对位置关系的定位尺寸,而不标注相贯线的尺寸(图 5-8)。

(二) 组合形体的尺寸标注

由于组合形体是由一些基本几何形体通过各种方式组合而成,因此组合形体的尺寸首先要标注出各个组成部分的定形尺寸;其次需要确定出各个组成部分之间的相对位置关系,即

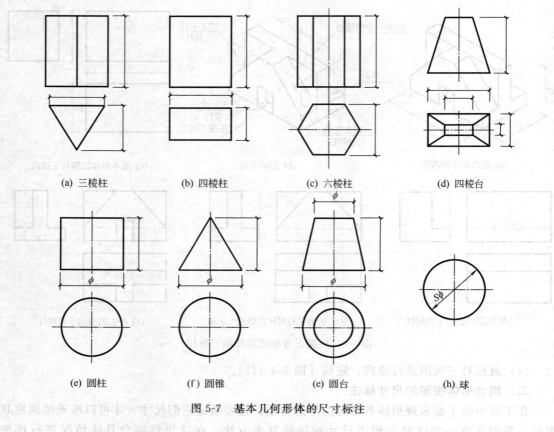

(a) 三棱柱　　(b) 四棱柱　　(c) 六棱柱　　(d) 四棱台

(e) 圆柱　　(f) 圆锥　　(e) 圆台　　(h) 球

图 5-7　基本几何形体的尺寸标注

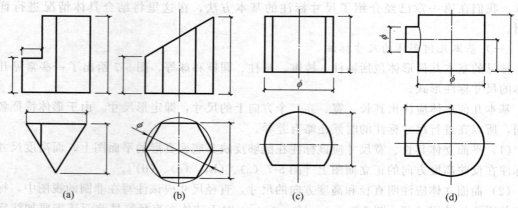

(a)　　(b)　　(c)　　(d)

图 5-8　截断体和相贯体的尺寸标注

定位尺寸；最后标注组合形体总的尺寸，即总尺寸。由此可见，完整的尺寸标注同样也是基于细致准确的形体分析。

以［例 5-1］的组合形体为例，介绍组合形体的三视图的尺寸标注方法和步骤（图 5-9）。

1. 定形尺寸

用以确定构成组合形体的基本几何形体的形状大小的尺寸，称为定形尺寸。首先标注出各个基本形体的外形尺寸，如图 5-9 所示，四棱柱长、宽、高方向的尺寸分别为 154mm、92mm、94mm，后侧四棱柱长、宽、高方向的尺寸分别为 154mm、33mm、70mm，前面

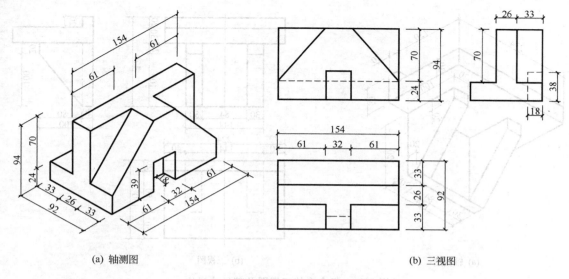

(a) 轴测图　　　　　　　　　　　(b) 三视图

图 5-9　组合形体尺寸标注示例

"门洞"的尺寸分别为 18mm、36mm、39mm。

2. 定位尺寸

用以确定构成组合形体的各基本几何形体之间相对位置关系的尺寸，称为定位尺寸。如图 5-9 中，顶面"T"形是由于四棱柱前部切去了两个对称的三棱柱而形成的，需要通过尺寸的标注将"T"形确定下来，如顶面"T"形横向左右对称的两个部分的长度为 61mm，纵向长度为 33mm。

3. 总体尺寸

用以确定组合体总长、总宽和总高的尺寸称为总体尺寸。如图 5-9 所示，组合形体的总长为 154mm，总宽为 92mm，总高为 94mm，正好是基本几何形体四棱柱的长、宽、高的尺寸。

(三) 组合形体尺寸标注的注意事项

在对组合形体进行尺寸标注时除了要遵守尺寸标注的基本规则之外，还应该注意以下几点。

(1) 尺寸应尽量标注在形体特征最明显的视图上。

(2) 同一基本形体的两个方向的定形尺寸应尽量集中标注。如图 5-9 中顶面"T"形的尺寸集中标注在平面图上，"门洞"的进深和宽度集中标注在侧视图上。

(3) 各视图中同一方向的尺寸线，应画在同一条水平线或铅垂线上。

(4) 相关尺寸应尽量标注在两视图之间。如图 5-9 中，四棱柱的高度方向的尺寸标注在主视图和侧视图之间的位置，长度方向的尺寸标注在主视图和平面图之间的位置。

(5) 尺寸尽量不要标注在虚线上。

总之，尺寸标注应该做到布置整齐，清晰易找，便于阅读。

【例 5-2】 根据组合形体的正等轴测图 [图 5-10 (a)] 绘制三视图，并进行尺寸标注。

分析：该组合形体可以看成上下两个部分构成，上半部分（平台）是两个四棱柱的叠加，下半部分（支架）又是由左右对称的两个支板和后面的挡板构成，挡板是一个四棱柱，而支板是一个底面为直角梯形的四棱柱。

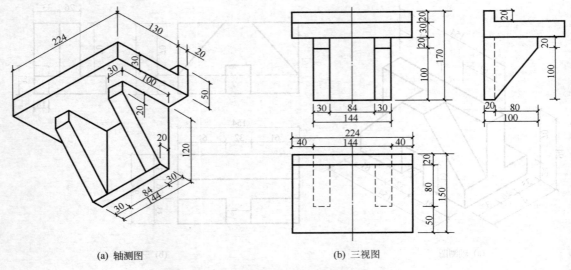

(a) 轴测图　　　　　　　　　(b) 三视图

图 5-10　组合形体三视图及其尺寸标注

作法如下。

(1) 形体分析，绘制组合形体三视图。根据分析结果，按照三视图的绘制方法，绘制出图中组合形体的三视图 [图 5-10 (b)]。

(2) 标注尺寸

① 定形尺寸。根据轴测图中的尺寸标注出各个组成部分的尺寸——上半部分大小两个四棱柱，下半部分三个棱柱（一个挡板两个支板）的尺寸。

② 定位尺寸。标注各个组成部分之间的相对位置关系——上下两个部分之间的相对位置关系，两个支板与上半部分的位置关系以及与挡板的位置关系。

③ 总尺寸。整个组合形体的总体尺寸——总长度、总宽度（等于上半部分四棱柱的长度和宽度）以及总高度（上下两部分高度的总和）。

关于组合形体的高度方向的尺寸集中标注在主视图和侧视图之间，长度方向的尺寸集中标注在主视图和平面图之间。对于下部支板和挡板的尺寸集中标注在侧视图中。

三、组合体视图的读图方法

所谓读图，即看图，就是根据形体的三视图，通过分析，想像出形体的空间形状，这是今后阅读专业设计图或者施工图的重要基础。读图通常采用两种方法：形体分析法和线面分析法。读图时以形体分析法为主，当形体比较复杂时，常常是两种方法综合运用。

（一）读图的基本方法

1. 形体分析法

按照形体分析法阅读视图，大致可以分为下面几个步骤。

(1) 取线框，分解形体　开始读图时，一般多是从反映形体形状特征比较明显的视图入手，按视图中的线框划块，将整个视图分成几个组成部分（每个组成部分相当于一个基本形体），从而初步掌握组合形体的大致组成。如图 5-11 (a) 对应的是某一组合体的三视图，在平面图中有四个线框，其中三个是矩形，而另外一个是"L"形。

(2) 对投影逐个分析　将组合体分解成几部分后，根据投影对应关系（三等原则），逐个找出每一线框对应的其它投影，对照各自投影进行分析，并想像出各部分的形状。图

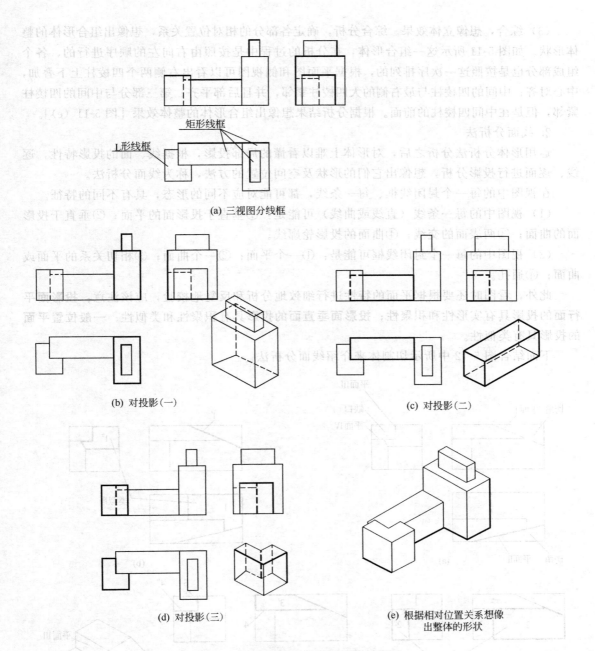

图 5-11 利用形体分析法读取三视图

5-11（b）中，根据"三等关系"找到右侧矩形线框所对应的其它投影，发现另外两面投影都是矩形，说明这两个基本形体都是四棱柱，这两个四棱柱通过叠加组合到一起，立体形态如图 5-11（b）立体图所示。中间的矩形，在正视图和侧视图中也都是矩形，说明这一部分对应的也是一个四棱柱，立体状态如图 5-11（c）中的立体图所示，再深入的分析会发现这一形体在正视图和侧视图中都有一部分为虚线，说明这一形体中的某一部分被最左侧的形体所遮挡，成为不可见部分。图 5-11（d）中，从"L"型线框所对应的其它两面投影可以看出这一部分是一个 L 形棱柱，高度比中间的棱柱高，并且与中间棱柱的前后位置是错开的，根据三视图想像出这一部分对应的立体效果，如图 5-11（d）中的立体图所示。

105

（3）综合，想像立体效果。综合分析，确定各部分的相对位置关系，想像出组合形体的整体形状。如图 5-11 所示这一组合形体，在分析的过程中是按照由右向左的顺序进行的，各个组成部分也是按照这一次序排列的，根据平面图和侧视图可以看出右侧两个四棱柱上下叠加，中心对齐；中间的四棱柱与最右侧的大四棱柱紧邻，并且后部平齐；第三部分与中间的四棱柱紧邻，但是在中间四棱柱的前面。根据分析结果想像出组合形体的整体效果 ［图 5-11（e）］。

2. 线面分析法

运用形体分析法分析之后，对形体上难以看懂的局部投影，根据线、面的投影特性，逐线、逐面进行投影分析，想像出它们的形状及空间位置的方法，称为线面分析法。

在视图中的每一个封闭线框、每一条线，都可能对应不同的形态，具有不同的特征。

（1）视图中的每一条线（直线或曲线）可能是：①垂直于投影面的平面；②垂直于投影面的曲面；③两表面的交线；④曲面的投影轮廓线。

（2）视图中的每一个封闭线框可能是：①一个平面；②一个曲面；③相切关系的平面或曲面；④通孔。

此外，看图时还要根据平面的特性进行细致地分析和反复地校验，应该注意：**投影面平行面**的投影具有实形性和积聚性；**投影面垂直面**的投影具有积聚性和类似性；**一般位置平面**的投影具有类似性。

下面结合图 5-12 中所示切割体来介绍线面分析法。

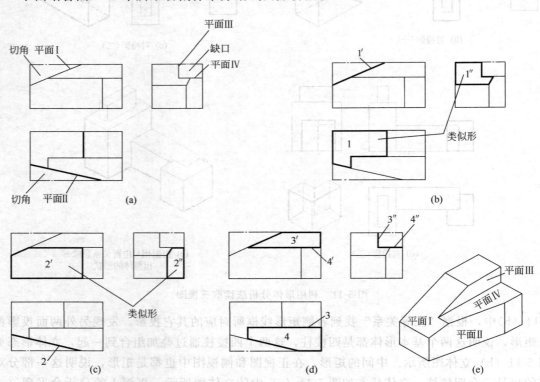

图 5-12 利用线面分析法分析组合形体三视图

（1）找到原型 由该组合形体三视图可以看出，其基本几何形体是一个四棱柱。四棱柱经过切割后形成了多个截面，其中有很多都是具有聚积投影的特殊平面，找到这些特殊平面所对应的位置对于分析组合形体形态特征非常重要。

(2) 初步分析 主视图（正视图）中四棱柱缺一斜角，说明在四棱柱的左上部被切掉了一角；平面图中也缺了一斜角，说明在四棱柱的左前部也被切去了一角；侧视图中的右上部有一直角缺口，说明在长方体前侧的右上角被切掉一个缺口，见图 5-12（a）。

(3) 分析图线 在进行形体分析的过程中，可以看到在形体上形成切角和缺口的位置共有四个截面：即平面Ⅰ、平面Ⅱ、平面Ⅲ、平面Ⅳ，见图 5-12（a）。

正视图中的斜角处的图线 1′，可在平面图中找到与其相对应的投影——线框 1，在侧视图中找到对应的投影——线框图 1″，1″和 1′是相似形。根据平面投影的特性，可以断定它们是正垂面Ⅰ的投影，四棱柱左上方的切角正是被正垂面Ⅰ截去的，见图 5-12（b）。

平面图中斜角处的图线 2，同样可以找到它的正视图和侧视图（皆为五边形），经过投影分析可判断出截面Ⅱ为一铅垂面，四棱柱前方的切角即是被平面Ⅱ截得的，见图 5-12（c）。

再看侧视图中缺口处的图线 3″和 4″，对应它们的正面投影为线框 3′和线条 4′，水平投影为线条 3 和线框 4，由此可以判定平面Ⅲ为正平面，其正面投影反映实形；平面Ⅳ为水平面，其水平投影反映实形；这两个平面正是切掉长方体右上角缺口的两个截面。

(4) 构想立体 经过上面所作的线面分析，对组合形体的整体特征以及各表面之间的关系有了深入的了解，在此基础上就可以构想出这一组合形体的立体效果，如图 5-12（e）所示。

（二）读图过程中需要注意的问题

(1) 将三个视图联系起来看，综合分析 因为每一视图只能够表现形体长、宽、高中的两个方向，如果仅局限某一个或者某两个视图，在读图过程中就会出现偏差，如图 5-13 所示的各个形体，任意两个组合形体都至少有一个视图是相同的，但是形体却是各不相同。所以要准确无误的得到形体的立体效果，需要综合分析三个视图。

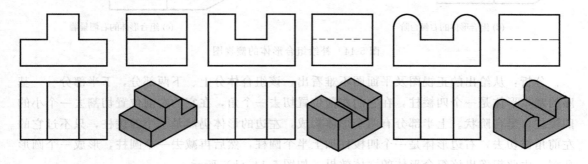

图 5-13 综合分析三视图

(2) 应该熟练掌握基本几何形体的特征和较为简单的组合形体的投影特征 熟悉了这些特征之后，就可以利用三等关系从复杂的视图中快速找到各部分投影的对应关系，从而构想出形体的立体效果。

读图的过程是一个由二维到三维的过程，除了通过大量的练习提高这方面的技能之外，最直接和最简便的方法就是源自我们的日常生活——尤其是园林专业——仔细观察身边的物体，借此来提高空间想像能力。

四、读图与画图的结合——补全第三面投影

在培养读图能力的过程中，采取由已知形体的两面投影，补画其第三面投影的方法是行之有效的读画结合的一种训练手段。要求读图者根据给定的两面投影，想像出立体的空间形状，在此基础上运用投影规律画出该形体的第三面投影。整个过程不但包含了由图及物的空间思维活动，而且也训练了投影作图的技能。

【例 5-3】 已知组合体的正视图和平面图 [图 5-14（a）]，求作其侧视图。

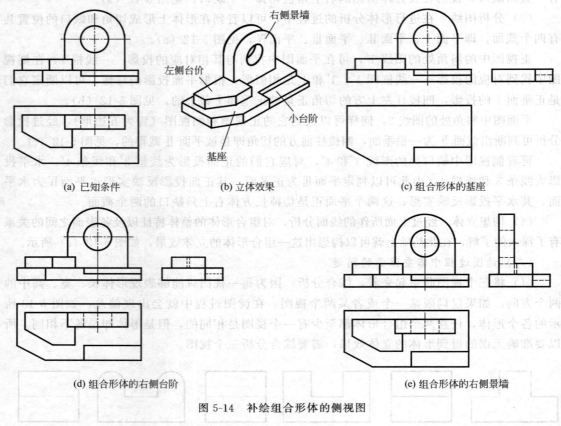

图 5-14　补绘组合形体的侧视图

分析：从给出的正视图及平面图不难看出，该组合体分上、下两部分，下半部分——基座的基本形体是一个四棱柱，在它的左前位置切去一个角，在它的右前位置切割去一个小的四棱柱，呈台阶状。上半部分有两个形体构成，左边的形体仍然是一个四棱柱，只不过它的左前角被切去，右边形体是一个四棱柱加上半个圆柱，然后再减去一个圆柱，形成一个圆形孔洞。由此想像出该组合形体的立体效果，如图 5-14（b）所示。

作法如下。

（1）绘制基座的侧视图。作出基本几何形体的侧视图，根据前面的分析绘制出左侧切角和右侧小台阶的侧视图 [图 5-14（c）]。

（2）绘制左侧台阶的侧视图。左侧台阶仍然是一个四棱柱，在基座上表面聚积投影的基础上，根据台阶的高度和宽度绘制出台阶的侧视图。注意由于台阶与右侧景墙相贯，所以在台阶的右侧有一个直角缺口，缺口在侧视图中不可见，所以要用虚线表现出来 [图 5-14（d）]。

（3）绘制右侧景墙的侧视图。根据景墙的高度和宽度（厚度）绘制出景墙的侧视图的轮廓线（矩形线框），然后根据漏窗（圆柱孔洞）的投影绘出孔洞的侧视图，由于不可见，所以需要用虚线绘制 [图 5-14（e）]。

（4）整理、检查。利用线面分析法对照正视图和平面图进行检查，加深图线，擦除多余线条。

第二节 剖面图

利用三视图虽能清楚地表现几何形体的形状特征，但内部构造只能用虚线来表示，对于内部构造比较复杂的几何形体，会在视图中出现较多的虚线，虚、实重叠，致使难以认读。如果要研究某一形体的内部构造，最好的办法就像图 5-15 那样将其切开，然后一切就会一目了然了。在制图中这种方法被称为"剖视"，所形成的图纸称为剖面图。《中华人民共和国国家制图标准》中规定可以采用剖面图表达形体的内部形态。

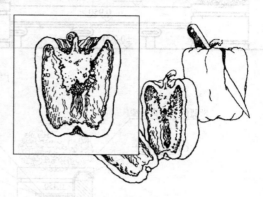

图 5-15　剖视

一、剖面图的基本概念

（一）剖面图的形成与概念

剖面图就是假想用一个剖切平面将几何形体剖开，移去观察者与剖切平面之间的部分，将剩余可见的部分向投影面投影，所得到的投影图就称为**剖面图**，简称为"剖面"。

如图 5-16 所示，为了能够看清楚杯形基础的内部构造，需要将其剖开，一般情况下都是采用形体的对称面作为剖切平面，这里采用左右对称面作为剖切平面。剖切之后将左侧的部分（观察者在左侧）拿走，然后将剩余的部分向 W 面投影，就会得到如图 5-16（b）所示的剖面图，图中清楚地反映了基础内部杯口的构造。

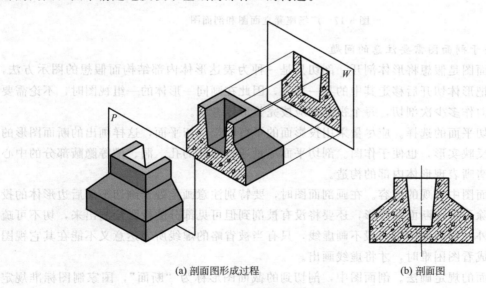

(a) 剖面图形成过程　　　　　　　　　(b) 剖面图

图 5-16　剖面图的形成

剖面图在园林设计中的运用非常广泛，常常用作三视图的补充。如图 5-17 所示，对于图中这一处园林小品仅给出了立面图还是不够的，无法正确地把握座凳各个构件的连接方法以及各个组成部分采用的建筑材料，所以用一个假想的侧平面在某一凳腿位置将座凳剖开，向 W 面作投影，得到座凳的剖面图——A—A 剖面，通过图例和文字注释可以清楚的反映出该处的内部构造。

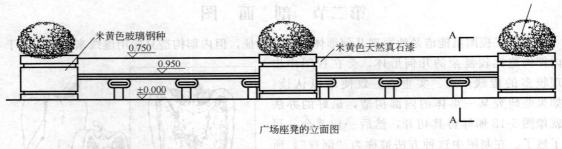

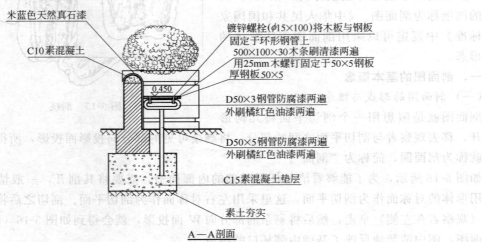

图 5-17 广场座凳立面图和剖面图

（二）关于剖面图需要注意的问题

（1）剖面图是假想将形体剖开。剖切只是一种为表达形体内部结构而假想的图示方法，并不是真正把形体切开后移走其中的某一部分，因此在画同一形体的一组视图时，不论需要从哪几个方向作多少次剖切，每个视图都应按完整形体考虑。

（2）剖切平面的选择。应尽量采用投影面的平行面作剖切平面，这样画出的断面图形的投影才能够反映实形，也便于作图。剖切平面尽量通过形体的孔、洞、槽等隐蔽部分的中心线，以便于清晰表现形体内部的构造。

（3）剖面图中表现的内容。在画剖面图时，要特别注意画全处于剖切平面后边形体的投影，也就是除了剖切断面的投影，还要将没有被剖到但可见部分的投影绘制出来，切不可疏忽漏画。此外，在剖面图中一般不画虚线，只有当被省略的虚线所表达意义不能在其它视图中表示或造成看图困难时，才将虚线画出。

（4）断面的规定画法。剖面图中，剖切到的截面图形称为"断面"，国家制图标准规定在断面内要画出材料图例，并规定了常用建筑材料的图例，具体内容参见附录 A 常用建筑材料图例。如图 5-16 中的杯形基础采用的是钢筋混凝土材料，图 5-17 中挡墙压顶采用混凝土材料，墙体是砖砌结构，在断面内部都要填充上对应的材料图例。如果不指明材料，可以用等间距、同方向的 45°细斜线来表示。

📖 **小提示** 断面填充建筑材料图例后便于与其它没有被剖到的可见的部分区分，此外，断面的轮廓线要采用粗实线，而其它部分的主要轮廓线则采用中实线绘制，通过使用不同的线宽也有益于突出剖切断面。

二、剖面图的标注

剖面图要用规定的方法进行标注，以表示剖切平面的名称、位置和投影方向。具体方法如下。

（1）剖切位置用"剖切位置线"表示，它是长度为 6～10mm 的两段粗实线，绘制时不得与图线相交。

（2）投影方向用"投影方向线"表示，它位于剖切位置线的两端，与剖切位置线垂直，是长度为 4～6mm 的粗实线。

（3）剖面图编号。用阿拉伯数字或者英文大写字母编号，应该按顺序由左到右或者由上到下连续编排，水平标注在剖视方向线的端部。

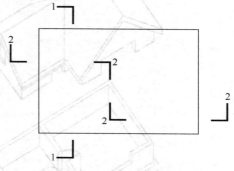

图 5-18　剖面图的标注

如果剖切平面出现转折，则编号标注在转角的外侧，如图 5-18 所示。

此外，在剖面图的下方还要注写图名，图名与剖面图编号一致，并且在两个编号之间加一横线，如图 5-17 中剖面图名称为"A—A 剖面"。

📖 **小提示**　当剖切平面通过形体的对称面，且剖面图又是按投影关系配置，两视图之间也没有其它图形隔开时，上述标注的各项要求皆可省略。

三、剖面图的绘制方法

剖面图的绘制可以概括为三个字——"剖"、"移"、"视"。

剖——确定剖切平面的位置，在剖切平面垂直的投影面上标注剖切位置以及剖视的方向，注意其标注的方法。

移——假想将处于观察者与剖切平面之间的部分移去，按照立体被平面所截，求取截交线的方法确定截交点，构想出截断面的形状。

视——按照确定的投影方向，根据投影的原理绘制断面投影和余下可见部分的投影。

最后加深图线，对于剖切断面的轮廓线要采用粗实线绘制，并在断面内填充材料图例，标注剖面图图名。

四、常用剖面图形式

采用剖面图的目的是为了更清楚地表达形体内部的构造，因此，如何选择好剖切平面的位置就成为画好剖面图的关键。最主要的原则就是使剖切平面通过形体上最需要表达的部位，这样才有利于显示形体内部构造。除此之外，还要考虑到剖面图与其它视图结合，并尽量简化作图过程。

由于形体各式各样，需要表现的内容也是各不相同，所以选择剖切平面的方式也有所不同。按照剖切平面的特征将剖面图分为以下类型。

（一）用单一剖切平面作剖面图

这是用一个剖切平面剖切形体作剖面图的方法。这种剖面图按剖切范围不同，又可分为全剖面、半剖面和局部剖面。

1. 全剖面

全剖面是用一个剖切平面把形体整个切开后所画出的剖面图。它多用于在某个方向上视图形状不对称或外形虽对称，但形状却较简单的形体，这种剖面图是建筑设计和园林设计中

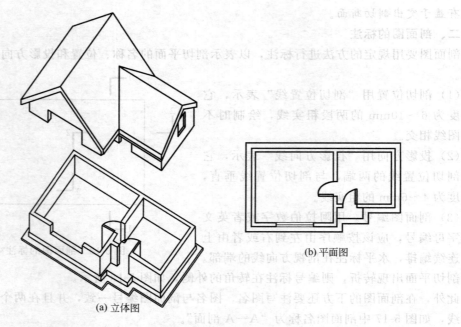

图 5-19 全剖图的应用

最为常用的一种形式。如图 5-19（a），房屋被一个高于窗台的水平面全部剖开，将上半部分移去，剩余部分向下作投影，就会得到右图，这是建筑中常用的平面图的表现方式。园林设计中为了表现园林景观的内部效果也经常用到全剖图，具体内容参见第六章。

2. 半剖面

当形体具有对称面时，可在垂直于该形体对称面的那个投影（其投影为对称图形）上，以中心线（对称线）为界，将一半画成剖面，以表达形体的内部形状，另一半画成视图，以表达形体的外形，这种由半个剖面和半个视图所组成的图形即称为半剖图，见图 5-20。

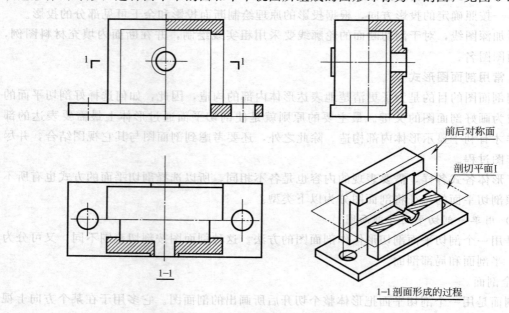

图 5-20 半剖图

这种内、外兼顾的半剖面图多用于内、外形状皆需表达的对称形体。在画半剖面图时，一般多是把半个剖面图画在垂直对称线的右侧或画在水平对称线的下方。必须注意：半个剖面图与半个视图间的分界线规定必须使用单点长画线。此外，由于内部形状对称，其内形的一半已在半个剖面图中表示清楚，所以在半个视图中，表示内部形状的虚线就不必再画出。

半剖面的标注方法与全剖面相同，在图 5-20 中由于主视图及侧视图中的半剖图都是通过形体上左右和前后的对称面进行剖切的，故可省略标注；而平面图中所作的半剖图，其剖切平面的位置不在形体的上下对称面上（形体的上下方向无对称面），所以在主视图中必须用带编号的剖切符号把剖切平面的位置表示清楚，并在剖面图下方标明相应的剖面图名称"1—1"。

3. 局部剖面

用剖切平面局部地剖开形体，以显示该形体局部的内部形状，所画出的剖面图称为局部剖面图，如图 5-21 所示。

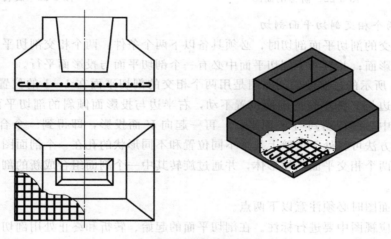

图 5-21 杯形基础的局部剖面

当形体只有局部内形需要表达，而仍需保留外形时，就不宜采用全剖面，此时应用局部剖面就比较合适。如图 5-21 所示的杯形基础，若想表现底部钢筋网的分布情况，采取局部剖面图，就能达到以点代面、内外兼顾的目的。局部剖面图的剖切边界用波浪线表示，并且波浪线不能够与形体的轮廓线重合。

（二）用两个互相平行的剖切平面剖切

当形体内部的形状比较复杂，而且又分布在不同的层次上时，则可采用两个相互平行的剖切平面对形体进行剖切，然后将各剖切平面所截到的断面形状及剩余没有被剖到但可见的部分同时向同一个投影面作投影，所得到的投影图称为阶梯剖面图。

如图 5-22 所示形体具有两个不同形状的孔，但它们却处在不同位置。此时可采用两个平行的剖切平面进行剖切，然后画出剖面图。阶梯剖与一般的剖面图的绘制方法相同，分别绘制出各个剖切平面对应的剖面图，然后将其组合到一起即可。但须注意：在剖面图中不要画出剖切平面转折处的投影轮廓（即两个剖面的连接处不应画出交界线），而且还应避免剖切平面在形体轮廓线上转折。此外，阶梯剖的剖切平面仅仅能够转折一次，也就是说阶梯剖只能够有两个相互平行的剖面图组合而成。

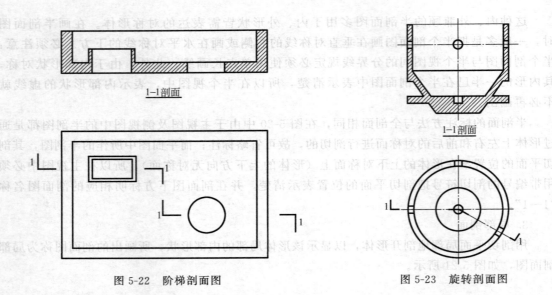

图 5-22 阶梯剖面图　　　　　图 5-23 旋转剖面图

（三）用两个相交剖切平面剖切

用两个相交的剖切平面剖切时，必须具备以下两个条件：两个相交剖切平面的交线必须垂直于某一投影面；并且两个剖切平面中必有一个剖切平面与投影面平行。

如图 5-23 所示的过滤池的剖面图是用两个相交的剖切平面在 1—1 的位置进行剖切的，剖切后，左半边与 V 面平行的剖面位置不动，右半边与投影面倾斜的剖切平面（附带此处的剖面图）绕中心线转动到与 V 面平行，再一起向 V 面投影，即得到一个合成的剖面图。利用这种剖切方法可将处于池壁上几个不同位置和不同形状的孔在一个剖面图中同时表达清楚。这种利用两个相交平面剖切形体，并通过旋转其中一个剖面组合成新的剖面图的方法称为旋转剖面图。

画旋转剖面图时必须注意以下两点。

（1）在对应视图中要进行标注。在剖切平面的起始、转折和终止处用剖切位置线表示出剖切面的位置，并用投影方向线表明剖切后的投影方向，然后标注出相应的编号。

（2）绘制旋转剖面图时不要画出剖切平面转折处的交线。

第三节　断　面　图

一、断（截）面图的概念

（一）断（截）面图的形成及其概念

假想用一个剖切平面将形体剖开，移去观察者与剖切平面之间的部分，可见到形体上被截切后出现的截面形状，如果把这个截面形状单独投影到与其平行的投影面上，即可得到该截面图形的实形，此投影图称为**断（截）面图**，简称**断（截）面**。

（二）剖面图与断面图比较

剖面图与断面图形成过程相同，在表现形式上也有相同之处，例如：都要表现断面的投影，在断面中都要填充材料图例。但两者也有不同之处，图 5-24 是钢筋混凝土柱的剖面图和断面图，由此可以看出两者之间的区别。

1. 在标注方法方面

断面图用剖切位置线（两段短粗线）表示剖切平面的位置，而剖切后的投影方向只是用

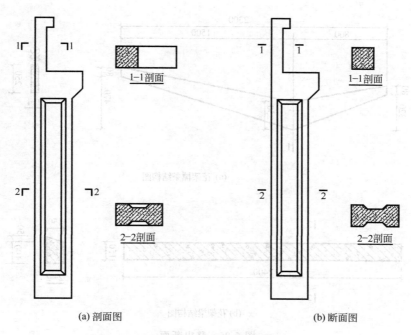

图 5-24 剖面图与断面图的区别

剖面编号的注写位置表示——编号注写在剖切位置线的一侧，编号的位置即断面图的投影方向；而剖面图的标注除了用编号注写外，还须在剖切位置线的两端加上垂直短线，以表明投影方向，编号标注在剖切方向线的两端。

2. 在绘制内容方面

断面图只画出被剖切处的截面形状，如图 5-24（b）图所示；而剖面图不仅要画出被剖切处的截面形状，还要画出形体被剖切后在剖切平面后所余下可见的部分，如图 5-24（a）中的 1—1 剖面图和 2—2 剖面图。所以，两者本质区别是：断面图本身只是一个平面（截面图形）的投影，而剖面图则是部分形体的投影。

二、常用断（截）面图形式

（一）移出断面

画在视图外面的断面图称为移出断面。移出断面图的轮廓线用粗实线绘制，并在断面图中根据所绘形体的材料填充图例。当需要作多个断面图时，可将各断面图按顺序整齐地布置在视图的周围，并可按比例放大，如图 5-25 所示，图中给出花架檩条和花架梁的结构图，采用的都是移出断面形式。

（二）重合断面

画在视图之内与视图重叠的断面图称为重合断面，如图 5-26 所示。首先确定剖切位置（不用标注），得到断面，然后将其旋转与视图重合在同一平面上。重合断面图的轮廓线应区别于视图轮廓，一般用细实线绘制，内部填充材料图例。

（三）中断断面

中断断面与重合断面类似，确定剖切位置之后，得到断面，然后将其旋转与视图重合在同一平面上，在绘制断面的位置要将视图断开，将断面画在断开的视图之间，如图 5-27 所示，中断断面图也无需任何标注。中断断面多用于表达长而形状无变化的构件。

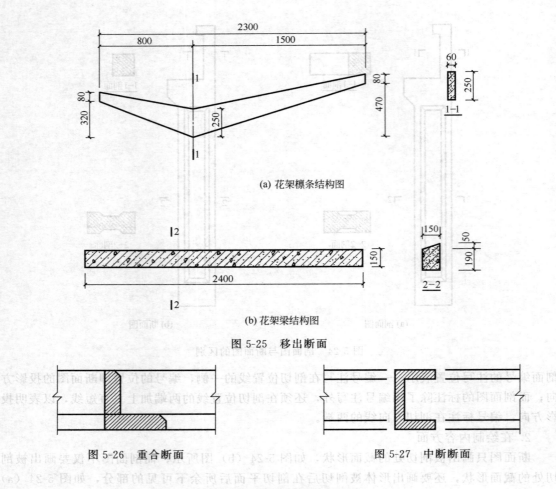

(a) 花架檩条结构图

(b) 花架梁结构图

图 5-25 移出断面

图 5-26 重合断面　　　　图 5-27 中断断面

第四节　简　化　画　法

为了节省绘图时间，简化作图步骤，节省绘图空间，国家制图标准中允许在必要时可以采用简化画法。

一、对称构件的简化画法

如果构件的视图有一条对称线，可只画该视图的一半，并画出对称符号［图 5-28 (b)］；如果视图有一个对称中心，可只画该视图的 1/4，并画出对称符号［图 5-28（c)］。

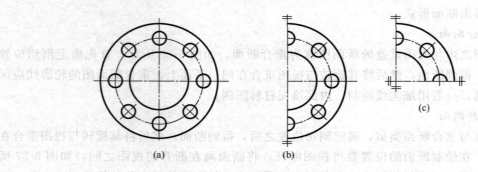

图 5-28　对称画法（一）

图形也可稍超出其对称线，用折断线或者波浪线表现折断的边界，此时可不画对称符号[图 5-29（a）、(b)]。

对称形体画剖面图或断面图时，可以对称线为界，一半画视图（外形图），一半画剖面图或断面图，也就是采用半剖图的表现方法[5-29（c）]，并绘制对称符号。

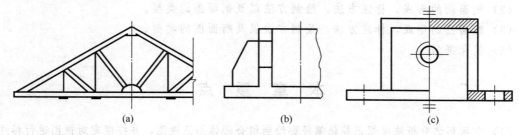

图 5-29　对称画法（二）

二、相同要素的简化画法

构件内有多个完全相同而连续排列的元素，可仅在两端或适当位置画出单个元素的完整形状，其余部分以中心线或中心线交点表示，并通过引出线进行标注，如图 5-30（a）、(b)、(c) 所示。如相同要素少于中心线交点，被省略的相同要素用中心线交点处的小圆点表示，如图 5-30（d）所示。

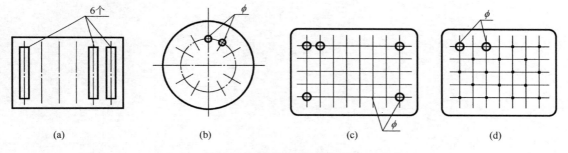

图 5-30　相同要素的简化画法

三、较长图形的简化画法

较长的构件或者图形，例如梁柱、墙体、道路等，如沿长度方向的形状相同或按一定规律变化，可断开省略绘制，断开处应以折断线表示，如图 5-31（a）所示。

一个构件，如绘制空间不够，可将图纸分成几个部分绘制，以连接符号表示，并结合字母标注，如图 5-31（b）所示。一个构件如与另一构件仅局部差异，该构件可只画不同部分，但应在两个构件的相同部分与不同部分的分界线处分别绘制连接符号[图 5-31（c）]。

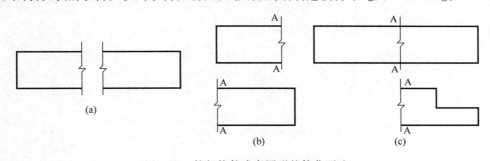

图 5-31　较长构件或者图形的简化画法

本 章 小 结

（1）组合形体三视图的组成，绘制方法，尺寸标注方法。
（2）剖面图的形成，标注方法，绘制方法以及剖面图的类型。
（3）断面图的形成，标注方法，绘制方法以及断面图的类型。
（4）简化画法。

本 章 重 点

（1）利用形体分析法根据正等轴测投影绘制组合形体的三视图，并按规定对视图进行标注。
（2）利用形体分析法和线面分析法读图，根据组合形体三视图构想组合形体的立体效果。
（3）掌握常用剖面图的绘制方法、标注方法，根据需要选择适宜的剖面图形式。
（4）明确剖面图和断面图的区别，掌握常用断面图的绘制方法。
（5）掌握国家制图标准中关于简化画法的规定和要求，并在制图过程中加以运用。

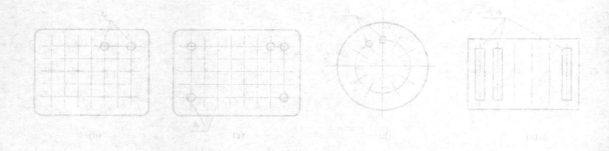

第六章　园林设计图绘制

园林绿化项目的图纸按照不同阶段分为：设计图和施工图。如果按照表现方式分为：平面图、立面图、剖面图、透视图和鸟瞰图等，其中平面图、立面图、剖面图的绘制其实就是对基本投影理论的实际应用。

第一节　园林设计图内容及其要求

设计阶段所需的图纸没有明确的规定，需要根据工程项目的复杂程度、甲方的要求等情况确定，通常一套设计图纸应该包括：总平面图、现状分析图、功能分区图、道路系统设计图、竖向设计图、景观分析图、植物规划图、园林建筑小品单体设计图以及电气规划图和管线规划图等，在实际工作中可以根据需要适当增减。

一、总平面图

（一）总平面图包括的内容

总平面图反映的是设计地段总的设计内容，所以它包含的内容应该是最全面的，包括建筑、道路、广场、植物种植、景观设施、地形、水体等各种构景要素的表现，除此之外通常在总平面图中还配有一小段文字说明和相关的设计指标。

1. 文字

（1）标题。在园林设计图中通常在图纸的显要位置列出设计项目及设计图纸的名称，除了起到标示、说明作用之外，标题还应该具有一定的装饰效果，以增强图面的观赏效果，所以通常采用美术字。但在书写的时候应该注意可识别性和整体性：可识别性就是指人们很容易就可以识别文字的内容并了解其中的含义，书写不可过于潦草和抽象，内容也不可过于含糊；同时，标题作为图纸的一部分，应该注意与图纸总体风格相协调。

（2）设计说明。在图纸中需要针对设计方案进行简要的论述，内容包括：设计项目定位、设计理念、设计手法等。

（3）设计指标与参数。在总平面图中还需要列出设计方案中所涉及到的一系列的指标与参数，比如：经济技术指标、用地平衡（常用表格方式表示）等。

（4）图例表。图中一些自定义的图例对应的含义。

2. 环境图

表现设计地段所处的位置，在环境图中标注出设计地段的位置，所处的环境，周边的用地情况、交通道路情况等。有时候会和现状分析图结合，在总平面图中可以省略。

3. 设计图纸

（1）设计范围。给出设计用地的范围，即规划红线范围。

（2）建筑和园林小品。在总平面图中应该标示出建筑物、构筑物及其出入口、围墙的位置，并标注建筑物的编号，建筑可以采用顶平面或者平剖图绘制。园林建筑，如花架及景亭，应采用顶平面图表示，并且一些园林小品利用图例标示出位置。

（3）道路、广场。道路中心线位置，主要的出入口位置，及其附属设施停车库（场）的车位位置。标示广场的位置、范围、名称等。

(4) 地形水体。绘制地形等高线，水体的轮廓线，并填充图案与其它部分区分。

(5) 植物种植。表示植物种植点的位置，如果大片的树丛可以仅标注出林缘线。

4. 其它

图纸中其它说明性的标示和文字。比如：指北针（图 6-1），绘图比例等。

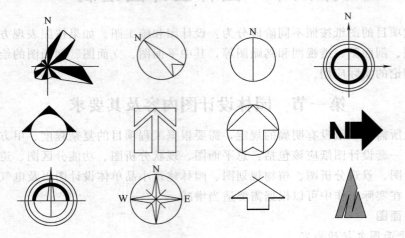

图 6-1 指北针

（二）总平面图绘制的要求

(1) 内容全面。利用文字表格或者专业图例说明设计思想、设计内容、园林设施等。

(2) 布局合理。在绘制总平面图之前需要根据出图的要求确定适宜的图幅，然后再确定适宜的绘图比例，可以参考表 6-1。

表 6-1 园林设计图比例的选用

图 纸 名 称	常 用 比 例	可 用 比 例
总平面图	1∶500，1∶1000，1∶2000	1∶2500，1∶5000
平、立、剖面图	1∶50，1∶100，1∶200	1∶150，1∶300
详图	1∶1，1∶2，1∶5，1∶10，1∶20，1∶50	1∶25，1∶30，1∶40

总平面图中包括图纸、文字、标题、表格等，所以在绘制的过程中要注意图纸各个组成部分的布局，充分合理的利用图纸空间。

(3) 艺术美观。总平面图是展示园林设计项目总图效果的最主要的图纸，所以在图面的表现方面应该结合平面构图原理以及美学原则，增强图面的艺术表现力和感染力。

图 6-2 给出的是某一园区规划设计的总平面图，供参考。

二、现状分析图

现状分析是园林设计首先需要做的工作，是设计工作的切入点，也是设计意向产生的基础，现状分析是否到位直接关系到设计方案的可行性、科学性和合理性。

（一）现状分析图包括的内容

在现状分析图中通过各种符号表现基地现有的条件，通常从以下几个方面进行分析。

(1) 自然因素 地形、气候、土壤、水文、主导风向、噪声等。除此之外还要对基地的植被情况进行调查和记录，尤其是一些需要保留下来的大树一定要作好标记，以便在设计过程中加以考虑。

(2) 人工因素

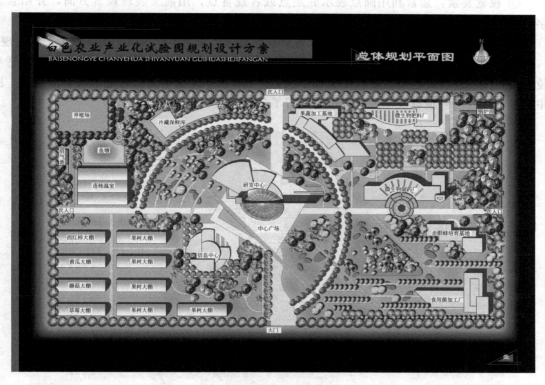

图 6-2 总平面图示例

① 人工设施：保留的建筑物、构筑物、道路、广场以及地下管线等。
② 人文条件：历史地段位置分析、历史文化环境等。
③ 服务对象分析，包括人们行为心理的分析。
④ 甲方要求——设计任务书内容。
⑤ 用地情况：基地内各地段的使用情况。
⑥ 视觉因素：周边的环境分为景观效果较好的，景观效果不好的。以及基地内的透景线、制高点等。

（3）指北针、图例表、比例尺等。

每项分析都应该得出分析结果，并用不同字体或颜色与现状表述加以区分。

（二）现状分析图绘制的要求

（1）自然因素

① 地形：可以利用地形图进行分析，具体方法参见第六章第三节中地形的绘制方法。
② 植被：如果基地的植被较为复杂，需要保留的树木较多可以单独绘制一张种植现状图，如果较为简单则可以与其它现状因子的分析相结合。在分析植被种植现状的时候一定要标注清楚树木的种类、规格、生长状况等，必要时可以结合表格加以记录。
③ 气候、水文、风向等可以根据调查到的资料利用专用的图例标示。

（2）人工因素

① 人工设施：基地中的建筑物、构筑物等，保留的用实线绘制，需要拆除的用虚线绘制，具体内容参见第一章第二节图线的使用。

② 视觉要素：通常利用圆点表示驻足点或者观赏点，用箭头表现观赏方向，并结合文字说明分析景观观赏效果。

③ 其它人工因素，如人文景观、服务对象等都可以采用不同的填充图案或者图线表现。

一张现状分析图往往是多个内容的综合分析，在图中一定要对符号进行说明，并在适当位置进行文字注释，还可以结合现场加以说明。如图6-3是某一城市绿地的现状分析图，图中对绿地所处的环境以及基地内部情况进行了分析。

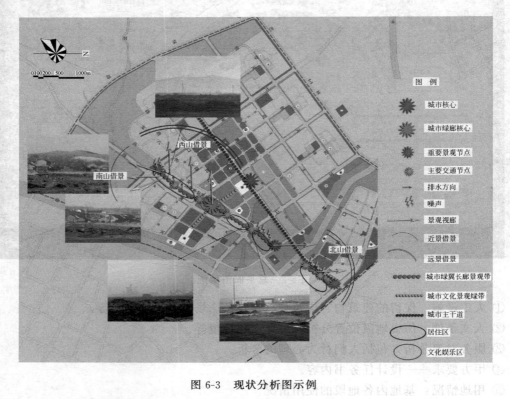

图 6-3　现状分析图示例

三、分区平面图

对于复杂园林工程，应采用分区将整个工程分成若干个区，分区名称宜采用大写英文字母或罗马字母表示。在园林设计中分区的形式多种多样，通常按照使用功能进行分区，称为功能分区，如图6-4所示；也可以按照主要使用人群进行分区，比如公园中的分区可以有老年活动区、儿童活动区等。

分区范围的表示有多种方法，在园林设计中常用的是"泡泡图"法，也就是每一分区的范围都用一个粗实线绘制的圆圈表示，这些圆圈代表分区的位置，并不反映这一分区的真实大小。在圆环内可以填充图案或者颜色，并标注分区的名称。另外，也可以用粗实线或者粗单点长画线绘制分区的边界，同样也需要注明分区的名称。

四、道路系统设计图

道路系统设计图应该包括如下的内容及其要求：

1. 道路系统规划图

利用不同宽度和不同的颜色的线条表示不同等级的道路，并要标注出主要的出入口和主要的道路节点，如果有广场需要标注出广场的位置及其名称。除此之外还应标注指北针、比

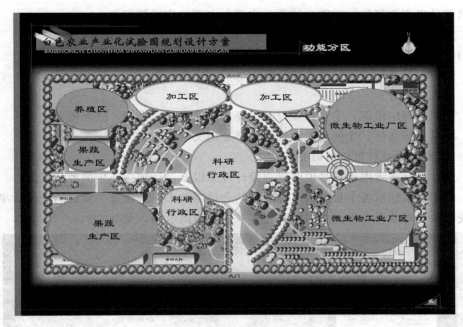

图 6-4 功能分区图示例

例尺以及必要的文字说明。

2. 道路断面图

表现道路铺装的横坡、纵坡、道路宽度以及绿化带的布局形式等。

3. 铺装平面图

铺装平面图中应包括以下内容：铺装材料的材质及颜色，道路边石的材料和颜色，铺装图案放样。对不再进行铺装详图设计的铺装部分，应标明铺装的分格、材料规格、铺装方式，并应对材料进行编号。

五、竖向设计图

园林设计对于地形的要求较高，很多时候都需要对地形进行改造，利用地形创造园林景观，同时还需要利用地形组织地表排水、种植植物。

（一）竖向设计图包括的内容

（1）标高：建筑物、构筑物的室内标高；场地内的道路（含主路及园林小路）、道牙标高，广场控制点标高，绿地标高，小品地面标高，水景内水面、池底标高；道路转折点、交叉点、起点、终点的标高；排水沟及雨水箅子的标高以及主要的排水方向等。

（2）地形等高线及其标高。

（3）地形剖切断面图或者地形轮廓线图。

（4）用坡面箭头表示地面及绿地内排水方向，对于道路或者广场应该标注出排水的坡度。

（5）图名，指北针，绘图比例。

（二）竖向设计图绘制要求

在竖向设计图中，可采用绝对标高或相对标高表示。规划设计单位所提供的标高应与园林设计标高区分开，园林设计标高应依据规划设计标高而来，并与规划设计标高相闭合。可采用不同符号来表示绿地、道路、道牙、水底、水面、广场等标高。

六、景观分析图

（一）景观分析图包含的内容

（1）园林设计意向、设计理念的分析。

（2）景区的划分。

（3）景观序列的组织，主要景观以及主要景观的局部效果图、立面图等。

（4）图名、指北针、比例尺、图例表和必要的文字说明。

（二）景观意向分析图绘制的要求

（1）通过文字或者图例符号说明景观设计理念以及设计理念产生的源泉。

（2）利用文字标示各个景点的名称，并结合局部效果图构筑这一景观的立体效果，可以利用引线标示局部效果在平面图中的位置，景观分析图示例，见图6-5。

图 6-5　景观分析图示例

七、种植设计图

（一）种植设计图包括的内容

（1）利用图例标示植物种植的平面位置，注意一定要标注种植点位置。

（2）植物群落效果图，表现植物的规格形态特征，以及植物搭配的总体观赏效果。

（3）植物群落剖面图。

（4）设计说明：植物配置的依据、方法、形式等。

（5）植物表：包括中文名称、拉丁学名、图例、规格（冠幅、胸径）、单位、数量、其它（如观赏特性等）。

（二）种植设计图绘制的要求

（1）植物规格按照成龄树进行设计，并在设计说明中加以说明。

（2）植物图例按照乔灌草、常绿和落叶加以区分，每一种类中的具体树种利用标号加以区分，具体表示方法参见本章第三节植物的绘制。

(3) 一定要标注清楚植物的种植点位置。

八、园林建筑小品单体设计

主要是针对园林小品的外形尺度、材料等进行说明，一般要给出建筑单体的平面图、立面图和剖面图，具体的绘制方法将在本章的第二节进行介绍。

除了上面提到的一系列图纸之外，有些项目还要提供电气规划图和管线规划图，具体内容参见第十章施工图绘制。此外，在方案阶段为了给人们一种直观的感受，还需要绘制总体鸟瞰图和局部效果图，这也将在后续的章节中加以介绍。

可以看出园林设计图纸的绘制已经不是停留在简单的绘图层面，这一过程与专业知识结合的更为紧密，要求绘图人员对园林设计有着更多的了解，只有这样才可以准确、全面地表达设计者的设计思想。

第二节　建筑平、立、剖面图

建筑在园林设计中是必不可少的一个组成部分，其形态结构、功能作用都不同于一般意义的民用建筑。园林建筑的形式多种多样，主要包括：亭、台、楼、阁、塔、轩、榭、斋，以及游廊、花架、大门等，往往作为园林景观的主体或者是"点睛之笔"，所以在园林设计阶段就要求提供园林建筑单体设计，给定建筑的外形、尺度和材料等。在施工阶段要求就更为细致了，需要提供建筑的基础、各个构件的结构以及各个节点的施工方法等。

通常用三面正投影得到建筑的外观形态，如图 6-6 所示，用剖面图表现建筑的内部空间。根据表现的内容和形式图纸分为平面图、立面图和剖面图。

一、建筑平面图

建筑的平面图有两种表现形式：顶平面和平剖图。顶平面绘制较为简单，就相当于整个建筑物的外观的水平正投影，如图 6-6 所示。仅作出建筑物屋顶的轮廓线和屋面交线，在园林设计中经常用到一些起脊的建筑，也就是我们前面所介绍的同坡屋面的形式，关于屋面交线的作法参考第四章第三节，这里不再介绍。

（一）建筑平面图形成及作用

建筑平剖图就是用一个假想的水平面，在窗台或者柱基以上某一个位置将整个建筑物剖开，移去剖切平面上方的部分，将剩余部分向水平投

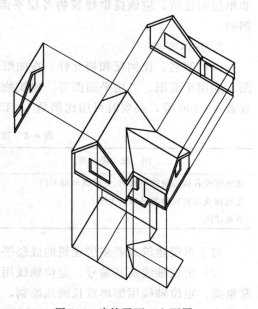

图 6-6　建筑平面、立面图

影面作投影，就是所求的建筑物平剖图，称为建筑平面图，简称为平面图，如图 6-7 所示。

建筑平面图主要用于表现建筑的平面布置情况，建筑物内部的空间划分等，在施工过程中，建筑平面图是进行施工放线，砌筑墙体、柱体，安装门窗等的依据。

（二）建筑平剖图的内容及要求

1. 基本内容

建筑平面图要表现出建筑物内部空间的划分、房间名称、出入口的位置、墙体的位置、

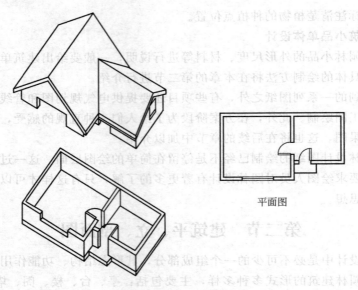

图 6-7 建筑平面图

主要承重构件的位置、其它附属构件的位置,以及配合适当的尺寸标注和位置说明。如果是非单层的建筑,应该提供建筑物各层平面图,并且在底层平面图中通过指北针标明房屋的朝向。

2. 具体要求

(1) 图名、比例尺和指北针 在图纸的下方标注清楚图纸的名称——图名,如建筑平面图、底层平面图、二层平面图等。建筑物平面图的比例根据实际情况确定,一般采用1∶100或者1∶200等,必要时可用比例是1∶150,1∶300等,可以参考表6-2。

表 6-2 建筑图纸可选绘图比例

图 纸 类 型	比 例
建筑物或者构筑物的平面图、立面图和剖面图	1∶50,1∶100,1∶200
建筑物或者构筑物的局部放大图	1∶10,1∶20,1∶50
节点详图	1∶1,1∶2,1∶5,1∶10,1∶20,1∶50

对于单层建筑或者多层建筑的底层平面图还应该标注指北针,以标明建筑物的朝向。

(2) 定位轴线及其编号 定位轴线用于确定建筑物的承重构件的位置,对于施工放线非常重要。定位轴线用细单点长画线绘制,其编号注写在轴线端部用细实线绘制的圆内,圆的直径为8mm,圆心在定位轴线的延长线上。定位轴线上的编号一般标注在建筑平剖图的下方和左侧,横向编号用阿拉伯数字,从左至右编写,竖向编号用大写英文字母由下至上标注,如图6-8中茶室平面图所示。

📖**小提示** 应注意的是拉丁字母中的I、O、Z不得用作轴线编号,以免与数字1、0、2混淆。

对于结构比较复杂的建筑还需要在定位轴线之间添加附加轴线,附加轴线的编号要用分数表示,其中分母表示前一轴线的编号,分子表示附加轴线的编号。

(3) 标注索引符号 绘制其它构件,如:门窗、平台、台阶、台明、座凳等,如果需要

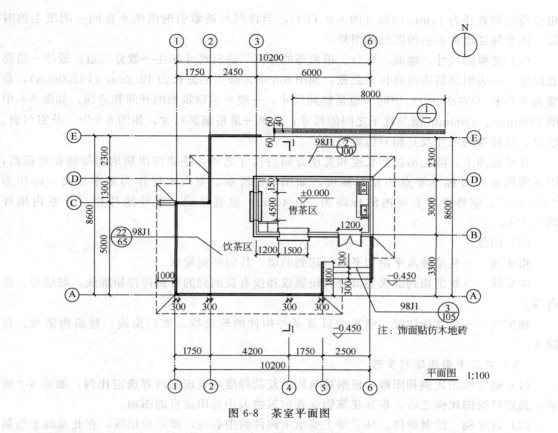

图 6-8 茶室平面图

给出补充图纸的话,应该在对应位置采用索引符号进行标注,如图 6-8 中茶室后面的篱笆就给出了索引标注,表示关于篱笆的详图对应本图中编号为 1 的图示。在制图标准中规定:索引符号的圆、水平直径线及引出线等都应该用细实线绘制,圆的直径为 10mm,索引符号的引出线应该指在要索引的位置上;当引出的是剖切详图的话,应该标注出剖切位置和剖视方向[图 6-9(a)]。详图同样要加注图号,图号要与对应索引符号中的标号相同,详图符号用

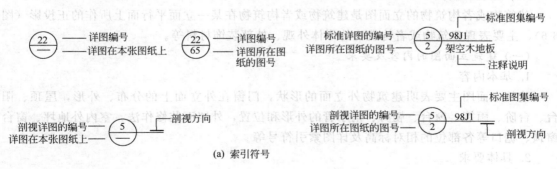

(a) 索引符号

(b) 详图符号

图 6-9 索引符号

粗实线绘制直径为14mm的圆［图6-9（b）］，当详图与被索引的图纸不在同一图纸上的时候，还要标注出被索引的图纸的图号。

（4）必要的尺寸，地面、平台、顶面等的标高　建筑尺寸标注一般分三道：最外一道是总尺寸——表明建筑物的总长和总宽，如图6-8中，茶室的总长为10.20m（10200mm），总宽为8.60m（8600mm）；中间一道是轴间尺寸，一般表示建筑物的开间和进深，如图6-8中的1750mm、4200mm便是柱子之间的尺寸；最里一道是细部尺寸，如图6-8中，茶室门窗、窗台、立柱等的尺寸及其相对位置关系。

在平面图上，除注出各部长度和宽度方向的尺寸之外，还要注出楼地面等的相对标高，以表明楼地面对标高零点的相对高度，如图6-8所示，室内地坪作为基准标高，标注为"±0.000"，室外相对于室内的标高为−0.450m，也就是说，室外地坪相对于室内地坪低0.45m。

（5）图线

粗实线——凡是被水平剖切平面剖切到的墙、柱的断面轮廓。

中实线——被剖切到的次要部分的轮廓线和没有被剖到的可见构件轮廓线，如墙身、窗台等。

细实线——尺寸标注线、引出线以及某些构件的轮廓线，如门窗线、建筑物散水、台阶等。

（三）建筑平面图绘制步骤

（1）确定绘图比例和图幅　根据建筑物的复杂程度和表现的内容选定比例，如表6-2所示。选定好绘图比例之后，根据建筑物或者构筑物大小选用适宜的图幅。

（2）打底稿　绘制墙体、柱子等主要承重构件的中心线，即定位轴线，在此基础上绘制出墙体和柱子的轮廓线；标示门窗、台阶、平台等附属构件的位置，确定尺寸标注、文字注释等的位置。

（3）上墨线　检查，整理，利用针管笔绘制外部轮廓线，应该注意图线的使用。

（4）标注尺寸、书写文字说明，绘制图框、标题栏等。

二、建筑立面图

建筑物或者构筑物的立面图是建筑物或者构筑物在某一立面平行面上所作的正投影（图6-6），主要表现建筑物或者构筑物的形体外观、外部装饰材料等。

（一）建筑立面图的内容及要求

1. 基本内容

建筑立面图主要表明建筑物外立面的形状，门窗在外立面上的分布、外形，屋顶、阳台、台阶、雨篷、窗台、勒脚、雨水管的外形和位置，外墙面装修作法，室内外地坪、窗台窗顶、檐口等各部位的相对标高及详图索引符号等。

2. 具体要求

（1）图名、比例　图名中应该注明建筑物的朝向，可以按照方位命名，如：南立面、北立面等，也可以按照建筑物立面的主次进行命名，如正门所在的立面称为正立面，其它立面称为侧立面。

（2）主要承重构件的定位轴线及其编号　立面图中的定位轴线及其编号要与平面图中的一致，并注意所绘制的建筑物的朝向。

（3）外部装饰材料名称　利用图例或者文字标示建筑物外墙或者其它构件所采用的

材料。

(4) 标高尺寸　在立面图上，高度尺寸主要采用标高标注，一般要注出室内外地坪、窗洞口的上下口、屋面、进口平台面及雨篷底面等的标高。

(5) 图线　为增加图面层次，画图采用不同的线型：立面图的外形轮廓用粗实线；室外地坪线用1.4倍的加粗实线（线宽为粗实线的1.4倍左右）；门窗洞口、檐口、阳台、雨篷、台阶等用中实线表示；其余的，如墙面分隔线、门窗格子、雨水管以及引出线等均用细实线。

(二) 立面图绘制的步骤

(1) 选定比例和图幅。

(2) 打底稿。定出基线（地面）的位置，定出外墙线，定出屋面的高度及挑檐宽度，定出门窗、台阶等的位置。

(3) 上墨线。同样要注意图线的运用，如图6-10所示。

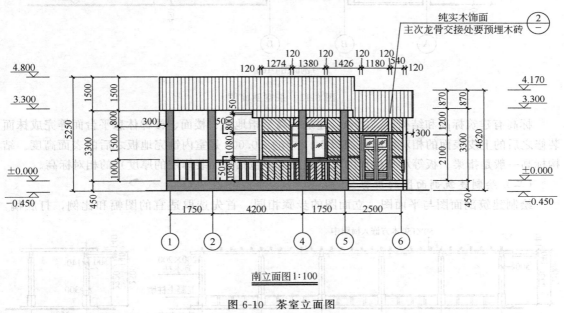

图6-10　茶室立面图

三、建筑剖面图

建筑剖面图一般特指竖直剖视图，假想用一个铅垂剖切平面把房屋剖开后所画出的剖面图，称为建筑剖面图，简称剖面图。剖切的位置常取门窗洞口及构造比较复杂的典型部位，以表示房屋内部垂直方向上的内外墙、各楼层和休息平台、屋面等的构造和相对位置关系。至于剖面图的数量，则根据房屋的复杂程度和施工的实际需要而定。有时候为了表现得更为全面，可以采用阶梯剖，具体内容参见第五章第二节剖面图中相关的内容。

(一) 建筑剖面图的内容及要求

(1) 图名和比例　图名与平面图中的剖切编号一致，如1—1剖面，在图名并列位置注写剖面图的比例。

(2) 定位轴线　在剖面图中，应注出被剖切到的各承重构件的定位轴线，并标注编号，编号一定要与平面图一致。

(3) 剖切断面和没有被剖到但可见部分的轮廓线　需要绘制与剖切平面相交的墙体或者

其它构件的断面轮廓线,除此之外不要忘记没有被剖到但可见部分的轮廓线也要绘制出来。

(4) 标注尺寸及标高　在剖面图中,应注出垂直方向上的分段尺寸和标高。垂直分段尺寸一般分三道:最外一道是总高尺寸,表示室外地坪到楼顶部的总高度,如图 6-11 中,茶室的总高度是 5.25m;中间一道是层高尺寸,主要表示各层次的高度;最里一道是门窗洞、窗间墙及勒脚等的高度尺寸,由图 6-11 可以看出,窗洞高为 1.5mm,距离室内地坪 1.0m。

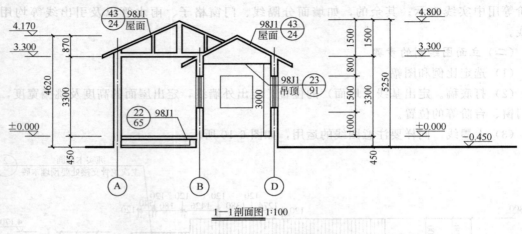

图 6-11　茶室剖面图

标高有建筑标高和结构标高之分。建筑标高是指地面、楼面、楼梯休息平台面等完成抹面装修之后的上皮表面的相对标高。如图 6-11 中的 ±0.000 是室内铺完地板之后的表面高度。结构标高一般是指梁、板等承重构件的下皮表面(不包括抹面装修层的厚度)的相对标高。

(二) 绘制建筑剖面图的步骤

绘制建筑剖面图与平面图、立面图的步骤相同,首先选取适宜的图幅和比例,打底稿,

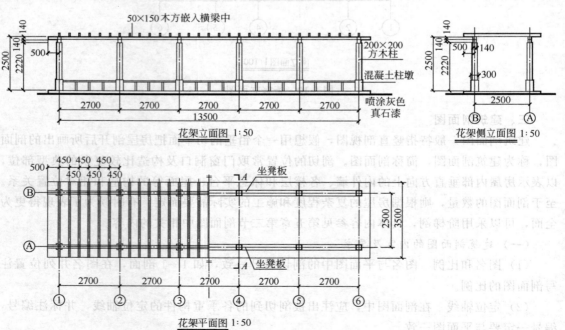

图 6-12　花架平、立、剖面图

然后上墨线。在绘制建筑剖面图的时候同样也要注意线型的选用——剖切断面轮廓线要用粗实线绘制，其它部分的图线与立面图中图线的运用相同。

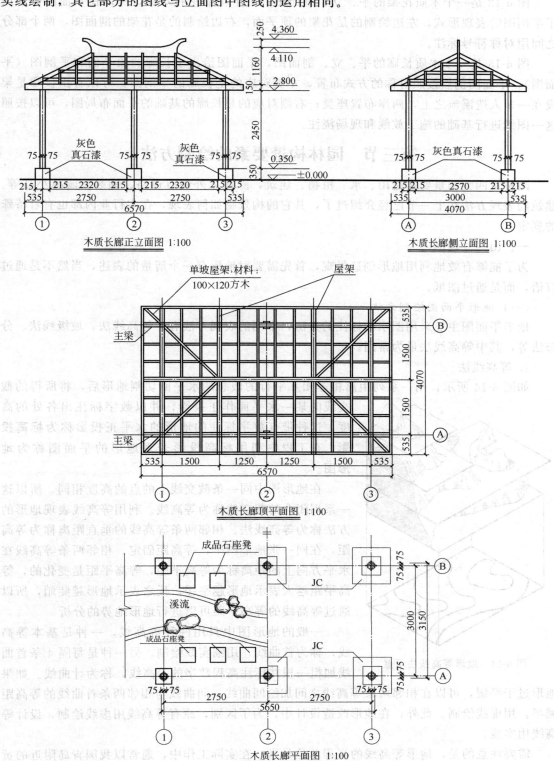

图6-13 木质长廊平、立、剖面图

四、园林建筑小品平、立、剖面图示例

图 6-12 是一个木质花架的平、立、剖面图,由于花架左右对称,所以在平面图中采用了半剖图的表现形式,左边绘制的是花架的顶平面,右边绘制的是花架的剖面图,两个部分之间用对称符号标注。

图 6-13 是一个木质长廊的平、立、剖面图,平面图给出了长廊的顶平面和平剖图(平面图),平面图仍然按照对称的方式布置,左侧对应的是长廊的平剖图,可以看出长廊是架设在一条人造溪流之上,两岸布置座凳;右侧对应的是长廊的基础的平面布局图,可以按照这一图纸进行基础的施工放线和现场浇注。

第三节　园林构景要素的绘制方法

园林设四大构景要素是山、水、植物、建筑,除此之外还有道路、铺装、园林小品等。建筑的表现方法在上一节已经介绍过了,其它的构景物如何表现,在本行业内部也有着特殊的规定。

一、山——地形

为了能够有效地利用地形创造景观,首先需要对地形有一个清楚的表述,当然不是通过言语,而是通过图纸。

（一）地形平面图绘制方法

地形平面图主要采用图示和标注的方法,常用的表现方法有:等高线法、坡级线法、分布法等,其中等高线法最为常用。

1. 等高线法

如图 6-14 所示,用一系列距离相等相互平行的假想的水平面切割地形后,将所得的截交线向某一水平面作正投影,并以数字标注出各处的高度,这种带有数字标注的地形的水平正投影称为**标高投影**,在工程中利用标高投影表现地形的平面图称为**地形图**。

在地形图中同一条截交线上的点的高度相同,所以这一系列闭合的截交线称为等高线。利用等高线表现地形的方法称为等高线法。相邻两条等高线的垂直距离称为等高距,在同一张地形图中,等高距固定。相邻两条等高线在水平方向上的距离称为等高平距,等高平距是变化的,等高平距越大表示地形越平缓,反之表示地形越陡峭,所以通过等高线的等高平距可以进行地形地势的分析。

一般的地形图中只用两种等高线,一种是基本等高线,称为首曲线,用细实线绘制。另一种是每隔 4 条首曲线加粗一根并标注高程数字的等高线,称为计曲线。如果地形过于平缓,可以在相邻两条等高线之间加绘间曲线,间曲线与相邻两条首曲线的等高距减半,用虚线绘制。此外,在地形改造设计中,为了区别,原有等高线用虚线绘制,设计等高线用实线。

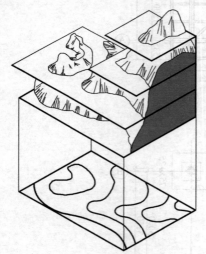

图 6-14　地形等高线法示意

需要注意的是,地形等高线的高程单位是米。在实际工作中,通常以我国青岛附近的黄海平均海平面作为基准面,所得的高程称为绝对标高,相对于其它基准面的高程称为相对标

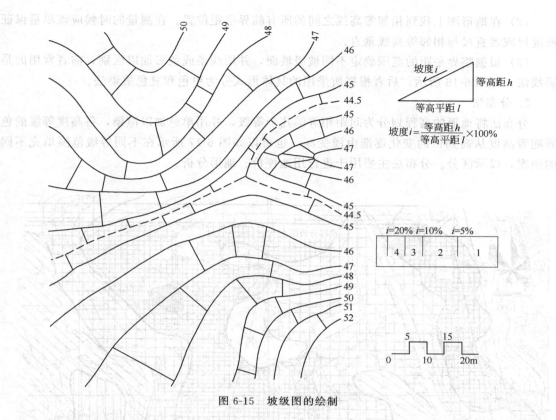

图 6-15 坡级图的绘制

高。在地形图中还必须标注绘图比例,或者绘制比例尺。

2. 坡级线法

在地形图上用坡度等级表示地形陡缓和分布的方法称为坡级法。这种方法较为直观,便于了解分析地形,常用于现状分析和坡度分析图中。坡度等级根据等高距的大小、地形的复杂程度以及各种活动内容对坡度的要求进行划分。地形坡级图的作法如下。

(1) 定出坡度等级

① 根据地形的起伏状况确定临界坡度值及坡度值范围,本例的临界坡度值为 5%、10%、20%。

② 计算出临界等高平距。如图 6-15,根据公式 $i=(h/l)\times100\%$,各等级临界坡度值对应的临界平距为:$L_{5\%}=1/5\%=20m$,$L_{10\%}=1/10\%=10m$,$L_{20\%}=1/20\%=5m$。

注:本例等高距 $h=1m$。

③ 确定等高平距范围。共有四个等级:$L_1\geqslant 20m$,$20m>L_2\geqslant 10m$,$10m>L_3\geqslant 5m$,$5m>L_4$。然后如图 6-15 所示用纸片自制一个标有临界平距的标尺,也可以用直尺或者圆规量取。

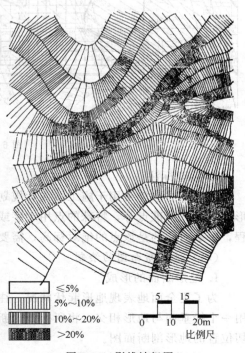

图 6-16 影线坡级图

(2) 在地形图上找到相邻等高线之间的所有临界平距位置。在测量的时候应该尽量保证坡度尺或者直尺与相邻等高线垂直。

(3) 根据临界平距的范围确定不同坡级坡面，并用线条或色彩加以区别，前者常用的是影线法，如图 6-16 所示，后者根据所采用的具体形式分为单色和复色渲染法。

3. 分布法

分布法将地形的高程划分为间距相等的几个等级，并用单色加以渲染，各高度等级的色彩随着高度从高到低的变化逐渐由浅变深，也可以如图 6-17 所示在不同等级范围填充不同的图案，以示区分。分布法主要用于进行用地评价、地形分析。

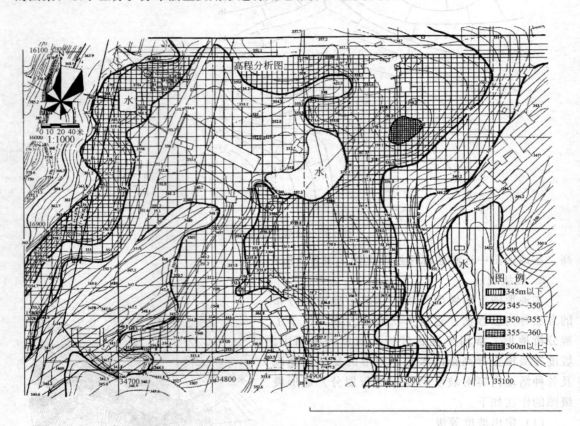

图 6-17 地形分布图

4. 标高标注法

标高标注法经常用于施工图或者规划图中，表现某些特殊点的高程，如建筑的角点、地形制高点、水准点等，特殊的点用十字或者小圆点进行标记，在标记符号旁边标注该点的高程，一般对应的是该点的绝对标高，需要标注到小数点后两位，如图6-18所示。

(二) 地形断面图的绘制

1. 地形断面的形成

为了更全面地表现地形起伏状况，往往在地形平面图的基础上绘制地形剖断面图。假想用一个铅垂面与地形相交，将所得到的断面向剖切平面的平行面作正投影，所得的就是该剖切位置的地形剖断面图。

2. 地形剖断面的绘制 [图 6-19 (a)、(c)]

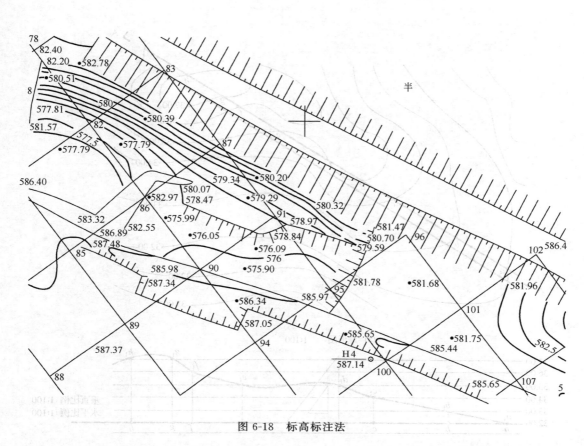

图 6-18 标高标注法

（1）首先在地形图上确定剖切位置并加以标示，对于园林设计图往往选择景观效果最佳的位置进行剖切，如经过地形的制高点，经过山谷等。

（2）确定剖切平面与地形等高线的交点（截交点），并在地形图上进行标示，如图 6-19（a）中点 a、b、c、…；裁一个纸条，使得一条边与剖切平面的聚积投影重合，将各个交点在纸条上进行标示。

（3）在另一张图纸上按照比例绘制出间距等于等高距的平行线组，如图 6-19（b）所示，按照平面图中的高程进行标注。将纸条带有标记的一边与平行线组最下部的线条重合，利用丁字尺和三角板确定各交点所在的位置，注意一定要与各点所在高程对应，得到点 a_1、b_1、c_1、…。

（4）利用圆滑曲线将点 a_1、b_1、c_1、…连接起来，即得到地形断面线。确定无误后加粗，完成断面图绘制。

在绘制地形断面的时候需要注意水平方向和垂直方向的比例，水平比例应该与原地形图的比例一致，垂直比例可以根据地形情况适当调整，尤其是对于园林设计中往往涉及到微地形的处理，地形起伏较小，此时可以增大地形剖切断面的垂直比例，如图 6-19（c）所示。当水平方向和垂直方向的比例不一致时，在地形断面图上一定要同时标出这两种比例，并且最好绘制图示比例尺。

在园林设计中，如果地形较为复杂，就需要绘制多个地形断面，如图 6-20 是上海长风公园铁臂山的地形平面图和断面图。

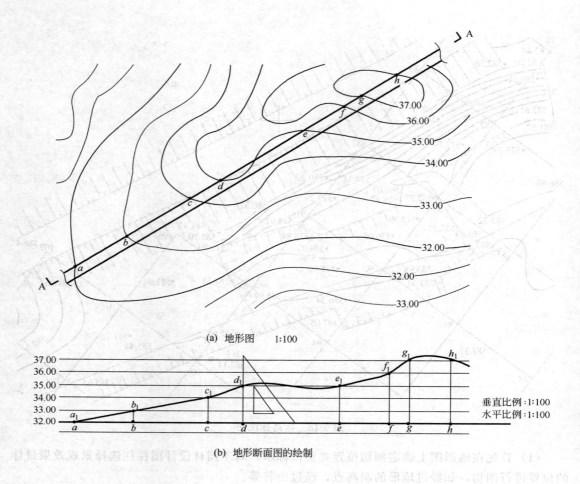

(a) 地形图 1:100

(b) 地形断面图的绘制

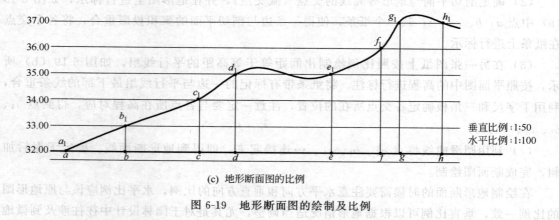

(c) 地形断面图的比例

图 6-19 地形断面图的绘制及比例

二、水——水体

(一) 水体平面图的绘制方法

水面可以采用线条法、等深线法、平涂法等方法。

1. 线条法

在水域范围之内使用丁字尺或者徒手绘制一系列平行线,可以填满整个水面,也可以留

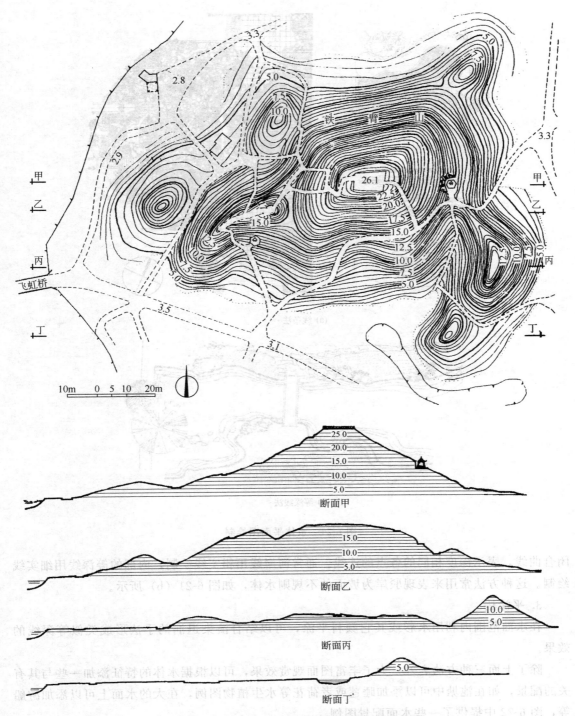

图 6-20 上海长风公园铁臂山地形图和地形断面图

有空白。线条可以是直线,也可以是波浪线、水纹线或者曲线等,如图 6-21(a)所示。

2. 等深线法

等深线与地形等高线相似,在靠近河岸线的水面中,按照河岸线的曲折形状作出二三根

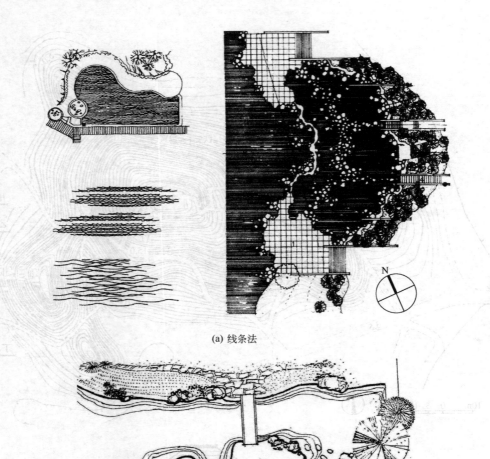

(a) 线条法

(b) 等深线法

图 6-21 水体平面图绘制

闭合曲线，表示深度相同的各点的连线。通常河岸线用粗实线绘制，内部的等深线用细实线绘制。这种方法常用来表现驳岸为坡面的不规则水体，如图 6-21（b）所示。

3. 平涂法

在水面范围内利用水彩或其它颜料平涂，可以结合渲染退润的手法形成类似等深线的效果。

除了上面三种方法之外，为了丰富图面观赏效果，可以根据水体的特征添加一些与其有关的配景，如在池塘中可以添加睡莲或者荷花等水生植物图例，在大的水面上可以添加游船等，图 6-22 中提供了一些水面配景图例。

（二）剖断面

水面的剖断面的表现与地形剖切断面的表示方法相同，如图 6-23 所示。

在作水体剖切断面的时候需要注意水体的驳岸形式，图 6-24 提供了一些常见的驳岸形式，其中前三个是自然式驳岸，最后一个是规则式驳岸。

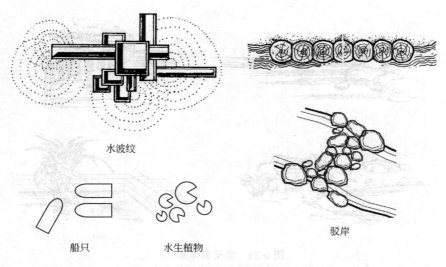

图 6-22 水面配景

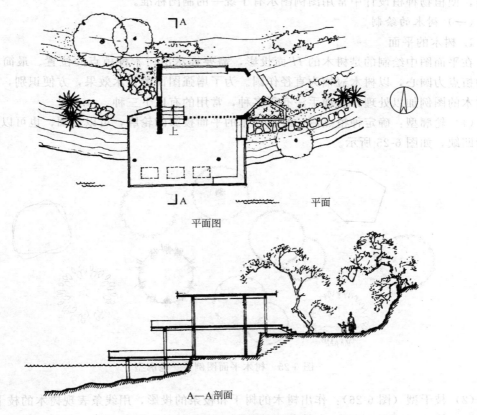

图 6-23 水体平面图和剖面图示例

三、植物的表示方法

在园林设计、施工中,植物是主要的造景材料,在图纸中的比重可想而知。植物的种类有很多,在表示的时候应该按照其形态特征利用不同的图例加以区分。1995 年 7 月 25 日由建设部建标 [1995] 427 号文发布编号为 CJJ 67—95 的《风景园林图例图示标准》,自 1996 年 3 月 1 日起实施。该标准中的第三、四部分分别对常见植物的平面及立面图例做了规定与

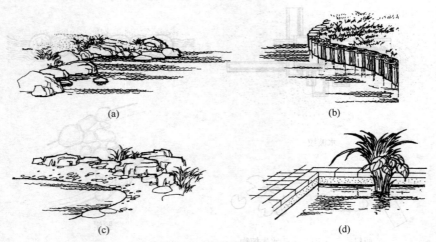

图 6-24 常见驳岸形式

说明，使植物种植设计中常用图例图示有了统一的制图标准。

（一）树木的绘制

1. 树木的平面

在平面图中绘制的是树木的 H 面投影，需要标示出树木种植点的位置。最简单的就是以种植点为圆心，以树木冠幅为直径作圆。为了增强图面的艺术效果，方便识别，往往需要对树木的图例加以处理，表现手法有很多种，常用的有以下三种。

（1）轮廓型：确定种植点后，绘制树木的平面投影的轮廓，可以是圆，也可以带有棱角或者凹缺，如图 6-25 所示。

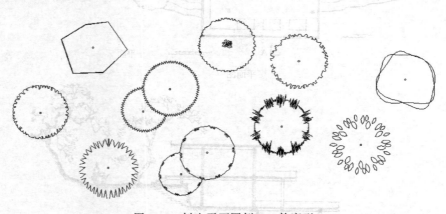

图 6-25 树木平面图例——轮廓型

（2）枝干型（图 6-26）：作出树木的树干和枝条的投影，用线条表现树木的枝干。

（3）枝叶型（图 6-27）：在枝条型的基础上添加植物叶丛的投影，可以利用线条或者圆点表现枝叶的质感。

小提示 在绘制的时候为了方便识别和记忆，树木的平面图例最好和其形态特征相一致，尤其是常绿针叶树种与落叶阔叶树种应该加以区分，如图 6-28 所示。

2. 树木的立面

树木的立面表现方法也分为上面几种类型，如图 6-29（a）所示。除此之外，树木的立

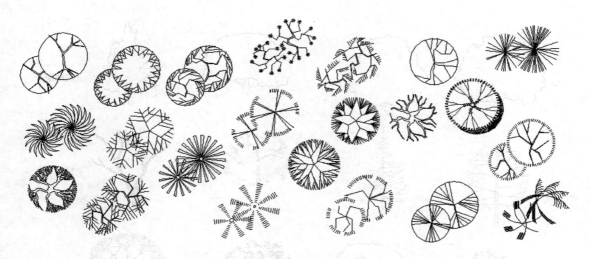

图 6-26 树木平面图例——枝干型

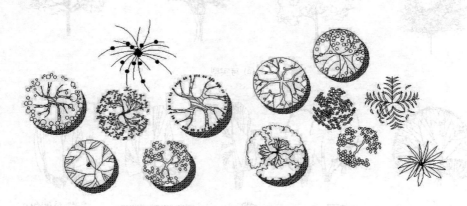

图 6-27 树木平面图例——枝叶型

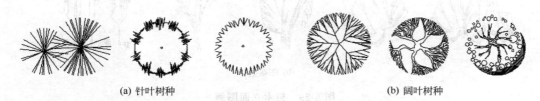

(a) 针叶树种　　　　　　　　　　(b) 阔叶树种

图 6-28 针叶树种与阔叶树种图例示例

面的表现还可以分为写实型和图案型（图 6-29）。

（二）灌木和地被的绘制

灌木单株栽植的表示方法与树木相同，如果成丛栽植可以描绘栽植的轮廓线，对于自然式栽植的灌丛轮廓线不规则，修剪的灌丛和绿篱平面形状规则或者不规则但是圆滑，如图 6-30 所示。地被植物一般用不规则细线勾勒出范围即可。

（三）草坪的绘制

在园林景观中草坪作为景观基底占有很大的面积，在绘制时同样也要注意其表现的方法，最为常用的就是打点法，如图 6-31 所示。

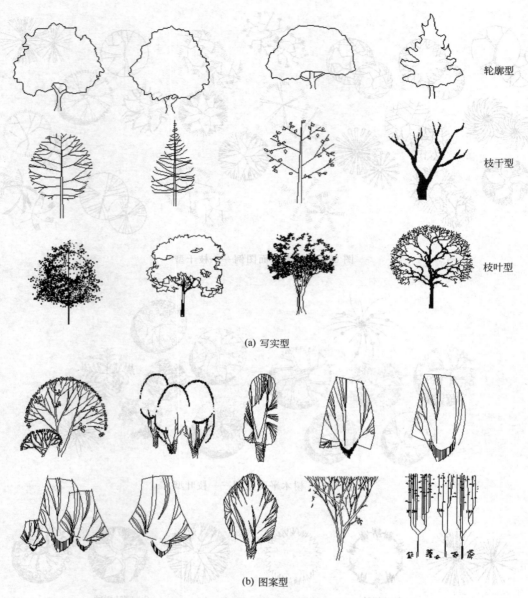

(a) 写实型

(b) 图案型

图 6-29 树木立面图例

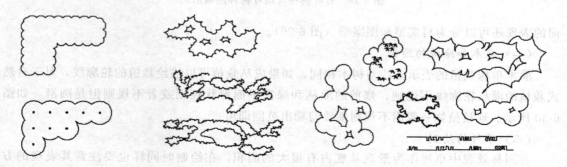

图 6-30 灌木和地被植物绘制

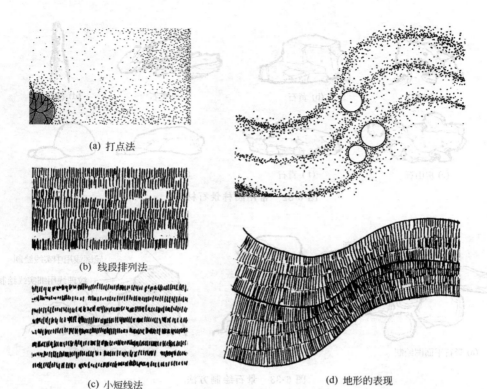

(a) 打点法

(b) 线段排列法

(c) 小短线法

(d) 地形的表现

图 6-31 草坪的绘制

(1) 打点法 在草坪种植区域"栽种"上一系列小圆点,一般用 0.2mm 的针管笔笔身垂直下落,以保证点出的是圆点而不是短线。在"栽种"过程中还要注意,在树木的边缘、道路的边缘、建筑物的边缘或者水体的边缘圆点适当加密,以增强图面的立体感。此外,在非地形图中,可以结合草坪的"栽种"绘制等高线,即如图 6-31 (d) 中上图所示利用圆点在等高线的位置加密,形成一道道"隐含"的等高线。

(2) 小短线法和线段排列法 除了打点法还可以利用小短线法和线段排列法表现草坪。小短线和线段要求排列整齐,行间可以有重叠,也可以留有空白。用小短线或者线段排列法表示草坪时,应该先用铅笔在图上作一系列平行线,间距通常为 2~6mm。如果有地形,可以按照标准间距,根据等高线的曲折方向勾勒底稿线,在相邻等高线之间底稿线应该均匀分布,最后用小短线或者线段排列起来。当然也可以无规律排列小短线或者线段,这种方法常常表现的是粗放管理的草坪或者草场。

四、其它配景

(一) 景石

景石通常只用线条勾勒,很少采用光影或者质感的表现方法,以免使图面显得凌乱。在绘制的时候应该注意不同的石材其纹理、形状、质感都是不同的,比如:卵石、石笋等圆滑,没有棱角,而黄石等棱角分明,如图 6-32 所示。表现的时候要采用不同的笔触和线条加以区分,在平面图和立面图中,景石的轮廓线用粗实线绘制,纹理线用细实线绘制;剖面图中剖切断面线用粗实线绘制,剖切断面内填充细斜线,如图 6-33 所示。

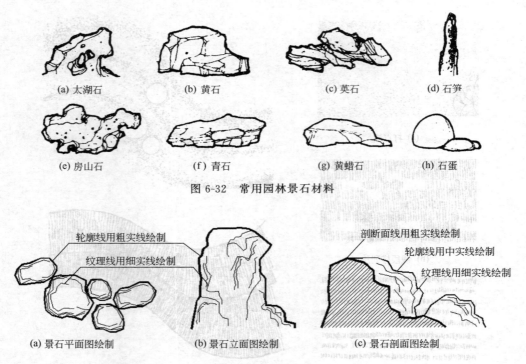

图 6-32 常用园林景石材料

图 6-33 景石绘制方法

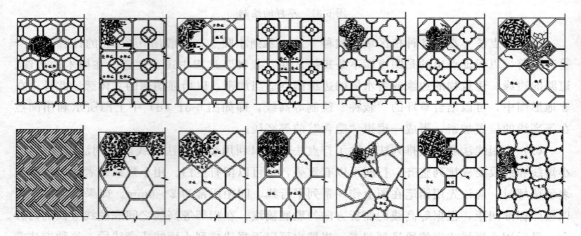

图 6-34 铺装材料和铺装图案

(二) 道路铺装

不同的铺装材料具有不同纹理、质感、尺度以及图案等。铺装材料按照来源分为人造和天然两种类型，常用的人造材料有：混凝土砖、水泥砖、沥青、塑胶等，天然铺装材料包括：花岗岩、大理石、卵石、砾石等。在绘制的时候根据铺设的位置和用途选用适宜的铺装材料，然后绘制出铺装图案，在其中填充所选用的铺装材料图例。图 6-34 提供了一些铺装材料和铺装图案。

除了上面介绍的内容之外，在绘图过程中还会涉及到很多内容，其中图例的使用在《风景园林图例图示标准》中都做了明确的规定，具体内容参见相关规范。

本 章 小 结

(1) 园林设计图纸的组成及其要求。
(2) 园林建筑平面、立面图、剖面图的绘制。
(3) 园林其它构景要素的绘制方法。

本 章 重 点

(1) 熟悉园林设计图纸的组成以及各种图纸表现的内容和要求。
(2) 完成建筑物、园林建筑小品的平、立、剖面图的绘制。
(3) 掌握园林构景要素,如:地形、水体、植物、道路等的绘制方法。

第七章 轴测投影

第一节 概 述

图7-1（a）表现的是组合形体的三视图，图7-1（b）表现的是同一形体的立体图，这种没有透视变形的投影图称为轴测图（又称立体图）。比较这两张图不难看出：三视图能够准确地表达出形体的形状，且作图简便，但直观性差，只有专业人员才能看懂；而轴测图的立体感较强，但度量性差，并且无法表现立体的全部表面。

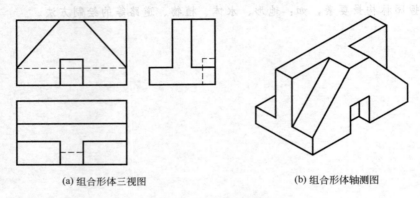

(a) 组合形体三视图　　(b) 组合形体轴测图

图7-1　三视图和轴测图

工程上广为采用的是多面正投影图，为弥补直观性差的缺点，常常要画出形体的轴测投影，所以轴测投影图在工程制图中常作为一种辅助图样。在园林设计中轴测投影的应用更为广泛。除了在工程施工图中作为辅助图样之外，还可以运用轴测投影表现园林景观的立体效果。尽管轴测图不符合人眼的视觉习惯，但是却可以清楚地反映出形体空间关系，并且它具有独特而又新颖的视觉形象。所以轴测图不仅可以用在设计构思阶段，直观、快捷的创造三维效果，还可以用以表达设计方案，表现景观的立体效果，有时候甚至还可以代替透视鸟瞰图。

一、轴测投影的形成

如图7-2所示，将几何立体连同确定其空间位置的直角坐标系，用平行投影法投射到选定的一个投影面 P 上，所得到的投影称为**轴测投影**。用这种方法画出的图，称为**轴测投影图**，简称**轴测图**。投影面 P 称为轴测投影面；形体的坐标轴 O_0X_0、O_0Y_0 和 O_0Z_0 在轴测投影面 P 上投影 OX、OY 和 OZ 称为**轴测投影轴**，简称**轴测轴**；轴测轴之间的夹角称为**轴间角**。

轴测轴上某线段长度与它的实长之比，称为**轴向变形系数或者轴向伸缩系数**。如图7-2所示：

$OA/O_0A_0 = p$　　称为 X 轴轴向变形系数

$OB/O_0B_0 = q$　　称为 Y 轴轴向变形系数

$OC/O_0C_0 = r$　　称为 Z 轴轴向变形系数

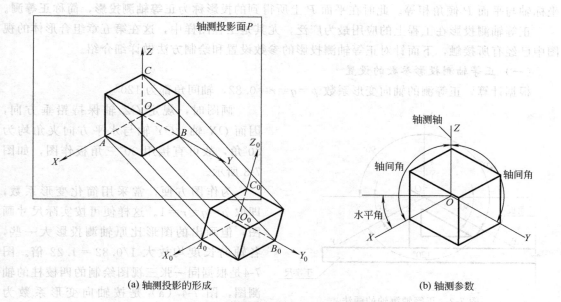

图 7-2 轴测投影的形成及其组成参数

如果给出轴间角，便可作出轴测轴；再给出轴向变形系数，便可画出与空间坐标轴平行的线段的轴测投影。所以，轴间角和轴向变形系数是画轴测图的两组基本参数。

二、轴测投影的基本性质

轴测投影也属于平行投影，只不过它是在单一投影面上获得的平行投影，所以，它具有平行投影的一切性质。除此之外，还应特别指出的是如下两方面。

1. 平行两直线，其轴测投影仍相互平行。因此，形体上平行于某坐标轴的直线，其轴测投影平行于相应的轴测轴。

2. 平行两线段长度之比，等于它们轴测投影长度之比。因此，形体上平行于坐标轴的线段，其轴测投影与其实长之比，等于对应轴的轴向变形系数。

三、轴测投影的分类

轴测投影包括的种类比较多，通常有以下两种分类形式。

分类一：根据投射线和轴测投影面相对位置的不同，轴测投影可分为两种。

(1) **正轴测投影**——投射线 S 垂直于轴测投影面 P。

(2) **斜轴测投影**——投射线 S 倾斜于轴测投影面 P。

分类二：根据轴向变形系数的不同，轴测投影又可分为三种。

(1) **正（或斜）等轴测投影**：三个轴向的变形系数相同，即 $p=r=q$。

(2) **正（或斜）二等轴测投影**：三个轴向的变形系数有两个相同。

(3) **正（或斜）三测轴测投影**：三个轴向的变形系数都不相同。

其中，正等轴测投影、正二等轴测投影和斜轴测投影在实际工作中比较常用，本章重点对这三种轴测投影图的绘制进行介绍。

第二节 正轴测投影

一、正等轴测投影

当投射方向垂直于轴测投影面 P 时，形体上三个坐标轴的轴向变形系数相等，即三个

坐标轴与平面 P 倾角相等。此时在平面 P 上所得到的投影称为**正等轴测投影**，简称**正等测**。

正等轴测投影在工程上的应用最为广泛，尤其是工程图样中，这在第五章组合形体的视图中已经有所接触，下面针对正等轴测投影的参数设置和绘制方法做详细介绍。

（一）正等轴测投影参数的设置

根据计算，正等测的轴向变形系数 $p=q=r=0.82$，轴间角都为 $120°$。

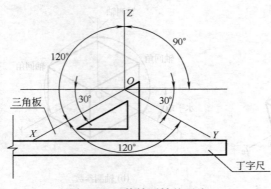

画图时，规定 OZ 轴保持铅垂方向，因而 OX 轴、OY 轴与水平方向夹角均为 $30°$ 角，故可直接用 $30°$ 三角板作图，如图 7-3 所示。

为作图方便，常采用简化变形系数，即取 $p=q=r=1$。这样便可按实际尺寸画图，但画出的图形比原轴测投影大一些，各轴向长度均放大 $1/0.82=1.22$ 倍。图 7-4 是根据同一张三视图绘制的四棱柱的轴测图，图 7-4（a）是按轴向变形系数为 0.82 画出的正等测图，图 7-4（b）是按简

图 7-3 正等轴测轴的画法

化轴向变形系数为 1 画出的正等测图。可以看出两幅图在尺度上明显有差异。

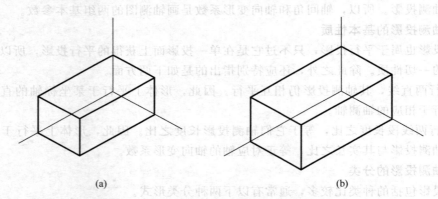

图 7-4 按照不同轴向变形系数绘制的轴测图

（二）正等轴测投影的绘制方法

轴间角和轴向变形系数确定之后，就可以绘制轴测图，在绘制过程中根据形体的特征选用不同的方法，如：坐标法、切割法、方格网法和叠加法等。首先通过实例来研究一下正等轴测图一般的绘制方法。

【例 7-1】 已知斜垫块的正投影图［图 7-5（a）］，求作其正等测图。

分析：根据三视图可以看出这一形体是在一个四棱柱的基础上通过切割形成的。在这一形体中，除了顶面前后两条棱线之外，其它的棱线都平行于投影轴，也就是说其它的棱线可以直接在轴测轴上量取其长度。但顶面的两条棱线不能够按照这种方法求解，而需分别确定棱线上两个端点的轴测投影，然后连接成线。

📖 **小提示** 若直线不与轴测轴平行，则不能直接在轴上量取长度，而应该先用轴测轴定出直线端点的位置，然后再连接成线。若直线为空间直线则需要将端点分解到三个轴测轴上，量取端点在三个轴向的距离，确定端点的位置，再求作直线的轴测投影。

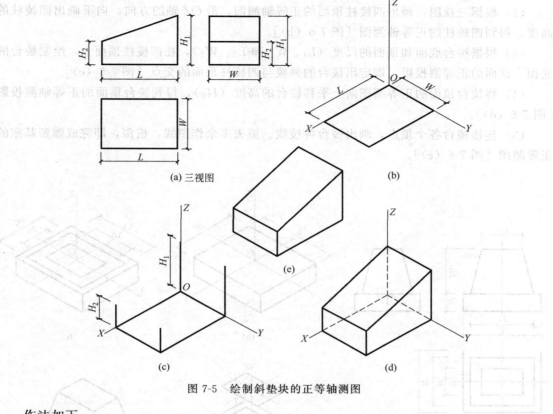

图 7-5 绘制斜垫块的正等轴测图

作法如下。

(1) 在斜垫块上选定直角坐标系,以垫块的右后下角为坐标原点。

📖 **小提示** 轴测投影坐标原点的选择很重要,关系到绘图是否准确、是否简便。如果组合形体有对称中心,则以对称中心为坐标原点;如果不是中心对称的,一般选择底面某一角点,通常是右后位置的角点。当然这并不绝对,还需要根据具体情况具体分析。

(2) 画出轴测轴,量取垫块的长（L）和宽（W）,在轴测体系中画出斜垫块底面的轴测投影 [图 7-5 (b)]。

(3) 过底面的各顶点,沿 OZ 方向,向上作直线,并分别在其上截取高度 H_1 和 H_2,得斜垫块顶面的各顶点 [图 7-5 (c)]。

(4) 连接各顶点,画出斜垫块顶面 [图 7-5 (d)]。

(5) 擦去多余作图线,描深,即完成斜垫块的正等测图 [图 7-5 (e)]。

📖 **小提示** 在轴测图中,不可见的线条一般不绘制。

【例 7-2】 已知雕塑基座的正投影图 [图 7-6 (a)],求作其正等轴测图。

分析：由正投影图可以看出,基座由一个四棱柱和一个四棱台叠加而成,具有对称中心。组成该基座的各条棱线,独有棱台的四条侧棱是倾斜的,可通过作端点轴测投影的方法画出。

作法如下。

(1) 在基座平面图上选定直角坐标系。为简化作图,选四棱柱的上表面对称中心为坐标原点,画出正等轴测轴。

📖 **小提示** 对于中心对称的形体一般将坐标原点放置在它的对称中心上。

（2）根据三视图，画出四棱柱顶面的正等轴测图，沿 OZ 轴的方向，向下画出四棱柱的高度，得到四棱柱的正等轴测图 [图 7-6（b）]。

（3）根据棱台底面和顶面的尺度（L_1、W_1 和 L_2、W_2），在四棱柱顶面上，绘制棱台的底面、顶面的正等测投影，即定出棱台的侧棱与四棱柱顶面的交点 [图 7-6（c）]。

（4）将棱台顶面的正等测图向上平移棱台的高度（H_1），得到棱台顶面的正等轴测投影 [图 7-6（d）]。

（5）连接棱台各个顶点，画出棱台各棱线。擦去多余作图线，描深，即完成雕塑基座的正等测图 [图 7-6（e）]。

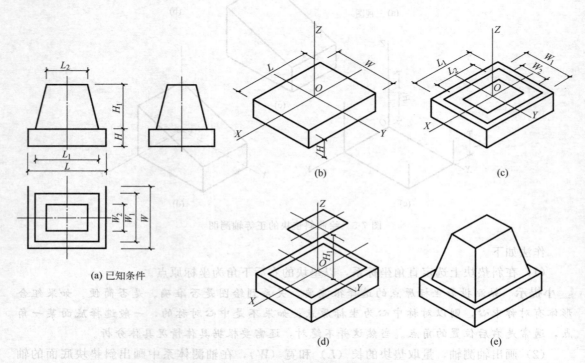

图 7-6　绘制雕塑基座的正等轴测图

【例 7-3】 已知台阶正投影图，画出其正等测图 [图 7-7（a）]。

分析：由正投影图可看出，该台阶是由两侧挡板和三级踏步组成。为简化作图，选其右侧挡板后端面的右下角为坐标原点。

作法如下。

（1）在台阶上选定直角坐标系，将台阶右侧挡板后端面的右下角定为坐标原点，画出轴测轴。

（2）构成台阶右侧挡板的基本几何形体是四棱柱，根据正投影图画出四棱柱的正等轴测投影 [图 7-7（b）]。

（3）根据三视图中的尺度关系，"切去"四棱柱挡板的一个角，如图 7-7（c）所示，得到右侧挡板的正等轴测投影 [图 7-7（c）]。

（4）将右侧挡板上所有的点的投影沿着 OX 轴向左平移，平移距离为 X_2+X_3，得到左侧挡板各点的轴测投影，即得左侧挡板轴测投影 [图 7-7（d）]。

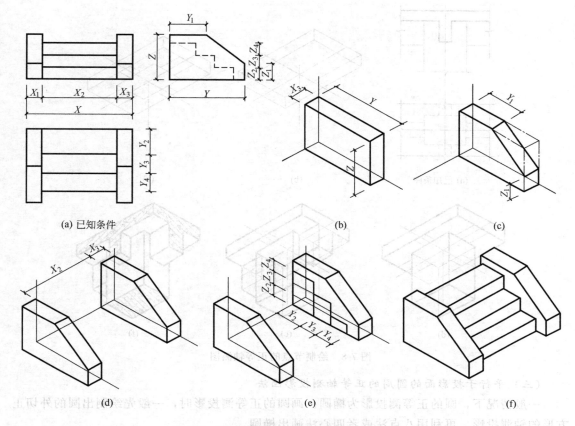

图 7-7 根据台阶三视图绘制台阶正等轴测图

(5) 根据台阶的侧视图,在右侧挡板的左端面上绘制台阶侧视图的正等轴测投影 [图 7-7 (e)]。

(6) 画出台阶踏步的正等轴测投影。擦去多余作图线,描深,完成台阶的正等测图 [图 7-7 (f)]。

【例 7-4】 根据柱顶节点的三视图 [图 7-8 (a)],绘制它的正轴测图。

分析:柱节点由柱、梁(主梁和次梁)以及板组成,这些构件都是四棱柱。主梁和次梁垂直相贯,然后与柱相贯,最后与顶部的板叠加。由于整个构件有对称中心,且柱梁结构都在板的下部,故以顶板的下表面对称中心为坐标原点,向上绘制顶板,向下绘制柱和梁,形成仰视效果。

作法如下。

(1) 确定坐标原点位置,画出正等轴测轴,根据正投影图,画出顶板下表面的正等轴测投影,然后在此基础上向上起高度,得到顶板的正等轴测投影 [图 7-8 (b)]。

(2) 在板的下表面绘制出柱和梁平面图的轴测投影 [图 7-8 (c)]。

(3) 作出柱的正等轴测投影 [图 7-8 (d)];作出主梁的正等轴测投影 [图 7-8 (e)];作出次梁的正等轴测投影,注意相贯线轴测投影的绘制。

(4) 将不可见的线条擦除,断面填充对应建筑材料的图例(钢筋混凝土),最后加深图线,完成节点的正等轴测图 [图 7-8 (f)]。

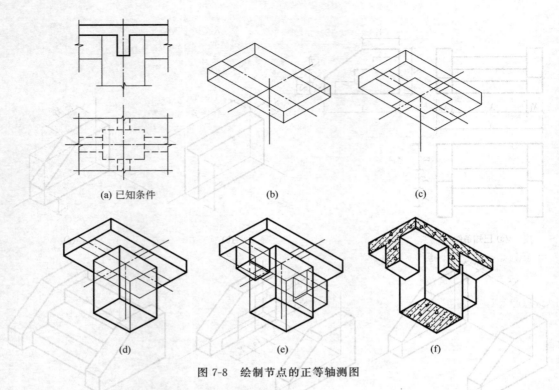

图 7-8 绘制节点的正等轴测图

(三)平行于投影面的圆周的正等轴测投影画法

一般情况下,圆的正等测投影为椭圆。画圆的正等测投影时,一般先绘制出圆的外切正方形的轴测投影,再利用八点法或者四心法画出椭圆。

1. 八点法(八心法)的作图方法

八点画法是利用圆的外切正方形的四个切点和圆与对角线的四个交点求作圆的椭圆轴测投影的一种方法。求作方法如图 7-9 所示,具体步骤如下:

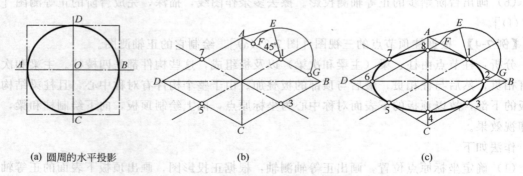

图 7-9 八点法作圆的正等轴测投影

(1)作出圆的外切正方形 $ABCD$ 的轴测投影,定出各边中点 1、3、5、7,即圆的四个切点。过点 A 和 AB 边中点点 1 分别作 45°线相交于点 E,以点 1 为圆心,以 $1E$ 为半径作半圆交 AB 边于点 F 和点 G [图 7-9 (b)]。

(2)从点 F、点 G 作 AD 的平行线交对角线 AC、BD 于点 2、4、6、8,即圆的四个接点。将八个点用圆滑曲线连接起来,得到圆的轴测投影 [图 7-9 (c)]。

2. 四点法（四心法）作图方法

当两个轴向的变形系数相等时，圆的外切正方形的轴测投影为一个菱形，这时可以用四点法作出圆的轴测投影。三个投影面上的圆周的正等轴测投影相同，作图方法也是一样。现以水平圆周为例介绍圆周的正等测投影的画法。

(1) 如图 7-10 (a) 所示，正投影图上选定坐标原点和坐标轴。并沿坐标轴方向作出图的外切正方形，得正方形与圆的四个切点 A、B、C 和 D。

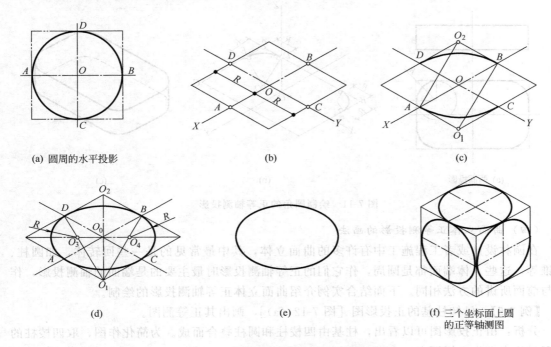

图 7-10　利用四点法绘制圆的正等轴测图

(2) 画出正等轴测轴 OX 和 OY。沿轴截取 $OA=OB=OC=OD=R$，得点 A、B、C 和 D。过点 A、B 作直线平行于 OY 轴，过点 C、D 作直线平行于 OX 轴，得菱形，即为圆的外切正方形的正等测投影 [图 7-10 (b)]。

(3) 以点 O_1 为圆心，以 O_1B (O_1D) 为半径作弧；点 O_2 为圆心，以 O_2A (O_2C) 为半径作弧 [图 7-10 (c)]。

(4) 线段 O_1B、O_1D 分别与菱形长对角线交于点 O_3、O_4。以点 O_3 为圆心，O_3A (O_3D) 为半径作弧；以点 O_4 为圆心，O_4B (O_4C) 为半径作弧 [图 7-10 (d)]。

(5) 以上四段圆弧组成椭圆，即为所求圆的正等测投影 [图 7-10 (e)]。

如图 7-10 (f) 所示，三个坐标面上相同直径圆的正等测投影，它们是形状相同的三个椭圆。每个坐标面上圆的轴测投影（椭圆）的长轴方向与垂直于该坐标面的轴测轴垂直；而短轴方向与该轴测轴平行。

此外，圆的正等测的近似画法也适用于平行坐标面的圆角。如图 7-11 (a) 是一个导圆角平台的两面投影，平面图形上有四个圆角，每一段圆弧相当于整圆的四分之一。其正等测投影参见图 7-11 (c)，通常采用四点法求作圆弧的正等轴测投影。

📖 **小提示**　每段圆弧的圆心是过连接弧切点与切线垂直的直线的交点，即每段圆弧的圆心是外切菱形与之相切的两边的垂直平分线交点，菱形各边的长度为 $2R$（圆周的直径）。

现以右后侧圆角为例，从点 A 分别沿着 AB 和 AC 方向量取长度为导圆半径（R），得到点 D 和点 E，分别经过点 D 和点 E 作 AB 和 AC 的垂线，两条垂线的交点就是这段圆弧的圆心，交点与点 D 或者点 E 的距离就是圆弧的半径，绘制圆弧的正等轴测投影［图 7-11 (b)］。利用相同的方法可以绘制出其它四个角的导圆圆弧的正等轴测投影以及整个平台的正等轴测投影，如图 7-11 (c)。

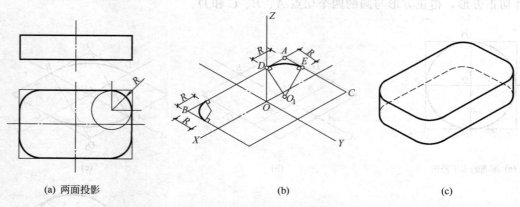

(a) 两面投影　　　　　　　　　　(b)　　　　　　　　　　(c)

图 7-11　绘制圆角的正等轴测投影

（四）曲面立体正等测投影的画法

在园林设计或者工程施工中有许多的曲面立体，其中最常见的是一些回转体，如圆柱、圆锥等，这些立体端面都是圆周，作它们的正等轴测投影时最主要的是端面的轴测投影，作法与前面所讲的方法相同。下面结合实例介绍曲面立体正等轴测投影的绘制。

【例 7-5】　已知柱基的正投影图［图 7-12 (a)］，画出其正等测图。

分析：由正投影图可以看出，柱基由四棱柱和圆柱叠合而成。为简化作图，取四棱柱的顶面对称中心为坐标原点。

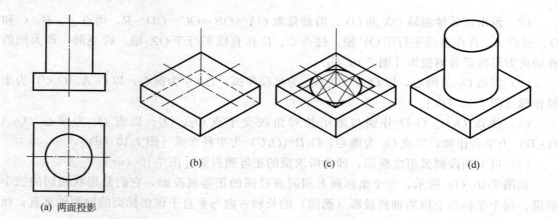

(a) 两面投影　　　　　(b)　　　　　(c)　　　　　(d)

图 7-12　根据柱基的三视图绘制正等轴测图

作法如下：

（1）在柱基上选定直角坐标系，建构正等轴测体系。

（2）画出四棱柱顶面的正等测投影，向下量取四棱柱的高度，作出四棱柱的正等轴测投影［图 7-12 (b)］。

（3）在四棱柱顶面中，画出圆柱底圆，如图7-12（c）所示，然后通过平移得到顶圆的正等测投影。

（4）作出两椭圆的公切线。擦去多余作图线，描深，即完成柱基的正等测图［图7-12（d）］。

【例7-6】 如图7-13（a）所示，已知一圆柱被平面所截之后的两面投影，请绘制它的正等轴测图。

分析：圆柱被水平面截切后切口为矩形，被正垂面截切后切口为椭圆，且该椭圆相对于经过圆柱轴线的正平面成对称关系。作图时，可先画出完整圆柱体，然后分别求出截交线的正等轴测投影。

作法如下。

（1）选定直角坐标系，以圆柱一个底圆的圆心为坐标原点，构筑轴测投影体系。

（2）按照圆周正等轴测投影的绘制方法——四心法绘制圆柱一个端面的投影［图7-13（b）］。

（3）将一个端面沿着OX轴方向平移L，得到另一个底圆，作两椭圆公切线，画出完整圆柱的正等轴测投影［图7-13（c）］。

（4）绘制水平截面的正等轴测投影。将OY轴向下平移H_1距离，与端面椭圆交于点A和点D，过两点作平行于OX轴的直线，并在该直线上量取长度L_1，得点B和点C。$ABCD$即为水平截面的正等轴测投影。其中直线BC是水平截面与倾斜截面的交线［图7-13（d）］。

（5）作出倾斜截面的正等轴测投影

① 绘制特殊点。特殊点包括截面交点、截面最高点、最低点、最前点以及最后点。截面交点点B和点C在上一步已经求作出来了。在倾斜截面上除了这两个点之外，还有椭圆的最高点点H和椭圆的最前点点E以及最后点点K。先确定最高点点H的正等轴测投影，过OZ轴与端面椭圆的交点作直线平行于OX轴，并在该直线上量取长度L_5，即得点H正等轴测投影。

然后确定点E和点K的正等轴测投影，点E和点K分别位于最前和最后的两条素线上，所以经过OY轴与端面椭圆的两个交点作平行于OX轴的直线，在直线上量取长度L_2，则这两个点就是最前点点E和最后点点K［图7-13（e）］。

② 作出一般点的正等轴测投影。除了特殊点之外，还需要选取一系列一般点才可将曲线准确的绘制出来，如图7-13（a）中的点F、点J和点G、点I。以点F和点J这一对对称点为例，将OY轴向上平移H_2，与端面椭圆交于两个点，经过这两个点作OX轴的平行线，在线上量取距离L_3，即得点F和点J。点G和点I的求解方法相同［图7-13（f）］。

（6）用圆滑的曲线依次连接点$E \to$点K，得到倾斜截面的正等轴测投影。擦去多余作图线，描深，完成斜截圆柱的正等轴测图，如图7-13（g）所示。

（五）曲线的正等轴测投影的绘制方法

园林设计，尤其是一些自然式的景观设计中常要用到一些不规则曲线。对于简单的曲线可以采用截距法求作它的正等轴测投影，如图7-14所示。

复杂的图形通常采用的是网格法，具体方法如下：

（1）在平面图上根据需要绘制方格网，并对行列进行字母标注，网格边长根据图形的复杂程度以及图纸的具体要求确定［图7-15（a）］。

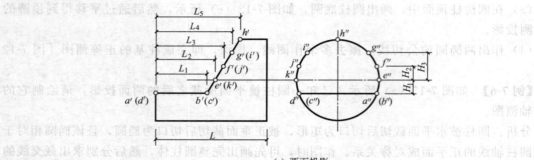

(a) 两面投影

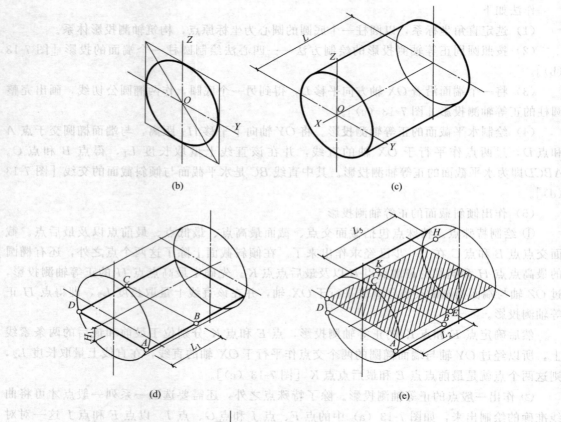

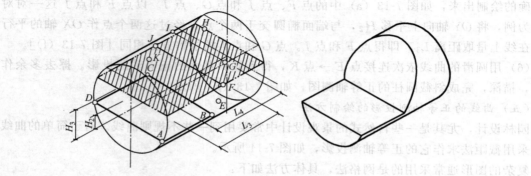

图 7-13 绘制斜截圆柱正等轴测图

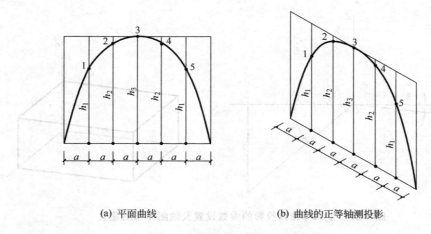

(a) 平面曲线　　　　　　　　　(b) 曲线的正等轴测投影

图 7-14　截距法求曲线的正等轴测投影

（2）按照正等轴测投影的绘制方法，绘制正等轴测网格，并对行列进行字母标注。在轴测网格中定出图形与方格网的交点，用圆滑曲线将交点联系起来［图 7-15（b）］。

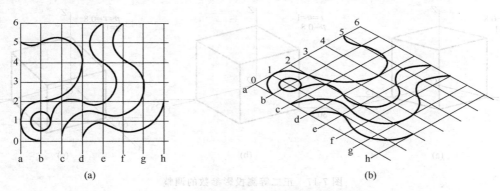

(a)　　　　　　　　　　　　　　(b)

图 7-15　利用网格法求作曲线的正等轴测投影

二、正二测投影

在正轴测投影中，当两个轴向的轴向变形系数相等时，这样的轴测投影称为正二测轴测投影。与正等轴测投影相比，正二轴测图更富有立体感，但作图较为复杂，一般只用于绘制要求较高的图形。

（一）正二测投影的参数设置

1. 轴间角和轴向变形系数

图 7-16 显示正二轴测图的轴测轴和尺寸的度量关系。三条轴测轴中，OZ 轴仍然保持铅垂；OX 轴的水平角为 7°，可借用线段 1∶8 画出；OY 轴水平角约为 41°，可借用线段 7∶8 画出，具体方法参见图 7-16。

三个轴向变形系数中，OX、OZ 轴的轴向变形系数 $p=r=0.94$，OY 轴的轴向变形系数 $q=0.47$。为了便于作图，采用简化轴向变形系数 $p=r=1$、$q=0.5$。这样画出的图形，放大率为 $k=1/0.94=0.5/0.47=1.06$。

2. 轴测参数的调整

对于正二测投影的投影体系利用丁字尺和三角板很难确定，所以有时要对其进行调整。

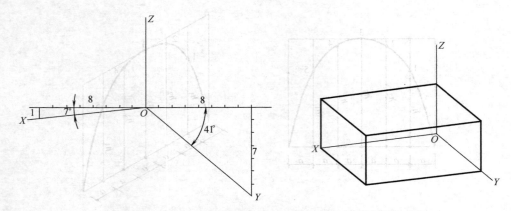

图 7-16　正二等轴测投影的参数设置及轴测体系的建立

通常可以选定 OY（或者 OX 轴）的水平角为 15°，OX 轴（或者 OY 轴）的水平角可以选定为 15°、30°、45°或者 60°。三个轴向变形系数之间两个相等（0.8 或者 1），另外一个轴向变形系数的大小取决于轴测轴水平角的大小，具体设置见图 7-17。

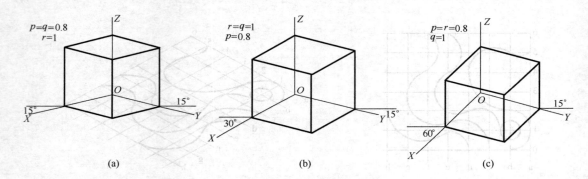

图 7-17　正二等测投影参数的调整

（二）正二测投影的绘制

正二测轴测图与正等轴测图的作图方法基本相同，仅仅是参数设置的区别。

【例 7-7】　请根据钢筋混凝土杯形基础的投影图［图 7-18（a）］绘制其正二等轴测投影。

分析：杯形基础是由四棱柱、四棱台等基本几何形体叠加而成的，可以采用叠加法绘制其轴测投影。如果采用正等轴测投影绘制的话，棱柱和棱台前后两条侧棱将连成一条直线，削弱了立体感，所以利用正二等轴测投影来表现更为适宜。为了更好的表现杯口的状态，选用调整后的第三组参数：OX 轴的水平角为 60°，OY 轴的水平角为 15°，$p=r=0.8$，$q=1$。

作法如下。

（1）确定杯形基础的底面中心为坐标原点，按照前面所列的参数设置，绘制轴测轴，建立正二等轴测投影体系。

（2）作出基础底面的正二等轴测投影，在此基础上起高度 $0.8Z_1$，得到基础下部四棱柱的正二等轴测投影［图 7-18（b）］。

（3）在此基础上确定中间棱台上表面所在的位置，并绘制出其轴测投影，连接棱台上下表面点的投影，即得棱台正二等轴测投影［图 7-18（c）］。

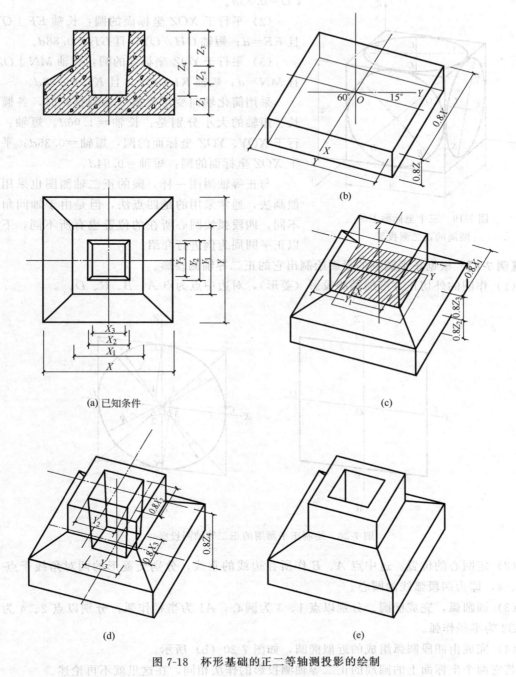

图 7-18 杯形基础的正二等轴测投影的绘制

(4) 绘制顶部四棱柱以及其内部孔洞 [图 7-18 (d)]。

(5) 整理,加深图线,完成杯形基础的正二等轴测投影的绘制 [图 7-18 (e)]。

(三) 圆周的正二测投影的绘制

从正轴测投影的形成可以得出:凡平行于坐标面的圆,它的正二轴测投影均为椭圆,如图 7-19 是直径为 d 的圆的正二轴测图。其椭圆的长、短轴方向和大小如下。

(1) 平行于 XOY 坐标面的圆:长轴 $AB \perp OZ$,且 $AB = d$;短轴 $CD \parallel OZ$,且

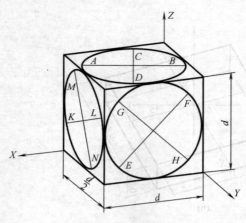

图 7-19 三个坐标面上的圆周的正二测投影

$CD=0.33d$。

(2) 平行于 XOZ 坐标面的圆：长轴 $EF \perp OY$，且 $EF=d$；短轴 $GH /\!/ OY$，且 $GH=0.88d$。

(3) 平行于 YOZ 坐标面的圆：长轴 $MN \perp OX$，且 $MN=d$；短轴 $KL /\!/ OX$，且 $KL=0.33d$。

采用简化轴向变形系数（未调整）时，各椭圆长、短轴的大小分别是：长轴 $=1.06d$。短轴：平行于 XOY、YOZ 坐标面的圆：短轴 $=0.35d$；平行于 XOZ 坐标面的圆：短轴 $=0.94d$。

与正等轴测图一样，圆的正二轴测图也采用近似画法，通常采用的是四点法，但是由于轴间角的不同，四段弧线圆心所在的位置也有所不同，下面以正平圆周为例进行介绍。

【例 7-8】 根据正平圆周的投影绘制出它的正二等轴测投影。

(1) 作圆的外切正方形的轴测投影（菱形），对边中点为点 A、B、C、D。

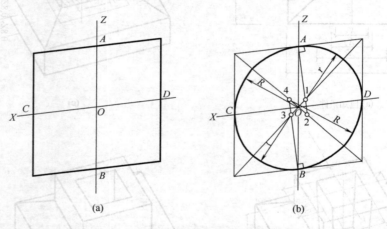

图 7-20 绘制正平圆周的正二等轴测投影

(2) 定圆心的位置。过中点 A、B 作所在边线的垂线，分别交菱形的两对角线于点 1、2、3、4，即为四段弧线的圆心。

(3) 画圆弧，完成椭圆。分别以点 1、3 为圆心，A1 为半径作弧；分别以点 2、4 为圆心，B2 为半径作弧。

(4) 完成由四段圆弧组成的近似椭圆，如图 7-20（b）所示。

其它两个坐标面上的圆周的正二等轴测投影的作法相同，在这里就不再论述。

第三节 斜轴测投影

当投射方向倾斜于轴测投影面时所得到的投影图为**斜轴测**。如果形体上三个坐标轴的轴向变形系数都相同，在投影面上所得到的投影称为**斜等测轴测投影**，简称为**斜等测**。如果形体上两个坐标轴的轴向变系数相同，在投影面上所得到的投影称为**斜二等轴测投影**，简称为**斜二测**。

斜轴测投影按照投影面的形态又分为两种形式：如果以V面或者V面平行面作为轴测投影面，得到的是**正面斜轴测图**；如果以H面或者H面的平行面作为轴测投影面的话，得到的是**水平斜轴测图**。

在实际工作中，斜轴测由于其绘制较为简便广泛的应用于各个方面。

一、正面（立面）斜轴测投影

（一）正面（立面）斜轴测投影的参数设置

在正面斜轴测投影中，坐标面 XOZ 平行于正平面，轴间角 $XOZ=90°$，所以轴测投影的立面反映实形，OX 轴和 OZ 轴两个轴向不发生变形，即 $p=r=1$。由于当 $q=1$ 时，正面斜轴测投影在纵深方向上变化较大，所以常常采用斜二测轴测投影。为简化作图，并获得较强的立体效果，选轴间角 $XOY=YOZ=135°$，即 OY 轴的水平角为 $45°$，选 OY 轴轴向变形系数 $q=0.5$，如图 7-21 所示，利用三角板和丁字尺就可以绘制。

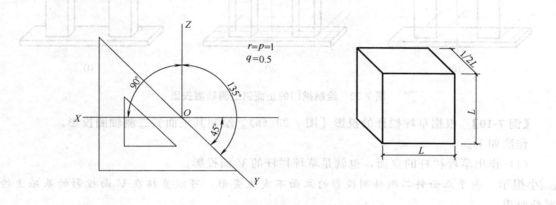

图 7-21 正面斜二测轴测投影参数的设置

除此之外，OY 轴的水平角还可以选择 15°、30°或者 60°，当水平角较小的时候，轴向变形系数可以适当增大，如：当 OY 轴的水平角为 15°时，$q=0.75$；当 OY 轴的水平角为 30°时，$q=0.6$。

（二）正面斜二测轴测投影的绘制

通常情况下，正面斜二测轴测投影用于表现立面较为复杂的形体，如下面两个实例中的形体。

【例 7-9】 根据两面投影绘制拱门的正面斜二测轴测投影［图 7-22（a）］。

作法如下。

（1）将底板上表面对称中心设为坐标原点，按照正面斜二测轴测投影参数设置轴测投影体系［图 7-22（b）］。

（2）绘制底板的正面斜二测轴测投影［图 7-22（c）］。

（3）根据投影图确定拱门门洞前表面所在的位置，然后确定厚度的投影方向［图 7-22（d）］。

（4）取厚度的 1/2 作为门洞轴测投影的 OY 轴方向的长度，将门洞前表面沿着 OY 轴方向移动 1/2 门洞厚度，得到门洞后表面的轴测投影［图 7-22（e）］。

（5）再在门洞顶面上作出拱门顶板的轴测投影。最后整理、加深图线，得到拱门的正面斜二测轴测投影图［图 7-22（f）］。

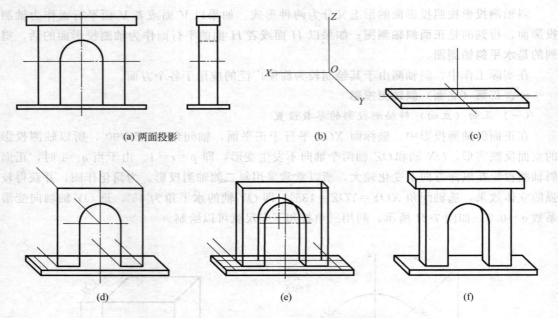

图 7-22 绘制拱门的正面斜二测轴测投影

【例 7-10】 根据草坪栏杆的投影 [图 7-23（a）] 绘制其正面斜二测轴测投影。

作法如下。

（1）作出草坪栏杆的立面，也就是草坪栏杆的 V 面投影。

📖**小提示** 由于正面斜二测轴测投影的立面不发生变形，可以直接在 V 面投影的基础上绘制轴测图。

（2）在草坪栏杆的立面上，沿着 OY 轴方向量取栏杆厚度的 1/2，作出草坪栏杆的后表面。

（3）作出 OY 轴方向的轮廓线以及栏杆表面的交线。整理、加深图线，得到栏杆的正面斜二测轴测投影图 [图 7-23（b）]。

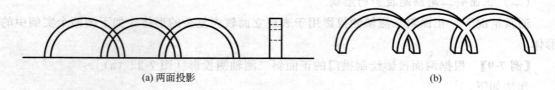

图 7-23 草坪栏杆正面斜二测轴测投影的绘制

📖**小提示** 除了实例中介绍的拱门、栏杆之外，在园林设计中像漏窗、景门以及园林建筑小品等，凡是立面由复杂直线或者曲线构成的形体都可以选用这一轴测投影方式。

二、水平斜轴测投影

水平斜轴测的轴间角和轴向变形系数如图 7-24 所示。坐标面 XOY 平行于水平面，轴间角 XOY=90°，轴向变形系数 $p=q=1$，也就是说水平斜轴测的平面反映实形；OZ 轴与 OX 轴的轴间角以及轴向变形系数没有严格的限定。如果 OX 轴保持水平，通常 OZ 轴和 OX 轴的轴间角取 120°，OZ 轴的轴向变形系数取任意值，如图 7-24（a）所示。为了简化作图，习惯上将 OZ 轴画成铅垂方向，轴向变形系数取 $r=1$ 或者 $r=0.8$。而 OX 轴与 OY 轴的旋转，其水平角可以选择下列任意搭配：30°-60°、45°-45°、15°-75°，通常采用 30°-60° 的组合[图 7-24（b）、(c)]。

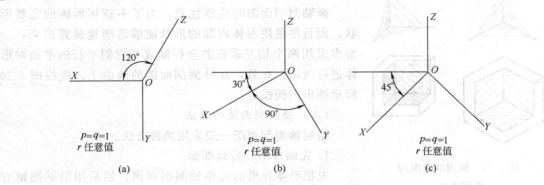

图 7-24 水平斜轴测投影的参数设置

【例 7-11】 画出图 7-25（a）所示建筑形体的水平斜二测投影。

作法如下。

(1) 在建筑形体上选定直角坐标系 [图 7-25（b）]。

(2) 画出轴测轴，根据正投影图，画出其水平投影的水平斜二测 [图 7-25（c）]。

📖小提示 在绘制水平斜轴测投影时，只要将水平投影旋转一定角度（如本例旋转 30°角）就是平面图的水平斜轴测投影，然后直接在上面起高度就可以了。

(3) 过各角点的轴测投影，向上作 OZ 轴平行线，截取高度（本例轴向变形系数 $r=0.8$），画出顶面的水平斜二测投影。擦去多余作图线，加深图线，即完成建筑形体水平斜二测投影的绘制 [图 7-25（d）]。

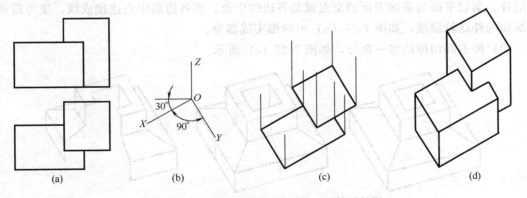

图 7-25 绘制建筑形体的水平斜二测轴测投影

📖小提示 水平斜二测投影通常用于表现平面复杂、形状不规则的园林景观，具体内容参见本章第五节轴测投影在园林设计中的应用。

第四节 轴测剖面图的绘制及轴测图的选择

一、轴测剖面图

（一）轴测剖面图作用

在轴测图中，为了表示形体内部形状，也常常采用剖视画法。这种剖切后的轴测图称为**轴测剖面图**。如图 7-18 所绘制的杯形基础的轴测图，尽管我们选择的参数可以将基础顶面

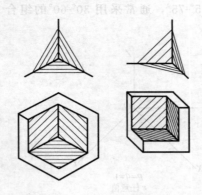

表现出来，但是仍然无法绘制出杯口内部的构造，这时就可以结合轴测剖面将其内部的构造表现出来。

画轴测剖面图时应该注意：为了不破坏形体的完整形状，而且尽量使形体内部的形状能够清晰地显露出来，一般多采用两个相互垂直的坐标面或与它们平行的平面对形体进行剖切。此外，在轴测剖面图的断面上，应按图7-26所示画出图例线。

图7-26 轴测剖面图的断面表现

（二）轴测剖面图的画法

绘制轴测剖面图一般采用两种方法。

1. 先画外形，后画断面

先把形体外形的完整轴测图画出，然后用沿轴测轴方向的剖切平面将形体切开，由外而内从轴测轴与形体轮廓线的交点开始，逐步画出断面的边界，再补画出剖切后形体内部的可见轮廓线，然后擦去多余图线，并按规定画出断面上的图例线，完成作图。

2. 先画断面，后补外形

首先把剖切平面切割形体所得到的断面形状在轴测图中画出，然后再由近及远地依次画出断面后边余下的形体外形轮廓。

通常采用的是第一种方法，即先画外形，后画断面。

【例7-12】 根据图7-18中的轴测投影绘制出杯形基础的轴测剖面图。

作法如下：

（1）选定 XOZ 和 YOZ 平面作为剖切平面，在已经绘制的轴测图上沿着对称平面将基础剖开。剖切平面与基础表面的交点就是各边的中点，将各边的中点连接成线，便可得到剖切断面的外部轮廓线，如图7-27（b）中的细实线部分。

（2）擦去剖切掉的那一部分，如图7-27（c）所示。

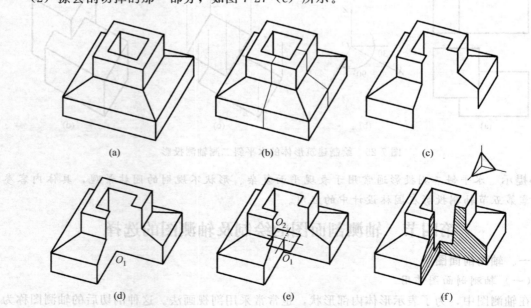

图7-27 杯形基础的轴测剖面图

(3) 画出基础底面与剖切平面的交线，对应的就是 OX 轴和 OY 轴，交点为底面的对称中心 O_1，如图 7-27（d）所示。

(4) 在 O_1 的基础上，沿着 OZ 轴的方向量取基础底面与杯底的距离，确定杯底对称中心点 O_2，并根据视图绘制杯底的轴测投影，如图 7-27（e）所示。

(5) 连接杯口和杯底对应点，得到杯口内部的轮廓线，绘制剖切平面的交线，擦除多余的图线，填充建筑材料图例，完成轴测剖面投影的绘制，如图 7-27（f）。

二、轴测投影的选择

轴测类型的选择直接影响到轴测图的表现效果。选择时尽量选择作图比较简单的斜轴测或者正等轴测，当效果不理想时，再考虑用正二测轴测投影。在选择时应该注意以下几点。

(1) 要避免遮挡。在轴测图中，要尽量将隐蔽的部分表达清楚，要能够看透孔洞或看到孔洞的底面，对于一些特殊的形体，可以采用轴测剖面图对其内部构造加以表现，如图7-27中的杯形基础。

(2) 要避免左右对称。如图 7-18 所示，如果采用正等轴测投影的话基础上中下三个部分的左侧棱线在轴测图中会在同一条直线上，这就会影响到立体效果的表现，所以采用正二测投影较为合适。

(3) 避免侧面的投影聚积成直线。

(4) 尽量简化作图过程。例如：对于立面较为复杂的形体可以采用正面斜轴测投影，而对于平面较为复杂的形体可以采用水平斜轴测投影。

此外，还要注意轴测投影的投影方向的选择，如图 7-8 梁板柱节点轴测效果绘制，需要选择仰视效果，即由下向上投影，才可以获得令人满意的效果。

第五节 轴测投影在园林设计中的应用

在园林设计中轴测投影除了可以表现某些小构件的立体效果之外，还可以用于园林景观

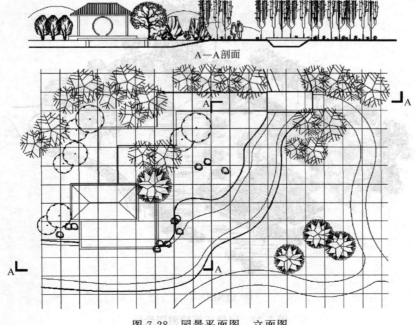

图 7-28 园景平面图、立面图

效果展示。在一幅图纸中往往有直线、曲线,这就需要绘图者根据图形的特征(形态特征、复杂程度等)决定采用的方法。

【例 7-13】 根据某园景平面图和剖面图(图 7-28)绘制其正等轴测图。

分析:根据平面图可以看出园景中有规则直线,也有不规则曲线,所以最好采用网格法绘制。网格法绘制轴测图需要两套网格——平面网格和轴测网格,轴测网格就是平面网格的轴测投影。首先根据平面网格中某一点的位置找到轴测网格中对应位置,确定出点的轴测投影,将对应点连接起来得到平面图的轴测投影,然后再起高度就可以了。

作法如下。

(1)建立轴测体系。确定坐标原点的位置,作出正等轴测网格。

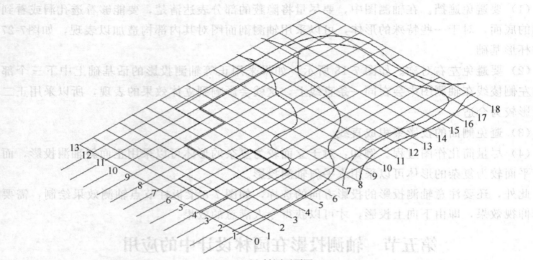

(a)轴测平面图

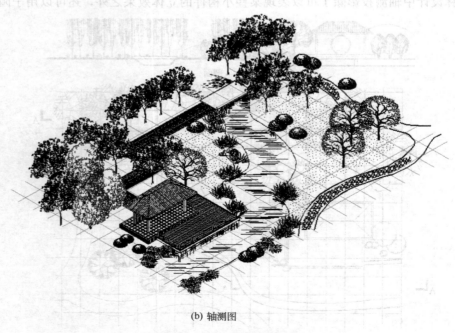

(b)轴测图

图 7-29 园景正等轴测图绘制

(2) 绘制图中规则图形（如：直线、圆等）的正等轴测投影。根据平面图绘制出图中直线，如建筑边界、场地边界、道路等的正等轴测投影［图 7-29（a）］。

(3) 绘制图中不规则曲线的正等轴测图。找到平面网格与曲线交点，将交点定位在轴测网格对应位置上，最后将各点用圆滑的曲线连接起来，得到曲线的轴测平面图［图 7-29（a）］。

(4) 根据平面图确定出植物种植点在轴测体系中的位置。

(5) 根据立面图，确定各形体的高度。

(6) 绘制出所有景物，并添加装饰配景，完成轴测图绘制，如图 7-29（b）所示。

📖**小提示**　在绘制园林景观的正等轴测效果时，先绘制平面图的正等轴测投影，然后根据立面图起高度，构筑立体效果，即先二维，再三维。

【**例 7-14**】请根据某居住小区的平面图和立面图（图 7-30）绘制水平斜轴测投影。

作法如下。

将平面图旋转 30°后，根据立面图起高度，最后添加配景，进行图面装饰，如图 7-31 所示。

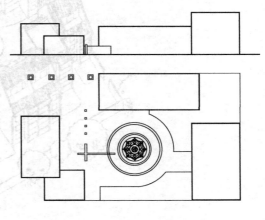

图 7-30　居住区平面、立面图

轴测投影适宜表现一些小型场景，表现效果比较独特，如前面的两道例题以及图 7-32 和图 7-33 都是利用轴测图表现景观效果的例子。并且轴测图绘制方法简单，对于快速表现比较适宜，这是轴测图的优势。但由于不符合人们的视觉习惯，轴测效果没有透视效果真实，所以对于园林景观往往采用透视图表现立体效果，透视图的绘制方法将在后续章节中介绍。

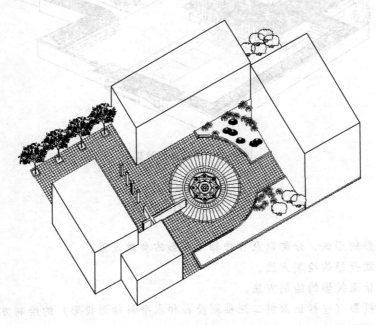

图 7-31　某居住小区水平斜轴测效果

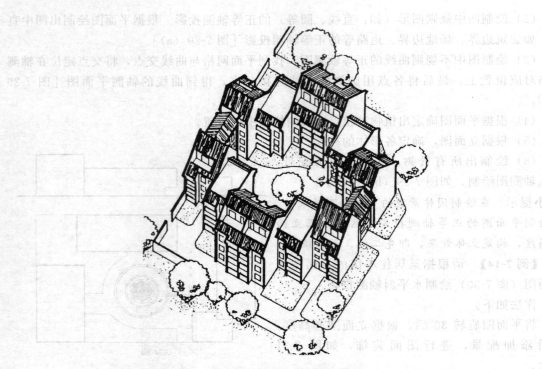

图 7-32　某居住组团轴测效果

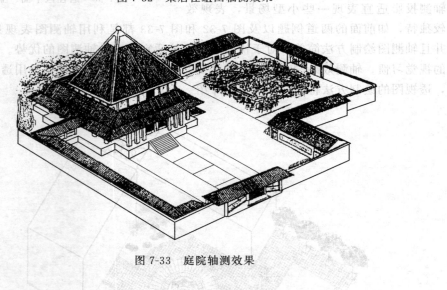

图 7-33　庭院轴测效果

本　章　小　结

(1) 轴测投影的形成、分类以及各种轴测投影的参数设置。
(2) 正等轴测投影的绘制方法。
(3) 正二等轴测投影的绘制方法。
(4) 斜轴测投影（包括正面斜二测轴测投影和水平斜轴测投影）的绘制方法。
(5) 轴测剖面图的绘制方法。

(6) 利用轴测投影绘制园林效果图。

本 章 重 点

(1) 掌握常用轴测投影的参数，根据需要选择适宜的轴测投影形式，并选配合理的参数配置，绘制组合形体的轴测投影。

(2) 绘制轴测剖面图。

(3) 利用轴测投影表现园林景观效果。

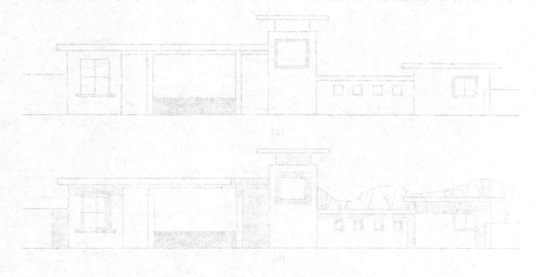

第八章 阴 影

第一节 阴影的基本知识

为了增强图面表现效果，增加真实感和立体感，需要在某些设计图纸中加绘阴影。例如：建筑物的正立面投影图中，园林效果图中等。如图 8-1 所示，这是一个公园大门的立面图，两图所绘制的内容相同，只不过图 8-1（b）加绘了阴影，所以它的立体感更强些。

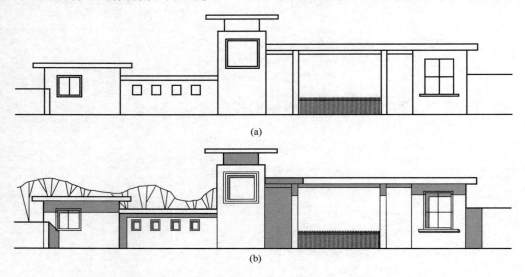

图 8-1 阴影效果

一、阴影的概念

如图 8-2 所示，光线照射在不透明的物体上，受光的明亮部分称为**阳面**，如顶面 $ABCD$、侧面 $ABEF$ 和 $ADHE$；背光的阴暗部分称为**阴面**，如底面 $EFGH$、侧面 $BCGF$ 和 $DCGH$；阳面和阴面之间的交线称为**阴线**，如图中封闭折线 $BCDHEFB$。

如图 8-2 所示，由于物体的遮挡，在平面 P 上形成影，平面 P 被称为**承影面**。由于不透明物体的遮挡，在物体本身或者其它物体的表面上产生的阴暗部分就称为**影子或者影**。影的轮廓线（折线 $B_0C_0D_0H_0E_0F_0B_0$）称为**影线**，阴面和影子合称为**阴影**，阴线和影线上的点分别称为阴点和影点。

从上面的分析可知，产生阴影需要三个要素——光线、物体和承影面。

二、常用光线

物体上的阴影主要是由于太阳光线的照射产生的，太阳光可以看成是相互平行的，称为平行光线。不同方向的光线产生不同的阴影，为了方便作图，在绘制阴影的时候，采用统一的光线，人为规定光线从物体的左前上方射来，如图 8-3 所示，光线与任一投影面的倾角都约为 35°角，在三个投影面上的投影与投影轴都成 45°角，这样的光线称为**常用光线或者习用光线**。

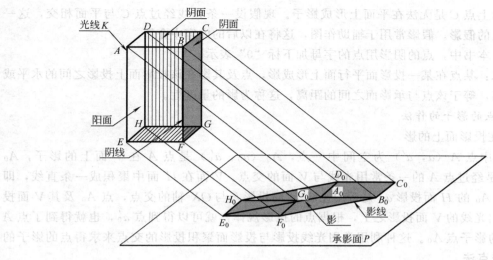

图 8-2 阴影的概念

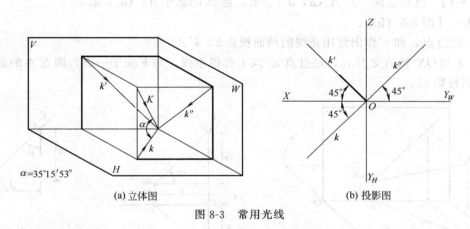

(a) 立体图 (b) 投影图

图 8-3 常用光线

需要注意的是在实际应用中往往根据所需的效果来确定适宜的光线照射方向，此时本书中某些仅适用于常用光线的规律则不再适用。

第二节 基本几何元素的影

基本几何元素包括：点、线、面，它们是构成立体的基本要素，掌握了关于点、线、面影的规律，对于立体的影就很好理解了。

一、点的影

（一）规律

点的影就是通过点的常用光线与承影面的交点。关于点的影有以下规律。

规律一：点在承影面上的影子仍然是点，是通过该点的光线与承影面的交点。

如图 8-4 所示，点 A 在某一表面上的影就是经过该点的光线与承影面的交点。点 B 在承影面上，影子与其本身重合。点 C 在承影面的

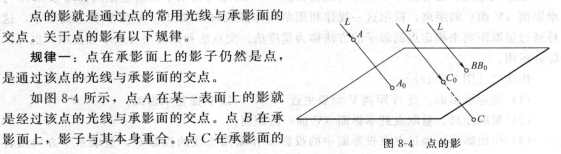

图 8-4 点的影

下方，实际上点 C 是无法在平面上形成影子。现假设一条光线经过点 C 与平面相交，这一交点称为点的**假影**。假影常用于辅助作图，这将在以后的内容中介绍。

说明：本书中，点的阴影用点的字母加下标"0"表示。

规律二：某点在某一投影面平行面上形成影，点及其影在该投影面上投影之间的水平或者铅垂距离，等于该点与承影面之间的距离，这称为影的量度性。

（二）点的影子的作法

1. 点在投影面上的影

图 8-5 中点 A (a, a') 为空间中一点，A_0 (a_0, a_0') 是点 A 在 V 面上的影子，A_0 (a_0, a_0') 是经过点 A 的一条常用光线与 V 面的交点。V 面在 H 面中聚积成一条直线，即 OX 轴，点 A_0 的 H 面投影 a_0 是常用光线 H 面投影 k 与 OX 轴的交点，点 A_0 及其 V 面投影 a_0' 在常用光线的 V 面投影之上，根据点的投影规律，就可以得到点 a_0'，也就得到了点 A 在 V 面上的影子点 A_0。这种利用常用光线投影与投影面聚积投影的交点来求得点的影子的方法称为**交点法**。

【**例 8-1**】 已知空间一点 A (a, a')。求：点 A 的影子 A_0 (a_0, a_0')。

作法一 [图 8-5 (b)]：

（1）经过点 a 和 a' 作出常用光线的两面投影 k，k'。

（2）k 与 OX 轴的交点 a_0，经过点 a_0 向上作铅垂线，与 k' 交于一点，即点 A 的影子 A_0 及其 V 面投影 a_0'。

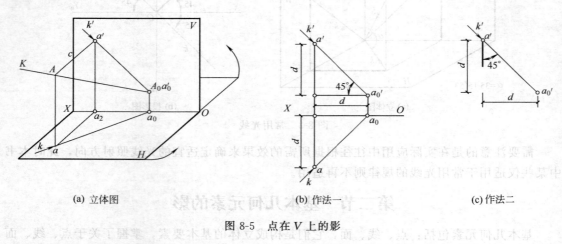

(a) 立体图　　　　　　　　　(b) 作法一　　　　　　　　　(c) 作法二

图 8-5　点在 V 上的影

📖**小提示**　当点的影落在投影面上时，影的投影就是其本身。所以在绘制投影面上影的投影的时候，有时候会将影本身省略，仅标注其投影的字母。

根据规律二，结合图 8-5（a）可以得出点 a' 和 a_0' 之间的水平和铅垂距离都等于点 A 与承影面（V 面）的距离，根据这一规律利用单面作图就可以求出点 A 在 V 面上的影子，这种通过量取距离来确定点的影子的方法称为量度法。交点法和量度法可以单独使用，也可以综合运用。

作法二 [图 8-5 (c)]：

（1）确定承影面。点 A 距离 V 面要更近一些，所以 V 面是承影面。

（2）量取距离。量取点到承影面（V 面）的距离。

（3）作出影子。经过点在投影面中的投影 a' 作常用光线的投影 k'，量取水平方向或者铅垂方向距离等于点到承影面（V 面）的距离 d，即得点在该投影面内的影子 A_0 及其投影 a_0'。

如果，点 A 距离 H 面较近，就会在 H 面上投下影子，图 8-6（a）、（b）分别是利用交点法和量度法所作的点 A 在 H 面上的影子。

此外，以上作法同样适用于点在任意投影面平行面上影的投影的求作。

2. 点在任意投影面垂直面上的影

点在任意投影面的垂直面的影子可以利用交点法和量度法来确定。以交点法为例，点的影子是经过点的常用光线与投影面垂直面的交点，这一点可以借助承影面聚积投影与常用光线投影的交点来求得，如图 8-7（a）、（b）所示。

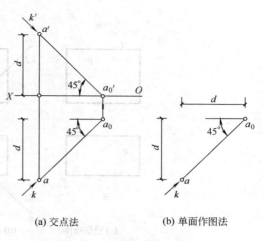

(a) 交点法　　　(b) 单面作图法

图 8-6　点在 H 面上的影子

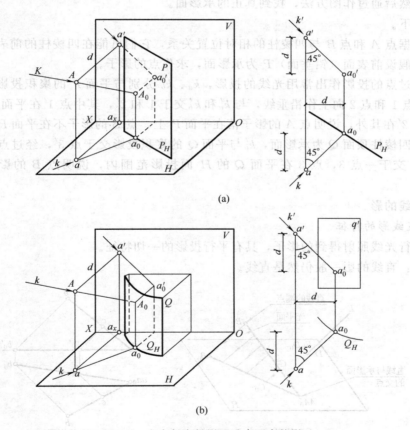

(a)

(b)

图 8-7　点在任意投影面垂直面中的影

📖**小提示**　求取点在任意投影面垂直面上的影子也就是求解直线（常用光线）与平面（承影面）的交点的问题。

【**例 8-2**】已知点 A 及四棱柱的两面投影［图 8-8（a）］，求点 A 在四棱柱上的影子。

分析：首先根据点与立体的相对位置确定可能的承影面，在求阴影的时候可以先假定一

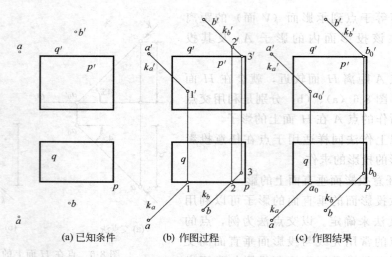

图 8-8 点在四棱柱上的影子

个承影面,然后通过作图方法,找到真正的承影面。

作法如下。

(1) 根据点 A 和点 B 与四棱柱的相对位置关系,它们可能在四棱柱的前表面和上表面投下影子,假设前表面(铅垂面)P 为承影面,求作点的影子。

(2) 经过点的投影作出常用光线的投影,k_a、k_b 分别与平面 P 的聚积投影交于点 1 和点 2,经过点 1 和点 2 向上作铅垂线,与 k'_a 和 k'_b 交于 $1'$ 和 $2'$,其中点 $1'$ 在平面 P 的 V 面投影中,而点 $2'$ 在其外,说明点 A 的影子落在平面 P 上,点 B 的影子不在平面 P 上。

(3) 以四棱柱顶面 Q 为承影面,k'_b 与平面 Q 的聚积投影交于点 $3'$,经过点 $3'$ 向下作铅垂线,与 k_b 交于一点 3,点 3 在平面 Q 的 H 面投影范围内,说明点 B 的影子落在平面 Q 内。

二、直线的影

(一) 直线影的特征

利用平行光线照射得到的影子,具有平行投影的一切特征。

规律一:直线的影一般仍然是直线。

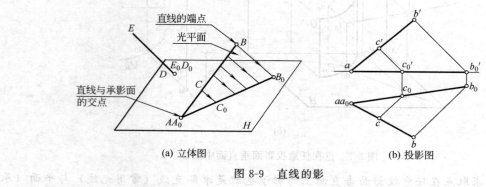

图 8-9 直线的影

如图 8-9 所示,直线的影就是直线上所有点的影的集合,也就是通过该直线的光线平面与承影面的交线。所以直线在某一平面上的影一般仍然是直线,但是当直线平行于光线的时候,直线在承影面上的影聚积成一点。

规律二：承影面平行线的影与直线同名投影平行且相等（图 8-10）。

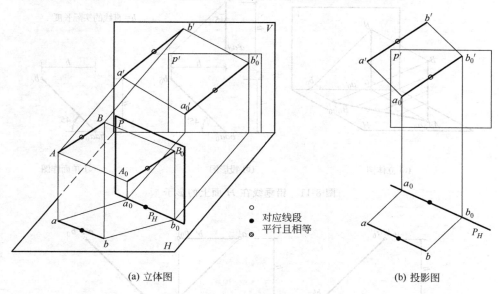

(a) 立体图　　　　　　　　　　　(b) 投影图

图 8-10　承影面平行线的影

规律三：相互平行的直线在同一承影面中的影也相互平行。
规律四：相交直线在同一承影面中的影相交，交点就是直线交点的影。

在园林设计中常用的是一系列特殊直线，其中投影面垂直线尤为常见，下面重点对这类直线阴影的绘制方法进行介绍。

（二）投影面垂直线的影

投影面垂直线的影可能会有以下几种情况：落在所垂直投影面（或垂直投影面平行面）上、落在非垂直投影面（或非垂直投影面平行面）上、落在其它立体表面上。由于承影面不同，影子的形式也不同。

1. 投影面垂直线落在垂直投影面或者该投影面平行面上的影

投影面的垂直线落在该投影面或该投影面平行面上的影在该投影面的投影必定为一条经过直线聚积投影的 45°斜线，其方向与光线在该投影面上的投影方向一致，并且影子的水平方向和竖直方向的长度等于直线的长度。

如图 8-11 所示，铅垂线 AB 的影子落在 H 面（地面）上，影子的 H 面投影与光线的 H 面投影方向相同，即与 OX 轴的夹角都是 45°。所以影子在 H 面上的投影 a_0b_0 水平方向的长度和铅垂方向的长度都相等，等于直线的实际长度。根据这一点就可以单面作图，如图 8-11（c）所示。

如图 8-12 所示，正垂线在 V 面（墙面）上的影和侧垂线在 W 面（侧墙）上的影，同样符合这一规律。

这一规律也同样适用于投影面垂直线在垂直投影面平行面上的影，影子的投影形式及其作法与在投影面上影相同，在这里就不再列举。

2. 投影面垂直线落在平行投影面或者平行投影面的平行面上的影

投影面垂直线在平行投影面或者平行投影面的平行面上的影在该投影面中的投影与直线同名投影平行且等长，两者之间的距离等于直线到投影面的距离。

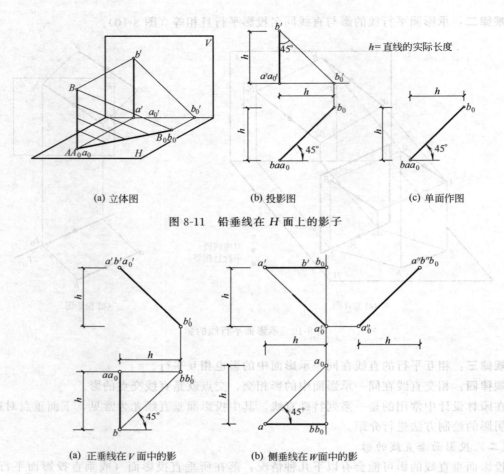

图 8-11　铅垂线在 H 面上的影子

图 8-12　正垂线和侧垂线的影

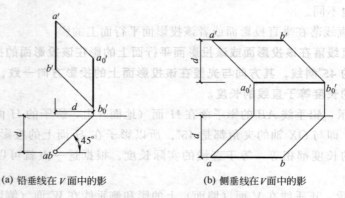

(a) 铅垂线在 V 面中的影　　(b) 侧垂线在 V 面中的影

图 8-13　投影面垂直线落在非垂直投影面上的影

如图 8-13 所示，铅垂线 AB 在 V 面（墙面）上的影 A_0B_0（$a_0'b_0'$）与直线 AB 的 V 面投影 $a'b'$ 平行且相等。这是因为直线 AB 垂直于 H 面，也一定平行于 V 面，所以在 V 面中的影子一定平行且等于直线 AB，根据投影特征，直线的 V 面投影也与直线 AB 平行且相等，所以直线的影与直线的同名投影平行且相等。又由于光线的投影成 $45°$ 角，所以直线上某一点的影与其投影的水平距离和铅垂距离相等，都等于 d，也就是点到 V 面的距离，根据这一

176

点就可以实现单面作图。

图 8-13（b）是侧垂线 AB 落在 V 面上的影，A_0B_0（$a_0'b_0'$）与直线 AB 的 V 面投影 $a'b'$ 平行且相等，其距离也等于直线与 V 面的距离（d）。

当平行投影面的平行面作为承影面时，直线的影仍然符合这一规律。

3. 投影面垂直线在任何形体上的影

投影面垂直线落在任何形体上的影在所垂直的投影面中的投影必为直线，方向与光线在该投影面的投影方向（45°）一致。在其它两个投影面中的影的投影成对称形状。

图 8-14 所示，为铅垂线 AB 在房屋上的影。由于包含 AB 线的光线平面 P 是一个铅垂

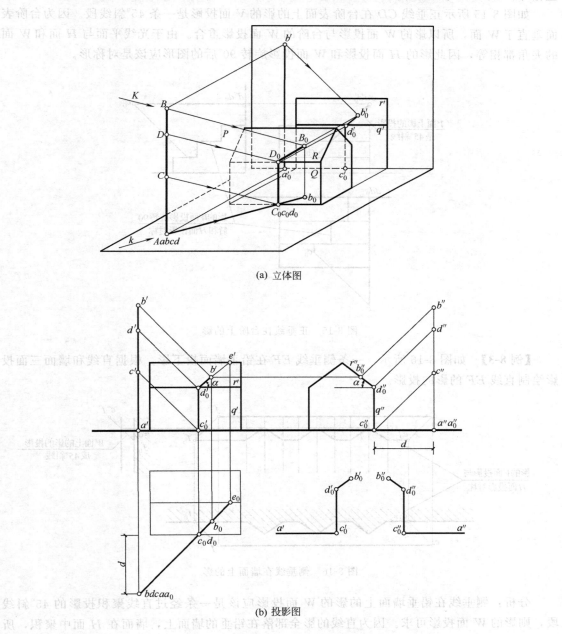

(a) 立体图

(b) 投影图

图 8-14 铅垂线在其它立体表面上的影

面，它与房屋阳面交线即为直线的影。影的 H 面投影与 P_H 重合，为一直线，其方向与光线在该投影面上的投影方向一致，成 45°角。

由图可知铅垂线 AB 的影落在地面、屋面和墙面上，这三个面都是侧垂面，在 W 面中聚积，直线 AB 的影的 W 面投影也就落在这三个平面的聚积投影上，即与该房屋的 W 面投影重合。根据立体图分析，由于光线平面 P 与投影面 V 面、W 面的夹角相等，所以平面 P 与房屋交线（也就是直线 AB 落在房屋表面上的影）的 V、W 投影呈对称形。因此，在 V 面中 AB 在倾斜屋面上的影 $b_0'd_0'$ 的倾斜角度就等于屋面的倾角 α，根据这一关系就可以确定铅垂线 AB 的影的投影。具体作法参见图 8-14（b）。

如图 8-15 所示正垂线 CD 在台阶表面上的影的 V 面投影是一条 45°斜线段。因为台阶表面垂直于 W 面，所以影的 W 面投影与台阶的 W 面投影重合。由于光线平面与 H 面和 W 面的夹角都相等，因此影的 H 面投影和 W 面投影旋转 90°后的图形应该是对称形。

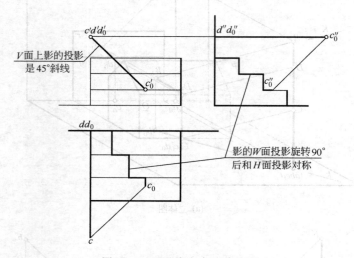

图 8-15 正垂线在台阶上的影

【例 8-3】 如图 8-16 所示，一条侧垂线 EF 在铅垂墙面投下影，根据直线和墙面三面投影绘制直线 EF 的影的投影。

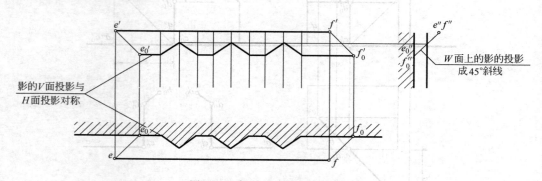

图 8-16 侧垂线在墙面上的影

分析：侧垂线在铅垂墙面上的影的 W 面投影应该是一条经过直线聚积投影的 45°斜线段，则影的 W 面投影可求。因为直线的影全部落在铅垂的墙面上，墙面在 H 面中聚积，所以直线影的 H 面投影与墙面的聚积投影重合，只要确定出直线端点的影的投影，直线影的投影也就可求。侧垂线在铅垂墙面上落影的 H 面和 V 面投影为对称图形，根据对称性就可以确定影的 V 面投影。

作法如下。

（1）作出影的 W 面投影。经过直线的聚积投影作 45°斜线，倾斜方向是从右上到左下，与墙体的 W 面投影相交的线段就是侧垂线 EF 在墙面上的影的 W 面投影。

（2）作出影的 H 面投影。根据分析影的 H 面投影与墙面的 H 面投影重合，所以只要确定出直线两个端点的影的投影就可以了，分别经过点 e 和点 f 作 45°斜线，与墙面的聚积投影的交点就是点 E 和点 F 影的 H 面投影，在两点之间的墙面聚积投影就是直线的影的 H 面投影。

（3）作出影的 V 面投影。同样先作出端点的影的 V 面投影，利用对称性作出侧垂线 EF 影的 V 面投影，如图 8-16 所示。

（三）一般位置直线的影

当一般位置直线的影全部落在一个承影面上的时候，只要求出直线两个端点的影并连接就可以得到直线的影，如图 8-17（a）所示。当直线的影分别位于两个承影面上的时候，两个投影面上的影的交点必在承影面的交线上，这一交点称为折影点。所以关键问题是求取折影点的投影，具体方法如图 8-17（b）所示，在直线 AB 上任选一点 C，分别确定出这三个点的影的投影，连接在同一承影面上的影并延长，与承影面交线 P_H 的交点即为折影点。也可以如图 8-17（c）所示，利用直线 AB 与某一承影面的交点 N 求作折影点，从而求出直线的影。

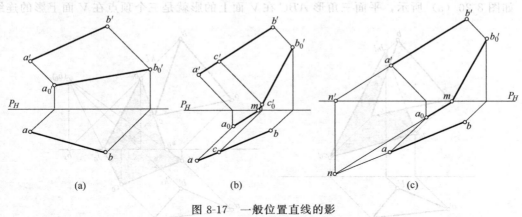

图 8-17 一般位置直线的影

三、平面的影

（一）平面图形影的特征

规律一：平面图形的影的影线就是平面图形边线的影。

规律二：平面图形在所平行的承影面上的影，形状、大小、方向与原形完全相同，所以它们的同名投影也相同。

规律三：平面图形平行于光线时，平面的两个侧面均为阴面，在承影面的影为一条直线。

如图 8-18 所示，三角形 ABC 平行于铅垂面 P，所以在平面 P 上的影与图形本身等大，影在 V 面中的投影与其同名投影也一定等大。图 8-19 中铅垂面 $ABCD$ 与光线平行时影的投影特征，此时光线只能照射到向着光线的边线上，而平面的两侧无法被照射到而成阴面。又

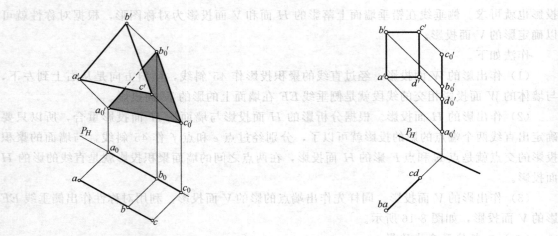

图 8-18 平面平行于承影面时的影　　　　图 8-19 平面平行于光线时的影

由于经过矩形 $ABCD$ 上各点的光线构成一个光线平面 Q，与矩形所在平面重合，光线平面与承影面必相交于一条铅垂线，即为平面的影，影的 V 面投影与影平行且等长，H 面投影聚积成一点。

（二）平面多边形的影

根据规律一，平面图形的影是由平面图形的各边的影所围合而成。平面图形为多边形时，只要分别求出各顶点的影，将在同一承影面上的落影连接起来就可以得到平面图形的影。如图 8-20（a）所示，平面三角形 ABC 在 V 面上的影就是三个顶点在 V 面上影的连线。

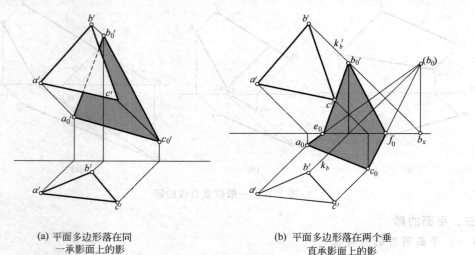

(a) 平面多边形落在同　　　　　　(b) 平面多边形落在两个垂
　　一承影面上的影　　　　　　　　　直承影面上的影

图 8-20 平面多边形的影

如果平面图形的影不是落在同一个承影面上的时候，可以先假定影全部落到某一承影面上，求出各边的折影点，即可得到所求的影。也可以借助假影作图，如图 8-20（b）所示点 B 在 H 面中不可能产生影，现将 k'_b 延长，与投影轴交于点 b_x，经过 b_x 向上作铅垂线，与 k_b 的延长线的交点即为点 B 在 H 面上的假影，记为 (b_0)。确定出假影后，连接 a_0 (b_0) 和 c_0 (b_0)，其中 a_0 (b_0) 和 c_0 (b_0) 与投影轴的交点 e_0、f_0 就是折影点，连接位于同一承影面中的影，即可确定三角形的影。

📖 **小提示** 点（b_0）位于扩大的 H 面中，与 a_0、c_0 共面。当几何形体的影不在同一承影面上的时候都可以借助假影求取折影点，从而求出几何形体的影。

在实际工作中，总会遇到一系列特殊的平面，如：投影面平行面或者投影面垂直面等。根据前面所介绍的三个规律以及点、直线的影的求作方法，很容易就可以得到它们的影，如图 8-21 所示就是三种投影面平行面在 V 面（墙面）上的影的投影。如果影落在不同的承影面上，则需要按照图 8-20（b）中的方法求取在不同承影面上影的投影。

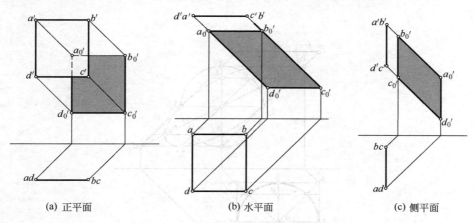

(a) 正平面　　　　　　　　(b) 水平面　　　　　　　　(c) 侧平面

图 8-21　投影面平行面在 V 面（墙面）上的影

（三）平面曲线的影

1. 平面曲线的影

曲线的影仍然遵循平面图形影的一般规律。如果平面图形由平面曲线构成，则需要求出曲线上一系列点的影，然后用光滑曲线连接，即得到所求的影。

2. 圆的影

对于圆周也可以采用一般曲线影的求作方法，即利用交点法或者量度法分别求出圆周上各点的影，然后将它们用圆滑曲线连接起来。除此之外，还可以利用圆的几何特性绘制它的影。下面重点介绍特殊位置的圆周影的求作方法。

当圆所在的平面平行于投影面时，圆在该投影面上的影与圆本身相同。如图 8-22 所示，对于水平圆周可直接根据圆心至承影面的距离作出圆心的影，根据圆的半径作出圆的影，图

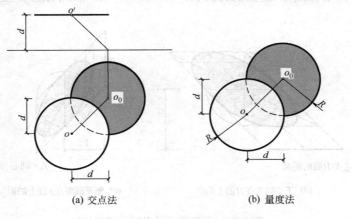

(a) 交点法　　　　　　　　(b) 量度法

图 8-22　水平圆周的影

8-22（b）是单面作图方法。

当圆不平行于投影面时，一般情况下圆的影为一椭圆。椭圆的中心就是圆心的影，圆上任意一对互相垂直的直径的影为椭圆的一对共轭直径。图 8-23（a）中是利用八点法绘制水平圆周在 V 面中影的投影，具体方法如下。

（1）在 H 面中作出圆周的外切正方形 $abcd$。然后再在 V 面中作出外切正方形的影 $a_0'b_0'c_0'd_0'$，对角线的交点就是椭圆的中心 o_0'，o_0' 到 o' 的水平、铅垂距离等于圆周圆心到 V 面的距离。

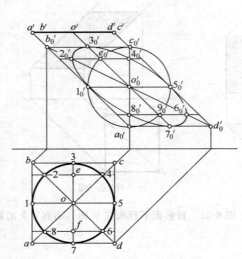

(a) 交点法求水平圆周在 V 面上的影

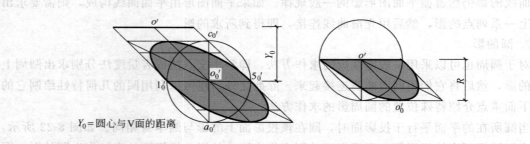

(b) 水平圆周在 V 面上的影的单面作图　　　(c) 水平半圆在 V 面上的影

Y_0＝圆心与 V 面的距离

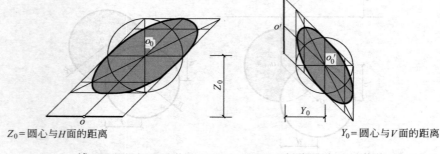

Z_0＝圆心与 H 面的距离　　　　　　　Y_0＝圆心与 V 面的距离

(d) 正平圆周在 H 面上的影　　　(e) 侧平圆周在 V 面上的影

图 8-23　不平行于承影面的圆周的影

（2）以 o'_0 为圆心，以 $o'_0c'_0$ 为半径作弧，与 $o'_03'_0$ 交于点 e'_0，经过点 e'_0 作平行于 $b'_0c'_0$ 直线，与对角线交于点 $2'_0$ 和点 $4'_0$，同法得到点 $6'_0$ 和点 $8'_0$，即得圆周与外切正方形对角线交点的影的投影。

（3）将圆周上八个分点 $1'_0$、$2'_0$、$3'_0$、…用圆滑曲线连接起来，得到水平圆周在 V 面上的影的投影。

由上述作图过程可以看出，正方形一条对角线 AC 的影的 V 面投影 $a'_0c'_0$ 为一铅垂线，长度等于圆的直径，而 $1'_05'_0$ 为圆的平行于 V 平面的直径的影，也与直径等长。根据这一规律我们可以在 V 面中直接得到水平圆周的影，方法如图 8-23（b）所示：利用量度法先作出圆心的影 o'_0，然后以 o'_0 为圆心作一个与已知圆周同样大小的圆，其水平直径即为 $1'_05'_0$，铅垂直径则为外切正方形的影的短对角线 $a'_0c'_0$。由点 $1'_0$ 和 $5'_0$ 作 45°线，过点 a'_0 和 c'_0 作水平线，就可得出外切正方形影的投影。然后按照步骤（2）中的方法求作出圆周八个分点的影，用圆滑曲线连接即得到圆周影的投影。

图 8-23 中其它几个图分别对应的水平半圆在 V 面（墙面）上的影，正平圆周在 H 面（地面）上的影，以及侧平圆周在 V 面（墙面）上的影，其绘制方法与前面介绍的方法相同，都可以利用单面作图直接得到圆周的影。

第三节 平面立体的阴影

一、基本形体的影

（一）利用棱线的影求取立体的影

平面立体是由若干棱面组成，所以对于某一立体的影就是棱面影的集合，也就是棱线影所围合成的图形，如图 8-24 所示，四棱柱在 V 面上的影就是由四棱柱棱线的影组成的，其中影子最外边的几条线（$D_0C_0 - C_0B_0 - B_0F_0 - F_0E_0 - E_0H_0 - H_0D_0$）构成了立体影的轮廓线，即立体的影线。

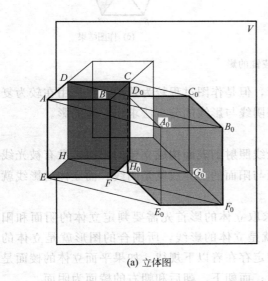
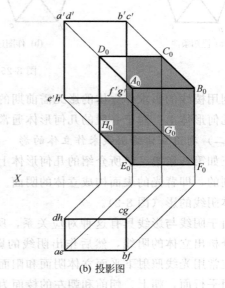

(a) 立体图　　　　　　　　　　　(b) 投影图

图 8-24　四棱柱在 V 面（墙面）上的影

【例 8-4】 已知五棱锥的两面投影，请绘制常用光线照射下，五棱锥在 H 面（地面）上形成的影的投影。

分析：五棱锥由五个侧面和一个底面组成，其中底面平行于 H 面，影与图形本身等大。五个侧面由一个锥顶和 5 个顶点构成，所以只要求出这 6 个点的影，侧棱和侧面的影就可求。

作法如下。

（1）作出底面五边形的影，底面与 H 面平行，在 H 面中的影与图形等大，所以确定一个顶点的影的投影之后，就可以得到五边形的影的 H 面投影。

（2）作出侧面的影。作出锥顶 S 的影的 H 面投影，分别与底面 5 个顶点的影的 H 面投影连接就得到 5 条侧棱的影的 H 面投影。

（3）整理图线，得到五棱锥的影，外部轮廓 a_0e_0-e_0s_0-s_0c_0-c_0b_0-b_0a_0 就是五棱锥的影线的投影。

（4）利用返回光线推出立体的阴线——ABCSEA，除了底面，侧面 SCD 和 SDE 是阴面，在投影图中用阴影线表示出阴面，如图 8-25（c）所示。

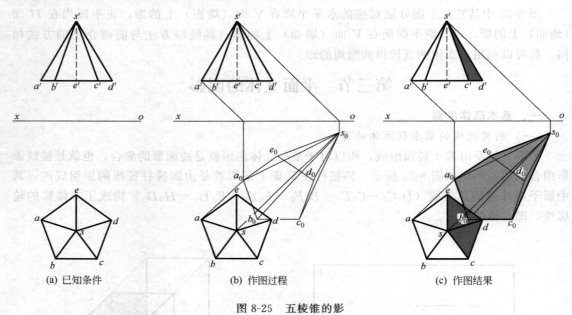

(a) 已知条件　　(b) 作图过程　　(c) 作图结果

图 8-25　五棱锥的影

利用棱线的影求作立体的影无需前期的分析，但是作图过程较为繁琐，往往用在较为复杂的几何形体上。对于一般的几何形体通常采用阴线与影线的分析法求作立体的影。

（二）利用立体的阴线求作立体的影

正如第八章第一节所介绍的几何形体上被光线照射到表面构成立体的阳面，没有被光线照射到的，即背光的表面构成立体的阴面。阴面与阳面的交界线就是阴线，而立体的影线就是立体阴线的影（图 8-2）。

由于阴线与影线具有这种对应关系，所以求取立体的影首先需要判定立体的阴面和阳面，分析出立体的阴线，然后作出阴线的影，就是立体的影线，所围合的图形就是立体的影。在常用光线照射下平面立体阴面和阳面的判定存在着以下规律：如果平面立体的棱面是投影面平行面，朝上、朝前和朝左的棱面为阳面；而朝下、朝后和朝右的棱面为阴面。

如图 8-24 中的四棱柱，棱面 ABCD、ABFE 和 ADHE 分别朝上、朝前和朝左，是阳面，而其它三个棱面分别对应朝下、朝后和朝右，是阴面。

如果平面立体的棱面为投影面垂直面时，可根据棱面的聚积投影进行判定，凡被光线的同名投影"射到"的聚积投影对应棱面为阳面，反之为阴面。

根据第二个规律就可以在投影图中利用作图法求取形体的阴线。首先作出与投影面的投影相切的常用光线的投影，然后分别找到"切点"位置的线段，这些线段组成的封闭的曲线就是所求的阴线。

如图 8-26 所示，作常用光线的三面投影，并与四棱柱的三面投影相切，四棱柱的 V 面投影与常用光线 V 面投影相切于 b'（c'）和 e'（h'），正垂线 BC 和 EH 就是四棱柱的两段阴线。同理得其它两面投影所对应的阴线，即铅垂线 DH 和 BF 以及侧垂线 DC 和 EF。则四棱柱的阴线就是 BC-CD-DH-HE-EF-FB。

📖**小提示** 当平面立体的棱面与光线平行时也为阴面，在投影图中平面影的聚积投影与常用光线的同名投影平行。

【**例 8-5**】 已知四棱柱的两面投影，请根据投影图判断棱柱的阴面和阳面，并绘制出在投影面中的影。

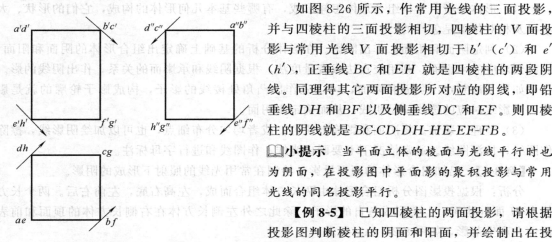

图 8-26 四棱柱阴线的确定

分析：根据棱面的朝向或者聚积投影与常用光线投影的关系就可以确定四棱柱的阴面和阳面。

作法如下。

（1）阴面：棱面 EFGH、CDHG 和 BCGF；阳面：ABCD、ADHE 和 ABFE。其中底面 EFGH 在 H 面（地面）上，影子与其本身重合，所以实际上四棱柱的阴线就是 FB-BC-CD-DH。

（2）作出阴线上各点的影，连接成线得到四棱柱的影，如图 8-27（b）所示。

根据点、线影的规律，结合投影图可以看出，四棱柱点 b 与 b_0、点 c 与 c_0、点 d 与 d_0

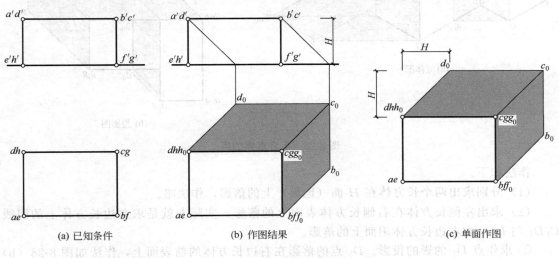

(a) 已知条件 (b) 作图结果 (c) 单面作图

图 8-27 四棱柱的影

的水平、铅垂距离等于四棱柱的高（H），根据这一点可以单面作图，如图 8-27（c）所示。

二、组合形体的影

求取组合形体的影同样需要确定阳面、阴面和阴线，然后求阴线的影。需要注意在组合形体中某一表面在产生影子的同时也有可能担当其它部分的承影面。

绘制组合形体的影的步骤如下。

（1）形体分析。分析组合形体怎样形成，有哪些基本几何形体的构成，它们的形状、大小以及相对位置是怎样的。

（2）判定阴面和阳面，作出阴影。在形体分析的基础上确定出组合形体的阴面和阳面，并找到对应的承影面。利用交点法或者量度法，根据阴线和承影面的关系，作出阴线的影。如果无法判定出阴面和阳面，可以先作出凸角处棱线的影子，构成影子轮廓的就是影线，而影线对应的棱线就是阴线，从而确定出阴面。

（3）整理、装饰。将阴面和影涂上淡色，或者均匀分布细点，也可以加绘阴影线，擦除作图线，加深图线。通常情况下不要画出光线、作图线和进行字母标注。

【例 8-6】 已知组合形体的两面投影，绘制在常用光线的照射下形成的阴影。

分析：根据投影图分析组合形体由两长方体组合而成，左高右低，左前右后。两个长方体在 H 面（地面）上会形成各自的影子，除此之外左侧长方体在右侧长方体的顶面和前表面也会产生落影，如图 8-28（a）所示。

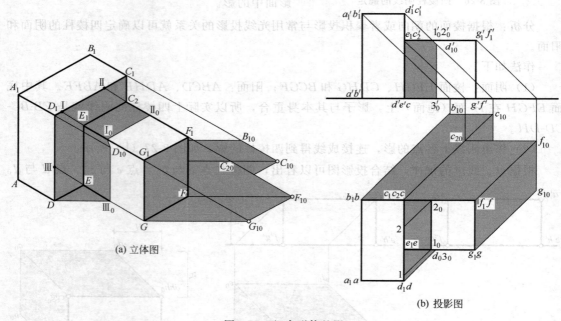

图 8-28 组合形体的影

作法如下。

（1）分别求出两个长方体在 H 面（地面）上的落影，作法略。

（2）求出左侧长方体在右侧长方体表面上的落影。实际上就是求左边长方体上的阴线 C_1D_1 与 DD_1 在右边长方体阳面上的落影。

① 求作点 D_1 的影的投影。D_1 点的落影在右边长方体的前表面上，作法如图 8-28（b）所示。

② 求作正垂线 C_1D_1 的影的投影。正垂线 C_1D_1 分别在右侧长方体前表面上和顶面上投下影子，经过点 d'_1 作 45°斜线，如图 8-28（b）所示 $1'_0d'_{10}$ 就是这段影的 V 面投影；H 面投影与前表面聚积投影重合，即 l_0d_0。在顶面上的影的 V 面投影聚积成一点，即 $1'_02'_0$，H 面投影平行于 c_1d_1，图 8-28（b）中 1_02_0 即为落在顶面上的影的 H 面投影，根据返回光线可以看出实际上顶面的影是由直线 C_1D_1 上的线段Ⅰ、Ⅱ形成的，而前表面上的影是由 D_1Ⅰ形成的。

③ 求作铅垂线 DD_1 的影的投影。铅垂线 DD_1 的影分别投在地面上和右侧长方体的前表面上，在前表面上的影的 V 面投影平行于 $d'd'_1$，经过点 d'_{10} 的铅垂线 $d'_{10}3'_0$ 就是所求的影的 V 面投影，H 面投影聚积成一点。

（3）整理检查，将阴影涂上淡色。

由上面的例题我们可以得到以下规律。

规律一：组合形体的阴面和阳面相交于凸角时，交线必为阴线；如果交于凹角，除非平行于光线，否则不是阴线。

规律二：组合形体相交于凹角时，阴面上的棱线会在阳面上产生影子；反过来，组合形体上相交于凹角的两个棱面，如果某一棱面的一条棱线在另一棱面上产生影子，则第一个棱面是阴面，棱线是阴线，第二个棱面是阳面。

如图 8-28 所示，棱面 AA_1D_1D（阳面）和 D_1DCC_1（阴面）相交与凸角，则交线 DD_1 一定是阴线，而棱面 D_1DCC_1（阴面）与 E_1EGG_1 相交于凹角，则交线 EE_1 不是阴线。阴面 D_1DCC_1 上的阴线 DD_1 一定会在阳面 E_1EGG_1 上落下影子。掌握了这一规律就可以准确地判定阴面和阳面，确定出阴线，从而作出立体的影。

三、组合形体阴影实例

在实际工作中经常会遇到一系列由组合形体构成的园林小品或者建筑构件，下面选择具有代表性的几种类型介绍阴影的绘制方法。

（一）门洞、窗洞的影

门洞、窗洞属于同一类型，通常门洞上还有雨篷，窗洞下还有窗台。

【例 8-7】 根据两面投影绘制门洞及雨篷在墙面上的影的投影。

分析：由立体图可以看出，雨篷的影落在墙体和门扇两个相互平行的承影面上，阴线 $ABCDEFA$ 中，AF、CD 和是正垂线，AB 是侧垂线，BC 是铅垂线，可以根据特殊直线影的求作方法作出影。除了雨篷的落影，还有门洞边框在门扇上的落影，其中有一部分正好落在雨篷的影内。

作法如下。

（1）作出雨篷的影。正垂线 AF、CD 在 V 面中的影成 45°角，经过点 a 和点 c 作 45°线（光线的 H 面投影），与承影面的聚积投影的交点即为影点的 H 面投影，经过交点向上作铅垂线，与过点 a' 和点 c' 的 45°线（常用光线的 V 面投影）相交，即可得到点 A 和点 C 的影的 V 面投影 a'_0 和 c'_0，可以看出点 A 的影落在门扇上，点 C 的影落在墙体上；侧垂线 AB 在 V 面及其平行面上的影平行于直线的同名投影，由于直线端点 A、B 的影落在不同的承影面上，所以直线的影应该分为两段，确定端点 A、B 的影的 V 面投影之后，经过两个影点作水平线，即可确定出两段影线。

📖 **小提示**　两段影线的 V 面投影的垂直距离等于门洞的厚度——两个平行承影面之间的距离，并且影线的 V 面投影与 H 面投影为对称图形，如图 8-29（b）所示。

（2）作出门洞的影。因为顶部侧垂线的影正好落在雨篷阴影的范围内，无需绘制，只要

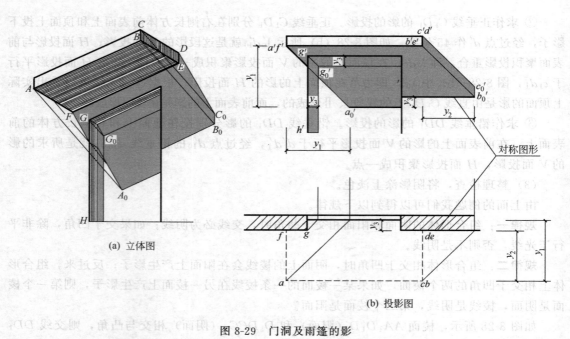

(a) 立体图　　(b) 投影图

图 8-29　门洞及雨篷的影

作出门洞左侧阴线——铅垂线 GH 的影即可，如图 8-29（b）所示。

(3) 整理，检查，填充颜色，加深图线，完成作图。

本题还可以利用量度法进行单面作图，在图 8-29（b）中标注出对应的尺度关系，具体方法略。

【例 8-8】　如图 8-30 所示，已知窗洞及窗台的两面投影，绘制其阴影。

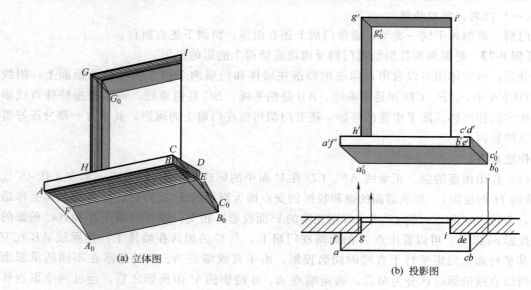

(a) 立体图　　(b) 投影图

图 8-30　窗洞及窗台的影

作法如下。

(1) 绘制窗台的影。窗台的阴线 $ABCDEFA$ 中，AF、CD 和是正垂线，AB 是侧垂线，BC 是铅垂线，影的作法参见［例 8-7］。窗台的承影面只有墙体，所以侧垂线 AB 的影的 V

188

面投影在同一条直线上。

(2) 绘制窗洞的影。需要绘制出窗洞左侧棱线 GH 和顶部棱线 GI 在窗户上的影,棱线 GH 和 GI 分别是铅垂线和侧垂线,它们在 V 面中的影与其同名投影平行,所以只要求出交点点 G 的影的 V 面投影 g_0',即可得到两条棱线的影,具体方法参见图 8-30(b)。

(3) 整理,检查,填充颜色,加深图线,完成窗洞及窗台的影的绘制。

同样的窗洞的影也可以采用量度法绘制。

【例 8-9】 根据六边形景窗的两面投影绘制其阴影,见图 8-31。

分析:通过投影图的分析,可以看出窗框的左上侧面、左下侧面和顶面是阴面,阴线是窗框内框线 $BCDE$,承影面是窗扇及窗框其它内侧面;此外,窗框右侧外表面将在墙面上产生落影。由于窗框的轮廓线与主要承影面——窗扇和墙面相互平行,所以在 V 面中,落影与直线的同名投影平行,因此只要确定出主要点,如点 A 和点 C 的影,作窗框轮廓线的平行线就可以得到落影。需要注意的是窗框的顶面和左下侧面不仅在窗扇上产生落影,同时分别在右上侧面和底面上也会产生影,这一部分落影是本题求解的关键。

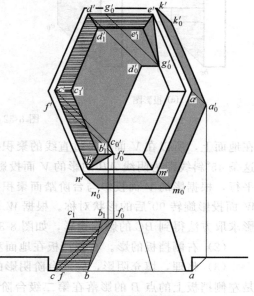

图 8-31 六边形漏窗的影

作法如下:

(1) 作出主要影线。求出点 A、点 C 在墙面、窗扇面上的落影的 V 面投影 a_0' 和 c_0',然后分别过这两点作窗框外侧面阴线 $k'a'm'n'$ 和窗框内侧面阴线 $b'c'd'e'$ 的平行线,即可求得主要的影线的 V 面投影。

(2) 作出窗框左下侧面在底面上的影。过点 c_0' 作 $b'c'$ 的平行线,与窗框内侧面和窗扇的交线相交,交点为 f_0'。从点 f_0' 回推出点 f,可以看出 FC 只是 BC 的一部分,所以 BC 的落影还有一段落在窗框内侧底面上。点 B 位于窗框内侧底面(承影面)上,所以影与本身重合,连接 $b'f_0'$,即得落影的 V 面投影。根据点的投影特性作出落影的 H 面投影。

(3) 同理作出 DE 在窗框内侧右上侧面的落影 $e'g_0'$,由于 H 面投影是窗口的剖面图,所以 EG 的落影不用绘制。

(4) 整理、检查,填充阴影,完成整个窗框落影的绘制。

(二) 台阶

台阶是园林设计或者建筑设计常见的构件,一级级台阶构成一个错落有致的表面,其它构件在其上会形成一系列有规律的落影。

【例 8-10】 如图 8-32 所示,根据台阶的两面投影绘制挡板的阴影。

分析:通过立体图的分析,可以看出台阶左侧挡板的阴面在墙面上、地面上、台阶踏面和踢面上形成落影,右侧挡板在墙面上、地面上产生落影。阴线 AB 和 DE 是正垂线,BC 和 EF 是铅垂线。

作法如下:

(1) 左侧挡板的影。左侧挡板的阴线 AB 是正垂线,从 W 面投影可以看出点 B 的影落

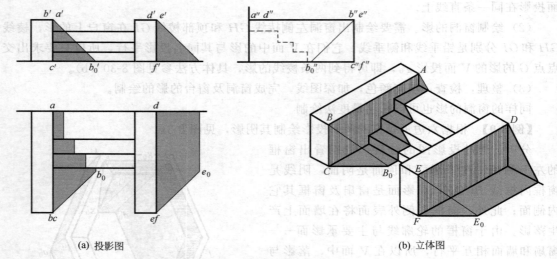

(a) 投影图　　　　　　　　　　　　　(b) 立体图

图 8-32　台阶的影（一）

在地面上，所以在 V 面中经过直线的聚积投影作 45°直线，与地面的聚积投影相交于点 b_0'，这条 45°斜线即为阴线 AB 的影的 V 面投影。H 面中阴线 AB 的影的投影与直线的同名投影平行，根据影的 V 面投影与台阶踏面聚积投影的交点确定各段影线的 H 面投影，其形状与 W 面投影旋转 90°后的形状对称。根据 W 面投影，铅垂线 BC 在地面上投下影，根据铅垂线影求取方法得到 BC 的影的投影，如图 8-32（a）所示。

（2）右侧挡板的影。右侧挡板在地面和墙面上产生落影，绘制方法见图 8-32（a）。

（3）整理，填充阴影，完成台阶阴影的绘制。图 8-33 同图 8-32 所绘制的台阶相似，只是左侧挡板上的点 B 的影落在第二级台阶的踢面上，所以落影的形式略有不同，但是求作的方法相同，这里就不再论述了。

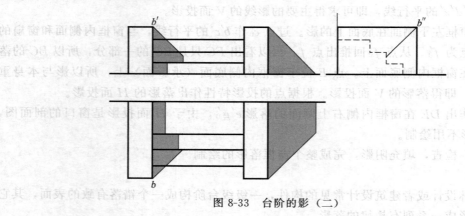

图 8-33　台阶的影（二）

（三）建筑小品

1. 房屋

【例 8-11】 根据平顶房屋的两面投影绘制房屋的阴影。

分析：平顶房屋由两个部分构成——屋顶和墙体，墙体在地面上和紧邻的墙体上投下阴影，其阴影的作法在前面已经介绍过了；另一部分屋顶，不仅在地面上产生落影，同时在墙体上也将投下阴影，屋顶的阴线是 ABCDEF 和 GHIJA，本题解题的关键仍然是求取阴线的影。

> 📖 **小提示** 由于 FG 位于凹角，所以不是阴线。

作法如下：
(1) 作出房屋墙体在地面和墙面上的落影的投影，作法略。
(2) 作屋顶的阴影。

① 在 V 面中。因为屋檐出檐相等，阴线 BC 在正墙上没有落影，点 C 的影正好落在墙角上，经过点 c' 作 45°线，与左侧墙体聚积投影的交点就是点 C 的影 c'_0，经过点 c'_0 作水平线得到阴线 CD 在正墙上的落影的 V 面投影。同理作出阴线 GH 的落影的 V 面投影。

> 📖 **小提示** 如图 8-34（b）所示，经过点 h' 作反向的 45°线与右侧墙面聚积投影交于点 n'_0（GH 线上一点 N 的落影的 V 面投影），经过点 n'_0 作水平线即 GH 的影的 V 面投影。

阴线 EF 为正垂线，在墙面上的影的 V 面投影是一条经过聚积投影的 45°斜线，根据点的影的求作方法，确定点 E 在墙面上落影的 V 面投影 e'_0。阴线 DE 为铅垂线，在墙面上的影仍然是铅垂线，所以经过点 e'_0 作铅垂线 $d'_0 e'_0 = DE$，$d'_0 e'_0$ 就是铅垂线 DE 的影的 V 面投影，经过点 d'_0 作水平线，得阴线 CD 在这一墙面上的影的 V 面投影。

② 在 H 面（地面）中。阴线 AB 和 HI 是铅垂线，在地面的影的 H 面投影 $a_0 b_0$ 和 $h_0 i_0$ 是 45°斜线，阴线 AJ 和 JI 是水平线，影的 H 面投影 $a_0 j_0$、$j_0 i_0$ 与其同名投影平行且等长。根据这些规律可以绘制出屋面在 H 面（地面）上的落影。

(3) 整理，填充阴影，完成阴影绘制，如图 8-34（b）所示。

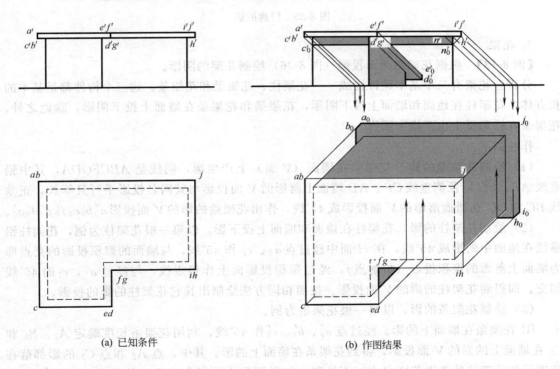

(a) 已知条件　　　　　　　(b) 作图结果

图 8-34 平顶房屋的影

2. 门廊

【例 8-12】 如图 8-35 所示，已知门廊的三面投影，绘制门廊的影的投影。

作法如下：

由立体图可以看出，门廊在地面上投下影子，阴线是 ABCDEFGHIJK。铅垂线 AB、

DE、GH、LI 和 JK 在地面上的影的 H 面投影是 45°斜线，正垂线 AL 和 EF 以及侧垂线 LK 的影的 H 面投影与其同名投影平行且等长。分别作出阴线的影的投影，整理后得到门廊的影的投影，如图 8-35（a）所示。图 8-35（b）是连续门廊的影的绘制。

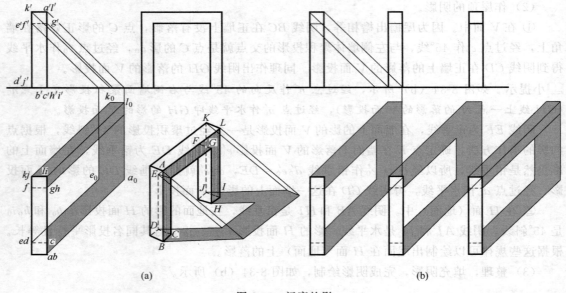

图 8-35　门廊的影

3. 花架

【例 8-13】 根据花架的两面投影（图 8-36）绘制花架的阴影。

分析：花架有三个基本构件构成——花架柱、花架梁和花架条。这三个构件都是基本的长方体，花架柱在地面和墙面上投下阴影，花架梁和花架条在墙面上投下阴影，除此之外，花架条在柱和梁上也要投下阴影。

作法如下。

（1）绘制花架梁的影。花架梁在墙面（V 面）上产生影，阴线是 $ABCFGDA$，其中铅垂线 AB、FG 以及侧垂线 CF、AD 墙面上落影的 V 面投影与其同名投影平行且等长，正垂线 BC 和 DG 在墙面落影的 V 面投影成 45°线，作出花架梁的影的 V 面投影 $a_0'b_0'c_0'f_0'g_0'd_0'a_0'$。

（2）绘制花架柱的影。花架柱在地面和墙面上投下影，以第一根花架柱为例，花架柱铅垂线在地面中的影成 45°线，在 H 面中经过点 a_1、c_1 作 45°线，与墙面的聚积投影的交点即为墙面上落影的聚积投影（折射点），经过聚积投影向上作铅垂线，与经过 a_1'、c_1' 的 45°线相交，即得到花架柱的影的 V 面投影。按照相同方法绘制出其它花架柱的影的投影。

（3）绘制花架条的影，以第一根花架条为例。

① 花架条在墙面上的影。经过点 a_2'、b_2'、c_2' 作 45°线，利用花架条长度确定 A_2、B_2 和 C_2 在墙面上的影的 V 面投影，得到花架条在墙面上的影。其中，点 A_2 和点 C_2 的影都落在花架梁和花架柱的落影范围之内，不绘制。如果再深入分析会发现，其实点 A_2 和点 C_2 的影并没有落在墙面上，而是在花架柱和花架梁上。

② 绘制花架条在花架柱和花架梁上的影。在 H 面中经过点 a_2 作 45°线，与花架柱前表面的聚积投影交于点 a_{20}，经过点 a_{20} 向上作铅垂线，与经过点 a_2' 的 45°线的交点即为点 A_2 在柱面上的影 a_{20}'，45°斜线 $a_2'a_{20}'$ 是经过点 A_2 的正垂线在花架梁和花架柱前表面上的落影的

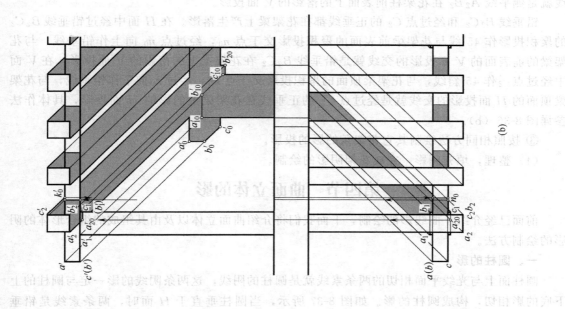
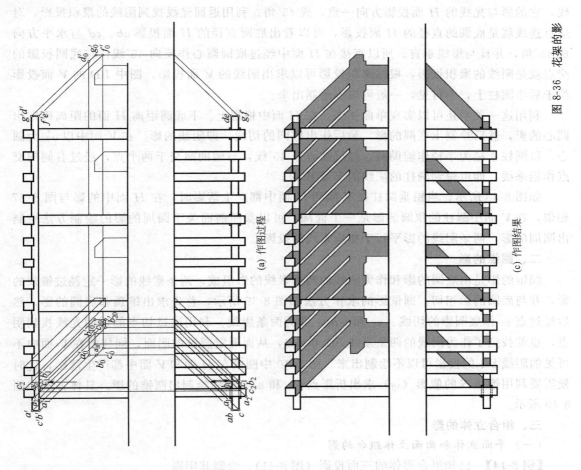

图 8-36 花架的影

193

V 面投影，经过 a'_{20} 作水平线，与花架柱右侧棱线的 V 面投影相交，交点与 a'_{20} 之间的水平线就是侧平线 A_2B_2 在花架柱前表面上的落影的 V 面投影。

铅垂线 B_2C_2 和经过点 C_2 的正垂线都在花架梁上产生落影。在 H 面中经过铅垂线 B_2C_2 的聚积投影作 45°线与花架梁前表面的聚积投影交于点 n_0，经过点 n_0 向上作铅垂线，与花架梁的前表面的 V 面投影的交线就是铅垂线 B_2C_2 在花架梁上的落影的 V 面投影。在 V 面中经过点 c'_2 作 45°斜线，与花架梁顶面的聚积投影交于点 k'_0，经过 k'_0 向下作铅垂线，与花架梁顶面的 H 面投影的交线就是经过点 C_2 的正垂线在花架梁上的影的 H 面投影，具体作法参详图 8-36（b）。

③ 按照相同方法绘制其它花架条的影的投影。

（4）整理，填充阴影，完成花架阴影的绘制。

第四节　曲面立体的影

前面已经介绍了曲线影的绘制，下面我们将介绍曲面立体以及由其组成的组合形体的阴影的绘制方法。

一、圆柱的影

圆柱面上与光线平面相切的两条素线就是圆柱的阴线，这两条阴线的影一定与圆柱的上下底的影相切，构成圆柱的影。如图 8-37 所示，当圆柱垂直于 H 面时，两条素线是铅垂线，它的影与光线的 H 面投影方向一致，成 45°角。利用返回光线找到阴线的聚积投影，对应点连线就是底圆的直径的 H 面投影，可以看出底圆直径的 H 面投影 ab、cd 与水平方向成 45°角，并且与影线垂直。所以直接在 H 面中经过底圆圆心作反向 45°线，与底圆投影的交点就是阴线的聚积投影，根据聚积投影可以求出阴线的 V 面投影，图中 BD 的 V 面投影位于后半圆柱上，不可见，一般可以不绘制出来。

利用这一关系还可以实现单面作图。在 H 面中根据上、下底圆距离 H 面的距离确定出圆心的影，然后绘制出底圆的影，最后作出底圆的切线，即阴线的影。在 V 面中以 o'_{20} 为圆心，以圆柱半径为半径作辅助圆，经过圆心作 45°线，与辅助圆交于两个点，经过右侧的交点作铅垂线，即可得到圆柱的阴线的 V 面投影。

如图 8-38 所示，当铅垂圆柱在 V 面和 H 面中都产生落影时，在 H 面中的影与图 8-37 相似，在 V 面中圆柱的顶圆的影是一个椭圆，可以参照前面关于圆周的影的绘制方法绘制出圆周的影，两条阴线的影平行于相应素线的投影。

二、圆锥的影

圆锥的影是由底圆的影和作为阴线的两条素线的影组成，两条素线的影一定经过锥顶的影，并与底圆的影相切。圆锥影的求作方法如图 8-39 所示，首先求出锥顶和底圆的影，然后经过点 s_0 作底圆影的切线 s_0a_0 和 s_0b_0，即为两条影线。利用通过切点的返回光线找到阴点，也就找到了作为阴线的两条素线 SA 和 AB，从而确定圆锥的阴面，同样的在 V 面中不可见的阴线 SB 的投影可以不绘制出来。图 8-40 中圆锥在 H 面和 V 面中都产生落影，这时候需要利用锥顶 S 的假影（s_0）求出折影点 m_0 和 n_0，然后绘制出圆锥的影，具体方法如图 8-40 所示。

三、组合立体的影

（一）平面立体和曲面立体组合的影

【例 8-14】 已知组合形体的三面投影（图 8-41），绘制其阴影。

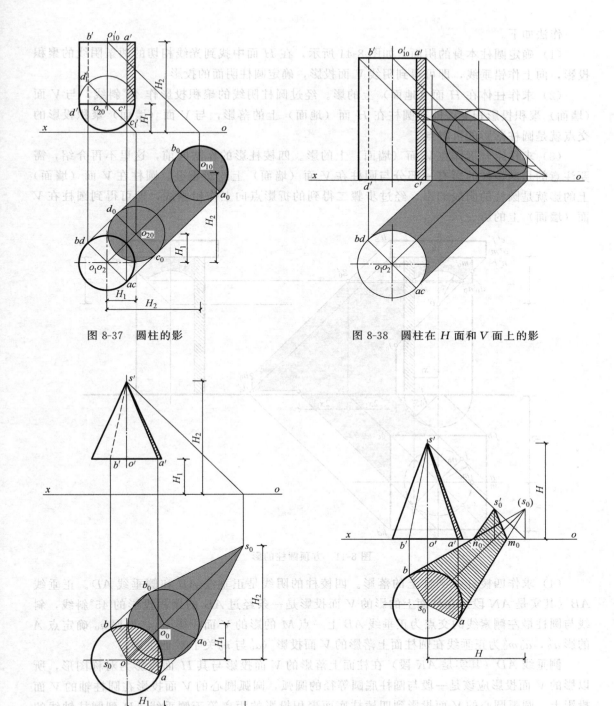

图 8-37 圆柱的影　　　　图 8-38 圆柱在 H 面和 V 面上的影

图 8-39 圆锥的影　　　　图 8-40 圆锥在 H 面和 V 面上的影

分析：根据投影图可以看出组合形体是由一个四棱柱和一个圆柱叠加而成，四棱柱和圆柱将在 V 面（墙面）和 H 面（地面）上投下阴影，同时位于顶部的四棱柱还将在圆柱表面产生阴影。此外，在光线照射下圆柱本身还会产生阴面，也需要表现出来。

作法如下。

(1) 确定圆柱本身的阴面。如图 8-41 所示，在 H 面中找到光线相切的两条阴线的聚积投影，向上作铅垂线，即可得到阴线 V 面投影，确定圆柱阴面的投影。

(2) 求作柱体在 H 面（地面）上的影。经过圆柱阴线的聚积投影作 45°斜线，与 V 面（墙面）聚积投影相交，即得圆柱在 H 面（地面）上的落影，与 V 面（墙面）聚积投影的交点就是圆柱落影的折影点。

(3) 求作组合形体在 V 面（墙面）上的影。四棱柱影的作法同前，这里不再介绍，需要注意的是四棱柱的影有一部分与圆柱在 V 面（墙面）上的影重叠。圆柱在 V 面（墙面）上的影就是圆柱的阴线的影，经过步骤二得到的折影点向上作铅垂线，即可得到圆柱在 V 面（墙面）上的影。

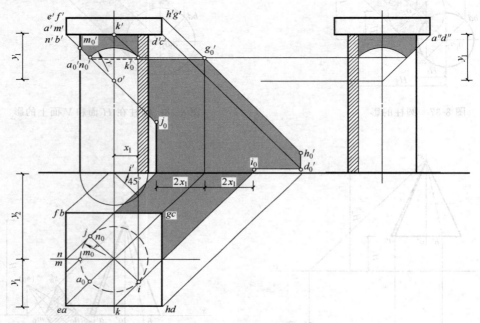

图 8-41 方顶圆柱的影

(4) 求作四棱柱在圆柱上的落影。四棱柱的阴线是正垂线 AB 和侧垂线 AD。正垂线 AB（其实是 AN 段）在柱面上的影的 V 面投影是一条经过 AB 的聚积投影的 45°斜线，斜线与圆柱最左侧素线的交点为正垂线 AB 上一点 M 的影的 V 面投影 m_0'，根据 a_0 确定点 A 的影 a_0'，$a_0'm_0'$ 为正垂线在圆柱面上落影的 V 面投影（a_0' 与 n_0' 关于 V 面重影）。

侧垂线 AD（其实是 AK 段）在柱面上落影的 V 面投影与其 H 面投影为对称图形，所以影的 V 面投影应该是一段与圆柱底圆等径的圆弧，圆弧圆心的 V 面投影在圆柱轴的 V 面投影上，圆弧圆心的 V 面投影到四棱柱底面聚积投影的距离等于侧垂线 AD 到圆柱轴线的距离。确定出点 o' 后，以该点为圆心，以 r（圆柱的半径）为半径作弧，$\overset{\frown}{a_0'k_0'}$ 就是侧垂线在柱面上落影的 V 面投影。

(5) 整理，填充阴影，完成组合形体阴影的绘制。

根据图中的尺度关系还可以实现单面作图。

(二) 曲面立体组合的影

【例 8-15】已知组合形体的两面投影（图 8-42），请绘制组合形体的阴影。

分析：从投影图可以看出组合形体是由两个同轴的圆柱叠加而成，并镶入墙体中，仅保留前半部分。所以组合形体的影包括五个部分：顶盖在墙面上的影、柱体在墙面上的影、顶盖在柱体表面的影以及顶盖和柱体的阴面。顶盖在柱面上的落影可利用圆柱面的 H 面投影的积聚性直接求出，作图时先求出一些特殊的影点，再求出一些一般的影点，然后用圆滑曲线连接即可。具体的作图步骤如下：

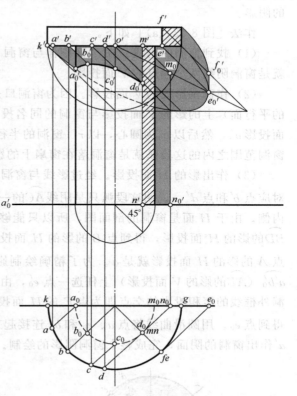

(1) 求顶盖和柱体的阴面。经过顶盖和柱体轴线的 H 面投影作反向 45°线，与顶盖和柱体聚积投影的交点就是阴线的聚积投影，如图 8-42 所示，素线 EF 和 MN 分别是两个圆柱的阴线，利用 H 面的聚积投影可以得到两条阴线的 V 面投影，从而得到阴面的投影，如图中填充阴影线的部分。

(2) 求作顶盖在墙面上的影。其实就是 $\overset{\frown}{KCE}$、$\overset{\frown}{FG}$ 以及素线 EF 在墙面上的落影，按照圆周的影的求取方法分别求出 $\overset{\frown}{KCE}$、$\overset{\frown}{FG}$ 的影，其切线就是素线 EF 在墙面上的影。

(3) 求作顶盖在柱面上的影。顶盖在柱面上落影的 H 面投影与柱面的 H 面投影重合。

图 8-42　带圆盖的圆柱的影

① 求取端点。如图 8-42 所示，经过柱面聚积投影与墙面的交点点 a_0 作返回光线，与顶盖 H 面投影的交点就是顶盖阴线左端点的 H 面投影 a；作出与柱面聚积投影相切的光线的 H 面投影，得到阴线的右端点 d 以及影子 d_0（与 m、n 重影）。利用光线的 V 面投影求得影线端点的 V 面投影 a'_0 和 d'_0。

📖 **小提示**　点 A_0 就是 $\overset{\frown}{KCE}$ 在墙面上的落影与柱面左侧素线的交点，D_0 应该位于柱面的阴线上。

② 求取中间点。如图 8-42 所示，在柱面的聚积投影上选定点 b_0 和点 c_0，利用返回光线找到阴线上对应的点 b 和点 c，利用光线的 V 面投影求出这两个点的影的 V 面投影 b'_0 和 c'_0。

📖 **小提示**　通过点 B 的光线正好经过圆柱的轴线，将一个完整的圆柱分为两半，在光线平面内点 B 与其落影距离最短，在 V 面中点 b' 与 b'_0 的垂直距离也就最短，所以点 b'_0 应该是影线的最高点；点 C_0、点 A_0 分别位于圆柱最前和最左素线上，关于经过点 B 的光线平面对称，所以点 C_0、点 A_0 的高度相同。根据上面的分析可以简化作图过程。

③ 用圆滑的曲线将点 a'_0、b'_0、c'_0 和 d'_0 连接起来，得到顶盖在下部圆柱上的影。

(4) 作出柱体在墙面上的影，同上例。整理、填充阴影，完成作图，结果如图 8-42 所示。

（三）圆形窗洞的影

【例 8-16】 如图 8-43（a）所示，圆窗洞（无窗套）的 V 面投影和剖面图，请绘制窗洞的阴影。

作法［图 8-43（a）］如下。

（1）找到窗洞的阴线。在 V 面中作与窗洞 V 面投影相切的光线的投影，切点 a' 和点 c' 就是窗洞阴线两个端点的 V 面投影。

（2）作窗洞影线的 V 面投影。因为窗洞口是平行于 V 面的圆周，所以它在窗扇（V 面的平行面）上的影的 V 面投影与窗洞的同名投影平行且等大。所以作出窗洞圆心的影的 V 面投影 o'_0，然后以 o'_0 为圆心，以 r（窗洞的半径）为半径作弧，与窗洞的 V 面投影相交，在窗洞范围之内的这段弧就是窗洞落在窗扇上的影的 V 面投影。

（3）作出影的 H 面投影。经过影线与窗洞 V 面投影的交点 b'_0 和点 d'_0 作返回光线，找到对应点 b' 和点 d'，说明这段弧只是阴线 $\overset{\frown}{AC}$ 的一部分——$\overset{\frown}{BD}$ 的影，而 $\overset{\frown}{AB}$ 和 $\overset{\frown}{CD}$ 的影落在窗框内侧。由于 H 面是窗洞的剖面图，所以只能够看到 $\overset{\frown}{AB}$ 的落影，$\overset{\frown}{CD}$ 的影是看不到的。根据 $\overset{\frown}{BD}$ 的影的 H 面投影，得到点 B 的影的 H 面投影 b_0，又因为点 A 的影与其本身重合，所以点 A 的影的 H 面投影就是 a。为了精确绘制影线，需要在 $\overset{\frown}{AB}$ 上再找一个中间点，所以在 $\overset{\frown}{a'b'_0}$（$\overset{\frown}{AB}$ 的影的 V 面投影）上任选一点 e'_0，由 e'_0 反推出点 e'，经过点 e' 向下作铅垂线与窗洞外框线的聚积投影的交点即为点 E 的 H 面投影 e，经过点 e 作 45°线，结合 V 面投影 e'_0，得到点 e_0。用圆滑曲线将点 a、e_0 和 b_0 连接起来，即得到 $\overset{\frown}{AB}$ 的影的 H 面投影。然后根据点 a' 作出窗洞的阴面，完成整个窗洞阴影的绘制。

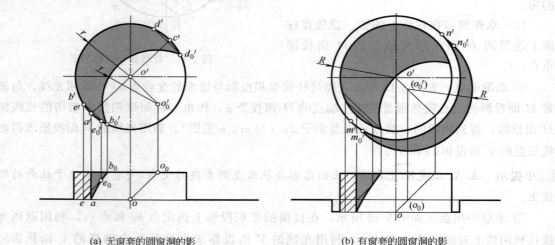

(a) 无窗套的圆窗洞的影　　　　　　　　(b) 有窗套的圆窗洞的影

图 8-43　圆窗洞的影

图 8-43（b）是一带圆柱形窗套的圆窗洞，窗框内框线阴影作法与图 8-43（a）相同。窗套在墙面上落影的作法如下：先求出圆心 O 在墙面上假影的 H 面投影（o_0）和 V 面投影（o'_0），在 V 投影中以（o'_0）为圆心，以 R（窗套外圆半径）为半径作圆弧，得到窗套的影线的 V 面投影。在 V 面中作出与窗套外框线相切的光线，切点点 m' 和点 n' 就是窗套的外框阴线的端点，过点 m'、n' 作 45°线与影线圆弧相切，$\overset{\frown}{m'_0 n'_0}$ 是窗套在墙面上的落影的 V 面投影，其中切线 $m'm'_0$ 和 $n'n'_0$ 就是窗套外框圆柱面上的阴线（垂直于 V 面）在墙面上落影的 V 面投影。

第五节 园林设计图阴影表现

园林设计图纸中，可以通过添加阴影来增强图面的表现效果，尤其是对于园林平面图，加绘落影后会有一种类似鸟瞰的效果，图面的艺术效果、观赏效果会明显增强。

对于建筑、景亭、花架、长廊等园林建筑小品的阴影表现在前面已经做了详细的介绍，这里就不再重复。除此之外，设计图纸中占有较大比重的就是树木，树木的落影与树冠的形状、光线的角度以及地面条件等有关，为了作图方便常采用落影圆的表现方式，有时也可以根据树形稍作变化，如图 8-44 所示。如果涉及到大面积的树丛，落影的绘制方法如图 8-45 所示：先选定光线的照射方向（可以采用常用光线，也可以根据需要加以调整），根据树木的高度确定落影圆的圆心，绘制与树木平面图例等大的落影圆；然后擦除树冠下的落影，将落影填充上颜色，对于不同质感的地面也可以采用不同的填充方式。

📖 **小提示** 在一幅图纸中，只有一个主光源时——对于园林设计项目通常太阳作为主要的光源——落影的方向应该相同。

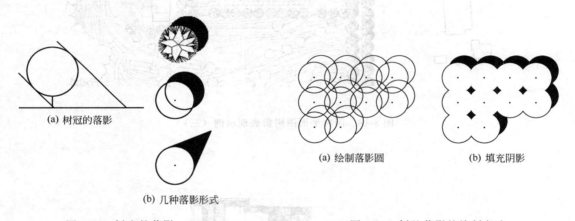

图 8-44 树木的落影　　　　　　　　图 8-45 树丛落影的绘制方法

图 8-46～图 8-50 是园林设计图纸中阴影表现方法示例，仅供参考。

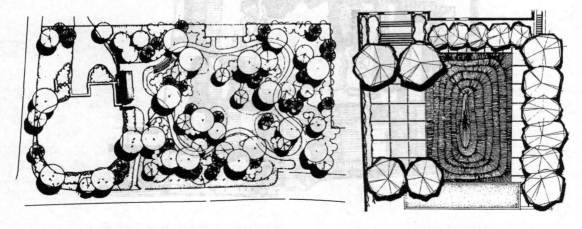

图 8-46 园林平面图阴影表现示例（一）　　图 8-47 园林平面图阴影表现示例（二）

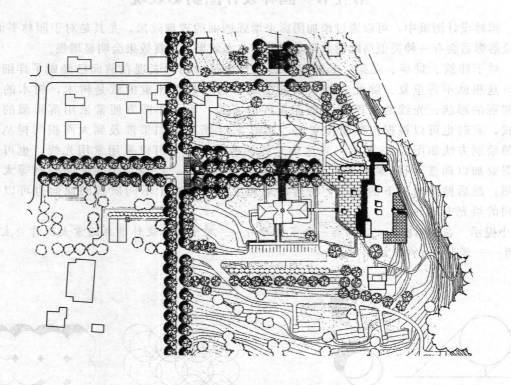

图 8-48 园林平面图阴影表现示例（三）

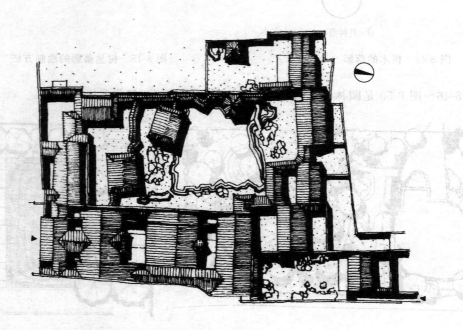

图 8-49 园林平面图阴影表现示例（四）

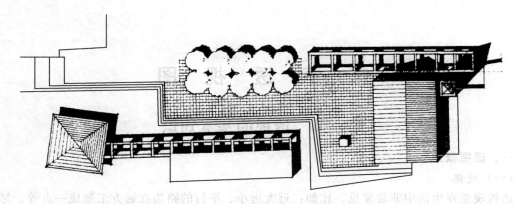

图 8-50　园林平面图阴影表现示例（五）

本 章 小 结

(1) 阴影的基本知识。
(2) 点、线、面影的规律和绘制方法。
(3) 立体（平面立体和曲面立体）阴影的绘制方法。
(4) 阴影绘制实例。

本 章 重 点

(1) 投影面垂直线在不同平面中的影的规律及其绘制方法。
(2) 立体的影的绘制方法，主要是利用求取阴线的影求取立体的影。
(3) 结合实例学习掌握阴影绘制的方法。
(4) 通过示例和练习熟练掌握园林设计图纸中阴影表现技法。

第九章 透视图

第一节 透视的基本知识

一、透视概述

（一）透视

透视现象在生活中非常常见，比如：近大远小、平行的路边在远方汇聚成一点等。尽管在现代人眼里，透视现象很容易理解，但是在过去，人们不明白其中的原理，为了真实的描绘形体，画家就设想通过一个透明的平面来观察形体，并将看到的物体轮廓线绘制下来。直到15世纪初，建筑师、画家菲利甫·布鲁内勒斯奇首先根据数学原理揭开了视觉的几何关系，奠定了透视画法的基础，并提出了透视的基本视觉原理。

前面已经介绍过，其实透视也是一种投影形式，它属于中心投影——可以将它看成以人的眼睛为投射中心，以视线为投射线的中心投影。所以透视图反映的效果更为真实，如图9-1所示，画面中所描绘的景象与人眼睛所看的景象非常接近。因此透视图广泛地运用在设计的各个阶段，尤其是在方案的展示阶段，透视图是最为直观的表现方式。

图 9-1 透视效果图

在园林设计以及其它规划设计学科中，透视图的绘制除了美观之外，还应该反映相应的数量、比例关系，因此，需要研究出一套透视规律，能够应用制图工具，比较准确地绘制透视图。

（二）透视与三面正投影（三视图）

两者都是常用的投影形式，所以两种形式之间存在着内在的联系，但又存在许多差异。将两者进行对照，将有助于更好地理解透视的绘制及其相关的内容，见表9-1。

表 9-1　透视与正投影比较

项　　目	透　视　图	三面正投影（三视图）
所属投影的种类	中心投影	平行投影
投射线	汇聚,由投射中心发出（与人眼发出的视线类似）	相互平行（与太阳光近似）
投影面	一个（单面投影体系）	三个（三面投影体系）
是否能够反映实形	多数情况下不能	能够反映
主要特点	近大远小、近高远低	长对正,高平齐,宽相等

（三）透视术语

在研究透视图绘制的过程中，会涉及到一些特定的点、线、面，在透视体系中它们具有各自特定的名称和代号（图 9-2）。

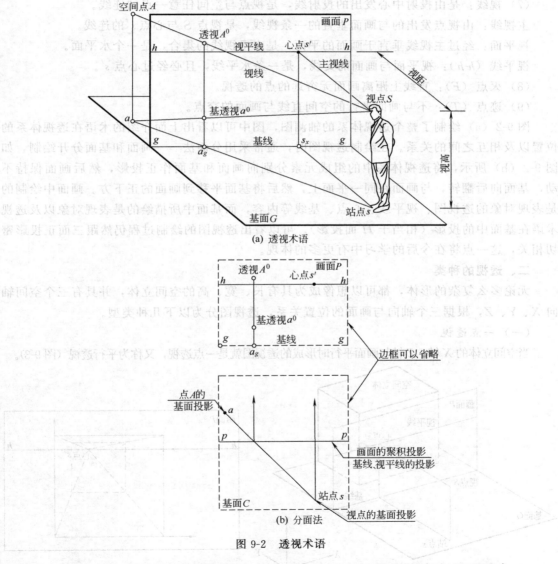

图 9-2　透视术语

(1) 画面（P）：绘制透视图的表面，一般铅垂放置，这时画面正好与 V 面重合。
(2) 基面（G）：被描绘对象所在的平面，为水平面，与 H 面重合。在绘制园林景观效果时通常以地面作为基面。

(3) 基线（g-g 或者 p-p）：画面与基面的交线。透视体系的 V 面投影中，基线与基面的聚积投影重合，用 g-g 表示；在透视体系的 H 面投影中，基线与画面的聚积投影重合，用 p-p 表示。

(4) 视点（S）：空间中一点，是投射中心所在的位置，是投射线发出的地方，可以看成人眼所在的位置。

(5) 站点（s）：位于基面上，是视点在基面上的正投影，可以看成观察者站立的位置。

视高：是视点与基面的垂直距离，站点 s 与视点 S 的距离，即 Ss，也是人眼所在的高度。

(6) 心点（s'）：位于画面上，是视点在画面上的正投影。

视距：是视点与画面的垂直距离，心点 s' 与视点 S 的距离，即 Ss'，也是人眼与画面的距离。

(7) 视线：是由投射中心发出的投射线，是视点与空间任意一点的连线。

主视线：由视点发出的与画面垂直的一条视线，是视点 S 与心点 s' 的连线。

视平面：经过主视线垂直于画面的平面，是水平视线的集合，是一个水平面。

视平线（h-h）：视平面与画面的交线，是一条水平线，且必经过心点 s'。

(8) 灭点（F）：直线上距离画面无穷远的点的透视。

(9) 迹点（T）：不与画面平行的空间直线与画面的交点。

图 9-2（a）绘制了整个透视体系的轴测图，图中可以看出上面介绍的术语在透视体系的位置以及相互之间的关系。在绘制透视图时，通常采用分面法——画面和基面分开绘制，如图 9-2（b）所示，将透视体系中的组成元素分别向画面和基面作正投影，然后画面保持不动，基面向后翻转，与画面在同一平面上，然后将基面平移到画面的正下方。画面中绘制的是表现对象的透视图、视平线、心点、基线等内容，而基面中所描绘的是表现对象以及透视术语在基面中的投影（相当于 H 面投影）。可以看出透视图的绘制过程仍然跟三面正投影密切相关，这一点将在今后的学习中有更多的体现。

二、透视的种类

无论多么复杂的形体，都可以想像成为具有长、宽、高的空间立体，并具有三个空间轴向 X、Y、Z，根据三个轴向与画面的位置关系，透视图分为以下几种类型。

（一）一点透视

当空间立体的 X 轴、Z 轴与画面平行时形成的透视图就是一点透视，又称为平行透视（图 9-3）。

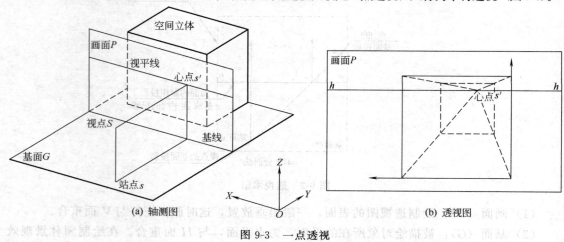

图 9-3 一点透视

一点透视中与 X 轴、Z 轴平行的直线与画面平行，而 Y 轴或与 Y 轴平行的直线与画面垂直，并汇聚于一点，即这些直线的灭点，这一点也是透视的心点。一点透视比较适合于表现开阔的或者纵深较大的场景，比如：广场、道路等，室内透视图也常使用这种表现方法。

一点透视还有一种变体的画法，如图 9-4 所示，在心点的一侧设一个虚灭点，使得原本与画面平行的直线向虚灭点倾斜，这种一点透视称为斜一点透视。斜一点透视可以弥补一点透视呆板、缺乏生气的缺点。

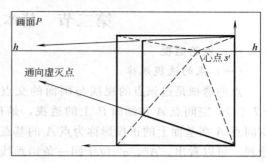

图 9-4　斜一点透视

（二）两点透视

空间立体只有铅垂线（Z 轴）与画面平行，其它两个轴向与画面成一定角度，这样的透视图称为两点透视，又称为成角透视（图 9-5）。两点透视应用较广，从复杂的场景到简单的小品都可以采用。

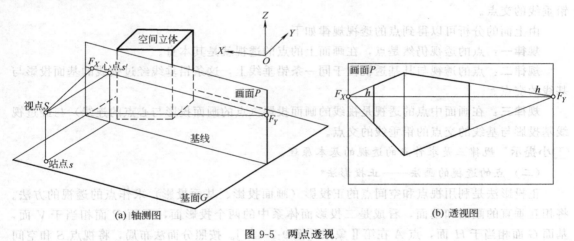

(a) 轴测图　　　　　　　　　　　　(b) 透视图

图 9-5　两点透视

（三）三点透视

画面倾斜，空间立体的三个轴向都不与画面平行，这样的透视图称为三点透视（图 9-6）。

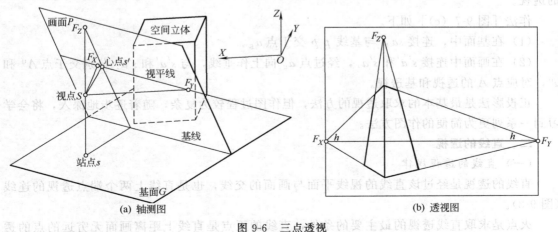

(a) 轴测图　　　　　　　　　　　　(b) 透视图

图 9-6　三点透视

这种效果图类似人们俯瞰或者仰视所观看到的效果，往往用在表现高耸或者下沉的景观，比如纪念碑、院落、天井等。

第二节 基本几何元素的透视

一、点的透视

（一）点的透视规律

点的透视是过该点的视线与画面的交点，通常在点的字母上加上标"0"表示。如图9-7（a），空间点 A 在画面 P 上的透视，是自视点 S 向 A 引的视线 SA 与画面的交点 A^0。空间点 A 在基面上的正投影称为点 A 的基点 a，基点 a 在画面上的透视 a^0，称为点 A 的基透视。可以看出，A^0、a^0 位于同一条铅垂线上，称线段 A^0a^0 为点 A 的透视高度。基透视在基线上方，则点在画面之后，点离画面越近，其透视高度就越大；反之，基透视在基线下方，则点在画面之前；当基透视在基线上，也就是点在画面上时，透视就是其本身，透视高度等于点的实际高度。

根据图9-7（a），还可以看到点 A 的透视 A^0 和基透视 a^0 分别是 $s'a'$ 与 $s'a_x$ 与过点 a_g 铅垂线的交点。

由上面的分析可以得到点的透视规律如下。

规律一：点的透视仍然是点，在画面上的点的透视就是其本身。

规律二：点的透视与其基透视位于同一条铅垂线上，这条铅垂线经过视线的基面投影与基线的交点。

规律三：在画面中点的透视是视线的画面投影（点的画面投影与心点的连线）与经过视线基投影与基线的交点的铅垂线的交点。

📖 **小提示** 规律三是求作点的透视的基本原理。

（二）点的透视的画法——正投影法

正投影法是利用视点和空间点的正投影（画面投影、基面投影）求作点的透视的方法。将相互垂直的画面和基面，看成是二投影面体系中的两个投影面，画面 P 面相当于 V 面，基面 G 面相当于 H 面，点 A 在第Ⅱ象限［图9-7（a）］。按照分面法布局，将视点 S 和空间点 A，分别投影到画面和基面上，然后再将两个平面拆开摊平，如图9-7（b）所示。

【例9-1】 如图9-7（b）所示，已知点 A 画面和基面的投影、视点、视平线，求作点 A 的透视。

作法［图9-7（c）］如下。

（1）在基面中，连接 sa，与基线 p-p 交于点 a_g。

（2）在画面中连接 $s'a'$ 和 $s'a_x$，经过点 a_g 向上作垂线，与 $s'a'$ 和 $s'a_x$ 分别交于点 A^0 和 a^0，对应点 A 的透视和基透视。

正投影法是最基本的求取透视的方法，但作图过程较为复杂，随着逐步地深入，将会学习到一系列更为简便的作图方法。

二、直线的透视

（一）直线的透视规律

直线的透视是经过该直线的视线平面与画面的交线，也是直线上两个端点透视的连线（图9-8）。

灭点是求取直线透视的最主要的条件，直线的灭点是直线上距离画面无穷远的点的透

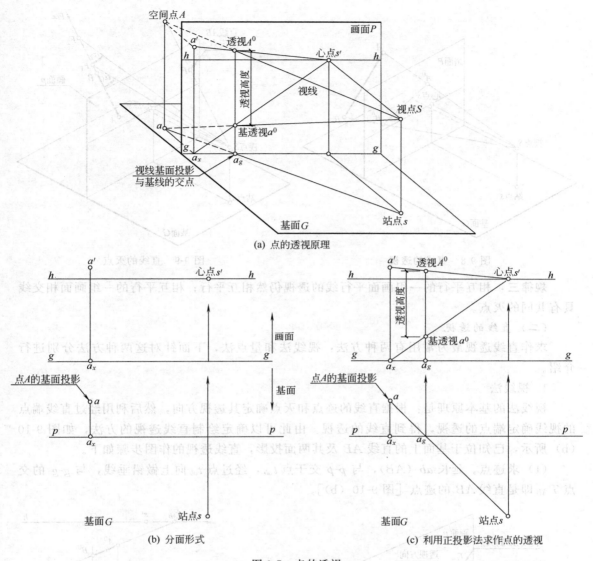

图 9-7 点的透视

视,也就是通过直线上距离画面无穷远的点的视线与画面的交点。如图 9-9 所示,沿着直线 AB 远离画面,SF_1、SF_2 与直线 AB 的夹角 α_1、α_2 逐渐变小,当点与画面的距离趋近于无穷远时,$SF\infty \to \infty$ 时,则 $\alpha \to 0$,也就是说 $SF\infty \mathbin{/\mkern-5mu/} AB$。

所以,直线的灭点有以下规律:画面相交线的灭点就是与直线相互平行的视线与画面的交点。

小提示 这一规律是求取直线灭点的一个重要依据。

对于直线,尤其是一些特殊的直线,除了具有点的透视规律之外,还有着自己的特性。

规律一:对于画面相交线,直线的透视一定在直线的迹点与灭点的连线之上。所以直线迹点与灭点的连线又称为直线的**全透视**或者**透视方向**。

规律二:水平线的灭点一定在视平线上;画面垂直线的灭点就是心点;画面平行线没有灭点。

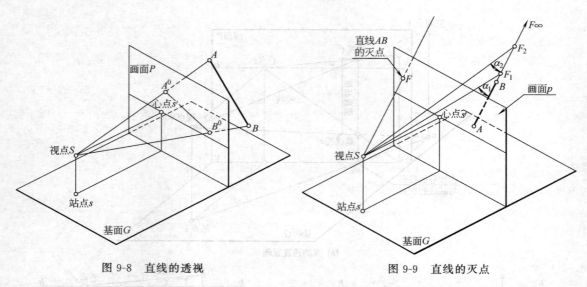

图 9-8 直线的透视　　　　　图 9-9 直线的灭点

规律三：相互平行的一组画面平行线的透视仍然相互平行；相互平行的一组画面相交线具有共同的灭点。

（二）直线的透视

求作直线透视最为常用有两种方法：视线法和量点法，下面针对这两种方法分别进行介绍。

1. 视线法

视线法的基本原理是：根据直线的迹点和灭点确定其透视方向，然后利用经过直线端点的视线确定端点的透视，得到直线的透视。由此可以确定绘制直线透视的方法，如图 9-10（b）所示，已知位于基面上的直线 AB 及其两面投影，直线透视的作图步骤如下。

（1）求迹点。延长 ab（AB），与 $p\text{-}p$ 交于点 t_{ab}，经过点 t_{ab} 向上做铅垂线，与 $g\text{-}g$ 的交点 T_{AB} 即是直线 AB 的迹点 [图 9-10（b）]。

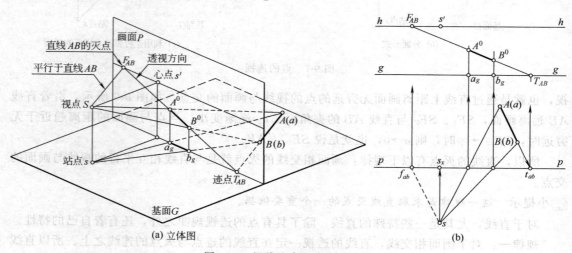

(a) 立体图　　　　　(b)

图 9-10 视线法求取直线的透视

📖**小提示**　直线 AB 在基面上，所以迹点一定落在基线上。

（2）求灭点。在基面中，过点 s 作 ab 的平行线，与 $p\text{-}p$ 的交点是灭点的基透视 f_{ab}，经

过点 f_{ab} 向上作铅垂线与视平线的交点，就是灭点 F_{AB}。

(3) 作透视。在基面中，分别连接 sa 和 sb，与 p-p 交于点 a_g 和 b_g，过这两个点向上作铅垂线，与直线 $T_{AB}F_{AB}$ 的交点就是点 A 和点 B 的透视。

以上利用视线的**基面正投影**作直线段的透视的方法，称为**视线法**。对于复杂的场景，利用视线法图面上会出现很多图线，使得图面杂乱，作图过程变得复杂，这时可以选用另一种方法——量点法。

2. 量点法

空间点的透视可以用两直线透视的交点来求得，而两条直线的交点的透视又可以通过两条直线的透视方向的交点来求得，所以为了得到直线端点的透视，我们需要建构两条与所求直线交于两个端点的辅助线，并且这两条辅助线要处于有利于解题的位置上。

现在关键问题就是如何建构辅助线。仍以基面上的直线为例，如图 9-11（a）所示，可以在基线上量取点 A_1 和点 B_1，令 $T_{AB}A_1=T_{AB}A$、$T_{AB}B_1=T_{AB}B$，辅助线 AA_1 和 BB_1 与直线 AB 交于点 A 和点 B，这样求取点 A 和点 B 的透视就可以转化为求辅助线 AA_1 和 BB_1 与直线 AB 交点的透视，也就是求取辅助线 AA_1 和 BB_1 与直线 AB 透视方向的交点。根据前面所学的知识，直线 AB 的透视方向就是直线 AB 的灭点 F_{AB} 和迹点 T_{AB} 的连线。辅助线 AA_1 和 BB_1 的迹点是 A_1 和 B_1，而灭点呢？由于辅助线 AA_1 和 BB_1 相互平行，所以它们拥有共同的灭点，灭点就是平行于辅助线的视线与画面的交点。这样辅助线 AA_1 和 BB_1 的透视方向也就可求了。因为这两条辅助线是为了能够直接量取直线实际长度、方便作图而设置的，所以它们的灭点称为**量点**，常用 M 表示。这种利用新的灭点——量点 M 在直线透视方向上截取直线透视长度的方法称为**量点法**。

如图 9-11（b）所示，利用量点法求直线透视的作图步骤。

(1) 在基面上确定直线迹点的基投影 t_{ab}，以 t_{ab} 为圆心分别以 at_{ab} 和 bt_{ab} 为半径作弧与基线 p-p 交于点 a_1 和 b_1，即辅助线 AA_1 和 BB_1 迹点的基投影。过 s 点作 aa_1 或者 bb_1 的平行线，与基线 p-p 交于一点 m，得到量点的基投影。经过点 s 作 ab 的平行线交基线 p-p 于点 f_{ab}，即直线 AB 灭点的基投影。

📖**小提示**　直线 AA_1 和 BB_1 相互平行所以它们有共同的灭点——量点 M。

(2) 在画面上定出直线的灭点 F_{AB}、迹点 T_{AB} 和量点 M。

📖**小提示**　因为直线 AB 和辅助线 AA_1、BB_1 都在基面上，所以灭点 F_{AB} 和量点 M 都在视平线上。

(3) 在画面上分别连接 $F_{AB}T_{AB}$ 和 a_1M 和 b_1M，即得直线 AB 和辅助线 AA_1、BB_1 的透视方向，透视方向的交点就是直线两个端点的透视，也就得到直线的透视。

此外，直线的量点还具有以下特性。

(1) 量点与灭点的距离等于视点与灭点的距离［图 9-11（b）］，即 $F_{AB}S=F_{AB}M$。

(2) 当直线垂直于画面时，量点与灭点（心点）的距离等于视距，这时量点又称为距点，用 D 表示［图 9-11（c）］。这种利用距点求取画面垂直线的透视的方法称为距点法。

(三) 真高线

由点的透视可知：空间一点的透视和基透视在同一条铅垂线上，并且两点间的线段长度是空间点的透视高度。当空间点在画面上时，它的透视高度就是空间点的实际高度。由此可以得出：在画面上的铅垂线的透视就是其本身，它能够反映该铅垂线的真实高度，所以在画面上的铅垂线被称为真高线，用 TH 表示。真高线主要用途就是求取不在画面上的铅垂线

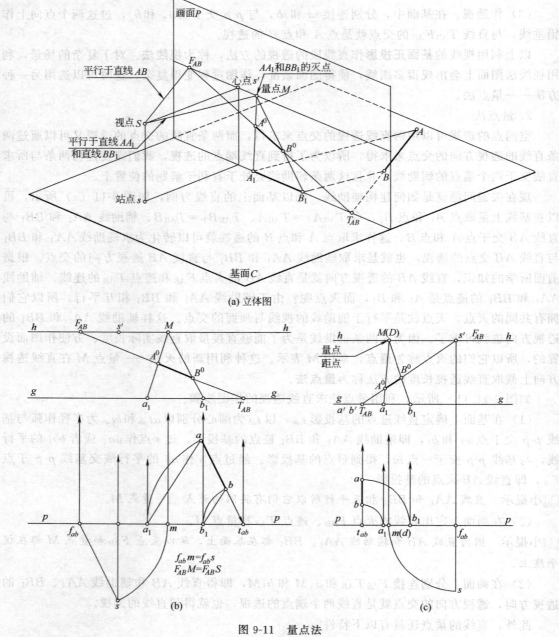

图 9-11 量点法

的透视高度。

如图 9-12 (a) 所示,直线 Aa 垂直于基面,经过点 A 和点 a 作两条相互平行的水平线 AA_1 和 aa_1,A_1 和 a_1 是直线 AA_1 和 aa_1 的迹点,并且 $A_1a_1 = Aa$。按照前面我们介绍的方法借助 A_1a_1 很容易就可以确定出直线 Aa 的透视。通过对图 9-12 的分析,我们会发现,辅助线 AA_1 和 aa_1 的方向可以任意,尽管辅助线灭点的位置会随之发生改变,但是铅垂线 Aa 的透视 A^0a^0 不变,基于这一规律,只要知道直线的基投影和实长就可以得到直线的透视。

【例 9-2】 如图 9-12 (b) 所示,已知直线 Aa 的高度以及直线的基投影,求作直线的透

210

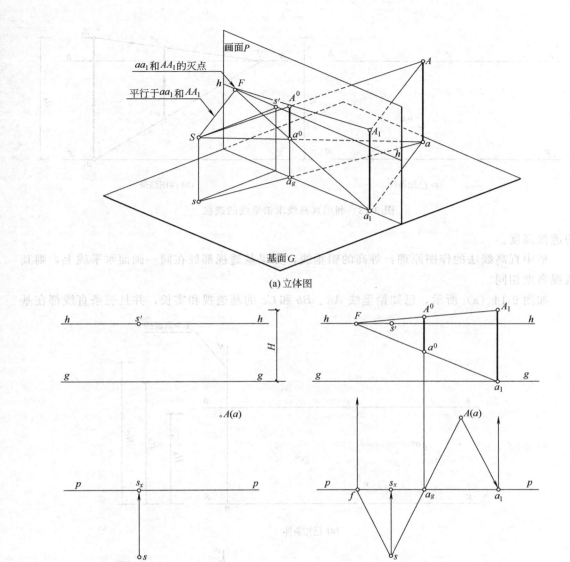

图 9-12 真高线

视。作法如下。

(1) 在基面中经过直线基投影作任意直线，与基线交于点 a_1。

(2) 经过点 s 作直线 aa_1 的平行线，与基线交于点 f，即辅助线的灭点的基投影。

(3) 在画面中经过辅助线的迹点作一条铅垂线，量取 $A_1a_1=Aa$，即直线的真高线。

(4) 在画面中作出辅助线的灭点 F，连接 FA_1、Fa_1，得到辅助线的透视方向。与经过点 a_g 的铅垂线的交点就是直线 Aa 的透视，如图 9-12（c）所示。

如果知道了铅垂线的实长和基透视，可以直接在画面中作出直线的透视。如图 9-13 所示，经过点 a^0 作任意直线与基线交于点 a_1，与视平线交于点 F。经过点 a_1 作直线的真高线，使 $A_1a_1=Aa$ 连接 FA_1，经过 a^0 作铅垂线，与 FA_1 的交点即为 A^0。

在我们作图过程中经常会遇到一系列铅垂线，这时可以采用集中真高线法求取这些直线

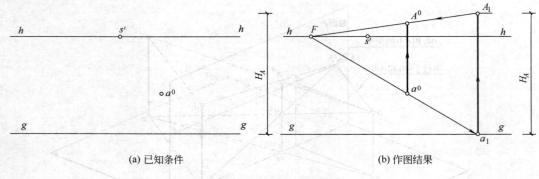

图 9-13 利用真高线求铅垂线的透视

的透视高度。

集中真高线法的作图原理:等高的铅垂线,如果基透视都处在同一画面水平线上,则其透视高度相同。

如图 9-14(a)所示,已知铅垂线 Aa、Bb 和 Cc 的基透视和实长,并且三条直线都在基

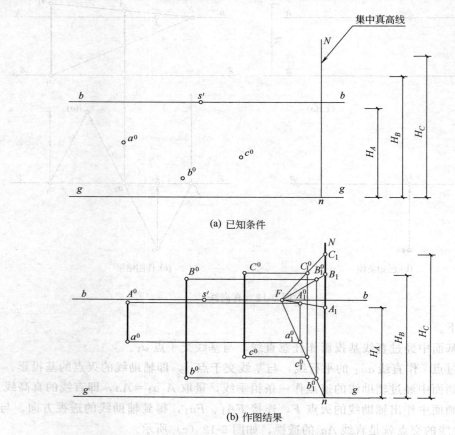

图 9-14 利用集中真高线法求取铅垂线的透视高度

面上,只需要一条真高线即可以求出各条直线的透视。为了避免真高线与作图线混淆,一般将真高线放置在远离图纸的位置。在基线上任选一点 n,经过 n 点作铅垂线 nN 作为真高线。在真高线上量取直线的高度,得到量高点 A_1、B_1 和 C_1。在视平线上任选一点 F 作为灭点

（点 F 也应该远离作图区域），连接灭点 F 和各量高点及点 n。经过点 A 的基透视 a^0 作水平线，与 Fn 交于点 a_1^0，经过点 a_1^0 向上作铅垂线，与 FA_1 相交，两个交点的距离就是 A_1n 的透视高度 $A_1^0 a_1^0$，也就是铅垂线 Aa 的透视高度，如图 9-14（b）所示，根据透视高度作出点 A 的透视。按照相同的方法，可以求出直线 Bb 和 Cc 的透视。

📖**小提示** 因为铅垂线 Aa、Bb 和 Cc 都在基面上，所以都是以 Fn 作为基准，铅垂线基点不在同一水平面上的时候，对应的 n 点是不相同的。

当然在实际作图中不仅仅就是一根直线或者一个点，但是不管怎样复杂的建筑或园林景观都是由最基本的几何元素——点、线组成，只要掌握了最基本的作图方法，完成复杂的透视效果图也就不是一件难事了。

第三节 透视图的绘制

一、透视图参数的确定

将建筑或者园景置于由视点、画面和基面确定的透视体系中，便可在画面上作出它的透视图。如果视点、画面与表现对象的相对位置发生改变，就会引起透视图的形状和大小的改变。在作透视图之前，应选择适宜的透视参数，以便得到理想的透视效果。

（一）画面位置的选择

画面位置的选择包括两个方面，第一个是画面相对于空间立体主立面的角度，第二个是相对于空间立体的距离。前者其实就是透视种类的选择，关于透视种类我们在前面已经做了介绍，这需要根据实际情况进行选择。后者决定了图像的大小，如果画面向着视点的方向远离空间立体，距离越远，图像越小[图 9-15（a）]；如果向着相反的方向靠近空间立体，距离越近，图像越大[图 9-15（c）]。

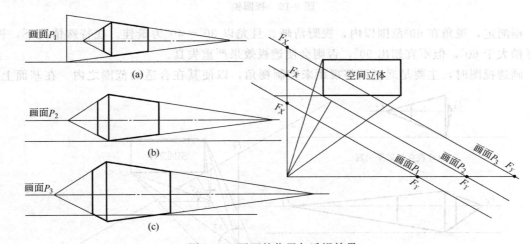

图 9-15 画面的位置与透视效果

此外，为了方便作图，应该让立体上尽量多的表面或者线条位于画面上。

（二）视点的选择

1. 视角与站点

当人的眼睛注视画面时，只能清晰地看到主视线周围的有限范围，如图 9-16 所示，视线构成一个近似于以人的眼睛为锥顶的正圆锥，这个正圆锥，称之为**视圆锥**，视锥与画面 P 相交所成的圆形范围称为**视野**，视锥的顶角称为**视角**。

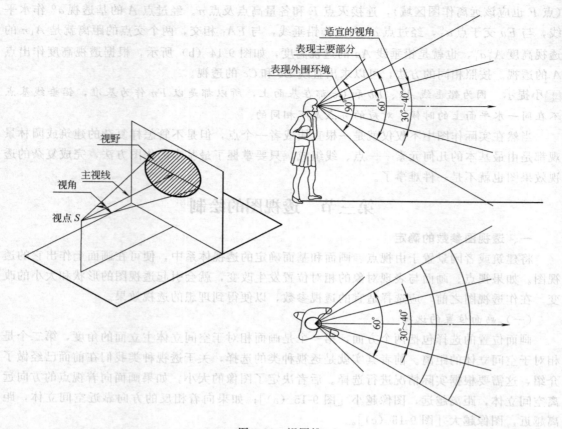

图 9-16 视圆锥

据测定，视角在 60°范围以内，视野清晰，且尤以 30°～40°为最佳。在特殊情况下，视角可稍大于 60°，但不宜超出 90°，否则会使透视效果严重失真。

画透视图时，主要是通过调整视距来控制视角，以使其在合适的范围之内。在基面上，

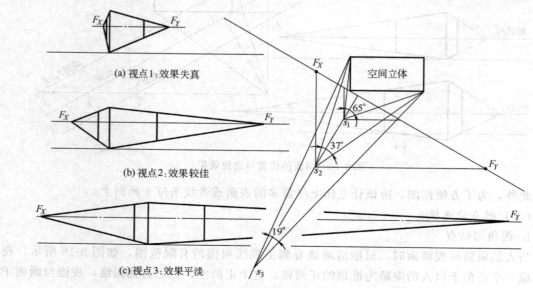

图 9-17 视距对透视效果的影响

视距就是站点到画面的距离，站点对画面的位置改变，意味着视距和视角的改变。如果站点 s 离画面 P 太近，视角就会过大。作出的透视图，如图 9-17（a），两灭点相距过近，水平轮廓线的透视收敛过急，形体的立面变得狭窄，尖斜，其形象已不符合人们的视觉印象。如果站点 s 离画面 P 太远，视角就会变小，视线与视线之间趋于平行，在透视图中，灭点将越出幅面，形体的水平轮廓的透视平缓，形体的透视效果较差，如图 9-17（c）。如果视距适中，视角在适宜范围内，则透视效果较佳，如图 9-17（b）所示。

通常选取画幅宽度 1.5～2.0 倍的作为视距，如图 9-18 所示，便可将形体收进最佳视野范围之内。为避免透视效果失真或者过于平淡，站点的位置最好位于画宽的 1/3 处（图 9-19），偏右偏左需要根据实际情况进行选择。

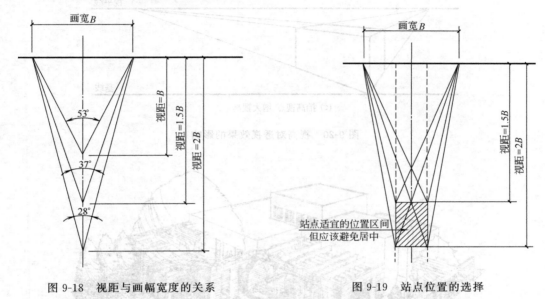

图 9-18 视距与画幅宽度的关系　　　　图 9-19 站点位置的选择

此外，当建筑形体的高度远大于水平方向的画宽时，选站点应使垂直视角控制在 60°范围之内。如果是画室内透视，视距可以适当缩短，取画宽的 0.9～1.5 倍，视角在 37°～60°之间。

2. 视点与视高

视高是视点与基面（或者站点）的距离，在画面中就是视平线与基线的距离。视高通常选择人眼的高度——1.5～1.8m，以获得人们正常观看景物时的透视效果。有时为了取得某种特定的效果，所选视高也可以高于或低于人的正常视高。如图 9-20 所示，同一形体选取不同视高，得到的透视效果各不相同。图 9-20（a），降低了视平线，图形具有仰视效果；图 9-20（b），视平线高度适中，图形生动、自然；图 9-20（c），提高了视平线，图形具有俯瞰效果。其中抬高视平线的方法在园林透视效果图中经常采用，这种透视效果又称为鸟瞰图（图 9-21）。因为抬高了视点，所以视野较为开阔，比较适宜表现大的场景，如公园、居住小区、甚至城市景观，具体作法将在后续章节进行介绍。

📖 **小提示**　视高需要根据图纸的比例进行绘制。

如果是画室内透视，视高可取 1.0～1.3m，这样，透视效果会显得亲切。

透视参数需要根据实际情况、表现效果等进行选择，下面针对初学者给出一套常用的透视参数，仅供参考。

画面与表现对象主立面的角度：一点透视为 0°，两点透视为 30°。

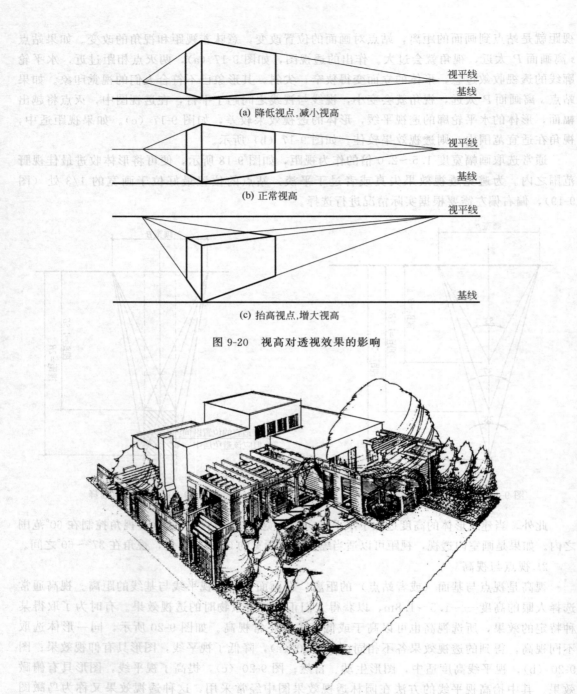

(a) 降低视点,减小视高

(b) 正常视高

(c) 抬高视点,增大视高

图 9-20 视高对透视效果的影响

图 9-21 鸟瞰效果

画面的位置：使立体尽量多的表面或者线条位于画面上。

视距：选用画宽的 1.5～2.0 倍。

视角：30°～40°。

视高：1.5～1.8m。

当然，透视的参数并不是一系列定数，也并非常用的参数就一定适宜，有时可以采用极端的参数，比如：小视角，在特定的环境中不但不显得局促，反而比较独特、有个性。所以透视效果的绘制需要在熟练基本绘图技法的基础上，充分发挥绘图者的想像力，令作品具有独特的艺术观赏效果。

二、视线法

视线法是绘制透视效果的基本方法之一。视线法求作透视效果的基本方法：根据表现对象轮廓线的迹点和灭点确定出透视方向，然后从视点向轮廓线两个端点引视线，与透视方向线的交点就是轮廓线的透视。下面结合实例介绍视线法的作图方法。

【例 9-3】 已知大门的平面图和立面图，绘制大门的一点透视效果。

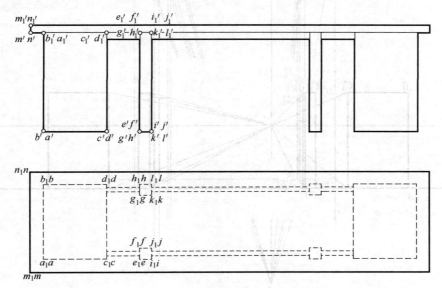

图 9-22　大门平面图和立面图

分析：根据投影图可以看出大门是由若干个长方体构成，这里存在着三种方向的直线，一种是平行于 Y 轴，是画面的垂直线，另外两种分别平行于 X 轴和 Z 轴，与画面平行。在一点透视中平行于 X、Z 轴的直线没有灭点，而平行于 Y 轴（垂直于画面）的直线的灭点就是心点。

作法如下。

(1) 基面布局。在基面上定出画面、站点的位置，为了简化作图步骤，让画面位于大门两侧柱体的前表面上。

(2) 画面布局。按照图 9-22 中形式布置画面——上面是基面，下面布置画面。根据图幅定出基线，这里采用正常的视高 1.8m，需要按照绘制比例定出视平线，并定出心点 s' 的位置。

📖**小提示**　由于图幅有限，有时可以将画面与基面（H 面投影）重叠，作图方法不变。

(3) 绘制门卫和门柱的透视（图 9-23）。

① 绘制在画面上的直线。画面上的点的透视就是其本身，所以可以根据 V 面投影直接绘制画面上的各点，这些点就是各条垂直于画面的侧棱的迹点。

② 绘制左侧门卫的透视。从图中视点位置能够看到左侧门卫的前表面和右侧面，所以只要作出点 D 和点 D_1 的透视即可。因为 CD 和 C_1D_1 垂直于画面，所以它们的灭点就是心

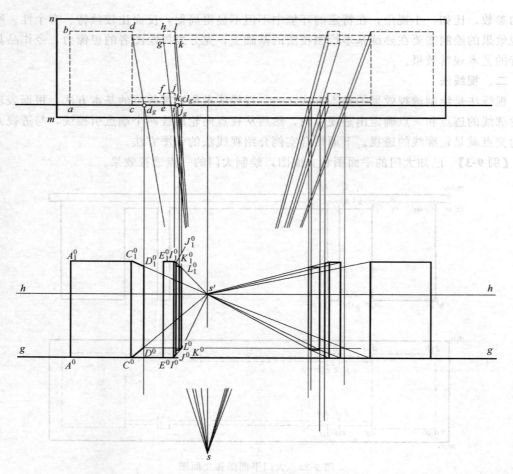

图 9-23 布局及绘制门卫、门柱的透视

点,连接 $C^0 s'$ 和 $C_1^0 s'$,经过点 d_g(sd 与基线的交点)向下作铅垂线,与 $C^0 s'$ 和 $C_1^0 s'$ 交点就是点 D 和点 D_1 的透视 D^0 和 D_1^0。

③ 绘制左侧门柱的透视。前后两个门柱上的点 I、J、K、L 以及点 I_1、J_1、K_1、L_1 分别位于两条画面垂直线上,其透视方向分别对应 $I^0 s'$、$I_1^0 s'$,经过 j_g、k_g 和 l_g(分别是 sj、sk 和 sl 与画面聚积投影的交点)作铅垂线,与透视方向的交点就是对应点的透视。左后侧柱子的侧棱 GK、$G_1 K_1$ 与画面平行,所以在画面中直接经过点 K^0 和 K_1^0 作水平线即可求出其投影。

④ 按照相同的方法绘制出右侧的门卫和门柱的透视。

(4) 绘制梁和顶板的透视(图 9-24)。

① 梁与门卫和门柱相贯,求取梁的透视主要是求取相贯点或者相贯线的透视。在 $C^0 C_1^0$ 上定出梁高,连接 $C^0 s'$ 点 $C_2^0 s'$,得到垂直于画面的相贯线的透视方向,经过 1_g、2_g 作铅垂线,与透视方向相交,得到相贯点的透视 I^0、I_1^0、II^0;经过点 I^0、I_1^0、II^0 作水平线,得到梁的棱线的透视;经过 5_g 作铅垂线,与梁的前表面的两条棱线的透视的交点是梁与门柱相贯点的透视,连接 $V^0 s'$ 与水平棱线透视的交点,即为此处的第三个相贯点的透视;按照相同的方法绘制前后两道梁的相贯线的透视,如图 9-24 所示。

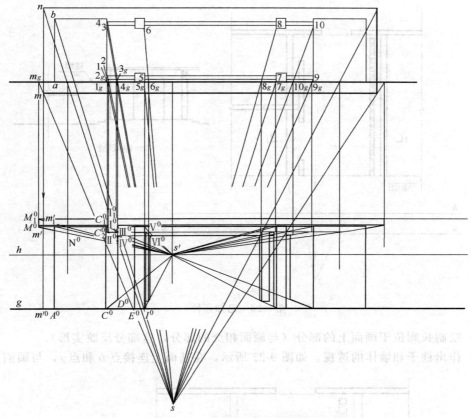

图 9-24 绘制梁和顶板的透视

② 根据 V 面投影作出顶板在画面中的投影,也就是确定顶板的真实高度和真实厚度,连接 $m's'$ 和 m'_1s',与经过 m_g 的铅垂线相交,得到点 M 和点 M_1 的透视,同样方法求出顶板其它顶点的透视。

📖**小提示** 由于顶板前表面在画面之前,需要将视线 sm 反向延长才可以得到画面交点,并且前表面的透视要比实际的大。

(5)整理、检查,擦除多余的图线,进行图面装饰,完成透视效果(图 9-25)。

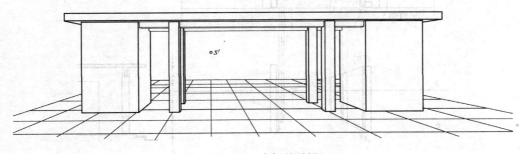

图 9-25 大门的透视

【例 9-4】 已知视距、视高、画面及视点的位置,以及长廊的平面图和剖面图(图 9-26),绘制长廊的一点透视效果。

作法如下。

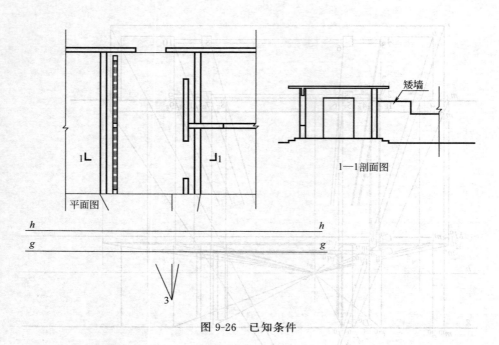

图 9-26 已知条件

(1) 绘制长廊位于画面上的部分（与画面相交的部分，这部分反映实形）。

(2) 作出柱子和墙体的透视。如图 9-27 所示，在基面上连接点 b 和点 s，与画面交于点

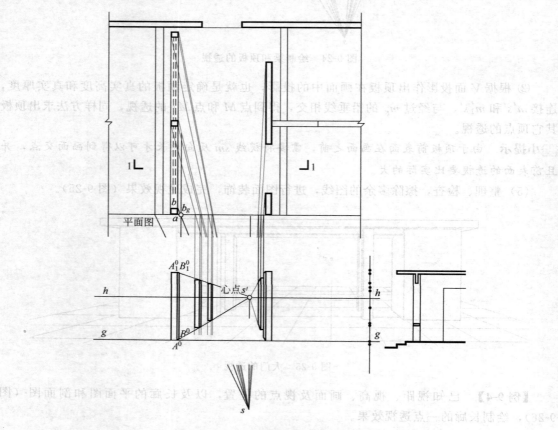

图 9-27 长廊柱子和侧墙的一点透视

b_g,在画面中,从点 A^0 和点 A_1^0 向心点 s' 引线,作出柱子上下两条底棱的透视方向线,经过 b_g 作铅垂线,与透视方向线相交,得到第一根柱子的透视。利用同样的方法绘制剩余柱子、侧墙的透视,如图 9-27 所示。

(3) 作出顶棚和地面的透视。连接 C^0s'、C_1^0s' 和 C_2^0s',与经过点 d_g 的铅垂线相交,得到 D^0 和 D_1^0,过 D^0 和 D_1^0 作水平线,得到顶棚的透视及台阶与墙面交线的透视;运用同样的方法完成顶棚和地面、台阶的绘制,如图 9-27 所示。

(4) 绘制门洞、矮墙、梁以及座凳的透视。在画面以外的位置绘制真高线,根据剖面图量取门洞、矮墙的真实高度,按照前面介绍的真高线使用方法绘制出门洞、矮墙的透视,如图 9-28 所示。

梁、座凳的透视绘制方法与地面、顶棚的作法相同,这里就不再论述。

(5) 整理、检查,擦除多余的图线,完成透视效果(图 9-28)。

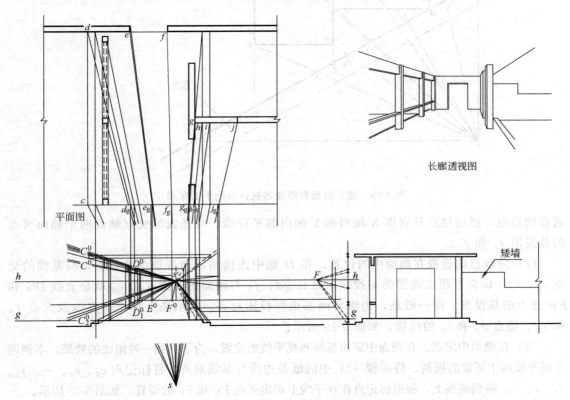

图 9-28 长廊的一点透视

【**例 9-5**】 已知建筑的平、立面图(图 9-29),利用视线法绘制其两点透视效果。

分析:建筑是由两个长方体构成的,对于平面立体的透视其实就是求取其棱线的透视。所以首先应该分析清楚两个长方体的棱线构成——共有三种方向的直线,其中所有的墙角线,如:AA_1、BB_1、…都是铅垂线,平行于画面;另外两组直线都平行于基面,并且分别平行于 X 轴向和 Y 轴向,与画面相交,拥有各自的灭点。

作法如下。

(1) 在平面图(H 面投影)上布置画面。选取一条铅垂线的聚积投影,经过这一聚积投影作与水平方向成 30°的直线,代表画面在基面中的聚积投影,也就是画面的位置。选择

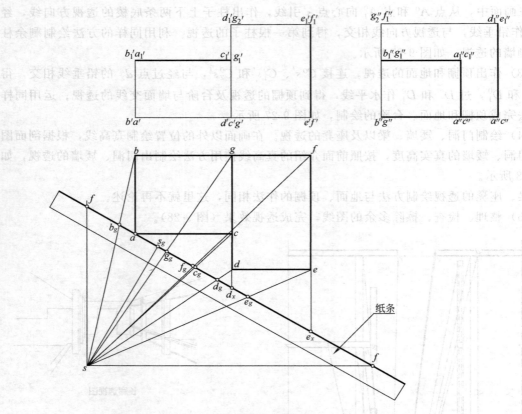

图 9-29 建筑的投影图及透视体系的平面布局

适宜的站点，经过站点分别作 X 轴向和 Y 轴向的平行线，与基线的交点就是两个轴向灭点的基投影 f_x 和 f_y。

(2) 量取点的透视在画面中的位置。在 H 面中连接站点和各顶点的投影，与基线的交点 a_g、b_g…即为各顶点透视的基投影；延长 gd、fe 与画面的交点 d_x、e_x 就是直线 DG 和 EF 迹点的基投影。用一纸条，边缘与画面聚积投影对齐，在纸条上标记各点以及灭点 f_x 和 f_y、迹点 d_x 和 e_x 的位置，如图 9-29 所示。

(3) 在画面中定点。在画面中定出基线和视平线的位置，为了得到一种俯瞰的效果，本例题中视平线高于正常的视高。将步骤 (2) 中的纸条边缘与基线对齐，将标记点 a_g、b_g、…、f_x、f_y、d_x、e_x 落到基线上，根据标记点在视平线上定出灭点 F_X 和 F_Y 的位置，如图 9-30 所示。

小提示 有时候由于图纸空间有限，或者希望减少作图线，可以按照本例中的方法，不同时绘制画面和基面，先在基面上定出交点、灭点、迹点等特殊点，然后利用刻度尺、圆规或者小纸条在画面上定出这些点的位置。

(4) 绘制透视效果（图 9-30）。

① 首先定出在画面上的铅垂线 $A^0A_1^0$，其反映真实的高度。

② 连接 F_XA^0 和 $F_XA_1^0$，得到棱线 AB 和 A_1B_1 的透视方向，经过 b_g 向上作铅垂线与透视方向的交点就是点 B 和点 B_1 的透视。连接 F_YA^0 和 $F_YA_1^0$，与经过 c_g 的铅垂线的交点即为点 C 和点 C_1 的透视。连接 $C_1^0F_X$ 和 $B_1^0F_Y$，交点就是点 G_1^0。连接对应点，完成左侧长方体透视图的绘制。

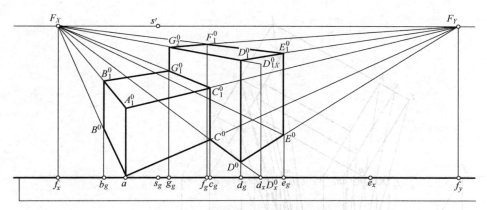

图 9-30 绘制建筑物的透视效果

③ 经过点 d_x 作出右侧长方体的真高 $D_X^0 D_{X1}^0$，连接 $F_X D_X^0$ 和 $F_X D_{X1}^0$，经过 d_g 和 g_g 向上作铅垂线，与透视方向的交点就是点 D、D_1 和点 G_2 的透视 D^0、D_1^0 和 G_2^0；各点与点 F_Y 相连，与经过点 e_g 和点 f_g 的铅垂线相交，交点为点 E、E_1 和点 F_1 的透视 E^0、E_1^0 和 F_1^0。连接对应点，完成右侧长方体透视图的绘制。

（5）整理、擦除不可见的线条，得到建筑物的透视效果。

如果三视图过小，希望绘制的透视图大些，除了调整画面的位置之外，也可以如图 9-31 那样将纸条上的标记点的距离按照比例放大，再定位到画面基线上，此时真高线的高度也应该放大相同的倍数。但是多数时候会有一个灭点跃到图幅之外，求取不在画面上的点的透视就得先确定点所在棱线的全透视，如点 C 和点 C_1 的透视，先确定点 C 和点 C_1 的迹点 C_X^0 和 C_{1X}^0（C_X^0 与 D_X^0 重合），与灭点 F_X 相连，得到上下两条棱线的全透视，然后经过 c_g 向上作铅垂线，交点就是所求点的透视，其它各点也按照相同的方法绘制，如图 9-31 所示。

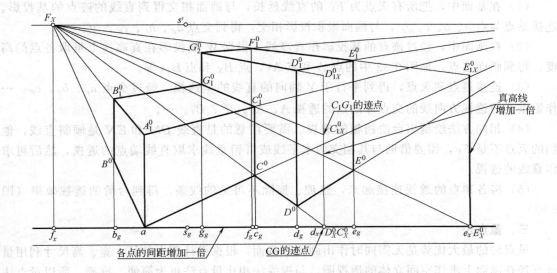

图 9-31 放大透视图及一个灭点不可达时的作图方法

【例 9-6】 根据台阶的投影以及给定的透视体系绘制台阶的两点透视效果。

分析：如图 9-32 所示，两组灭点有一个跃出图面，所以本例只能使用一个灭点结合迹点来绘制透视效果。

223

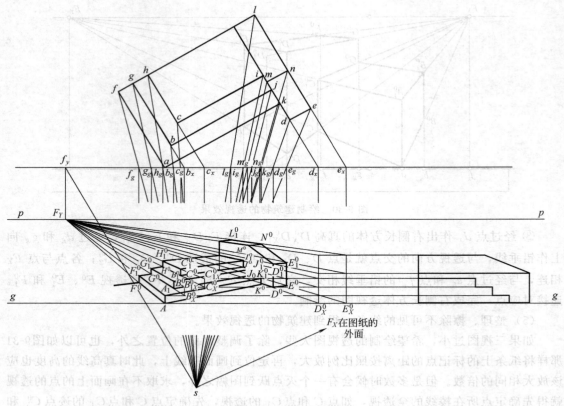

图 9-32 台阶的两点透视效果

作法如下。

(1) 在基面中，把所有灭点为 F_Y 的直线延长，与画面相交得到直线的迹点的基投影。连接站点与点 a、b、c、…，与画面聚积投影相交，得到交点 a_g、b_g、c_g、…。

(2) 在画面中，经过迹点的基投影作真高线，根据 W 面投影在真高线上量取各点的高度，得到画面迹点，如图 9-32 中的点 A 和点 A_1，点 B_X 和点 B_{1X} 等。

(3) 连接迹点和灭点，得到平行于 Y 轴向的直线的全透视。经过交点 a_g、b_g、c_g、… 作铅垂线与透视方向线的交点即是点的透视 A、A_1、B^0、B_1^0、…。

(4) 相同方法绘制出台阶挡板的透视。需要注意的是直线 DM 和 EN 是倾斜直线，他们的灭点不是 F_Y，需要借助与其相交的水平线或者铅垂线求取直线端点的透视，然后再求作直线的透视。

(5) 将各顶点的透视连接起来，整理、擦除不可见的线条，得到台阶的透视效果（图 9-32）。

三、量点法

量点法的最大优势是无需同时作出画面和基面，根据设计图中的长、宽、高尺寸利用量点直接在画面上求作空间立体的透视图。与视线法相比量点法更为简便、准确。所以量点法的应用范围非常广泛，可以用于绘制各种复杂的透视图形，诸如工业产品透视图、建筑、园林景观、城市规划的透视图等。下面结合实例介绍量点法的作图方法。

【例 9-7】 已知建筑物的平面、立面图（图 9-33），利用量点法绘制建筑物的两点透视。

作法如下。

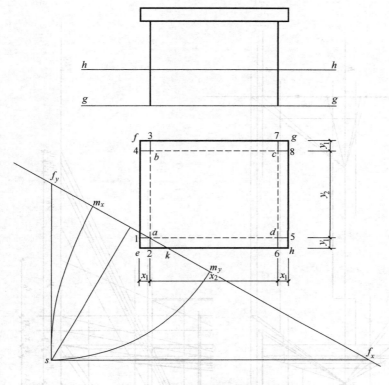

图 9-33 建筑物平面图和立面图

（1）布局。如图 9-33 所示，在 H 面中定出画面的位置，经过点 a 作 $30°$ 斜线，表示画面位于墙脚线 AA_1 上，与房屋的正立面成 $30°$ 角，在平面图中定出站点 s、灭点的基投影 f_x

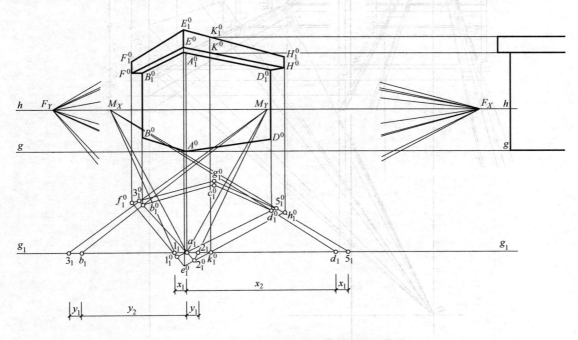

图 9-34 利用量点法绘制建筑物的透视效果

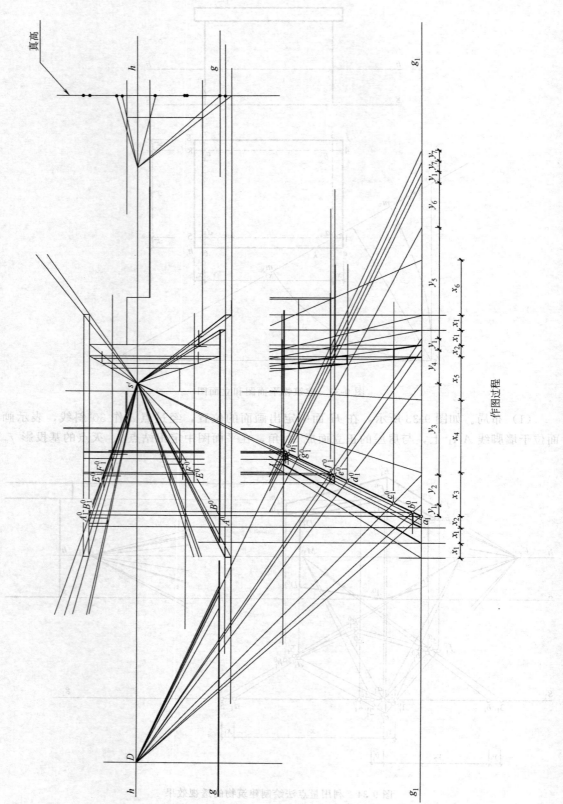

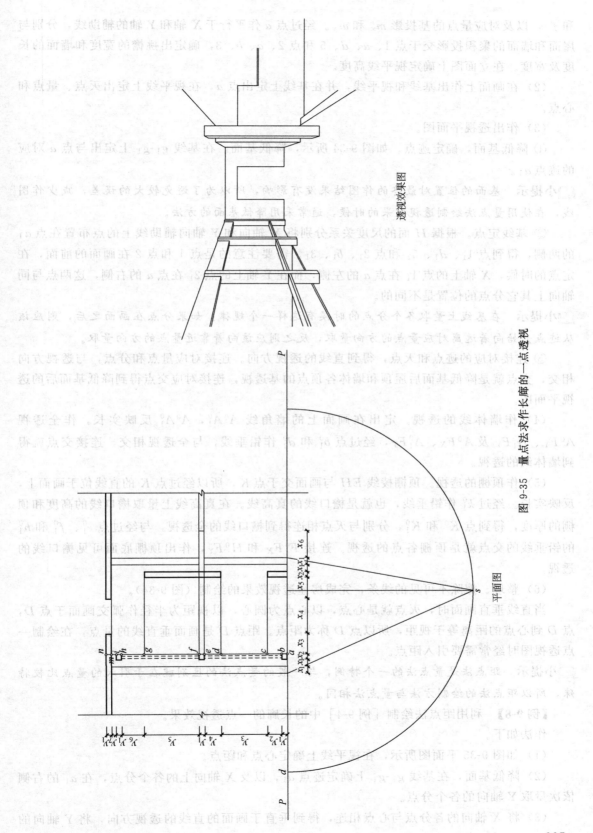

和 f_y，以及对应量点的基投影 m_x 和 m_y。经过点 a 作平行于 X 轴和 Y 轴的辅助线，分别与屋面和墙面的聚积投影交于点 1、a、d、5 和点 2、a、b、3，确定出挑檐的宽度和墙面的长度及宽度。在立面图上确定视平线高度。

（2）在画面上作出基线和视平线，并在基线上定出点 a，在视平线上定出灭点、量点和心点。

（3）作出透视平面图。

① 降低基面，确定迹点。如图 9-34 所示，降低基面。在基线 g_1-g_1 上定出与点 a 对应的迹点 a_1。

📖 **小提示** 基面的位置对最终的作图结果没有影响，所以为了避免较大的误差，减少作图线，在使用量点法绘制透视效果的时候，通常采用降低基面的方法。

② 基线定点。根据 H 面的尺度关系分别将 X 轴向和 Y 轴向辅助线上的点布置在点 a_1 的两侧，得到点 1_1、d_1、5_1 和点 2_1、b_1、3_1。需要注意的是点 1 和点 2 在画面的前面，在定点的时候，X 轴上的点 1_1 在点 a 的左侧，而在 Y 轴上的点 2_1 在点 a 的右侧，这两点与同轴向上其它分点的位置是不同的。

📖 **小提示** 在基线上量取各个分点的时候有这样一个规律：如果分点在画面之后，则应该从迹点开始向着远离对应量点的方向量取，反之则应该向着靠近量点的方向量取。

③ 连接对应的迹点和灭点，得到直线的透视方向。连接对应量点和分点，与透视方向相交，交点就是降低基面后屋顶和墙体各顶点的基透视，连接对应交点得到降低基面后的透视平面图。

（4）作墙体线的透视。定出在画面上的墙角线 $A^0A_1^0$，$A^0A_1^0$ 反映实长，作全透视 A^0F_Y、$A_1^0F_Y$ 及 A^0F_X、$A_1^0F_Y$，经过点 b_1^0 和 d_1^0 作铅垂线，与全透视相交，连接交点就得到墙体线的透视。

（5）作顶棚的透视。顶棚棱线 EH 与画面交于点 K，所以经过点 K 的直线位于画面上，反映实长。经过 k_1^0 作铅垂线，也就是檐口线的真高线。在真高线上量取檐口线的高度和顶棚的厚度，得到点 K^0 和 K_1^0，分别与灭点相连得到檐口线的全透视，与经过点 e_1^0、f_1^0 和 h_1^0 的铅垂线的交点就是顶棚各点的透视。连接 F^0F_X 和 H^0F_Y，作出顶棚底面可见檐口线的透视。

（6）整理、擦除不可见的线条，完成房屋透视效果的绘制（图 9-34）。

当直线垂直画面时，灭点就是心点，以心点为圆心，以视距为半径作弧交画面于点 D，点 D 到心点的距离等于视距，所以点 D 称为距点。距点 D 是画面垂直线的量点，在绘制一点透视图时经常需要引入距点。

📖 **小提示** 距点法是量点法的一个特例，与一般的量点法的区别就在于引入的量点比较特殊，所以距点法的绘制方法与量点法相同。

【例 9-8】 利用距点法绘制［例 9-4］中的长廊的一点透视效果。

作法如下。

（1）如图 9-35 平面图所示，在视平线上确定心点和距点。

（2）降低基面，在基线 g_1-g_1 上确定迹点 a_1，以及 X 轴向上的各个分点，在 a_1 的右侧依次量取 Y 轴向的各个分点。

（3）将 X 轴向的各分点与心点相连，得到垂直于画面的直线的透视方向，将 Y 轴向的

各分点与距点 D 相连，与 a_1s 相交，经过所得交点 b_1^0、c_1^0、d_1^0、…作水平线，与对应透视方向线相交，连接对应交点就得到长廊平面图的透视，也就是柱子、墙体的在降低的基面上的基透视。

（4）在画面上绘制长廊剖切断面，也就是长廊在画面上的图形，连接各顶点与心点，得到长廊上画面垂直线的全透视。经过各点的基透视作铅垂线，与相应的透视方向线相交，得到各构件的透视。

📖 **小提示** 也可以根据真高线求取各点的透视高度。

（5）整理，擦除多余的线条，得到长廊的透视效果，见图 9-35 中的透视图。

四、利用量点法绘制立体中倾斜直线的透视

上面实例中的形体都是由一系列特殊直线构成，而在实际工作中空间立体不完全都是这样，往往还会存在一系列斜线（不与基面平行的直线）。斜线的灭点不在视平线上，所以绘制方法也与特殊直线略有不同。

斜线的透视具有下列特征。

（1）斜线的灭点与斜线基投影的灭点在同一铅垂线上。

📖 **小提示** 斜线基投影的灭点一定在视平线上。

（2）如图 9-36 所示，$F_{AB}M_{ab}$ 和水平方向的夹角等于直线相对于基面的倾角，其中 F_{AB} 是斜线的灭点，M_{ab} 是斜线基投影的量点。

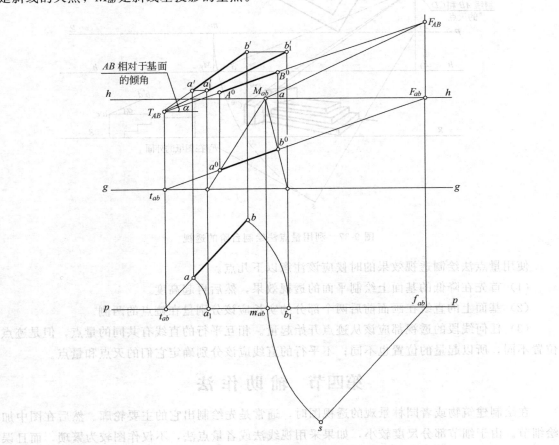

图 9-36 斜线的透视

根据斜线透视的特征，确定绘制斜线透视的方法。

(1) 在基面上经过站点 s 作 ab（斜线的基投影）的平行线，与画面交于点 f_{ab}，以 f_{ab} 为圆心，以 $f_{ab}s$ 为半径作弧，交画面于点 m_{ab}，即 ab 量点的基投影。

(2) 在画面中定出 F_{ab} 和 M_{ab}，经过点 M_{ab} 作一直线与视平线的夹角等于直线 AB 相对于基面的倾角，这条直线与过 F_{ab} 的铅垂线的交点就是直线 AB 的灭点 F_{AB}。

📖**小提示**　直线 AB 与基面的倾角可以通过直角三角形法求得，也可以按照图 9-36 中的方法，利用辅助线 A_1B_1（正平线）求得。图中 $T_{AB}b_1'$ 与 $M_{ab}F_{AB}$ 平行。

(3) 确定了直线的灭点后，就可以利用量点法求作直线的透视了。

如图 9-37 所示，台阶挡板上两条斜线 AB 和 CD 就可以利用上面介绍的方法绘制，在画面中确定量点 M_Y，这是 AB 和 CD 的基投影的量点。经过 M_Y 作倾角为 α 的直线（α 根据台阶的 W 面投影可以得到），与经过 F_Y 的铅垂线的交点就是两条斜线的灭点，再根据斜线的基透视绘制出斜线的透视。

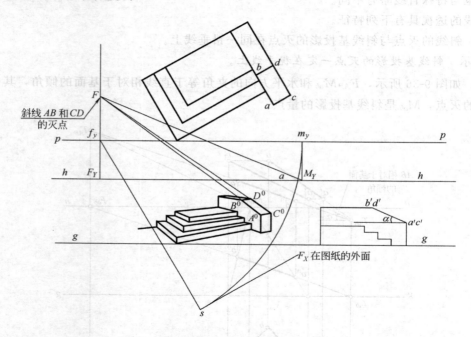

图 9-37　利用量点法绘制台阶的透视

使用量点法绘制透视效果的时候应该注意以下几点。

(1) 首先在降低的基面上绘制平面的透视效果，然后再起高度。

(2) 基面上的直线在画面前后两个部分的实长应该分别量在迹点的两侧。

(3) 任何线段的透视都应该从迹点开始起量。相互平行的直线有共同的量点，但是迹点位置不同，所以起量的位置也不同；不平行的直线应该分别确定它们的灭点和量点。

第四节　辅助作法

在绘制建筑物或者园林景观的透视图时，通常是先绘制出它的主要轮廓，然后在图中加绘细节。由于细节部分尺度较小，如果采用视线法或者量点法，不仅作图较为繁琐，而且误差较大，所以常运用一些辅助作图方法以弥补视线法和量点法的不足。

一、分比法

（一）画面平行线（正平线）分段

在透视图中当线段平行于画面时，尽管线段的长度改变，但是线段上分线段之比没变，即该线段上各段之比等于这些线段的透视之比。因此，要把平行于画面的线段分为定比，可以在透视中按照分线段成比例的方法直接求取各分点。

（二）水平线分段

在透视图中当直线不平行于画面时，直线上各线段长度之比，不等于实际分段之比。需要根据透视的特性，运用量点的概念，求直线的各分点的透视。

【例 9-9】 如图 9-38 所示：已知基面中一线段 AB 的透视 A^0B^0，现要把 A^0B^0 等分 5 等份，并求点 C 的透视 C^0，使 $A^0C^0 : B^0C^0 = 3 : 2$。

作法（图 9-38）如下。

(1) 过 A^0 作水平线 L，自点 A^0 开始，取任意长度为单位长度，依次在直线 L 上截取 5 个等分点 1、2、3、4、5。

(2) 连接 $B^0 5$ 并反向延长，与视平线交于点 M，连接 $M1$、$M2$、$M3$、$M4$，与线段 A^0B^0 交于点 1^0、2^0、3^0、4^0，即得等分点的透视，其中点 3^0 就是所求的点 C^0。

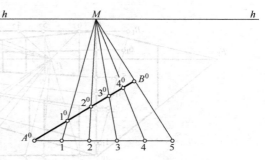

图 9-38 等分线段透视

【例 9-10】 已知建筑物轮廓线的透视，补绘其立面的窗洞、门洞的透视。

分析：窗洞或者门洞线都是水平线或者铅垂线，可以按照分比法求分点的透视。

作法如下。

(1) 水平分格线的绘制。经过点 A^0 作任意直线 A^0B_1，并使 $A^0B_1 = AB$（墙体的真高），根据 V 面投影确定分点 1_1、2_1、3_1、$\cdots$，连接 B^0B_1，经过分点作 B^0B_1 的平行线，与 A^0B^0 的交点即水平方向分格点的透视。如果灭点已知，直接连接灭点和分点的透视得到水平分格线。如果灭点不可见，则按照相同方法绘制 C^0D^0 上的分点，然后连接对应点即可。

📖 **小提示** 如果 AB 是画面上的直线则可以直接量取分格点。

(2) 竖直分格线的绘制。经过点 B^0 和点 A^0 作水平线 B^0B_2 和 A^0B_3，根据 V 面投影分别定出顶层和底层铅垂方向的分点 1_2、2_2、3_2、$\cdots$ 和 1_3、2_3、3_3、$\cdots$，然后分别连接 B_2C^0 和 B_3D^0，与视平线交于点 F，连接分点与点 F，与 B^0C^0 和 A^0D^0 的交点就是透视图中铅垂方向的分点，经过分点作铅垂线，与步骤 1 中所作的水平分格线相交，得到窗洞、门洞的透视，如图 9-39 所示。

二、利用矩形对角线作图

（一）求矩形中线（矩形的对分）

矩形的对角线的交点就是矩形的中心，矩形的中线一定经过该点。如图 9-40 所示，矩形的透视图 $A^0B^0C^0D^0$，连接对角线，得交点 O，经过点 O 作铅垂线得到铅垂中线，连接 OF 与对应边相交得到水平中线。

📖 **小提示** 利用这一方法还可以将矩形等分成偶数等份。

（二）矩形的分割

1. 等分

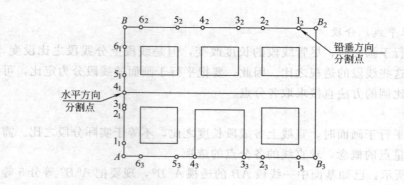

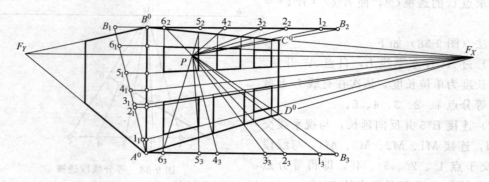

图 9-39 补绘建筑立面的门洞和窗洞

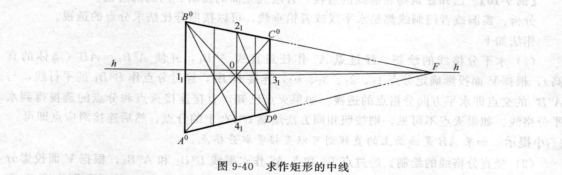

图 9-40 求作矩形的中线

【例 9-11】 已知矩形的透视 $A^0B^0C^0D^0$,将矩形纵向等分为 3 等份。

作法如下。

如图 9-41 所示,在矩形的竖边 A^0B^0 上依次截取三段任意单位长度,得到三个等分

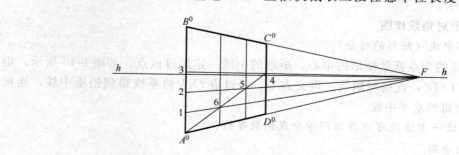

图 9-41 三等分矩形

点1、点2、点3，连接 F3（点 F 是直线 AD 和 BC 的灭点），与 C^0D^0 交于点4，连接 $A^0$4 与 F2 和 F1 交于点5和点6，经过点5和点6作铅垂线，即得完成矩形的三等分。

2. 按比例分割

如果需要将矩形按照任意比例分割，作法与等分相同，只是在竖边上需要按照比例选取相应的等分点。

【例 9-12】 将［例 9-11］中的矩形分割成宽度为 2∶3∶2 的竖条。

作法如下。

如图 9-42 所示，取任意单位长度，在 A^0B^0 上依次截取相等的 7 段（2+3+2），得到 2∶3∶2 的等分点点2、点5、点7，连接 F2、F5 和 F7，$F7C^0D^0$ 交于点8，连接 $A^0$8，与 F2 和 F5 交于点 m 和点 n，经过这两个点作铅垂线，完成矩形的按比例等分。

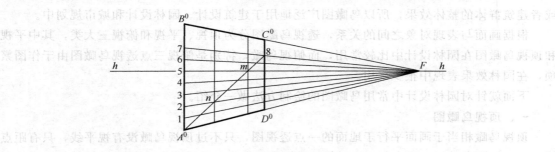

图 9-42 按比例分割矩形

（三）作连续等大的矩形

如果是连续的等大的矩形，当作出第一个后就可以根据第一个矩形的透视直接作出后续的几个。

【例 9-13】 已知矩形 ABCD 的透视，绘制与其等大的连续的三个矩形的透视。

分析：如图 9-43 平面图所示，第一个矩形的 CD 边可以看成矩形 ABEF 的中线，所以 CD 一定经过矩形 ABEF 的中点，并且这系列等大的矩形的对角线应该相互平行，具有共同的灭点，只要找到对角线的灭点，根据矩形中线透视的求取方法，就可以得到结果。

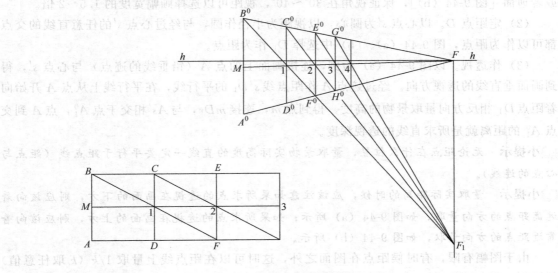

图 9-43 作等大连续的矩形

233

作法如下。

如图 9-43 所示，连接 C^0D^0 的中点 1 和灭点 F，得到矩形的水平中线的全透视，连接 $B^0$1 并延长，与经过点 F 的铅垂线相交，交点 F_1 是这一系列矩形对角线的灭点。BF_1 与 A^0F 交于点 F^0，F^0 就是矩形 $ABEF$ 对角线上的另一个端点，经过点 F^0 作铅垂线，得到第二个矩形的透视。相同的方法作出后续的矩形。

第五节 鸟 瞰 图

常视高的透视图视域较窄，仅适合于表现局部小范围的效果，对于大型的场景，就需要采用视点相对较高的鸟瞰图。鸟瞰图顾名思义，就相当于站在高处俯瞰的效果，正所谓"站得高，看得远"，因为视点在表现对象的上方，鸟瞰图就能够展现相当多的内容，表现景观或者建筑群体的整体效果，所以鸟瞰图广泛地用于建筑设计、园林设计和城市规划中。

根据画面与表现对象之间的关系，透视鸟瞰图分为顶视、平视和俯视三大类，其中平视和顶视鸟瞰图在园林设计中比较常用，而俯视鸟瞰，特别是俯视三点透视鸟瞰图由于作图繁琐，在园林效果表现中很少采用。

下面就针对园林设计中常用鸟瞰图的绘制方法做一介绍。

一、顶视鸟瞰图

顶视鸟瞰相当于画面平行于地面的一点透视图，只不过顶视鸟瞰没有视平线，只有距点线（DL）；没有基线，只有与 DL 平行的量深线 TD。由于顶视鸟瞰的画面与地面平行，所以作图比较简单，可以直接在平面图上作出鸟瞰效果。在绘制顶视鸟瞰的时候最主要的两个参数是视距和心点，视距通过视角加以控制，最佳的视角为 30°～40°。心点则根据需要选定，可以在图面之内，也可以在图面之外。

📖**小提示** 由于视角的限定，对于狭长地段或者范围较广的场景，就不宜用顶视鸟瞰图进行表现，可以采用动点顶视鸟瞰或者平视鸟瞰图。

顶视鸟瞰图绘制方法与一点透视图相似，具体步骤如下。

(1) 如图 9-44 所示，定画面、视距和心点。画面通常选择景物的顶面 [图 9-44 (a)] 或者地面 [图 9-44 (b)]，保证视角在 30°～40°，视距可以选择画幅宽度的 1.5～2 倍。

(2) 定距点 D。以心点 s' 为圆心，以视距为半径作圆，与经过心点 s' 的任意直线的交点都可以作为距点，图 9-44 (a)、(b) 中选择 D_1 作为距点。

(3) 作透视。以图 9-44 (a) 为例，连接画面上的点 A（铅垂线的迹点）与心点 s'，得到画面垂直线的透视方向。经过迹点 A 作距点线 $s'D_1$ 的平行线，在平行线上从点 A 开始向着距点 D_1 相反方向量取景物的高度，得到点 m，连接 mD_1，与 As' 相交于点 A_1^0，点 A 到交点 A_1^0 的距离就是所求直线的透视深度。

📖**小提示** 无论距点在什么位置，量取景物实际高度的直线一定要平行于距点线（距点与心点的连线）。

📖**小提示** 量取实际距离的时候，应该注意如果所求点的透视在画面的下方，则应该向着远离距点的方向量取，如图 9-44 (a) 所示；如果所求点的透视在画面的上方，则应该向着靠近距点的方向量取，如图 9-44 (b) 所示。

由于图幅有限，有时候距点在图面之外，这时可以在距点线上量取 $1/k$（k 取任意值）的视距，距点记作为 $D_{1/k}$。按照前面介绍的方法确定景物的实际距离，如图 9-45 所示，Am

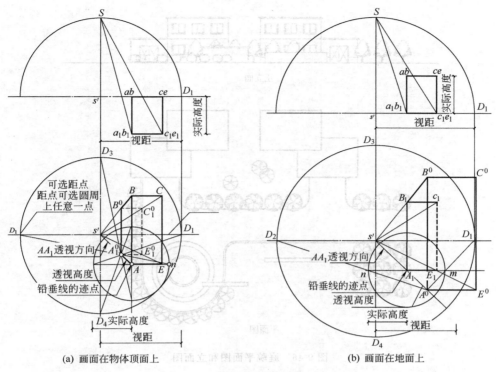

(a) 画面在物体顶面上　　　　(b) 画面在地面上

图 9-44　顶视鸟瞰的作图方法

等于景物的实际高度,将 Am 等分成 k 等份,定出从点 m 开始的第一个分点 m_1,连接 $mD_{1/k}$ 和 m_1s',两条直线交于点 a_1,经过点 a_1 作 Am 的平行线,与 As' 交于点 A_1^0,AA_1^0 为所求的透视深度。作图原理如图 9-45 右图所示。

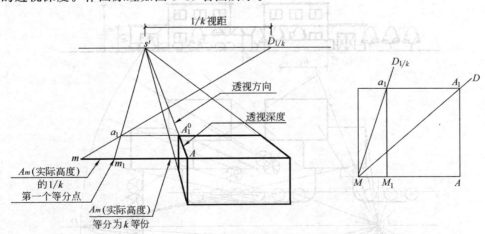

图 9-45　距点不可达时透视深度的量取

注:M_1a_1 与 A_1A_1 平行,有共同交点一心点 s'。

【例 9-14】　已知某庭院平面图、立面图(图 9-46),求作庭院的顶视鸟瞰效果。
作法如下。
(1)确定画面、视距、视点、距点的位置。如图 9-47 所示,选择地面作为画面,在立面图中定出视点、视距,在画面上定出心点 s' 和距点 D。

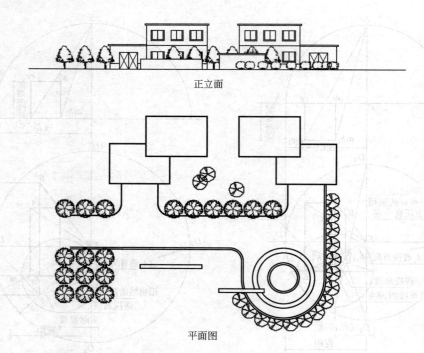

图 9-46 庭院平面图和立面图

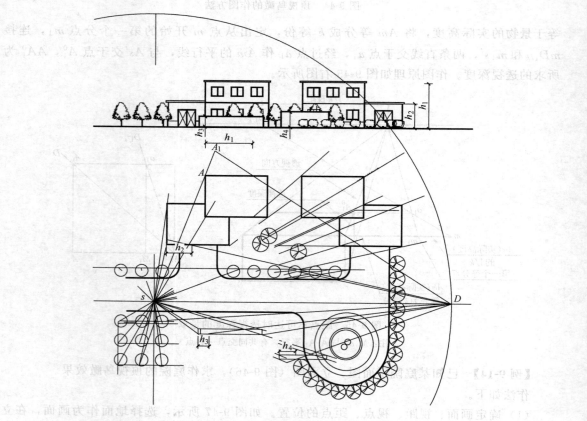

图 9-47 庭院顶视鸟瞰效果绘制过程

(2) 确定透视方向。因为顶视效果图中平面不变,所以可直接在平面图上作图。连接 H 面投影和心点 s',得到画面垂直线的透视方向。

(3) 量取透视深度。经过直线的迹点作平行于距点线的直线,在平行线上从迹点开始向着距点方向量取景物的实际高度,连接截点和对应距点,与经过迹点的透视方向线相交(本例中是两者延长线相交),交点到迹点的距离即为透视深度。如图 9-47 中,经过点 A 作平行于 $s'D$ 的直线,在其上截取建筑物的高度 h_1,连接距点 D 和截点并延长,与经过点 A 的透视方向 $s'A$ 的延长线相交,AA_1 就是建筑物的透视高度。

(4) 作出顶面的透视。因为平行于画面的一组平行线在透视图中仍然相互平行。根据这一规律,只要求出顶面一个点的透视其它点的透视就可求。如图 9-47 所示,确定建筑物顶面一点的透视 A_1 后,经过 A_1 作水平和铅垂线,与相应的透视方向的交点就是与其相邻的两个顶点的透视,按照同样方法第四个顶点的透视也可求。同理,作出其它建筑物、构筑物的透视。

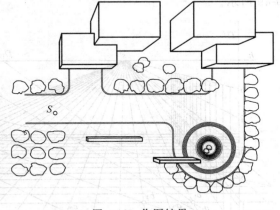

图 9-48 作图结果

(5) 整理、检查,擦除多余的线条,添加配景,得到庭院的顶视鸟瞰效果,如图9-48所示。

二、平视鸟瞰图

对于小型的园林景观鸟瞰效果的绘制较为简单,通常灭点或者距点都在图面中,可以采用前面介绍的方法——视线法、量点法进行绘制,作图方法没有变化,只是视高高于正常值。对于大型的场景,如:城市公园、居住小区等,构图较为复杂,并且往往灭点或者距点不可达,这时可借助透视网格进行辅助作图,这种方法称为网格法。网格法分为一点透视网格法和两点透视网格法。

(一) 一点透视网格制作

平面网格中有两个方向的直线——X 轴方向和 Y 轴方向,在一点透视中,平面网格纵向(Y 轴向)网格线垂直于画面,其透视方向就是轴线上的等分点与心点的连线。水平方向(X 轴向)的网格线与画面平行,在透视图中仍然保持水平,只是间距由近及远会逐渐的缩小,缩小的间距需要借助方格网的 45° 对角线求取,在一点透视中 45° 对角线有共同的灭点,灭点就是距点 D。

一点透视网格的绘制方法(图 9-49):

(1) 在图面上定出视平线 h-h、基线 g-g、心点 s' 和网格的坐标原点 O。

(2) 在基线上以点 O 为起点,依次截取等长,确定各等分点,并进行标注,如图 9-49 所示。连接心点 s' 和各等分点,得到垂直于画面的网格线(Y 轴向网格线)的透视。

📖 **小提示** 绘制透视网格的时候,最好与平面网格成一定比例,以便于精确定点和按比例缩放。

(3) 在视平线上定出距点。视距可以取画幅宽度的 1~2 倍,本例取 1 倍画幅宽度。通常情况下,距点会在图面之外,这时可以取 1/2 视距或者 1/3 视距,分别记作距点 $D_{1/2}$ 和 $D_{1/3}$。连接点 O 和 $D_{1/2}$($D_{1/3}$),与 $s'1$ 相交于点 a_1(点 b_1),经过点 a_1(点 b_1)作水平线,与 $s'2$($s'3$)交于点 a_2(点 b_3),直线 Oa_2(Ob_3)是经过原点的 45° 对角线的透视,直线

237

Oa_2(Ob_3)的延长线与视平线的交点就是点 D。

(4) 经过 Oa_2(Ob_3)与 Y 轴向网格线的交点作水平线，即得水平网格线（X 轴向网格线）。

(5) 在图面上定出真高线，并作出侧面透视网格。

这时绘制出的透视网格只占图纸的一部分，可以利用对角线的透视将透视网格延展开。在图中任选一个透视方格的对角点，如点 c_1 和点 c_2，连接并双向延长，将 X 轴向的交点与心点相连得到 Y 轴向的网格线，经过与 Y 轴向的交点作水平线得到 X 轴向的网格线，如图 9-49 所示。

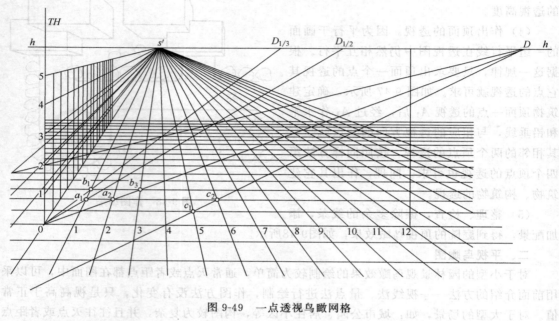

图 9-49　一点透视鸟瞰网格

（二）两点透视网格

对于两个灭点可达的透视网格绘制比较简单，所以我们主要介绍两个灭点不可达时透视网格的绘制。制作方法如下。

(1) 如图 9-50 所示，在图纸中适当位置布置视平线 h-h、基线 g-g 以及网格的坐标原点 O，在基线上以坐标原点为起点向两侧截取网格单位长度，得到分点 1_1、2_1、3_1…和 1_2、

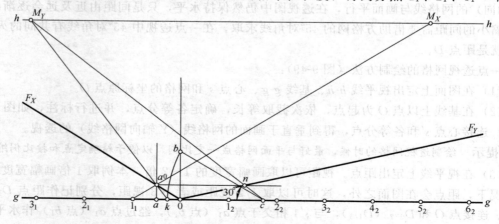

图 9-50　量点、轴的作法

2_2、3_2。

(2) 在线段 $1_1 0$ 上选定一点 a,设 $0a/01_1=k$,则根据需要选定 k 值:$k=0.3$ 左右,则 X 轴、Y 轴的透视较陡,夹角较小;如果 $k=0.8$ 左右,则 X 轴、Y 轴的透视较平缓,夹角较大。

(3) 在视平线上任意位置定出量点 M_X,连接 $M_X 1_1$,与经过点 a 的铅垂线交于点 a^0,连接 $a^0 0$ 并延长,即得到 X 轴的透视。

(4) 经过点 0 作铅垂线,在其上截取 $b0=1_1 0$(一个单位长度),经过点 b 作倾斜直线(本例直线倾斜角度为 30°)。倾斜直线与基线交于点 c,以点 c 为圆心,以 bc 为半径作弧,交基线于点 k。连接 $a^0 k$ 并延长,与视平线的交点就是点 M_Y。连接 $M_Y c$,与经过点 a^0 的水平线相交于点 n,连接点 0 和点 n 并延长,得到 Y 轴的透视。

📖 **小提示** 经过点 b 的斜线的夹角等于 Y 轴与画面的夹角。

可以看出图中 X 轴、Y 轴的灭点都在图面之外,所以需要借助方格网的对角线进行辅助作图,所以还需要确定对角线的灭点。

(5) 如图 9-51 所示,在基线与视平线之间的任意位置作一条水平线,与轴分别交于点 f_x 和点 f_y,以 $f_x f_y$ 直径作圆,经过圆心作铅垂线,交圆周于点 p。以 f_y 为圆心,以 $f_y m_y$ 为半径向下作弧,与圆周交于点 q,连接 pq,与 $f_x f_y$ 交于点 $f_{45°}$,连接点 0 和 $f_{45°}$ 并延长,与视平线的交点就是方格网对角线的灭点 $F_{45°}$。

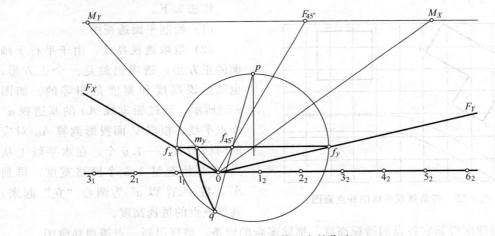

图 9-51 对角线灭点的作法

(6) 如图 9-52 所示,分别连接对应量点和基线上的等分点,与对应轴相交,得到轴向上的等分点的透视——点 1_1^0、2_1^0、3_1^0… 和点 1_2^0、2_2^0、3_2^0… 连接 $2_1^0 2_2^0$,与 $0F_{45°}$ 交于点 f_1,$f_1 1_1^0$ 和 $f_1 1_2^0$ 就是一条 Y 轴向和 X 轴向网格线。再连接对角线和任意等分点,与已经完成的网格线相交,连接交点和对应分点又可以绘制一条网格线,用同样的方法就可以完成两点透视网格的绘制。

(三)利用透视网格作图

利用透视网格绘制鸟瞰图之前,先画好一张方格网(最好绘制在硫酸纸上),然后将方格网覆在平面图上。将绘制鸟瞰图的图纸覆在透视网格之上,将平面图中各点通过目测定位到透视网格对应的位置,连接对应点,得到透视平面图。经过各点向上量取透视高度,进而完成鸟瞰图绘制。

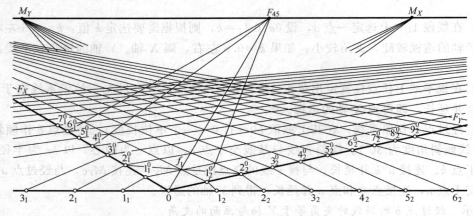

图 9-52 完成两点透视网格的绘制

在这一过程中绘制透视平面图较为简单，关键是量取透视高度，可以采用集中真高线法取定铅垂线的透视高度，但是集中真高线作图繁琐，并且误差较大，这就需要一些技巧了。

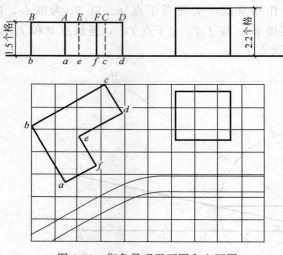

图 9-53 街角景观平面图和立面图

【例 9-15】 已知某一街角景观的平面图和立面图（图 9-53），利用网格法绘制一点透视鸟瞰图。

作法如下。

（1）绘制平面透视图。

（2）量取透视高度。由于平行于画面的正方形，透视仍然是一个正方形，也就是说高度和宽度是相等的。如图 9-54 所示，经过铅垂线 Aa 的基透视 a^0 作水平线，根据 V 面投影测算 Aa 对应的网格数量——1.5 个，在水平线上从点 a^0 开始起量 1.5 个网格宽度，得到 A_1^0，将 $a^0 A_1^0$ 以 a^0 为圆心"立"起来，就是该点的透视高度。

（3）同理求得其它各点的透视高度。擦除多余的线条，整理得到一点透视鸟瞰图。

📖 小提示   透视高度还可以利用透视规律来求得，比如点 B^0，连接 $a^0 b^0$ 并延长，与视平线交于一点 F_{ab}，F_{ab} 也是 $A^0 B^0$ 的灭点，所以连接 $A^0 F_{ab}$，与经过 b^0 的铅垂线的交点就是 B^0。

【例 9-16】 已知某小区的平面图和立面图（图 9-55），利用两点透视网格法绘制鸟瞰图。

作法如下。

（1）绘制透视平面图，如图 9-56（a）所示。

（2）量取透视高度。经过点 0 作铅垂线 0K，所有的透视高度都需要以这条铅垂线作为起量的基准。以求取 Aa 处墙角线的透视高度为例，过 a^0 作水平线，与 0K 交于 a_1 点。根据图 9-55 中的立面图，a^0 处的真实高度为 6.2m（每个单元格 5m），在基线上按比例确定距离点 0 为 6.2 米的点 k_1，连接 Kk_1，与过 a^0 的水平线交于点 a_2，$a_1 a_2$ 即为 a^0 处的透视高度。在过 a^0 的垂线上取 $a^0 A^0 = a_1 a_2$，即得墙角线 Aa 的透视。再如 Dd 的透视高度，经过点 d^0 作水平线，与 0K 和 Kk_1 交于点 d_1 和 d_2，则 $d_1 d_2$ 就是 Dd 的透视高度。同理可求出

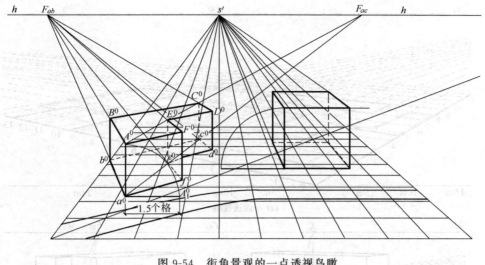

图 9-54 街角景观的一点透视鸟瞰

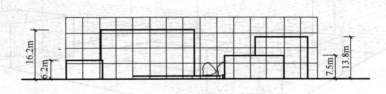

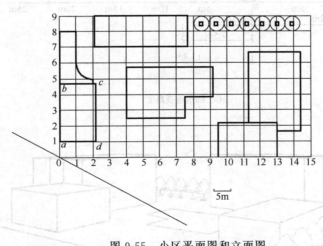

图 9-55 小区平面图和立面图

这栋建筑物其它墙体线的透视高度。

其实在绘制的过程中,并不需要一一求出各条铅垂线的透视高度,某一立体(建筑)有若干条等高的墙角线,当求出其中两条墙角线的透视高度之后,其它墙角线的透视可以利用对角线及其透视关系求得。如图 9-56(b)中的最右侧建筑物,按照前面介绍的方法求出 E^0e^0 和 F^0f^0 的透视高度,连接对角线 e^0g^0 并延长,与视平线交于点 F_{ge},点 F_{ge} 是对角线 e^0g^0 和 E^0G^0 的共同灭点,所以连接 F_{ge} 和 E^0,与经过点 g^0 的铅垂线的交点就是 G^0。

再连接对角线 f^0h^0,与 e^0g^0 交于点 O^0,经过点 O^0 向上作铅垂线,交 E^0G^0 于点 O^0,

241

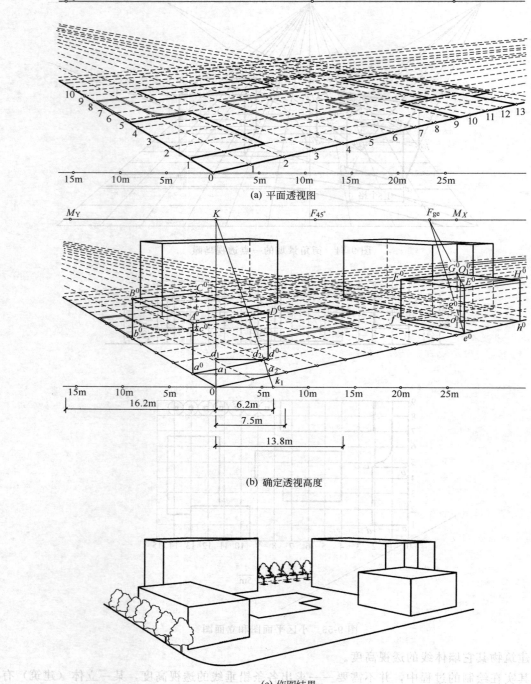

(a) 平面透视图

(b) 确定透视高度

(c) 作图结果

图 9-56 小区鸟瞰图

连接 F^0O^0 并延长，与过点 h^0 的铅垂线的交点即是点 H^0。

📖**小提示** 在绘制透视图的过程中应该学会借助以求得的条件进行绘图，可以大大简化作图过程。

（3）连接对应点完成建筑物的透视图，然后添加配景，完成鸟瞰图的绘制，如图 9-56 (c) 所示。

第六节　曲线和曲面立体的透视

一、曲线的透视

（一）曲线透视的特点

曲线（包括平面曲线和空间曲线）的透视通常仍然是曲线，曲线的形状长度会发生改变。但是当平面曲线在画面上时，反映原形；当平面曲线所在平面通过视点时，透视成为一条直线。

平面曲线也属于平面图形，所以与前面所介绍的平面图形的透视特征相同。

（二）平面曲线透视的作法——网格法

任何非直线的曲线，不论是规则曲线或不规则曲线，都可用坐标网格将该线的位置固定，如图 9-57 所示，作出透视网格，逐个寻找曲线上点在透视网格中的位置，加以连接即可。

图 9-57　平面曲线的透视作法——网格法

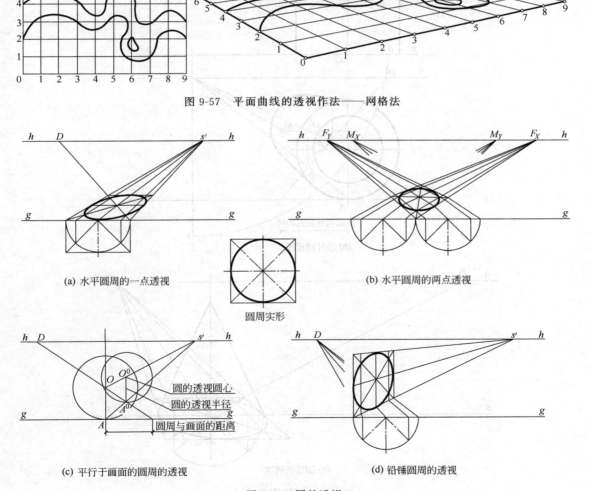

(a) 水平圆周的一点透视　　　　　　　　　　　(b) 水平圆周的两点透视

圆周实形

(c) 平行于画面的圆周的透视　　　　　　　　　(d) 铅锤圆周的透视

图 9-58　圆的透视

二、圆的透视

(一) 圆的透视的特征

当圆平行于画面时，仍然是圆，圆的圆心和半径的透视就是透视圆的圆心和半径；当圆周所在平面通过视点时，圆周的透视是一条直线；在其它位置时，由于圆周与画面、视点的相对位置不同，可能是圆周、椭圆、抛物线或者双曲线。

比较常见的情况是圆周所在平面处于特殊位置——水平、铅垂以及平行于画面，下面针对特殊位置的圆周的透视进行介绍。

(二) 特殊位置的圆的透视的作法——八点法

对于圆周也可以像普通平面曲线那样采用网格法绘制其透视，但由于其特殊的几何特征，通常采用八点法：先作出圆外切正方形，从中找出圆的关系点——圆与外切正方形四条边的切点及与四条对角线的交点。然后画出外切正方形的透视图，定出八个关系点，最后用圆滑曲线连接各点即可。图9-58中提供了不同角度的圆的透视图的绘制方法。

📖**小提示** 这种方法也适用于椭圆透视图的绘制，只不过作出的是椭圆的外切长方形及其透视，再在外切长方形的透视图中找到对应的关系点，然后连接起来即可。

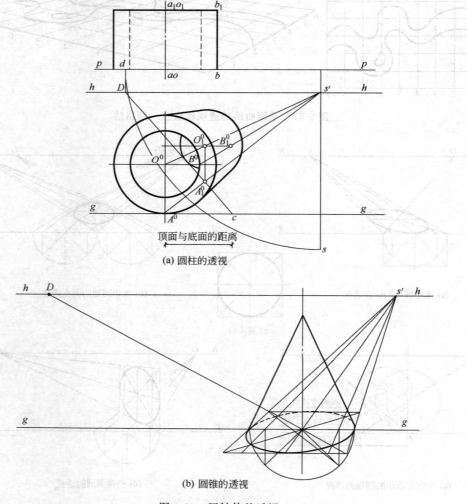

(a) 圆柱的透视

(b) 圆锥的透视

图9-59 回转体的透视

三、回转体的透视

（一）回转体的透视作法

回转体是最常见的曲面立体形式，绘制透视图的常用方法是纬圆法：先作出轴及一系列纬圆的透视，然后再作出包络线，也就是回转体透视的外形线的透视，即得回转体的透视。

圆柱和圆锥是最为常用的回转体类型，在实际工作中出现的频率较高，绘制透视图的步骤如下。

（1）圆柱［图 9-59（a）］：作出两个底圆的透视，再作出与其相切的外形素线，即得到圆柱的透视。

（2）圆锥［图 9-59（b）］：作出圆锥锥顶和底圆的透视，再作与其相切的外形素线，即得到圆锥的透视。圆台的透视作法同圆锥，只要作出顶圆和底圆及与其相切的外形素线的透视即可。

（二）回转体透视实例

【例 9-17】 已知：拱门的两面投影（图 9-60），请根据两面投影绘制拱门的两点透视。

作法如下。

（1）先绘制拱门外形轮廓以及门洞下半部分的透视，这两部分都是基本的四棱柱，具体作法不再详细介绍，如图 9-60 所示。

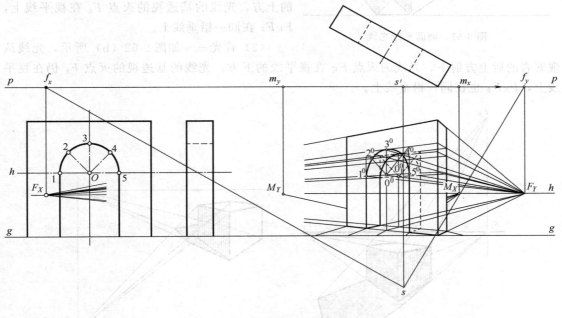

图 9-60 拱门两点透视

（2）绘制拱门门洞上半部分的透视。按照铅垂圆周透视图的绘制方法绘制位于前后表面上的半圆形门洞的透视，并与门洞两侧的铅垂线相切。

📖 **小提示** 前后两圆周上对应点的连线，如 o^0 和 o_1^0 应该通过灭点 F_Y，利用这一点可以简化作图过程。

（3）整理、擦除多余的线条，得到拱门的两点透视。

第七节 透视阴影与倒影

一、透视阴影

透视图中加绘阴影会显得更加真实，并可使景物的形态特征更加突出。园林效果图通常是太阳作为主要光源，所以在透视图中也取平行光线。但与正投影图中阴影的绘制不同，光线的照射方向没有定式，而是根据表现效果的需要进行选取。在透视图中光线的选取有两种形式：平行于画面和与画面相交。

（一）透视图中的光线

1. 画面平行光线

因为平行于画面，所以在透视图中光线的透视方向不变，能够反映光线的水平倾角，并且由于光线的基投影平行于基线，所以光线的基透视也成水平状态。

画面平行光线的透视仍然相互平行，它们的基透视均为水平方向，如图9-61所示。

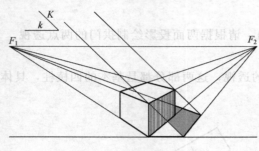

图9-61 画面平行光线

2. 画面相交光线

光线与画面相交，光线是一系列一般位置直线。根据相对于观察者的方向，又分为两种形式。

（1）迎光——如图9-62（a）所示，光线从观察者的前上方射来，光线的灭点F_K在视平线的上方，光线的基透视的灭点F_k在视平线上，$F_K F_k$在同一铅垂线上。

（2）背光——如图9-62（b）所示，光线从观察者的后上方射下，光线的灭点F_K在视平线的下方，光线的基透视的灭点F_k仍在视平线上，$F_K F_k$也在同一铅垂线上。

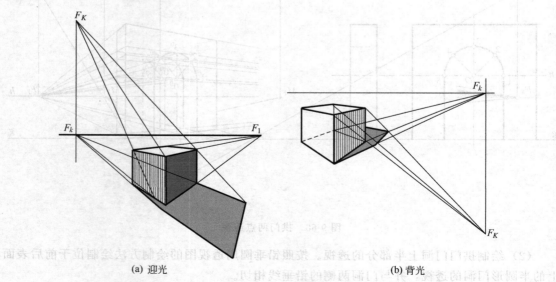

(a) 迎光　　　　　　　　　　　　(b) 背光

图9-62 画面相交光线

在实际作图时，不是先选择光线K的方向、确定灭点F_K和基灭点F_k，相反，在透视图中根据所需效果，确定形体上某一特殊点的落影的位置，由此确定通过这一点的光线K

的透视 K^0 及其基透视 k^0。如果 k^0 成水平方向，则光线平行于画面，否则，光线与画面相交，将 k^0 延长，与视平线的交点就是光线基透视的灭点 F_k，经过点 F_k 作铅垂线，与光线 K^0 的延长线的交点就是光线的灭点 F_K。

（二）画面平行光线产生的阴影

在透视中最为简单的就是假定光线平行于画面与地面成 $45°$ 或者 $60°$ 角，平行光线在透视图中仍然保持平行，光线的基透视成水平状态。

【例 9-18】 已知建筑物的两点透视，根据左上角光线的方向绘制其阴影。

分析：根据左上角的附图可以看出光线平行于画面，并且光线的照射角度为 $45°$。光线是从右上方照射下来的，所以建筑物的顶面、前面和右面是阳面，而建筑物的后面和左面为阴面。建筑物将在地面上形成落影，同时右侧建筑物还将在左侧建筑物屋顶和墙体上投下影子。

作法如下。

（1）左侧建筑物在地面上的影。Aa 是铅垂线，在地面上的落影应该成水平方向，点 a 的影就是其本身，经过点 A 作 $45°$ 线，与经过点 a 的水平线的交点就是点 A 在地面上的影 A_0。同理可以求出 B_0、D_{10}（不可见）。

📖**小提示** 除了利用光线和光线的基透视求出点的影之外，还可以利用影线的透视关系求取。如 A_0B_0 是棱线 AB 的影，$A_0B_0 // AB$，所以它们有共同的灭点也就是 F_X。根据这一规律，先确定影线 A_0B_0 的透视方向，再利用经过点 B 的光线就可以求出点 B 的影 B_0，同理求出 BD_1 的影，B_0D_{10} 的灭点是 F_Y。

（2）右侧建筑物的阴影。右侧建筑物的阴面是建筑物的后面和左侧面，后面在地面上投下的阴影被遮挡而不可见，只需绘制出左侧侧面的影即可。

① 墙角线 Cc 的落影。左侧墙面的阴线为铅垂线 Cc 和正垂线 CD，墙角线 Cc 垂直于地面，地面上的影 cc_0 与 k^0 平行（水平方向），与墙基线交于点 c_0，因为 cc_0 还没有与通过点 C 的光线相交，所以 Cc 在左侧建筑物的墙体上会产生落影。由于 Cc 平行于承影面（墙面），所以 Cc 在墙面上的落影平行于 Cc，即垂直于地面，因此经过点 c_0 向上作铅垂线，与经过点 C 的光线的交点就是点 C 在墙面上的影 C_0。

② 檐口线 CD 的落影。通过观察 CD 仅有一段的影落在左侧建筑的屋顶上，这段影与 CD 平行，所以它们有共同的灭点 F_X。点 E_1 位于凹角处，是阴面与阳面的交界线上的一点，影子就是它的本身，经过点 E_1 作铅垂线，与 CD 交于点 E，经过点 E 作光线，与过 E_1 的水平线交于点 E_0，点 E_0 即为点 E 在左侧建筑物屋顶上的影。连接 E_0F_X 并延长，与 AE_1 和 BD_1 交于点 F_0 和 G_0，利用返回光线推出对应点 F 和点 G，FG 就是 CD 上在左侧建筑物屋顶投下阴影的那一段线段。连接 C_0 和 F_0 得到 CF 段在左侧建筑墙体上的影。

（3）整理，填充阴影，完成绘制过程，如图 9-63 所示。

这种阴影形式作图较为简单，可以利用三角板作图，但是效果较为单一，缺少变化。

（三）画面相交光线产生的阴影

光线与画面相交，平行光线有共同的灭点，并与光线基透视的灭点在同一条铅垂线上。求取形体在画面相交光线的照射下产生的影子有以下几种方法。

（1）利用点和光线的基透视作图。

（2）利用空间中点的假影作图。

（3）利用包含点或者直线的光线平面与承影面的交线作图。

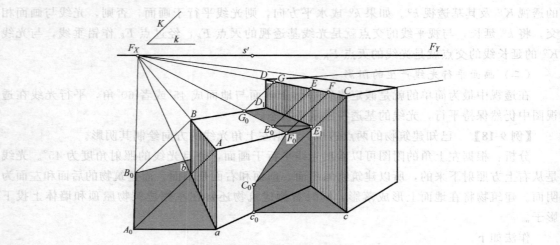

图 9-63 建筑物在平行于画面光线的照射下产生的阴影

【例 9-19】 已知建筑两点透视以及屋檐上一点 a 在左侧墙面上的落影 a_0，求作建筑的阴影。

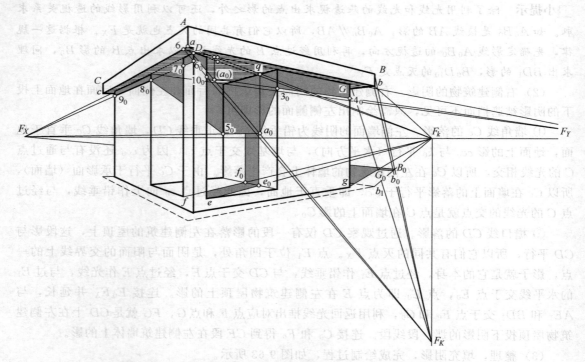

图 9-64 建筑物在画面相交光线的照射下产生的影

作法如下。

(1) 求作光线的灭点和基灭点。将顶棚看成基面，则点 a 的影就是其本身，经过点 a_0 向上作铅垂线，与顶棚和左侧墙体交线相交于点 1，连接 $a1$，$a1$ 就是经过点 a 的光线的基透视，$a1$ 与视平线交于点 F_k，即光线的基灭点（基透视的灭点）；连接 aa_0 并延长，与经过点 F_k 的铅垂线交于点 F_K，即得到光线的灭点。

(2) 求作檐口线 ab、ac 在墙体和柱面上的落影。

① 利用点 a 的假影求作 ab 在前面墙体上的落影。经过 aF_k 与 DF_Y（前侧墙体与顶棚的交线）的交点 2 向下作铅垂线，与 aF_K 交于点 (a_0)，(a_0) 是点 a 在前侧墙面上的假影；连接 $(a_0)F_Y$ 与前侧墙体线交于两个点 3_0 和 4_0，$3_0 4_0$ 就是檐口线 ab 在前侧墙面上的落影。

② 连接 $3_0 a_0$ 得到檐口线 ab 在左侧墙面上的落影。连接 $a_0 F_X$，与门廊内部墙角线交于点 5_0，$a_0 5_0$ 是檐口线 ac 在左侧墙体线上的落影。

③ 求作檐口线 ac 在柱面上的落影。连接 DF_k 并延长，与檐口线 ac 交于点 6，连接 $6F_K$ 与经过点 D 的铅垂棱线交于点 6_0，点 6_0 是檐口线 ac 上一点 6_0 在柱面上的落影。连接 $6_0 F_X$ 分别与立柱棱线和左后侧墙体线交于点 7_0、8_0、9_0，$6_0 7_0$ 和 $8_0 9_0$ 是檐口线 ac 在左侧柱面上和左侧墙面上的落影。连接 $6_0 F_K$ 与前侧柱面的交线 $6_0 10_0$ 就是檐口线 ac 在前侧柱面上的落影。

④ 连接 $8_0 5_0$ 得到檐口线 ac 在门廊正面墙面上的落影。

（3）求作立柱的落影。连接 eF_k 和 fF_k，与门廊左侧墙基线交于点 e_0 和点 f_0（折影点），经过两点向上作铅垂线，即可得到立柱在地面和墙面上的落影。

（4）求作墙体和屋顶在地面上的落影。连接 $b_1 F_k$，与 bF_K 和 BF_K 交于点 b_0 和 B_0，分别对应屋檐上点 b 和点 B 在地面上的落影，连接 $B_0 F_X$ 和 $b_0 F_X$ 就会得到屋顶在地面上的落影；连接 gF_k，与 GF_K 交于点 G_0，即点 G 在地面上的落影。

（5）整理，填充阴影，完成建筑物阴影的绘制，见图 9-64。

二、倒影

（一）倒影及其规律

在光滑的表面上能够反射出与形体形状相反的形象，这种现象称为反影，由于反射面的状态不同，反影可以分为两类：倒影和镜像，在园林设计中倒影较为常见。

如遇静止的水面、积水的路面或者光滑的地面等水平反射面时，形体就会在其上产生颠倒的反影，这就是倒影。如图 9-65 所示，位于反射镜面之上的一个形体将在反射镜面上形成倒影，其形状大小与原物相同，只是与原形体相对于反射平面对称。根据物理学原理，入射角等于反射角，图中点 A、点 K 和点 A_0 在同一条反射面的垂直线上，且 $AK = A_0 K$。所以倒影的透视有以下规律：当画面铅垂时，空间中一点与其倒影的连线垂直于反射面，并且空间点到垂足的距离等于垂足到点的倒影的距离，在透视图中仍然成立。

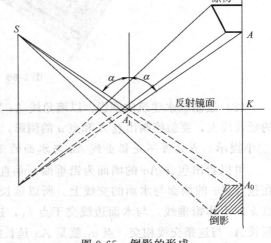

图 9-65 倒影的形成

📖 **小提示** 如果画面倾斜，则上面的规律不再成立，这时候需要用分比法作出透视长度。

（二）倒影的透视作法

倒影的透视作法有以下两种方式。

（1）由对称形体作透视——先定出与原形体形状相反的形体，根据其投影图作出这一形体的透视图，就是所求形体的倒影的透视。

（2）由形体的透视直接作出倒影的透视——根据倒影的特征和透视的原理直接由形体的

透视图得到倒影的透视，这种方法较为常用。

【例 9-20】 已知临水建筑物的两点透视，绘制倒影的透视。

作法如下。

（1）绘制河岸在水中的倒影。经过河岸上一角点 b 作铅垂线与水面边线 L_1 交于一点 b_1，在 bb_1 的延长线上量取 $bb_1=b_0b_1$，点 b_0 就是点 b 的倒影。因为包含点 b 的河岸线 L 平行于 X 轴方向，灭点为 F_X，又因为地面、水面都是水平面，岸壁又是铅垂面，所以水面边线和河岸线的倒影都是水平线，平行于 L，灭点都是 F_X，所以连接 b_0F_X，得到经过点 b 的河岸线的倒影。利用透视关系得到其它河岸线上的各点及各条河岸线的倒影，如图 9-66 所示。

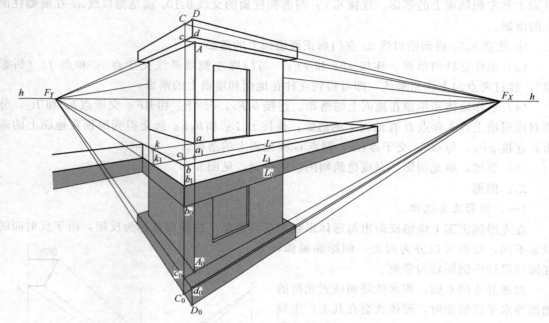

图 9-66 水中倒影

（2）绘制临水建筑的倒影。以墙角线 Aa 为例，因为 Aa 为铅垂线，所以其倒影一定在 Aa 的延长线上，要想绘制出点 A 和点 a 的倒影，需要找到铅垂线 Aa 与水面（反射面）的交点。

📖**小提示** 点 a 并不是铅垂线 Aa 与水面的交点，交点需要通过辅助平面来确定。

可以看出包含 Aa 的墙面为铅垂面，垂直于地面和水面，铅垂线 Aa 与水面的交点一定在包含 Aa 的墙面与水面的交线上。所以延长墙面同地面的交线，与河岸线交于点 k，经过点 k 向下作铅垂线，与水面边线交于点 k_1，连接 k_1F_X，即为包含 Aa 的墙面与水面的交线。延长 Aa 与这条交线相交，点 a_1 就是 Aa 延长线与水面的交点，在 Aa 的延长线上量取 $Aa_1=A_0a_1$，点 A_0 就是点 A 的倒影。

📖**小提示** 点 a 的倒影不可见，所以不绘制。

（3）按照透视关系确定其它点、线的倒影，完成倒影的绘制，如图 9-66 所示。

第八节 园林透视效果图绘制

一、常视高园林效果图绘制

常视高的效果图主要用于小型园景表现或者局部透视效果表现，利用这种常视高让人们感觉亲切,并有一种身临其境的感觉。一般情况下根据表现对象的特征可以采用一点透视或者两点透视,当对于效果图的精确程度要求不高的时候,可以利用简易透视网格进行辅助作图,图9-67和图9-68分别对应的是常视高一点透视和两点透视网格线及其使用方法。

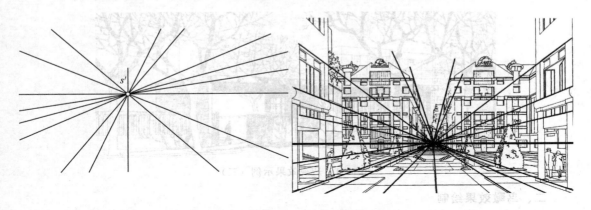

图9-67 常视高一点透视网格线及其使用

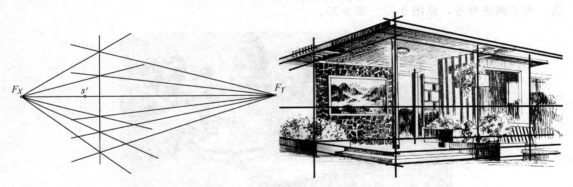

图9-68 常视高两点透视网格线及其使用

利用简易透视网格绘制透视效果的具体步骤。

(1) 在图纸的适宜位置布置视平线、灭点、心点及真高线等。

(2) 绘制简易的透视网格,确定图面中表现对象轮廓线的透视方向,根据透视规律绘制表现对象的主要轮廓,然后利用辅助作图的方法对细部进行处理。

图9-69 透视效果示例(一)

图9-70 透视效果示例(二)

（3）添加配景、阴影及倒影。为了丰富图面效果，同时作为尺度关系的参照物，往往在图面上按照透视关系添加一些人物。下面提供一些常视高的透视效果图，仅供参考见图9-69～图9-71。

图 9-71　透视效果示例（三）

二、鸟瞰效果绘制

通常园林鸟瞰图利用网格法绘制，网格法绘制鸟瞰图我们已经做了详细介绍，这里仅提供一些实例供参考，见图9-72～图9-75。

图 9-72　鸟瞰图实例（一）

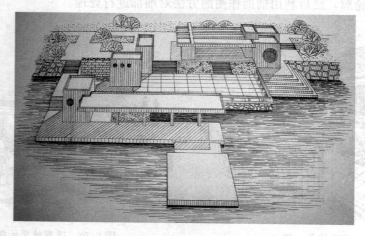

图 9-73　鸟瞰图示例（二）

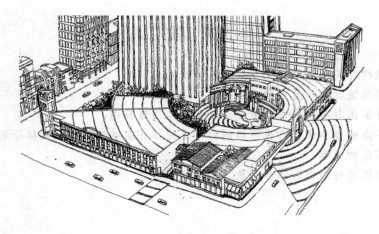

图 9-74 鸟瞰图示例（三）

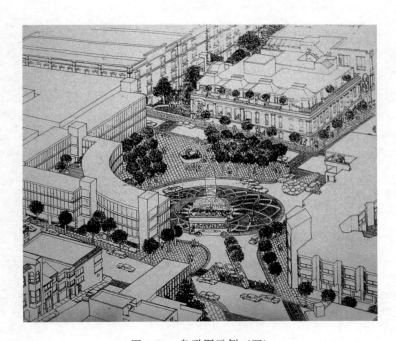

图 9-75 鸟瞰图示例（四）

本 章 小 结

(1) 透视的基本知识，包括：透视的特点、相关术语以及透视与投影的联系和差异。
(2) 基本几何要素——点、线的透视的绘制方法。
(3) 普通透视——常视高的一点透视、两点透视的绘制方法。
(4) 利用透视网格绘制鸟瞰图的方法。
(5) 曲面及曲面立体透视的绘制方法。
(6) 透视的阴影和倒影的绘制。

本 章 重 点

(1) 理解透视相关术语的含义及其相互的联系。
(2) 根据实际情况选择适宜的透视参数。
(3) 根据投影图利用视线法和量点法绘制形体的透视图。
(4) 掌握一点透视和两点透视网格的绘制方法，并能够使用透视网格绘制鸟瞰图，尤其应该注意透视高度的量取。
(5) 对透视图进行润饰，添加配景、阴影和倒影。

第十章 园林施工图绘制

施工图是设计者设计意图的体现,也是施工、监理、经济核算的重要依据,所以说施工图在整个项目实施过程中占有举足轻重的作用。

第一节 园林工程施工图概述

一、园林工程施工图总要求

(一)总要求

(1)施工图的设计文件要完整,内容、深度要符合要求,文字、图纸要准确清晰,整个文件要经过严格校审。

(2)施工图设计应根据已通过的初步设计文件及设计合同书中的有关内容进行编制,内容以图纸为主,应包括:封面、图纸目录、设计说明、图纸、材料表及材料附图以及预算等。

(3)施工图设计文件一般以专业为编排单位,各专业的设计文件应经严格校审、签字后,方可出图及整理归档。

(二)施工图设计深度要求

施工图的设计深度应满足以下要求。

(1)能够根据施工图编制施工图预算。

(2)能够根据施工图安排材料、设备订货及非标准材料的加工。

(3)能够根据施工图进行施工和安装。

(4)能够根据施工图进行工程验收。

在编制中应因地制宜地积极推广和正确选用国家和地方的行业规范标准,并在设计文件的设计说明中注明引用的图集名称和页次。

对于每一项园林工程施工设计,应根据设计合同书,参照相应内容的深度要求编制设计文件。

二、园林施工图组成

园林工程涉及到的专业较多,所以施工图的内容也较复杂,包括:园林绿化、建筑、结构、给排水、电气等。一个园林项目施工图由以下部分组成。

文字部分:封皮,目录,总说明,材料表等。

施工放线:施工总平面图,各分区施工放线图,局部放线详图等。

土方工程:竖向施工图,土方调配图。

建筑工程:建筑设计说明,建筑构造作法一览表,建筑平面图、立面图、剖面图,建筑施工详图等。

结构工程:结构设计说明,基础图、基础详图,梁、柱详图,结构构件详图等。

电气工程:电气设计说明,主要设备材料表,电气施工平面图、施工详图、系统图、控制线路图等。大型工程应按强电、弱电、火灾报警及其智能系统分别设置目录。

给排水工程:给排水设计说明,给排水系统总平面图、详图,给水、消防、排水、雨水系统图，喷灌系统施工图。

园林绿化工程：植物种植设计说明，植物材料表，种植施工图，局部施工放线图，剖面图等。如果采用乔、灌、草多层组合，分层种植设计较为复杂，应该绘制分层种植施工图。

三、图纸封皮、目录的编排及总说明的编制

（一）封皮

施工图集封皮应该注明：项目名称，编制单位名称，项目的设计编号，设计阶段，编制单位法定代表人、技术总负责人和项目总负责人的姓名及其签字或授权盖章，编制年月（即出图年、月）等。

（二）目录编排

图纸目录中应包含以下内容：项目名称、设计时间、图纸序号、图纸名称、图号、图幅及备注等。图纸编号以专业为单位，各专业各自编排各专业的图号；对于大、中型项目，应按照以下专业进行图纸编号：园林、建筑、结构、给排水、电气、材料附图等；对于小型项目，可以按照以下专业进行图纸编号：园林、建筑及结构、给排水、电气等。每一专业图纸应该对图号加以统一标示，以方便查找，如：建筑结构施工可以缩写为"建施（JS）"，给排水施工可以缩写为"水施（SS）"，种植施工图可以缩写为"绿施（LS）"。总之，图号的编排要利于记忆，便于识别，方便查找。

图纸目录示例：

序号	分类	图名	图号	图幅	比例
1	施工说明及材料表(SM)	总说明	SM-01	A4	
		植物材料明细表	SM-02	A4	
		铺装材料明细表	SM-03	A4	
2	施工放线图(YS)	施工总平面图	YS-01	A1	1:500
		道路铺装施工放线图	YS-02	A1	1:200
		中心广场施工放线图	YS-03	A1	1:200
3	竖向施工图(SX)	竖向施工图	SX-01	A1	1:500
4	建筑结构施工图(JS)	弧形廊架施工详图	JS-01	A1	
		方亭施工详图	JS-02	A1	
		水体施工详图	JS-03	A1	
		拱桥施工详图	JS-04	A1	
		木质平台施工详图	JS-05	A1	
		中央花坛、入口景墙施工详图	JS-06	A1	
		铺装节点施工详图	JS-07	A1	
5	电气施工图(DS)	照明系统施工设计说明	DS-01	A4	
		照明系统施工平面图	DS-02	A1	1:500
		照明系统配电图	DS-03	A1	
		灯具设计与安装详图	DS-04	A1	

续表

序号	分类	图名	图号	图幅	比例
6	给排水施工图(SS)	给排水施工说明	SS-01	A4	
		给排水管线布局图	SS-02	A1	1:500
		给排水施工详图	SS-03	A1	1:200
		水体管线施工详图	SS-04	A1	
		喷灌施工图	SS-05	A1	1:500
7	种植施工图(LS)	种植施工总平面图	LS-01	A1	1:500
		种植施工放线图(一)	LS-02	A1	1:200
		种植施工放线图(二)	LS-03	A1	1:200

以上是某园林工程施工图集的目录，本例按照图纸内容进行编排，如果规划区域较大，在施工总平面图之后要给出索引图（施工分区图），然后按照索引图中的分区进行图纸编排。

此外，在实际工作中，图纸的数量和内容可以根据需要进行增减，比如：当工程较为简单时，竖向设计图可与总平面图合并；当路网复杂时，可增绘道路平面图；土方调配图也可根据施工需要确定是否出图。

（三）总说明的编制

在每一套施工图集的前面都应针对这一工程以及施工过程给出总体说明，具体内容包括以下几个方面。

（1）设计依据及设计要求：应注明采用的标准图集及依据的法律规范。

（2）设计范围。

（3）标高及标注单位：应说明图纸文件中采用的标注单位，采用的是相对坐标还是绝对坐标，如为相对坐标，须说明采用的依据以及与绝对坐标的关系。

（4）材料选择及要求：对各部分材料的材质要求及建议，一般应说明的材料包括：饰面材料、木材、钢材、防水疏水材料、种植土及铺装材料等。

（5）施工要求：强调需注意工种配合及对气候有要求的施工部分。

（6）经济技术指标：施工区域总的占地面积，绿地、水体、道路、铺地等的面积及占地百分比、绿化率及工程总造价等。

除了总的说明之外，在各个专业图纸之前还应该配备专门的说明，有时施工图纸中还应该配有适当的文字说明。

总说明示例

1. 一般说明

（1）本工程以建设单位提供的现有用地主干道标高为本工程设计±0.000。

（2）本工程图纸所有标注尺寸除总平面及标高以米（m）为单位外，其余均以毫米（mm）为单位。

（3）本工程给排水、电气、动力等设备管道穿过钢筋混凝土或砌体，均需预埋或预留孔，不得临时开凿，并密切配合各工种施工。

（4）本工程施工图纸所示尺寸与实际不符时，以实际尺寸为准或者与设计人员现场核实。

(5) 图中未详尽之处,须严格按照国家现行的《工程施工及验收规范》及工程所在地方法规执行。

(6) 本套施工图分类编号如下:总平面图为"ZG",绿化图为"LS",给排水施工图为"SS",配电图为"DS",建筑结构施工图为"JS"。

2. 基础部分

(1) 本工程现浇混凝土基础没有特别说明的均用C20钢筋混凝土。

(2) 垫层:100厚C10素混凝土垫层。基层密实度不应小于93%(重击实标准),回弹模量不应小于80MPa。

(3) 土基密实度不应小于90%(重击实标准),回弹模量不应小于20MPa。

3. 普通砌体

M7.5水泥砂浆,MU7.5砖砌筑,如砖砌体标高在±0.00以下或作为水体驳岸,水泥砂浆应用M10。

4. 混凝土

本工程图示构筑物,如无特别注明全部采用C20混凝土。

5. 钢筋

本工程全部采用(Φ)Ⅰ级钢筋、(Φ)Ⅱ级钢筋。

6. 面层

(1) 垂直挂贴

普通挂贴:1:2.5水泥砂浆打底20厚原浆找平,纯水泥砂浆贴面材。

石材挂贴:1:2.5水泥砂浆30厚分层灌浆,石材背面用双股16号铜丝和石材绑扎后与膨胀螺栓固定。

(2) 水平铺贴

干铺:1:3干性水泥砂浆20厚,原浆找平,2厚纯水泥粉(洒适量清水)干铺面材。

湿铺:1:2.5水泥砂浆20厚,原浆找平,适量纯水泥浆贴面材。以上内容完成后,除特别注明外,均1:2水泥砂浆填缝,纯水泥砂浆刮平。

7. 防水

图中没有特别说明,统一采用1:2防水砂浆。

8. 木构件

本工程户外木构件全部采用经防腐、脱脂、防蛀处理后的平顺板、枋材。上人木制平台选用硬制木。原色木构件须涂渗透性透明保护漆二道,凡属上人平台的户外木结构面涂耐磨性透明保护漆二道。

9. 铁件

所有铁件预埋、焊接及安装时须除锈,清除焊渣毛刺,磨平焊口,刷防锈漆(红丹)打底,露明部分一道,不露明部分二道。除特别注明外,铁件面喷涂黑色油漆一道。

10. 变形缝

建筑面层材料按每6.0m设变形缝一道,混凝土结构沿长度每30m设变形缝一道。

11. 其它作法说明

(1) 按各分项图纸的要求做好场地及道路系统的排水坡度,绿地与道路交接处均比道路低3cm,其它按等高线与标高设计进行施工。

(2) 块面料的贴缝处理除图纸有特别注明外,石板材均用原色水泥勾缝处理。

第二节 园林工程施工图

一、施工总平面图

施工总平面图表现整个基地内所有组成成分的平面布局、平面轮廓等，它是其它施工图绘制的依据和基础。通常总平面图中还要绘制施工放线网格，作为施工放线的依据。

（一）施工总平面图包括的内容

1. 指北针（或风玫瑰图），绘图比例（比例尺），文字说明，景点、建筑物或者构筑物的名称标注，图例表。

2. 道路、铺装的位置、尺度、主要点的坐标、标高以及定位尺寸。

3. 小品主要控制点坐标及小品的定位、定形尺寸。

4. 地形、水体的主要控制点坐标、标高及控制尺寸。

5. 植物种植区域轮廓。

6. 对无法用标注尺寸准确定位的自由曲线园路、广场、水体等，应给出该部分局部放线详图，用放线网表示，并标注控制点坐标。

（二）施工总平面图绘制要求

1. 布局与比例

图纸应按上北下南方向绘制，根据场地形状或布局，可向左或向右偏转，但不宜超过45°。施工总平面图一般采用 1∶500、1∶1000、1∶2000 的比例绘制。

2. 图例

《总图制图标准》中列出了建筑物、构筑物、道路、铁路以及植物等的图例，具体内容参见相应的制图标准。如果由于某些原因必须另行设定图例时，应该在总图上绘制专门的图例表进行说明。

3. 图线

在绘制总图时应该根据具体内容采用不同的图线，具体内容参照第一章图线的使用。

4. 计量单位

施工总平面图中的坐标、标高、距离宜以"米"为单位，并应至少取至小数点后两位，不足时以"0"补齐。详图宜以毫米为单位，如不以毫米为单位，应另加说明。

建筑物、构筑物、铁路、道路方位角（或方向角）和铁路、道路转向角的度数，宜注写到"秒"，特殊情况，应另加说明。

道路纵坡度、场地平整坡度、排水沟沟底纵坡度宜以百分计，并应取至小数点后一位，不足时以"0"补齐。

5. 坐标网格

对于复杂的工程，为了保证施工放线的准确度，在施工图中往往利用坐标定位，坐标分为测量坐标和施工坐标。测量坐标为绝对坐标，测量坐标网应画成交叉十字线，坐标代号宜用"X、Y"表示。施工坐标为相对坐标，相对零点通常选用已有建筑物的交叉点或道路的交叉点，为区别于绝对坐标，施工坐标用大写英文字母 A、B 表示。施工坐标网格应以细实线绘制，一般画成 100m×100m 或者 50m×50m 的方格网，当然也可以根据需要调整，如图 10-1 中采用的就是 30m×30m 的网格，对于面积较小的场地可以采用 5m×5m 或者 10m×10m 的施工坐标网。此外，园林设计中往往存在很多不规则曲线，所以绘制施工总平面图的时候还可以结合具体情况对网格间距进行局部调整，如图 10-2 所示。

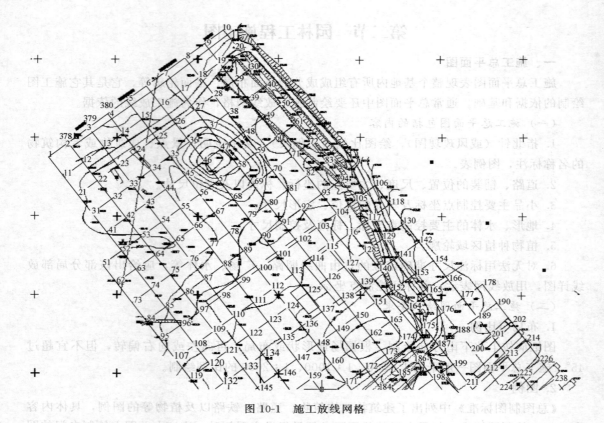

图 10-1 施工放线网格

6. 坐标标注

坐标宜直接标注在图上,如图面无足够位置,也可列表标注,见表 10-1。如坐标数字的位数太多时,可将前面相同的位数省略,其省略位数应在附注中加以说明。

表 10-1 30m×30m 格网点坐标成果表

点 号	坐标 X[北方向]	坐标 Y[东方向]	高程 H
1	82175.652	56216.159	583.12
2	82193.679	56240.138	583.00
3	82211.706	56264.118	582.96
4	82229.732	56288.098	582.93
5	82247.759	56312.078	582.82
6	82265.786	56336.058	582.71
⋮	⋮	⋮	⋮

建筑物、构筑物、铁路、道路等应标注下列部位的坐标:建筑物、构筑物的定位轴线(或外墙线)或其交点;圆形建筑物、构筑物的中心;挡土墙墙顶外边缘线或转折点。表示建筑物、构筑物位置的坐标,宜注其三个角的坐标,如果建筑物、构筑物与坐标轴线平行,可注对角坐标。

平面图上有测量和施工两种坐标系统时,应在附注中注明两种坐标系统的换算公式,如表 10-1 中列出的就是图 10-1 中施工坐标网格交点对应的测量坐标值以及该点的高程。相对坐标的坐标值为负数时,应注"一"号,为正数时,"十"号可省略。

7. 标高标注

施工图中标注的标高应为绝对标高,如标注相对标高,则应注明相对标高与绝对标高的

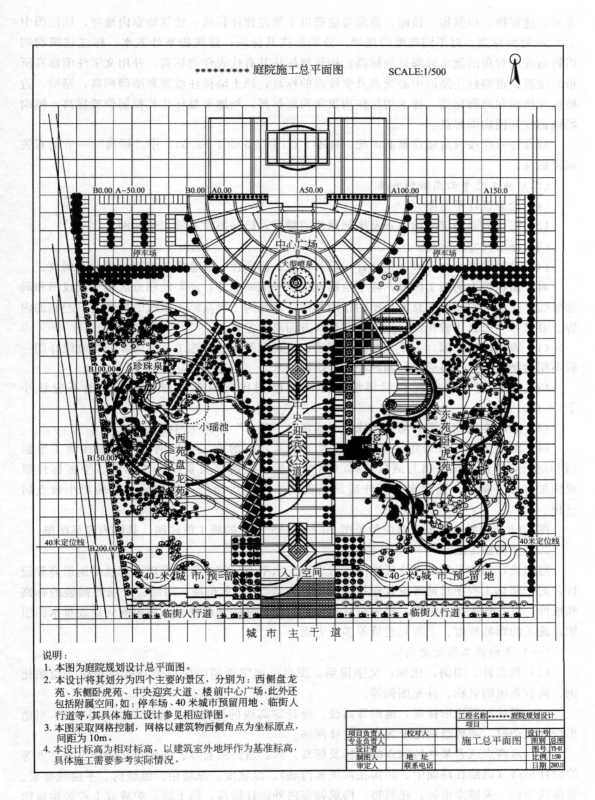

图10-2 施工总平面图示例

关系。建筑物、构筑物、铁路、道路等应按以下规定标注标高：建筑物室内地坪，标注图中±0.00处的标高，对不同高度的地坪，分别标注其标高；建筑物室外散水，标注建筑物四周转角或两对角的散水坡脚处的标高；构筑物标注其有代表性的标高，并用文字注明标高所指的位置；道路标注路面中心交点及变坡点的标高；挡土墙标注墙顶和墙脚标高，路堤、边坡标注坡顶和坡脚标高，排水沟标注沟顶和沟底标高；场地平整标注其控制位置标高；铺砌场地标注其铺砌面标高。

标高符号应按《房屋建筑制图统一标准》（GB/T 50001—2001）中"标高"一节的有关规定标注。

（三）施工总平面图绘制方法

(1) 绘制设计平面图。

(2) 根据需要确定坐标原点及坐标网格的精度，绘制测量和施工坐标网。

(3) 标注尺寸、标高。

(4) 绘制图框、比例尺、指北针，填写标题、标题栏、会签栏，编写说明及图例表。

对于面积较大的施工区域，除了绘制施工总平面图之外，还要绘制分区施工放线图和局部放线详图，它们同施工总平面图的作用相同，都是为了提高施工放线的精确度，绘制的内容、要求和方法也比较相似，只不过在某些方面略有差异。

(1) 表现内容方面，为了方便图纸阅读、避免混乱，分区施工放线图和局部放线详图一般不用绘制植物，仅将道路、园林小品等绘制出来。

(2) 分区施工放线图和局部放线详图的绘图比例根据需要选定，一般不应该小于1:500。

(3) 分区施工放线图和局部放线详图通常以"毫米"作为距离标注单位。

(4) 绘图网格一般采用5m×5m或者10m×10m的施工坐标网；一般标注施工坐标（相对坐标），但应该给出与测量坐标（绝对坐标）的换算关系；尺寸标注、坐标标注要求更加细致、精确，通常坐标标注应该精确到小数点后两位，标高标注精确到小数点后三位。

图10-3（见书后插页）对应的是图10-2的一个分区的施工放线图，具体内容见图纸。

二、竖向施工图

竖向设计指的是指在一块场地中进行垂直于水平方向的布置和处理，也就是地形高程设计，对于园林工程项目地形设计包括：地形"塑造"，山水布局，园路、广场等铺装的标高和坡度，以及地表排水组织。竖向设计不仅影响到最终的景观效果，还影响到地表排水的组织，施工的难易程度、工程总造价等多个方面。

（一）竖向施工图绘制内容

(1) 指北针，图例，比例，文字说明，图名。文字说明中应该包括标注单位、绘图比例、高程系统的名称、补充图例等。

(2) 现状与原地形标高，地形等高线，设计等高线的等高距一般取0.25~0.5m，当地形较为复杂时，需要绘制地形等高线放样网格。

(3) 最高点或者某些特殊点的坐标及标高。如：道路的起点、变坡点、转折点和终点等的设计标高（道路在路面中、阴沟在沟顶和沟底）、纵坡度、纵坡距、纵坡向、平曲线要素、竖曲线半径、关键点坐标；建筑物、构筑物室内外设计标高；挡土墙、护坡或土坡等构筑物的坡顶和坡脚的设计标高；水体驳岸、岸顶、岸底标高，池底标高，水面最低、最高及常水位。

(4) 地形的汇水线和分水线，或用坡向箭头标明设计地面坡向，指明地表排水的方向、排水的坡度等。

(5) 绘制重点地区、坡度变化复杂的地段的地形断面图，并标注标高、比例尺等。

当工程比较简单时，竖向设计施工平面图可与施工放线图合并。

(二) 竖向设计施工图绘制要求

(1) 计量单位。通常标高的标注单位为 m，如果有特殊要求的话应该在设计说明中注明。

(2) 线型。竖向设计图中比较重要的就是地形等高线，设计等高线用细实线绘制，原有地形等高线用细虚线绘制，汇水线和分水线用细单点长画线绘制。

(3) 坐标网格及其标注。坐标网格采用细实线绘制，网格间距取决于施工的需要以及图形的复杂程度，一般采用与施工放线图相同的坐标网体系。对于局部的不规则等高线，或者单独作出施工放线图，或者在竖向设计图纸中局部缩小网格间距，提高放线精度。竖向设计图的标注方法同施工放线图，针对地形中最高点、建筑物角点或者特殊点进行标注。

(4) 地表排水方向和排水坡度。利用箭头表示排水方向，并在箭头上标注排水坡度，如图 10-4（见书后插页）所示，对于道路或者铺装等区域除了要标注排水方向和排水坡度之外，还要标注坡长，一般排水坡度标注在坡度线的上方，坡长标注在坡度线的下方，如：$\genfrac{}{}{0pt}{}{i=0.3\%}{L=45.23}$ 表示坡长 45.23m，坡度为 0.3%。

其它方面的绘制要求与施工总平面图相同。

三、给排水施工图

给排水工程包括给水工程和排水工程两个方面，给水工程指取水、净水、输水和配水等工程；排水工程主要是指污水处理。给排水工程是由各种管线及其配件和水处理、存储设备组成的，给排水施工图就是表现整个给排水管线、设备、设施的组合安装形式，作为给排水工程施工的依据。

(一) 给排水施工图的组成

给排水施工图组成内容较多，尤其是对于一些大型的园林绿化项目，一般包括：管线总平面图、管线系统图、管线剖断面图以及给排水配件安装详图。

1. 管线总平面图

如图 10-5（见书后插页）所示，用于表现设计场地中给排水管线的布局形式。对于园林工程由于管线较少，所以一般绘制的管线综合平面图，目的是为了合理安排各类管线，协调各类管线在水平方向和竖直方向上相互之间的关系。图纸中应该包括以下内容。

(1) 图名、指北针、比例、文字说明以及图例表。《给排水制图标准》(GB/T 50106—2001) 中给出了给排水施工中各个构件的常用图例，本书仅节选其中一部分，参见附录 B。

(2) 在图中通过尺寸标注确定管线的平面位置，供水点或者排水口的位置，对于面积较大的区域要结合施工放线网格进行定位，并且应该给出分区管线平面布局图。

(3) 为了保证管道的通畅，在管线上还要设置相应的阀门井、检查井等，所以给排水管线的平面图上还要用符号表示出阀门井、检查井等，并标注坐标和井口设计标高。

2. 管线系统图（管线轴测图）

为了说明管道空间联系情况和相对位置关系，还要绘制管线的轴测布局图，并标示管线的高程。

3. 管道纵剖面图

4. 管道配件及安装详图

包括：管道上的阀门井、检查井等的构造详图，如果参照标准图集，应该在文字说明中标明参照的标准图集的编号以及页码。

（二）给排水施工图绘制要求

1. 管线总平面图

（1）比例。给排水管线总平面图的比例可与施工放线图相同，可以采用 1∶500、1∶1000、1∶2000，以表达清楚管线布局为基准。

（2）图例。在给排水管线总平面图中，为了便于区分，常采用不同的线型绘制不同的管线，通常规定：给水管用粗实线绘制，污水管或废水管用粗虚线绘制，雨水管用粗单点长画线绘制，如图 10-5 所示；也可以根据各单位内部的标准或者具体情况进行调整，比如可以利用不同的标号区分不同的管线，不管哪种形式在图纸中都要给出图例表，对图中的符号进行说明。此外要注意同一套图纸每一管线所对应的线型或者标号应该相同。

（3）管径、尺寸和标高的标注。用箭头标示管道的敷设坡度及水流方向，在管线上标注管径、坡度值和距离，如图 10-5 所示。

① 管径的标注。各管段的直径可直接标注在该管段旁边或引出线上，管径尺寸应以毫米为单位。一般对于输送低压流体的镀锌焊接钢管、不镀锌焊接钢管、铸铁管、硬聚氯乙烯管、聚丙烯管等，管径以公称直径 DN 表示（如 $DN15$、$DN50$ 等）；耐酸陶瓷管、混凝土管、钢筋混凝土管、陶土管等，管径以内径 d 表示，（如 $d230$ 等）。焊接钢管（直缝或螺旋缝电焊钢管）、无缝钢管等，管径以外径×壁厚表示（如 $D108×4$ 等）。

② 坡度的标注。给水系统的管线如果不设置坡度可不标注坡度，排水系统管线一般都是重力流，所以在排水管线的旁边都要标注坡度，用箭头表示排水方向，"i"表示排水坡度，坡度值用百分数表示，如：$i=0.1\%$。

③ 标高的标注。给排水管线总平面图采用绝对标高，对于小规模的园林工程项目，给排水管线总平面图可以采用相对标高，都是以"米"为单位，绝对坐标需要保留小数点后二位，相对坐标需要保留小数点后三位。主要标注检查井或者阀门井的标高，此外还要标注室内地面、室外地面的标高。

2. 管线系统图（管线轴测图）

管线系统图能反映各管线系统的管道空间定向和各种附件在管道上的位置，如图 10-6

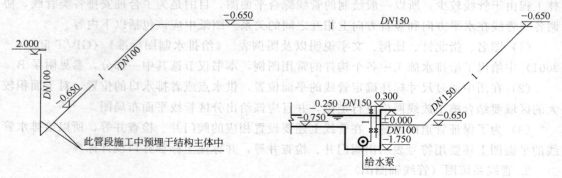

图 10-6　管线系统图

所示。

（1）比例。一般采用与管线平面图相同的比例，当管道系统复杂或简单时，也可采用 1∶50、1∶200，必要时也可不按比例绘制。总之，视具体情况而定，以能表达清楚管线情况为基准。

（2）轴向变形系数。为了完整、全面地反映管道系统，选用能反映三维情况的轴测图来绘制管线系统图。目前我国一般采用正面斜等测轴测图，即 OX 轴处于水平位置，OZ 轴垂直，OY 轴一般与水平线组成 45°角，轴向变形系数：$p=q=r=1$，并且管线系统图的轴向要与管线平面图的轴向一致。

（3）图例。管线系统图一般应按系统分别绘制，这样可避免过多的管道重叠相交叉，但当管道系统简单时，有时可画在一起。管线的图例与管线平面图保持一致，管线及附属构件的图例参见附录 B。当空间交叉的管线在图中相交时，应判定其可见性，可见管线画成连续，不可见管线在相交处断开。当管线被构筑物等遮挡时，可用虚线画出，此虚线粗度应与可见管线相同，但分段比表示污、废水管所用虚线线型短些，以示区别。

（4）管径、坡度、标高的标注。系统中所有管段的直径、坡度和标高均应标注在管线系统图上。关于管径、坡度的标注方法参见总平面图标注。在管线系统图中采用相对标高，园林给排水施工中一般以室外地坪作为基准标高。在给水系统图中，标高以管中心为准，一般要求注出横管、阀门、水箱等各部位的标高。在污、废水系统图中，标高以横管的管底为准，一般标注立管的管顶、检查口和排水管的起点标高。此外，还要标注室内地面、室外地面的标高。

3. 管线布局剖面图

如图 10-7 所示，通过图例表示出给排水管线某一节点处的剖切断面形式，并标注出各个层面上的标高，这里采用的仍然是相对标高。

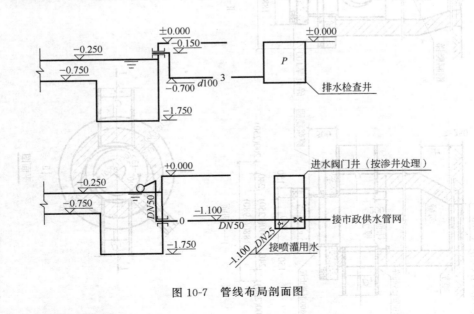

图 10-7 管线布局剖面图

4. 管道配件及安装图

在给排水标准图集中给出了一些常用配件的安装图，通常如果没有特殊要求的话可以直接参照标准图集中的相关内容，不需要绘制出图纸，仅在设计说明或者图纸中注明

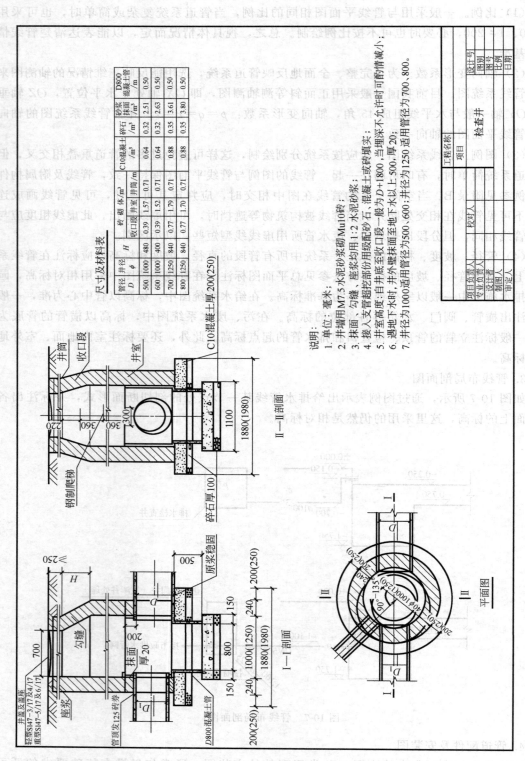

图 10-8 检查井大样

标准图集的名称、编码和所参照图纸的页码。图 10-8 是雨水检查井的平、立、剖面图，仅供参考。

四、种植施工图

植物种植施工图是植物种植施工、工程预结算、工程施工监理和验收的依据，它应能准确表达出种植设计的内容和意图，并且对于施工组织、施工管理以及后期的养护都起到很大的作用。

（一）植物种植施工图绘制内容

（1）图名、比例、指北针、苗木表以及文字说明。

① 苗木表。在种植施工图中应该配备准确统一的苗木表，通常苗木表的内容应包括：编号、树种名称、数量、规格、苗木来源和备注等内容，有时还要标注上植物的拉丁学名、植物种植时和后续管理时的形状姿态，整形修剪的特殊要求等。

② 施工说明。针对植物选苗、栽植和养护过程中需要注意的问题进行说明。

（2）植物种植位置，并通过不同图例区分植物种类以及原有植被和设计植被。

（3）利用引线标注每一组植物的种类、组合方式、规格、数量（或者面积）。

（4）植物种植点的定位尺寸，规则式栽植标注出株间距、行间距以及端点植物与参照物之间的距离；自然式栽植往往借助坐标网格定位。

（5）某些有着特殊要求的植物景观还用给出这一景观的施工放样图和剖断面图。

（二）植物种植施工图绘制要求

1. 现状植物的表示

如果基地中有需要保留的植被，应该使用测量仪器测出设计范围内保留植被种植点的坐标数据，叠加在现状地形图上，绘出准确的植物现状图，利用此图指导方案的实施。在施工图中，用乔木图例内加竖细线的方法区分原有树木与设计树木，再在说明中讲明其区别（如果国家制图规范有这点规定，就不必再加文字说明了）。

2. 图例及尺寸标注

植物种植形式可分为点状种植、片状种植和草皮种植三种类型，从简化制图步骤和方便标注角度出发，可用不同的方法进行标注。

（1）行列式栽植。对于行列式的种植形式（如行道树，树阵等）可用尺寸标注出株行距，始末树种植点与参照物的距离，如图 10-9（见书后插页）所示。

（2）自然式栽植。对于自然式的种植形式（如孤植树），可用坐标标注种植点的位置或采用三角形标注法进行标注。孤植树往往对植物的造型、规格的要求较严格，应在施工图中表达清楚，除利用立面图、剖面图表示以外，可与苗木表相结合，用文字来加以标注。

（3）片植、丛植。施工图应绘出清晰的种植范围边界线，标明植物名称、规格、密度等。对于边缘线呈规则的几何形状的片状种植，可用尺寸标注方法标注，为施工放线提供依据，而对边缘线呈不规则曲线的片状种植，应绘坐标网格，并结合文字标注。

（4）草皮种植。草皮是用打点的方法表示，标注应标明草种名及种植面积等。

设计范围的面积有大有小，技术要求有繁有简，如果一概都只画一张平面图很难表达清楚设计思想与技术要求，制图时应区别对待。对于景观要求细致的种植局部，施工图应有表达植物高低关系、植物造型形式的立面图、剖面图、参考图或通过文字说明与标注。

此外，对于种植层次较为复杂的区域应该绘制分层种植图，即分别绘制上层乔木的种植施工图和中下层灌木地被等的种植施工图，其绘制方法与要求同上。

第三节　结构施工图

结构施工图主要表达结构设计的内容，它是表示建筑物各承重构件（如基础、承重墙、柱、梁、板、屋架等）的布置、形状、大小、材料、构造及其相互关系的图样。它还要反映出其它专业（如建筑、给排水、暖通、电气等）对结构的要求。结构施工图主要用来作为施工放线，挖基槽，支模板，绑扎钢筋，设置预埋件和预留孔洞，浇捣混凝土、安装梁、板、柱等构件，以及编制预算和施工组织设计等的依据。

结构施工图一般有基础图、上部结构的布置图和结构详图等。

绘制结构施工图的基本要求是：图面清楚整洁、标注齐全、构造合理、符合国家制图标准及行业规范，能很好地表达设计意图，并与计算书一致。

一、基础

基础位于底层地面以下，是建筑物或者构筑物的重要组成部分，它主要由基础墙（埋入地下的墙）和下部做成阶梯形的砌体（称为大放脚）组成。基础图是表示基础平面布置和详细构造的图样，一般包括基础平面图和基础详图，它是施工放线、开挖基坑和砌筑基础的依据。

（一）基础平面图

假想用一水平面在房屋的地面与基础之间的某一位置将房屋剖开，移去上面的房屋及泥土，所作出的水平剖面图，称为基础平面图。

1. 基础平面图绘制内容和要求

（1）图名，图号，比例，文字说明。为便于绘图，基础结构平面图可与相应的建筑平面图取相同的比例。

（2）基础的平面布置，即基础墙、构造柱、承重柱以及基础底面的形状、大小及其与轴线的相对位置关系，标注轴线尺寸、基础大小尺寸和定位尺寸。

（3）基础梁（圈梁）的位置及其代号，如基础梁可标注为 JL_1、JL_2、JL_3、…，圈梁标注为 JQL_1、JQL_2、JQL_3、…。

（4）基础断面图的剖切线及其编号，或注写基础代号，如 JC_1、JC_2、JC_3、…。

（5）当基础底面标高有变化时，应在基础平面图对应部位的附近画出剖面图，来表示基底标高的变化，并标注相应基底的标高。

（6）在基础平面图上，应绘制与建筑平面相一致定位轴，并标注相同的轴间尺寸及编号。此外，还应注出基础的定形尺寸和定位尺寸。基础的定形、定位尺寸标注有以下要求：

① 条形基础：轴线到基础轮廓线的距离、基础坑宽、墙厚等。

② 独立基础：轴线到基础轮廓线的距离、基础坑和柱的长、宽尺寸等。

③ 桩基础：轴线到轮廓线的距离，其定形尺寸可在基础详图中标注或通用图中查阅。

（7）线型。在基础平面图中，被剖切到的基础墙轮廓要画成粗实线，基础底部的轮廓画成细实线。图中的材料图例，与建筑平面图的画法一致。

2. 基础平面图绘制方法

（1）确定定位轴。

（2）绘制基础轮廓线。

（3）进行尺寸标注和文字注释。

图 10-10 是一个弧形长廊的基础平面布局图和基础平面图。弧形长廊的内侧是钢筋混凝

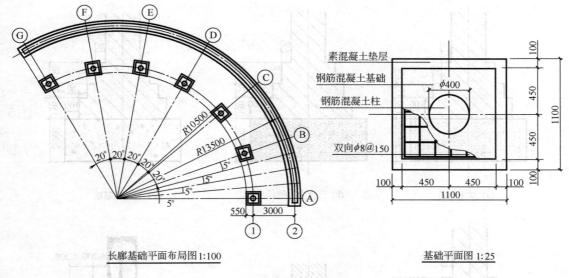

图 10-10 基础平面图

土柱，外侧是砖砌墙体，所以内外基础平面形状有所不同，但是绘制方法及其要求都是相同的。右图是钢筋混凝土独立柱基础的平面图，可以看出柱与下部基础的尺度和位置关系以及基础底部钢筋网的布局形式。

（二）基础详图

基础平面图只表明基础的平面布置情况，为了满足施工需要，还必须画出基础的结构详图。一般采用垂直断面图表示，图 10-11 对应的是几种常用的基础的垂直断面图。

1. 基础详图绘制内容

（1）图名（或基础代号），比例，文字说明。

（2）基础断面图中轴线及其编号（若为通用断面图，则轴线圆圈内不予编号）。

（3）基础断面形状、大小、材料以及配筋。

（4）基础梁和基础圈梁的截面尺寸及配筋。

（5）基础圈梁与构造柱的连接作法。

（6）基础断面的详细尺寸和室内外地面、基础垫层底面的标高。

（7）防潮层的位置和作法。

2. 基础详图绘制要求

基础剖切断面轮廓线用粗实线绘制，并填充材料图例（建筑材料图例参见附录 A）。在基础详图中还应标注出基础各部分（如基础墙、柱、基础垫层等）的详细尺寸、钢筋尺寸以及室内外地面标高和基础垫层底面（基础埋置深度）的标高。具体尺寸注法如图 10-12 所示。

图 10-12 是弧形长廊基础详图，左侧是钢筋混凝土柱下独立基础的断面图，右侧是砖砌条形基础的断面图，两者的埋深相同，都是 1.3m，垫层采用的是 100 厚 C10 的素混凝土。由于结构不同，所以两种基础的尺度及所填充的材料图例也各不相同。

二、钢筋混凝土构件

钢筋混凝土结构详图主要有梁、柱、基础、楼梯的结构、立面图、断面图、钢筋详图

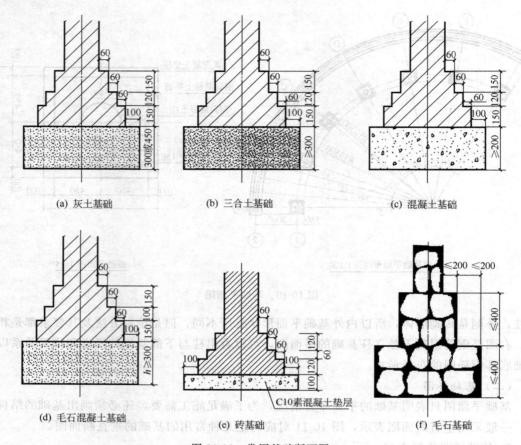

图 10-11 常用基础断面图

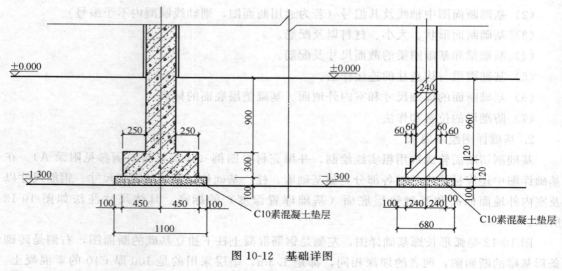

图 10-12 基础详图

等,主要用来表示构件的形状、大小、配筋形式及规格等,比例一般为(1∶10)~(1∶50)。

(一) 钢筋混凝土构件基本知识

1. 钢筋混凝土构件及其混凝土强度等级

混凝土是由水泥、砂、石子和水按一定比例配合搅拌而成,把它灌入定形模板,经振捣密实和养护凝固后就形成混凝土构件。为了提高混凝土构件的抗拉能力,常在混凝土构件的受拉区内配置一定数量的钢筋。由混凝土和钢筋两种材料构成整体的构件,叫做钢筋混凝土构件。有的构件在制作时通过张拉钢筋对混凝土施加一定的压力,以提高构件的抗拉和抗裂性能,叫做预应力钢筋混凝土构件。

混凝土按其抗压强度的不同分为不同的强度等级。常用的混凝土强度等级有 C7.5、C10、C15、C20、C25、C30、C40 等。

2. 钢筋的种类与符号

钢筋按其强度和品种分成不同的等级。并分别用不同的直径符号表示:

Ⅰ级钢筋(即3号光圆钢筋)——Φ

Ⅱ级钢筋(如16锰人字型钢筋)——Φ

Ⅲ级钢筋(如25锰硅人字型钢筋)——Φ

Ⅳ级钢筋(圆和螺纹钢筋)——Φ

3. 钢筋的分类与作用

按照钢筋的作用进行分类,钢筋分为以下几种。

(1) 受力筋——是构件中主要的受力钢筋。承受构件中拉力的钢筋,叫做受拉筋。在梁、柱等构件中有时还需要配置承受压力的钢筋,叫做受压筋。

(2) 箍筋——是构件中承受剪力或扭力的钢筋,同时用来固定纵向钢筋的位置,用于柱和梁。

(3) 架立筋——它与梁内的受力筋、箍筋一起构成钢筋的骨架。

(4) 分布筋——它与板内的受力筋一起构成钢筋的骨架。

(5) 构造筋——因构件在构造上的要求或者是施工安装需要而配置的钢筋。架力筋和分布筋也属于构造筋。

(二) 钢筋混凝土构件结构详图绘制内容

(1) 构件代号,比例,施工说明。

(2) 构件定位轴及其编号、构件的形状、大小和预埋件代号及布置(模板图)。

(3) 梁、柱的结构详图,通常由立面图和断面图组成,板的结构详图一般只画它的断面图或剖面图,也可把板的配筋直接画在结构平面图中。

(4) 构件外形尺寸、钢筋尺寸和构造尺寸以及构件底面的结构标高。

(5) 各结构构件之间的连接详图。

(三) 钢筋混凝土构件结构详图绘制要求

1. 钢筋混凝土构件的表示方法

从外部只能看到钢筋混凝土的表面和它的外形,而内部钢筋的形状和布置是看不见的。为了表达构件内部钢筋的配置情况,可假定混凝土为透明体。主要表示构件内部钢筋配置的图样,叫作配筋图。配筋图通常由立面图和断面图组成。立面图中构件的轮廓线用细实线画出;钢筋简化为单线,用粗实线表示。断面图中剖到的钢筋圆截面画成黑圆点,其余未剖到的钢筋仍画成粗实线,并规定不画材料图例。

对于外形比较复杂或设有预埋件的构件,还要另外画出表示构件外形和预埋件位置的图样,叫作模板图。在模板图中,应标注出构件的外形尺寸(也称模板尺寸)和预埋件型号及其定位尺寸,它是制作构件模板和安放预埋件的依据。对于外形比较简单、又无需埋件的构件，在配筋图中已标注出构件的外形尺寸。

2. 钢筋混凝土构件的标注

钢筋的直径、根数或相邻钢筋中心距一般采用引出线方式标注，其尺寸标注有下面两种。

(1) 标注钢筋的根数和直径，用于梁内受力筋和架立筋的标注，如：2Φ16，表示2根直径为16mm的Ⅱ级钢筋。

(2) 标注钢筋的直径和间距，用于梁内箍筋和板内钢筋的标注，如：Φ8@200，表示直径为8mm按照间距200mm进行布局，其中@是相等中心距符号。

钢筋的长度在配筋图上不进行标注，通常列入构件的钢筋材料表中，而通常钢筋材料表由施工单位编制。

(四) 钢筋混凝土梁

钢筋混凝土梁的结构详图一般用立面图和断面图表示。如图10-13所示，上图是梁的立面图，标注出钢筋的编号、形式、直径、长度以及钢筋的搭接方式等。从图中可以看出：梁的两端搁置在钢筋混凝土柱上，下部是两根直径为20mm的受力筋（编号为1），上部是两根直径为22mm的受力筋（编号为2），并且在梁的两端作出直角弯钩，插入两端的柱体中，如图中钢筋2的引出线旁的钢筋简图，四条受力筋应该贯穿整个混凝土梁。

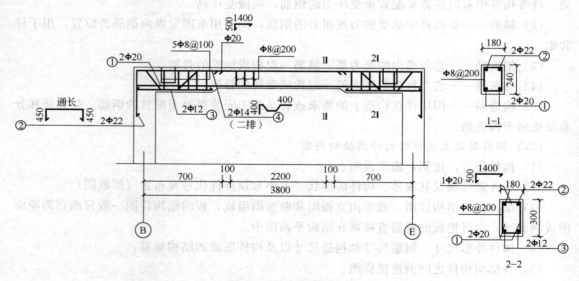

图10-13 钢筋混凝土梁

📖**小提示** 长短钢筋投影重叠时，短钢筋的端部利用45°斜线标示。

由钢筋混凝土梁的立面图可以看出在梁两端的下部各有两条直径为12mm的钢筋进行加固，上部还各有一根直径为20mm的架力筋。此外，在梁的两端各配有两根弯起钢筋（编号为4），直径为14mm。这些钢筋在立面图引出线的附近都给出了钢筋简图，并标注了尺寸。由图中可以从看出1—1断面并没有剖切到两端的架力筋和弯起钢筋，所以1—1断面上下各有两个小圆点，根据尺寸标注可以在立面图中找到对应钢筋。而在2—2断面中有三行小圆点，上面一行有三个小圆点，分别对应两根φ22mm受力筋和一根φ20mm的架力筋，中间一行有两个小圆点，对应的是两条φ20mm的受力筋，下面一行有两个小圆点，对应的是两根φ12mm的架力筋。

📖 **小提示** 钢筋在接近梁的两端支座处弯起45°后延伸，这样的钢筋称为弯起钢筋。

梁的箍筋直径为8mm，均匀分布，间距为200mm，在立面图中可采用简化画法，只画出三、四道箍筋并标明钢筋的直径和间距就可以了，断面图中按照同样方式进行标注。

对于较为复杂的工程，为了方便钢筋工配筋和取料，往往还要计算钢筋长度、画出钢筋详图，并列出钢筋表。在图中如图10-13所示对钢筋进行编号，编号以直径为6mm的细实线圆表示，编号应用阿拉伯数字按顺序编写。

（五）钢筋混凝土柱和基础

图10-14是图10-10中弧形长廊的钢筋混凝土柱及基础的立面图和断面图。柱的断面为圆形，直径为400mm。受力筋是6根直径为16mm的钢筋（见断面图），下部钢筋与基础中的插铁搭接，搭接长度为800mm，需要注意的是搭接部分的钢筋是没有弯钩的带肋钢筋，端部用45°短线表示；钢筋混凝土柱采用直径为6mm的箍筋按照间距200mm绑扎。

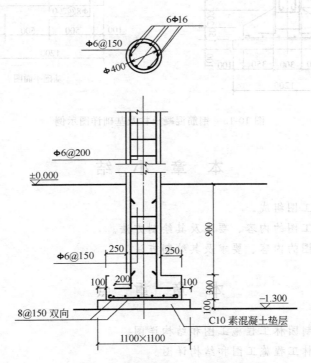

图10-14 钢筋混凝土柱及基础详图

图10-14除了绘制钢筋混凝土柱的配筋之外，还绘制了柱下独立基础的详图。从图中可以看到基础的尺寸、布局形式、与柱的相对位置以及连接方式，此外图中还标注了室外地坪标高。由图可知基础埋深为1.3m，采用100厚的C10的素混凝土作为垫层，基础底部的受力筋是直径为8mm的双向钢筋，间距为150mm；基础中预放钢筋直径为16mm，为了和柱内的钢筋搭接，在搭接区域内箍筋需要加密，间距为150mm。

图10-15也是钢筋混凝土柱及基础的详图，包括基础的平面图和柱的断面图，钢筋混凝土柱是200×200的方柱，其基础形式也与图10-14略有不同，但是绘图方法相同，具体内容参照图纸。

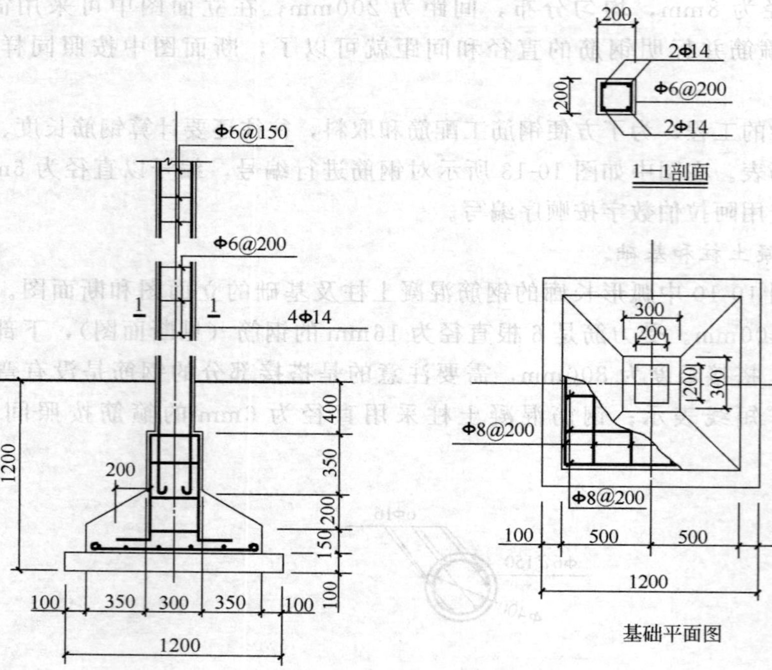

图 10-15 钢筋混凝土柱及基础详图示例

本 章 小 结

(1) 园林工程施工图组成。
(2) 园林工程施工图的内容、要求及其绘制方法。
(3) 工程施工详图的内容、要求及其绘制方法。

本 章 重 点

(1) 按照要求绘制园林工程施工图和结构详图。
(2) 能够读懂园林工程施工图和结构详图。

第十一章 计算机制图

随着科技的发展，尤其是计算机技术的发展，园林制图也逐步采用计算机辅助设计技术，由于计算机辅助设计具有便于保存、便于修改、便于交流的优势，在园林设计、施工等过程中得到广泛的使用，计算机制图已经成为设计师或其它专业人员必备的一项技能。

第一节 概　　述

现在各大软件开发公司研制出了许多专业的制图软件，国外的制图软件如：Unigraphics（UG）、SOLIDEDGE、AutoCAD、MDT、Pro/Engineer 等；国内的制图软件有：CAXA 电子图板和 CAXA-ME 制造工程师、GS-CAD98、高华 CAD 等。其中使用最为广泛的是 Autodesk 公司研发的 AutoCAD。

一、AutoCAD 软件的研发

AutoCAD 是 Autodesk 公司的主导产品。Autodesk 公司是世界第四大 PC 软件公司。目前在 CAD/CAE/CAM 工业领域内，该公司是拥有全球用户量最多的软件供应商，也是全球规模最大的基于 PC 平台的 CAD 和动画及可视化软件企业。Autodesk 公司的软件产品已被广泛地应用于机械设计、建筑设计、影视制作、视频游戏开发以及 Web 网的数据开发等重大领域。

AutoCAD 是美国 Autodesk 公司于 20 世纪 80 年代初为微机上应用 CAD 技术而开发的绘图程序软件包，经过不断的完善，现已经成为国际上广为流行的绘图工具。它的发展过程可分为初级阶段、发展阶段、高级发展阶段、完善阶段和进一步完善阶段五个阶段。

在高级发展阶段里，AutoCAD 经历了三个版本，使 AutoCAD 的高级辅助设计功能逐步完善。它们是 1988 年 8 月推出的 AutoCAD 10.0 版本、1990 年推出的 11.0 版本和 1992 年推出的 12.0 版本。

在完善阶段中，AutoCAD 经历了三个版本，逐步由 DOS 平台转向 Windows 平台。

2003 年 5 月，Autodesk 公司在北京正式宣布推出其 AutoCAD 软件的划时代版本——AutoCAD 2004 简体中文版，并陆续推出了 AutoCAD 2005。

二、AutoCAD 软件功能简介

AutoCAD 在二维绘图领域拥有广泛的用户群。AutoCAD 有强大的二维功能，如绘图、编辑、剖面线和图案绘制、尺寸标注以及二次开发等功能，同时有部分三维功能。AutoCAD 提供 AutoLISP、ADS、ARX 作为二次开发的工具。在许多实际应用领域（如机械、建筑、电子）中，一些软件开发商在 AutoCAD 的基础上已开发出许多符合实际应用的软件。

AutoCAD 具有良好的用户界面，通过交互菜单或命令行方式便可以进行各种操作。它的多文档设计环境，让非计算机专业人员也能很快地学会使用，并在不断实践的过程中更好地掌握它的各种应用和开发技巧，从而不断提高工作效率。

AutoCAD 具有广泛的适应性，它可以在各种操作系统支持的微型计算机和工作站上运行，并支持分辨率由 320×200 到 2048×1024 的各种图形显示设备 40 多种，以及数字仪和

鼠标器 30 多种，绘图仪和打印机数十种，这就为 AutoCAD 的普及创造了条件。

AutoCAD 家族的新成员——AutoCAD 2004 除了具有以上功能之外，研发人员还赋予其新的技能，所以 AutoCAD 2004 已经逐步的取代以前的版本，成为制图软件中的新宠，本章也主要以 AutoCAD 2004 版本为例，介绍 AutoCAD 制图软件的使用。

三、AutoCAD 2004 的新功能

AutoCAD 2004 与它的前一版本 AutoCAD 2002 相比，在速度、数据共享和软件管理方面有了显著的改进和提高。AutoCAD 2004 的速度比 AutoCAD 2002 提高 24%，网络性能提升了 28%，DWG 文件大小平均减小 44%，可将服务器磁盘空间要求减少 40%～60%。

在数据共享方面，AutoCAD 2004 采用改进的 DWF 文件格式——DWF6，支持在出版和查看中安全地进行共享；并通过参考变更的自动通知、在线内容获取、CAD 标准检查、数字签字检查等技术提供了方便、快捷、安全的数据共享环境。

此外，AutoCAD 2004 与业界标准工具 SMS、Windows Advertising 等兼容，并提供免费的图档查看工具 Express Tools，在许可证管理、安装实施等方面都可以节省大量的时间和成本。

AutoCAD 2004 拥有轻松的设计环境，它将把用户的注意力从键盘、鼠标和其它输入设备转移到设计上来。在完成任务的自动化方面，AutoCAD 2004 还向用户提供实时的信息和数据访问，帮助用户进行设计。

第二节　快速入门

一、AutoCAD 系统

（一）进入系统

通常，用户先进入"开始"菜单，"程序"项中，找到 AutoCAD 2004 的图标，单击即可。最简单的方式就是双击在桌面上的 AutoCAD 2004 的快捷方式，直接进入 AutoCAD 系统。

（二）系统界面

每次启动 AutoCAD，都会打开 AutoCAD 窗口。这一窗口是用户的工作空间，它包括用于设计和接收设计信息的基本组件。如图 11-1 显示了 AutoCAD 系统窗口的一些主要部分，下面针对 AutoCAD 窗口加以介绍。

1. 菜单栏

包含缺省 AutoCAD 菜单。菜单由菜单文件定义，用户可以修改或设计自己的菜单文件。此外，安装第三方应用程序可能会使菜单或菜单命令增加，但一般情况下选用默认形式就可以。

2. 标准工具栏

包括常用的 AutoCAD 工具（例如"重画"、"放弃"和"缩放"），还有一些 Microsoft Office 标准工具（例如"打开"、"保存"、"打印"和"拼写检查"）。右下角带有小黑三角的工具按钮是弹出图标。弹出图标表示这一位置还包含了若干工具，这些工具可以执行与第一个工具有关的命令。在工具图标上单击鼠标左键，并按住，就会显示弹出图标，按住鼠标并拖动到对应的图标上，就可以执行相应的命令。

3. 图形文件图标

代表 AutoCAD 中的图形文件。图形文件图标还显示于对话框的某些选项附近。这些选

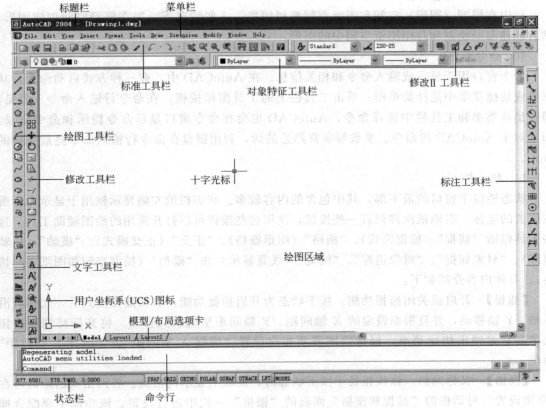

图 11-1 AutoCAD 2004 系统界面

项（只对当前图形有效）将随图形一起保存而不是在每个 AutoCAD 任务中都有效。

4．对象特性工具栏

设置对象特性（例如颜色、线型、线宽）以及对文件中的各个元素进行管理。具体内容请参见修改对象特性。

5．绘制和修改工具栏

集中列出常用的绘制和修改命令。绘图和修改工具栏在启动 AutoCAD 时就显示出来。这些工具栏位于窗口左边，可以方便地移动、打开和关闭它们。

6．绘图区域

显示图形、用于绘图的区域。根据窗口大小和显示的其它组件（例如工具栏和命令行）的数目，绘图区域的大小将有所不同。

7．十字光标

在绘图区域中用于标识拾取点和绘图点。十字光标由定点设备控制，如：鼠标，可以使用十字光标定位点、选择和绘制对象。

8．用户坐标系（UCS）图标

用于显示图形方向。AutoCAD 图形是在不可见的栅格或坐标系中绘制的。坐标系以 X、Y 和 Z 坐标（对于三维图形）为基础。AutoCAD 有一个固定的世界坐标系（WCS）和一个活动的用户坐标系（UCS）。查看显示在绘图区域左下角的 UCS 图标，可以了解 UCS 的位置和方向。

9. 模型/图纸选项卡

可以在模型（图形）空间和图纸空间来回切换。一般情况下，先在模型空间创建图形，然后创建布局绘制和打印图纸空间中的图形。

10. 命令窗口

命令窗口用于显示或输入命令和相关信息。在 AutoCAD 中，有三种方式启动命令：从菜单或快捷菜单中选择菜单项；单击工具栏上的工具图标按钮；在命令行输入命令。但是，即使是从菜单和工具栏中选择命令，AutoCAD 也会在命令窗口显示命令提示和命令记录。如果对于 AutoCAD 的命令、参数等非常熟悉的话，利用键盘在命令行输入命令是最快捷的方式。

11. 状态栏

状态栏位于窗口的最下部，其中包含的内容较多。状态栏的左侧显示框用于显示光标所在位置的坐标。右侧依次排列着一些按钮，使用这些按钮可以打开常用的绘图辅助工具。这些工具包括"捕捉"（捕捉模式）、"栅格"（图形栅格）、"正交"（正交模式）、"极轴"（极轴追踪）、"对象捕捉"、"对象追踪"、"线宽"（线宽显示）和"模型"（模型空间和图纸空间切换）。具体内容介绍如下：

【捕捉】 开启或关闭捕捉功能。按下状态为开启捕捉功能，启动捕捉模式后，光标只沿 X 轴、Y 轴移动，并且根据设定的 X 轴间距、Y 轴间距呈跳跃式移动。将光标移到该按钮处单击右键弹出快捷菜单，根据绘图需要相应设置"捕捉 X 轴间距"、"捕捉 Y 轴间距"等项。

【栅格】 又称网格。该按钮处于按下状态时，屏幕上显示网格点。各网格间的距离可在"草图设置"对话框的"捕捉和栅格"面板的"栅格"一栏中进行设置。该功能主要配合捕捉功能使用。

【正交】 开启该功能，系统以正交方式绘图，即操作仅能沿着坐标轴向进行。

【极轴】 开启该功能，系统以极坐标形式显示定位点并随光标移动指示当前的极坐标。

【对象捕捉】 开启该功能，系统将根据设定的捕捉方式对图形元素中特殊几何点（如端点、中点、圆心、切点等）进行捕捉。在工程绘图中经常使用该功能。

【对象追踪】 开启该功能，启用自动追踪功能，它可以对图形对象进行正交追踪也可以进行极轴追踪。

【线宽】 启动该功能，则图形中显示有宽度属性的线条，否则不管线条宽度为多少，屏幕总以系统默认的宽度显示（有宽度属性的多义线除外）。建议绘图过程中不开启该功能，因为开启该功能将消耗较大的计算机内存空间，降低运行速度。

【模型/图纸】 在图纸布局状态，单击该按钮，图纸在模型空间与图纸空间切换。当启动图纸空间时，不能对图形进行编辑操作，当处于模型空间时，则可以对图纸中的图形进行编辑操作。

（三）AutoCAD 的工具栏

默认状态下，AutoCAD 2004 提供了 29 个工具栏（图 11-2），以方便用户访问常用的命令、设置模式。缺省情况下显示"标准（Standard）"工具栏、"对象特性（Properties）"工具栏、"绘图（Draw）"工具栏和"修改（Modify）"工具栏。

1. 显示或关闭工具栏

（1）在工具栏的背景或标题栏的任何地方单击右键，就会出现如图 11-2 所示的工具栏列表。

（2）在工具栏列表中，点击要显示或关闭的工具栏。图 11-2 中前面带"√"的表示该工具栏已经打开。

除了上面的方法之外，还可以在命令行输入"Toolbar"命令开启工具栏对话框。

可以一次显示多个工具栏，也可以固定或浮动工具栏。固定工具栏将工具栏锁定在 AutoCAD 窗口的顶部、底部或两边。浮动工具栏可以在屏幕上自由移动。可以使用定点设备移动浮动工具栏，也可以将其覆盖到其它浮动和固定工具栏上。还可以隐藏工具栏，直到需要它们时再显示出来。

2. 固定或取消固定工具栏的步骤

（1）固定工具栏　利用鼠标等定点设备将工具栏拖放到顶部、底部或图形窗口两边的固定位置。

（2）取消固定工具栏　将工具栏拖放到固定区域之外，按工具栏右上角的关闭按钮（图 11-3）。

📖 小提示　要将工具栏放置到固定区域中而不固定，需在拖动时按下 Ctrl 键。

3. 自定义工具栏

在利用 AutoCAD 2004 绘图过程中，用户可能想拥有适合自己的工具栏或个性化的窗口界面。具体的步骤如下。

（1）从"视图"菜单中选择"工具栏"，或者右击工具栏，点击"自定义（customize）"，出现图 11-4 所示的对话框。

（2）出现对话框之后对窗口内已经存在的工具栏可以实现下列工作：工具栏重新定位；改变工具栏按钮间距，删除按钮，添加按钮，移动或者拷贝按钮（需要按住 Ctrl 键）等。

（3）利用对话框还可以完成以下操作。

① 打开关闭工具栏。点选工具栏名称前的小方框，打开或者

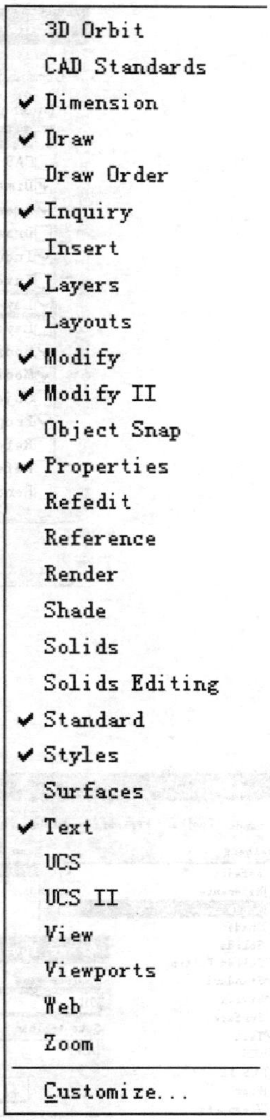

图 11-2　工具栏名称

图 11-3　关闭工具栏

关闭某一工具栏（方框中显示"√"表示已经打开），如图 11-4 对话框左侧方框中"layers"之前的标示。

② 改变图标显示大小。点选"大图标（Large buttons）"前的小方框，改变工具栏图标的大小（方框中显示"√"表示以大图标显示），如图 11-4 对话框中部线框所示。

③ 新建工具栏。点击对话框的"新建（New）"按钮，出现对话框［图 11-5（a）］，输入新建工具栏的名称，确认后窗口出现一个空白的工具栏，用户可以根据自己的需要从"命令（commands）"页中拖动工具按钮到新建的工具栏中。

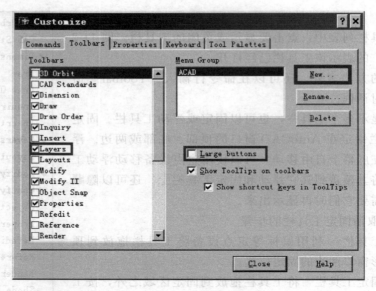

图 11-4 自定义工具栏对话框

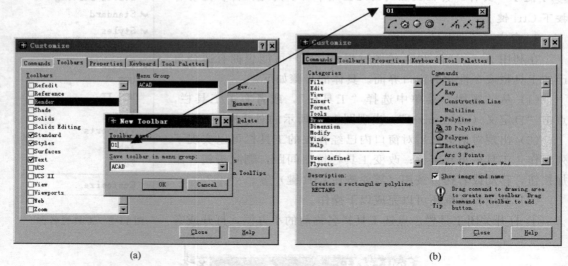

(a)　　　　　　　　　　　　　　(b)

图 11-5 新建工具栏

📖**小提示** 如图 11-5（b）所示，可以直接从对话框的右半边选择所需的按钮直接拖入窗口中，也会自动生成一个新的工具栏。

生成新工具栏后，在工具栏列表菜单中就会增加一个新建工具栏的名称，用户可以对其进行点选。

二、AutoCAD 2004 的基本操作

AutoCAD 的操作与计算机命令相互对应，可以通过多种形式来完成：①点击工具栏上相应的图标；②点击菜单栏中对应的命令；③使用快捷菜单；④命令行输入命令。

下面针对 AutoCAD 2004 的基本操作进行介绍。

（一）文件操作

文件的操作是一个程序最基本的内容，所以先从此处开始。

1. 打开文件（Open）

要打开现有的 AutoCAD 图形有很多种方法，可以在"启动"对话框中选择"打开文件"。如果 AutoCAD 已经启动，可从"文件"菜单中选择"打开"，或从 Windows 资源管理器中双击该文件图标。也可以将文件图标直接拖到 AutoCAD 中，但一定是拖放到绘图区域以外的任何位置，例如命令行或工具栏附近的空白区。

📖 **小提示** 如果将一个 CAD 文件拖放到一个已打开文件的绘图区域，新文件不是被打开，而是作为一个外部参照被嵌入。

除了上面所说的方法，还可以直接点击标准工具栏中的"🔍"图标，或者在命令行中输入"Open"。

2. 新建文件（New）

进入 AutoCAD 程序后，在"文件（File）"菜单中点击"新建（New）"选项，将出现如图 11-6 的对话框，用户根据需要选用不同的设计模板（通常默认）。还可以点击工具栏上的"▢"图标或者利用快捷键"Ctrl+N"建立新的文件。

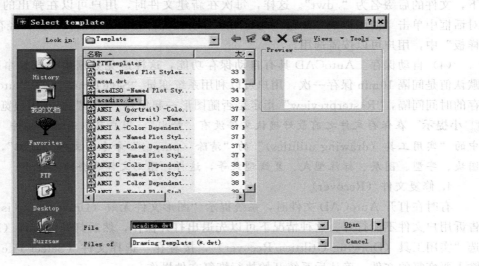

图 11-6 选择新建文件的设计模板

📖 **小提示** 为了方便绘图，可以根据需要制定自己的设计模板，具体方法参见保存文件中的"保存为设计模板"操作。

3. 保存文件（Save 或者 SaveAs）

（1）保存原文件（Save） 从"文件（File）"菜单中选择"保存（Save）"，而更为简单的方法就是点击"💾"图标或者利用快捷键"Ctrl+S"。如果当前图形已经保存并命名，则 AutoCAD 保存上一次保存后所作的修改并重新显示命令提示。如果是第一次保存图形，则显示"图形另存为"对话框。

在 AutoCAD 中，还可以将当前图形文件以多种图形格式输出。单击菜单"文件"中的"输出"命令，系统显示"输出数据"对话框，在该对话框的"保存类型"下拉列表中选择图形文件的存储格式。各图形格式说明如下。

WMF 格式：Windows 图元文件。

SAT 格式：实体模型格式文件。

281

STL 格式：平版印刷格式文件。
EPS 格式：压缩 Postscript 文件。
DXX 格式：扩充属性 DXF 文件。
BMP 格式：位图文件。
3DS 格式：3D Studio 格式的文件。
DWG 格式：AutoCAD 图形文件。

(2) 保存为其它文件——另存为（SaveAs） 点击"文件（File）"菜单，选择"另存为（SaveAs）"，在"图形另存为"对话框中的"文件名"下，输入新文件的名字（不需要文件后缀）。

(3) 保存为设计模板 虽然 AutoCAD 本身自带有一些模板，但由于是按照美国的使用习惯来定制的，所以其在形式和格式上并不一定符合我们的制图要求，因此有必要创建自己的格式模板，以避免不必要的重复劳动。具体的操作方法如下：在 AutoCAD 2000 的"Model"窗口中绘制自己需要的模板，然后保存在 AutoCAD 2004 的"template"子目录下，文件的后缀名为".dwt"。这样，每次在新建文件时，用户可以在弹出的"新建文件"对话框中单击"使用样本"按钮，此时用户可以发现自己创建的模板文件已经存在于"选择样板"中，用户可以按需选用。

(4) 自动保存 AutoCAD 具有自动保存功能，这样避免数据由于意外事件突然丢失。默认值是间隔 10min 保存一次，用户可以利用系统变量"SaveTime"设置 AutoCAD 自动保存的时间间隔，"Rasterpreview"指定是否随图形一起保存"bmp"格式的预览图像。

📖**小提示** 在保存文件之前最好确认文件没有"赘肉"，用户可以通过"文件（File）"菜单中的"实用工具（drawing utilities）"的"清除（purge）"命令为文件"减肥"，清除无用的图块、字型、图层、标注型式、复线型式等，这样，图形文件也会随之变小。

4. 修复文件（Recover）

有时在打开 AutoCAD 文件时，系统提示"图形文件无效（Drawing file is not valid）"，告诉用户文件不能打开。这种情况下可以先退出打开操作，然后打开"文件（File）"菜单，选"实用工具（Drawing Utilities/Recover）"，接着在"选择文件（Select File）"对话框中输入要恢复的文件，确认后系统开始执行恢复文件操作。

📖**小提示** 用 AutoCAD 打开一张旧图，有时会遇到异常错误而中断退出，这时首先使用前面介绍的方法，如果问题仍然存在，则可以新建一个图形文件，而把旧图用图块形式插入，可以解决这一问题。

5. 转换文件

(1) AutoCAD 与 Microsoft Office AutoCAD 的图形引入到 Microsoft Office 程序（主要是 Word 和 PowerPoint 程序），最简单的方法就是直接拷贝再粘贴，具体方法：首先在 AutoCAD 窗口中将所需的图形放到最大，选择拷贝的内容，按"复制（Copy）"键（或者 Ctrl+C）；进入 Microsoft Office 程序窗口，直接按"粘贴（Paste）"键（或者 Ctrl+V），将图形拷贝到对应文件中。

📖**小提示** 在 AutoCAD 中尽量让所拷贝的内容充满窗口，否则，在 Microsoft Office 中图像可能会很小。如果图片大小不合适在 Office 中还可以对图片进行剪裁。另外，在 Office 中双击图片，就会自动进入 AutoCAD 窗口，可以对图片进行编辑，保存后，图片的修改将同时反映在 Microsoft Office 文件中。当然前提是系统中必须有 AutoCAD 程序。

(2) AutoCAD 与 Photoshop　通常在作平面效果图的时候，需要将 AutoCAD 文件转化为 Photoshop 识别的格式，当然也可以直接拷贝，但效果并不理想，尤其是图片的分辨率无法保证。这时可以利用 AutoCAD 中的虚拟打印机将 dwg 文件"打印"成 jpg、tag、tif 等格式，这样在 Photoshop 中就可以直接打开这一文件，对图片进行处理。所以首先需要在 AutoCAD 中建立一部虚拟打印机，在 AutoCAD 2000 以后的版本这一过程已经变得非常简单，点击"文件（File）"菜单中的"打印（plot）"命令会出现如图 11-7 所示的对话框，选择与所需保存文件对应的虚拟打印机（上部方框），并填写"虚拟打印"的文件路径和名称（下部方框），按确定即可。

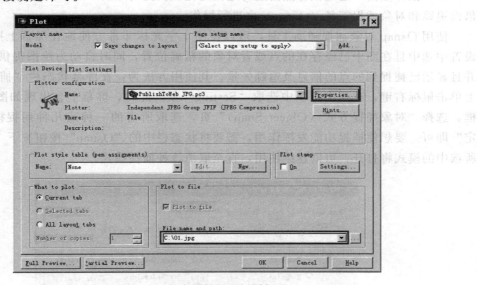

图 11-7　打印属性设置对话框

此外，如果对于"打印"的效果不是很满意，可以点击对话框中的"打印机属性（Properties）"对虚拟打印机进行调整。

📖**小提示**　不管是直接拷贝还是利用虚拟打印机打印，为了保证图像在其它程序中正常显示（背景为白色），在 AutoCAD 中需要利用"工具（Tool）"中的"属性修改（Properties）"命令将绘图区背景变为白色。

(3) AutoCAD 与 3DMax　平面图绘制好之后，还需要导到 3DMax 中进行三维立体效果的建构，3DMax 已经考虑到这一点，可以直接导入 dwg 文件。相关内容参见 3DMax 有关的书籍，这里就不做介绍了。

（二）绘图操作

利用 AutoCAD 绘图工具可以创建各类对象，包括简单的线、圆周、样条曲线、椭圆以及随边界变化而变化的填充区域等。图形中点的定位是绘图过程中首先需要解决的问题。

1. 精确定点

在 AutoCAD 中，点的输入方式有坐标输入法、距离输入法和鼠标点击等方法。

(1) 坐标输入法　坐标按照基准点的形式分为绝对坐标和相对坐标两种，绝对坐标是相对于坐标原点（系统默认或者用户自定义）的坐标值，而相对坐标是相对于前一个点，坐标值前必须加上"@"的符号。如果按照表现的方式又可分为笛卡儿坐标和极坐标两种。常常是两种分类形式的综合，比如采用笛卡儿相对坐标输入坐标值"@20，20"，表示这一点在前一点右侧 20 个基准单位、上侧 20 个基准单位。如果已知两点相对角度,就可以采用极坐标输入方式(距离＜角度),如：输入@20＜45,则表示该点在前一点右上方偏 45°的斜线上,两点的距离为 20 个基准单位。

(2) 距离输入法　除了输入坐标值以外,还可直接用距离输入方法定位点,并且执行任何绘图命令时都可使用这一功能。开始执行命令并指定了第一个点之后,移动光标即可指定方向,然后输入在这一方向上相对于第一点的距离即可确定下一个点。这是一种快速确定直线长度的好方法,特别是结合与正交和极轴追踪一起使用更为方便。

(3) 鼠标点击　通过鼠标点击进行定位是比较快捷的方法,为了实现精确定位通常需要借助追踪和对象捕捉工具(Osnap)来进行操作。

使用 Osnap 对象捕捉辅助工具,可以使用十字光标非常方便地在屏幕上捕捉到已经在设置中选中且在图中已经存在的点或者对象的精确位置,同时自动为绘图提供辅助定位线,并且显示已捕捉到的点的信息及追踪矢量。其使用方法为：在屏幕状态栏"捕捉(Osnap)"上单击鼠标右键,在弹出菜单中选取"Setting"项。此时,屏幕上会出现如图 11-8 的对话框,选择"对象捕捉方式(Object Snap)"页,选取所需的一种或几种捕捉模式,按"确定"即可。要想使捕捉功能发挥作用,需要将状态栏中的"Osnap"按钮按下(或者按 F3),所选中的模式将打开,可以连续使用,直至取消该种捕捉模式。

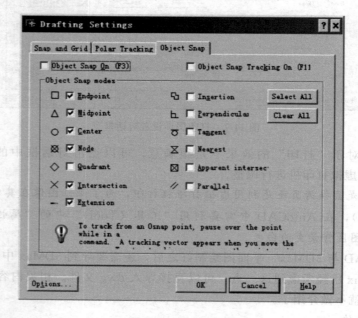

图 11-8　设置对象捕捉方式对话框

除此之外还可以通过打开"正交(Ortho)"、"极轴跟踪(Polar)"等方式进行精确定位。

2. 绘制线条

线条是 AutoCAD 中最基本的对象。AutoCAD 可以创建各式各样的线条,如直线、包含或不包含弧线的多义线、多重平行线和徒手画线。一般来说,绘制线条需要指定其坐标点、特性(如线型或颜色)和测量单位(如角度)。缺省线型为实线(Continuous),还有许多线型可供选用。

(1) 选择线型式样（LineType） 要使用线型，必须首先将其加载到图形中。点击线型的下拉菜单（图 11-9），选择"其它（other）"，打开"线型管理器"（图 11-10），选择"加载（load）"，在"加载或重载线型"对话框中选择一个或多个要加载的线型，并选择其显示比例等参数，然后选择"确定"，这种线型就会出现在线型下拉列表中。如果用户想在以后的绘制中运用这种线型，则需要在线型下拉列表中选中这种线型，使之成为当前的线型。

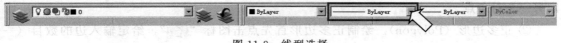

图 11-9 线型选择

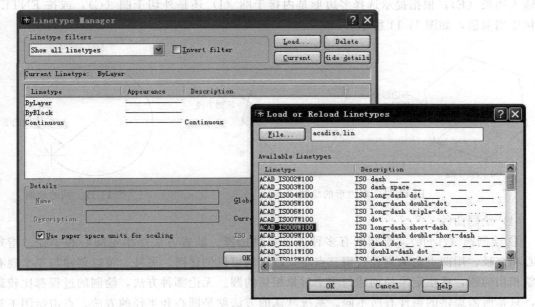

图 11-10 加载线型

(2) 绘制直线（Line 和 Pline） 有两种主要的直线形式：普通直线段（Line）、多义线（Pline）。

① 普通直线段（Line）。选择绘图工具栏中的"✏"图标，通过鼠标定位或者命令行坐标输入的方法确定直线的两个端点，回车结束绘制。

普通直线段具有三个热点（控制点），即两个端点和直线段的中点，且中间的那个热点是主要的操控点，普通直线段可以点选热点进行一些操作，如：复制、移动等。

📖小提示 如果需要承接上一端点绘制直线，在要求输入起点的时候直接回车（ENTER），则默认直线的第一个端点为上一次点击的点。

② 多义线（Pline）。多义线（Pline）是由若干相连的直线段或弧线序列组成，作为单一对象使用，多义线有多个热点，对应每一线段的端点、弧线的端点和中心点。使用多义线时，也可以分别编辑每条线段、设置各线段的宽度、使线段的始末端点具有不同的线宽，或者封闭、打开多义线。点击绘图工具栏中的"↩"图标或在命令行中输入命令"Pline"，连续点击各个线段或者弧线的端点位置即可。在绘制过程中还可以运用一系列参数对多义线进行调整，如：输入参数"A"表示下面紧接着的是与前一段线段相切的圆弧，此后绘制的

285

圆弧也相切,需要绘制直线时需要输入参数"L";参数"C"表示将这条多义线封闭。

可用"多义线编辑(Pedit)"命令对普通直线段和多义线进行编辑,也可使用"炸开(Explode)"命令将多义线分解成普通直线段和弧线段。

(3) 绘制矩形和多边形 (Rectangle 和 Polygon)

① 矩形 (Rectangle)。点击图标"▭",输入一个点后,通过鼠标点击或者键盘输入确定另一个对角点。

② 正多边形 (Polygon)。绘制正多边形首先点击图标"⬠",给定输入边的数目(一个介于 3 到 1024 之间的数值)或按 ENTER 键,接受当前值;指定多边形的中心点(C),或输入边长(E);根据提示选择多边形是内接于圆(I)还是外切于圆(C),或按 ENTER 键接受当前值,如图 11-11 所示。

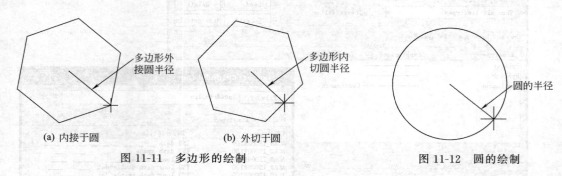

图 11-11 多边形的绘制　　　　　图 11-12 圆的绘制

(4) 绘制曲线

① 绘制圆 (circle)。绘制圆有多种方法可供选择。缺省方法是指定圆心和半径。指定圆心和直径、用两点定义直径、用三点定义圆周均可以创建圆。另外,可以创建与三个现有对象相切的圆,或指定半径创建与两个对象相切的圆。无论哪种方法,绘制的过程都比较近似,只是所需提供的条件有所不同。系统默认的方法就是圆心和半径的方法。点击绘图工具栏中的"◉"图标,根据提示确定圆心的位置,从圆心拖动鼠标至适宜位置即可,圆心到此点的距离即为圆的半径(图 11-12)。

② 绘制椭圆 (Ellipse)。AutoCAD 可以创建完整的椭圆或椭圆弧,两者都是椭圆的精确数学表示形式。绘制椭圆的缺省方法是指定两条轴的长度。具体做法:从绘图工具栏中根据需要选择"⬭ (椭圆)"或者"⤴椭圆弧)",指定第一个轴的长度,从第一个轴的中点拖动然后单击定点设备指定第二条轴的 1/2 轴长(图 11-13)。

📖小提示　椭圆命令生成的椭圆是多义线还是椭圆实体,这是由系统变量"Pellipse"决定,当其为 1 时,生成的椭圆是多义线(Pline),这样我们就可以利用 Pedit 命令对椭圆或椭圆弧进行编辑;默认值为 0,椭圆作为一个实体存在。

③ 绘制圆弧 (Arc)。圆弧是最常见的曲线形式,其绘制有多种形式,在系统默认的绘图工具栏中采用的是三点确定弧线的方法。具体方法:点击绘图工具栏中的"⌒"图标或者直接在命令行输入"Arc"命令,然后根据提示依次输入圆弧的起点、中间点(并不一定是中点)和终点,AutoCAD 将根据三个点绘制圆弧。如果需要绘制连续相切的圆弧,如在园林设计图中的一些道路形式或水体驳岸运用的是一系列的几何曲线,这时就可以在前一命令结束之后连续两次回车(Enter),将绘制出与前一圆弧相切且连续的曲线(图 11-14)。

图 11-13　椭圆的绘制　　　　　　图 11-14　圆弧的绘制

📖 **小提示**　如果要将这些独立的圆弧变成一个整体以方便处理，可以运用"Pedit"命令，对其进行编辑。

④ 编辑多义线（Pline 和 Pedit）。我们可以在曲线线型位置上选取若干点，依次连接成多义线，然后点击"编辑Ⅱ（ModifyⅡ）"工具栏中" "或者输入"Pedit"命令，对多义线进行编辑，其中有两个参数与此有关，一个是参数"F"——完全按照所给定的点将多义线变成曲线；另一个参数"S"——将在各点之间绘制曲线，其实是将这条多义线变为一条S曲线（多义样条曲线）。如图 11-15 所示，图中线条上的方框就是图形上的热点。第一条是原始的多义线，第二条是利用参数"F"编辑之后的多义线，第三条是利用参数"S"编辑后的多义线，第二条与原始多义线最接近，而第三条最圆滑。

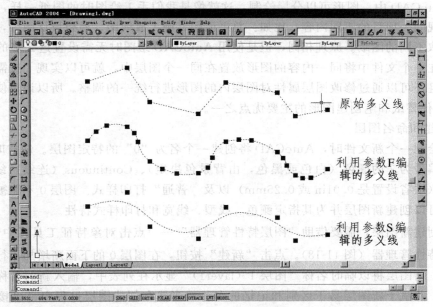

图 11-15　利用多义线编辑命令绘制曲线

⑤ 样条曲线——S曲线（Spline）。样条曲线是经过一系列定点的光滑曲线。AutoCAD 使用的是一种称为非均匀有理B样条曲线（NURBS）的特殊曲线。NURBS 曲线可在控制点之间产生一条光滑的曲线。样条曲线适用于创建形状不规则的曲线，例如地形等高线等。其作法与多义线比较相似，点击图标" "，然后根据提示依次输入曲线上的各点，点击"回车键（Enter）"确认即可。绘制之后可以拖动S曲线上的热点对曲线进行调整。

⑥ 云形线（Revcloud）。在 AutoCAD 中有一种特殊的曲线类型，如图 11-16 所示，由圆弧首尾相连而成，类似云彩的形状，称为"云形线"。这种线型可以用于绘制树丛、灌木

287

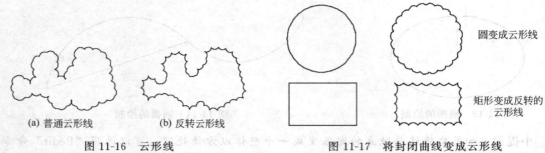

图 11-16 云形线　　　　　　　　图 11-17 将封闭曲线变成云形线

丛、注释范围边线等。具体方法：点击图标"　"，根据提示输入参数"A"确定弧线的弧型，然后沿着图形边界拖动鼠标（不要点击），系统自动按照要求绘制出"云形线"，当鼠标回到起始位置，云形线自动闭合。AutoCAD还可以将已经绘制好的封闭图形转变为云形线边界，方法很简单，在点击或者输入命令之后，直接回车，点击闭合图形，被点击的闭合图形（如圆、矩形、多边形等）的边界会变成云形线，并且还可以根据提示选择是否将弧线方向反转，如图11-17所示。

（三）图层操作

在AutoCAD中，图形可以分层绘制，这就像是我们手工绘图时的图纸一样，每一张图纸可以表现同一项目的不同内容，比如：总平面图、施工放线图、种植设计图等，使用时根据需要选取不同的图纸。原理相同，但是使用AutoCAD绘图时无需设置这么多的"图纸"，用户只要在一个文件中将同一内容的图形放置在同一个图层中，就可以实现"按需索图"的目的，而且还可以通过修改图层属性对图层内的图形进行统一的调整。所以说，使用图层是AutoCAD代替纸和笔创建图形的主要优点之一。

1. 创建和命名图层

开始绘制一个新文件时，AutoCAD将创建一个名为"0"的特定图层。缺省时，图层0将被指定编号为7的颜色（白色或黑色，由背景色决定）、Continuous（连续）线型、"缺省"线宽（缺省设置是0.01in或0.25mm）以及"普通"打印样式。图层0不能被删除或重命名，但可以创建新图层并为其指定颜色、线型、线宽和打印样式特性。

要想创建新图层，需要借助"图层特性管理器"——点击对象特性工具栏中的"　"，打开图层特性管理器（图11-18）。点击"新建"按钮，在图层0的下面新增加一行，即新图层的特征。新图层将以临时名称"图层1（layer1）"显示在列表中，输入新的名称。重复前面的操作，并赋予新图层易于区别和记忆的名称。当然在创建图层过程中可以接受缺省设置，也可以指定其它颜色、线型、线宽和打印样式。如果在创建新图层之前选中了某一个现有的图层，新建的图层将继承选定图层的特性。

如果使用特定的图层方案，可以为图形中的图层列表制作一个副本，并将该副本打印出来供日后参考。具体方法：在命令提示下输入layer，要获取当前图形中的图层列表，请输入"?"。按ENTER键选择当前图形中的所有图层。所有的图层和图层特性都被列在AutoCAD文本窗口中（图11-19）。在AutoCAD文本窗口中，滚动到图层列表的顶部，然后选择所有图层。要复制图层列表，请按Ctrl+C键。打开一个文字编辑器，按Ctrl+V将图层列表粘贴到一个文本文件中，打印该文本文件即可。

2. 使用图层

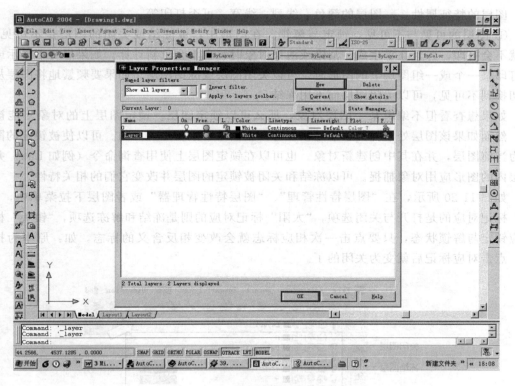

图 11-18　图层管理器

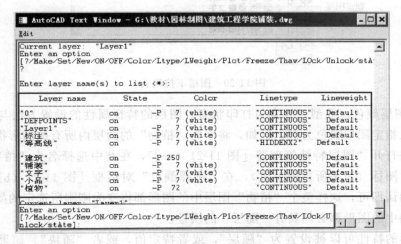

图 11-19　图层结构列表

（1）使某一图层成为当前图层　只有当某个图层设置为当前图层后，才可以从中创建新对象，并使其具有图层的颜色、线型、线宽和打印样式（前提条件是此时所有对象特性保留"随层"缺省值）。具体方法：在"图层特性管理器（图 11-18）"中选择一个图层，然后选择"当前（Current）"，选择"确定"，或者在"图层特性管理器"中双击一个图层名也可以将其设置为当前图层。

📖 **小提示**　不能将被冻结的图层或依赖外部参照的图层设置为当前图层。

（2）改变图层的属性　图层属性包括：图层的外观属性——可见与不可见，锁定与解

289

锁；图层的特征属性——图层的颜色、线型、线宽、可否打印等。

① 图层的可见与不可见，锁定与解锁。在图形中，被冻结或关闭的图层是不可见的，也就不会打印，并且在重生成、消隐或渲染对象时，也不会重新计算。如果想要不显示或者不打印某一个或一组图层上的图形时，可以关闭图层或冻结图层。如果要频繁地将图层从可见切换到不可见，可以关闭图层而不用冻结。

如果想查看但不编辑某一图层对象，那么可以锁定图层。锁定图层上的对象不能被编辑，然而如果该图层处于打开状态并被解冻，上面的对象仍是可见的。可以使被锁定的图层成为当前图层，并在其中创建新对象。也可以在锁定图层上使用查询命令（例如 List）并对图层内的图形应用对象捕捉。可以冻结和关闭被锁定的图层并改变它们的相关特性。

如图 11-20 所示，在"图层特性管理"、"图层特性管理器"或者图层下拉菜单中，"灯泡"标记对应的是打开与关闭选项，"太阳"标记对应的则是冻结和解冻选项，"锁头"标记对应锁定与解锁状态，只要点击一次相应标志就会改变相反含义的标志，如：原本为打开的，点击对应标记后就变为关闭的了。

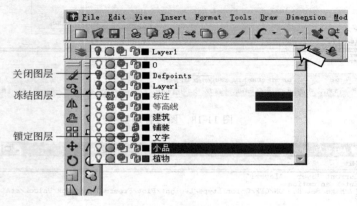

图 11-20 图层下拉列表

② 改变图层颜色、线型、线宽与打印状态。图层的特征属性的设置方法与外观属性基本相同，现以指定图层颜色为例，例如，将名为"植物"的图层内所有的图形指定为绿色以便识别。首先打开"图层特性管理器 [图 11-21（a）]"，在其中选择名为"植物"的图层，单击"颜色"图标（箭头所指的位置），在"选择颜色"对话框 [图 11-21（b）] 中选择对应的颜色，确认即可，这样整个"植物"图层中的图形都将变为刚刚所选定的颜色，当然前提条件是图层中的图形都必须具有"随层"的属性。

一个图形的特性可以被设置为"随层"，或者特定值，或者"随块"。如果设置为"随层"则图形具有所在图层的全部特征，如颜色、线型等，这是系统默认状态。也可以在此基础上为其指定特定的属性，这需要在特征属性工具栏中进行调整，或通过图形属性对话框进行调整。如果为对象特性设置选择"随块"，将以缺省的特性设置绘制新对象，直到它们被编组到块中为止。当对象被编组到块中时，块中的对象继承插入块所在的图层的特性设置。

（四）文字操作

在图纸中必须有适当的文字说明，可以使用文本工具栏（图 11-22）进行文本的输入和编辑。从左至右依次对应的命令为：多行文本输入、单行文本输入、文本编辑、查找替换文

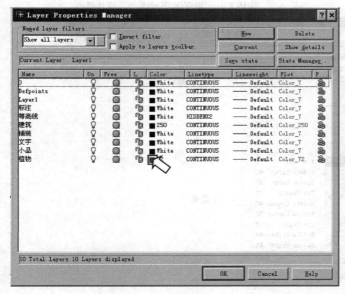
(a) 图层管理

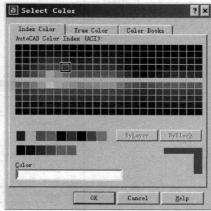
(b) 选择颜色对话

图 11-21　改变图层的颜色

图 11-22　文本工具栏

本、修改文本式样、调整文本的大小、调整文本对齐方式等。

其中，多行文本用于创建设计说明等大段文字，而单行文字则多用于标注、注释等。现以多行文本为例，创建多行文本的方法是：点击绘图工具栏（或者文本工具栏）中的"A"，输入文本框的对角位置，出现文字输入框（图 11-23），在其中设置好文本的格式后，输入文字，点击"确定"即可。之后还可以利用文本编辑命令（对应图标"A"）对文本进行编辑，比如：字体大小、类型、布局位置等，编辑窗口与创建窗口一致（图 11-23）。

此外还可以利用"文本式样（Text style）"命令创建和修改文本式样，点击"格式（Format）"菜单下的"文本式样（Text style）"命令，或者点击"A"图标，就可以打开文本式样编辑对话框（图 11-24），完成创建和修改操作。

（五）尺寸标注操作

无论用多精确的比例打印图形，都不足以向施工人员传达精确的尺度信息。所以通常要标记绘制对象的测量值，注明对象间的距离和角度。进行标注是向图形中添加测量注释的过程。关于手工绘图尺寸标注的方法在本书第一章中就有所介绍，在计算机绘图中也应该遵循相应的标准。比如：尺寸起止符等元素的形式、标注的方法、标注的单位等。除此之外，计算机绘图中还存在着一些技法以及不同于手绘制图的规定。

AutoCAD 提供了多种标注样式和多种设置标注格式的方法。可以指定所有图形对象的测量值，可以测量垂直和水平距离、角度、直径和半径，创建一系列从公共基准线引出的尺

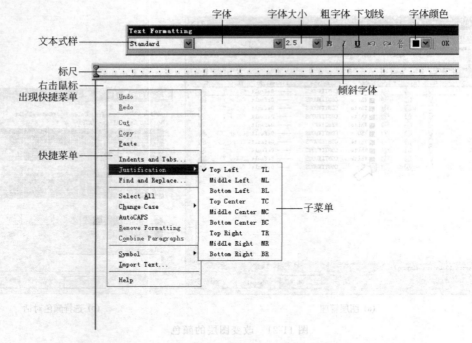

图 11-23 文本输入窗口

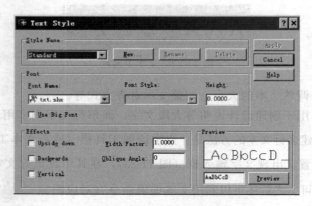

图 11-24 文本式样对话框

寸线,或者采用连续标注。这些功能都可以通过标注工具栏上的图标或者对应的命令来完成。如表 11-1 所列是标注工具栏及其中每一个图标的含义。

表 11-1 标注图标命令介绍

图标	名称	命令	说明
	线形标注	DIMLINEAR	测量两点间的直线距离。包含的选项可以创建水平、垂直或旋转线性标注
	对齐标注	DIMALIGNED	尺寸线平行于标注对象,反映标注对象的真实长度
	坐标标注	DIMORDINATE	显示从给定原点测量出来的点的 X 或 Y 坐标
	半径标注	DIMRADIUS	测量圆或圆弧的半径
	直径标注	DIMDIAMETER	测量圆或圆弧的直径

续表

图标	名称	命令	说明
	角度标注	DIMANGULAR	测量角度
	快速标注	QDIM	通过一次选择多个对象，根据用户要求同时对这些对象进行标注
	基线标注	DIMBASELINE	创建一系列线性、角度或坐标标注，都从相同原点测量尺寸
	连续标注	DIMCONTINUE	每一标注都从前一个（或最后一个）标注的第二个尺寸界线处创建标注
	引线标注	QLEADER	从某一需要说明的部位引出引线并对其进行注释
	公差标注	TOLERANCE	创建形位公差标注
	圆心标记	DIMCENTER	创建圆心和中心线，指出圆或圆弧的圆心快速标注
	标注式样		创建、修改标注式样

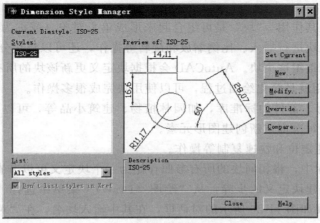

(a) 标注式样管理器

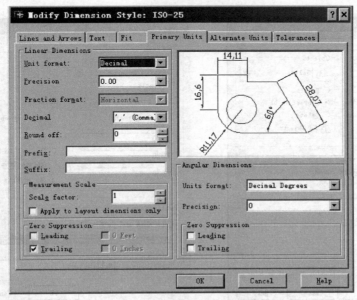

(b) 标注式样编辑对话框

图 11-25 标注式样管理器和编辑对话框

此外，在进行尺寸标注之前不要忘记对尺寸标注式样进行调整。尺寸标注式样可以通过"格式（Format）菜单"中的"尺寸标注式样（Dimension Style）"命令，或者标注工具栏中的标注式样图标"✎"进行修改。打开尺寸标注式样管理器，对原有尺寸标注式样进行调整，或新建尺寸标注式样（图11-25）。

📖 小提示　在进行尺寸标注的时候可以运用追踪和捕捉工具进行精确定点。

（六）外部引用操作

AutoCAD 提供了几种在图形中管理对象的功能。使用块可将许多对象作为一个部件进行组织和操作。通过附着属性可以将信息项和图形中的块联系起来，例如，植物的名称、规格等，可以用块属性创建规格表和材料表。

使用 AutoCAD 的外部参照，可以将整个图形附着或覆盖到当前图形上。当打开包含外部参照的图形时，在参照图形上的任何修改都会体现在当前图形上。

1. 块操作

（1）块的概念及其作用　"块"是可组合起来形成单个对象（或称为块定义）的对象集合。可以在图形中对块进行插入、比例缩放和旋转等操作，还可以将块分解为组成对象并且修改这些对象，然后重组这个块。AutoCAD 会根据块定义更新该块的所有引用。

"块"最大的作用就是简化绘图过程，可以使用块完成很多操作。

① 建立常用符号、部件的标准库，如园林植物、建筑小品等，可以将同样的块多次插入到图形中，而不必每次都重新创建图形元素。

② 可以实现快速定位和快速复制等操作。

③ 在图形数据库中，将相同块的所有参照存储为一个块定义可以节省磁盘空间。

（2）创建块　创建块定义的步骤：从"绘图（Draw）"菜单中选择"块（Block）""创建（Make）"，则出现如图11-26所示的对话框，在其中输入块名，在"对象（Objects）"中选择"选择对象（Select）"按钮，使用定点设备选择包含在块定义中的对象，然后在"基

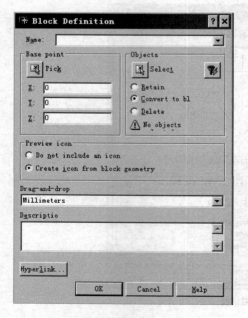
图11-26　"创建块"对话框

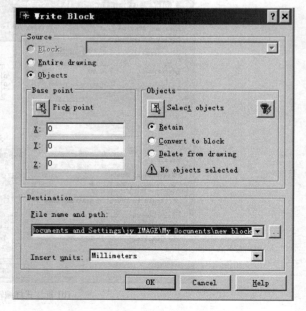
图11-27　"创建块文件"对话框

点（Base point）"中输入插入基点的坐标值，或选择"拾取插入基点（Pick）"按钮使用定点设备指定基点，选择"确定"即可创建块。

在创建块的过程中还有一系列的选项，如在"对象（Object）"中指定保留对象、将对象转换为块或删除选定对象；还可以在"说明"中输入文字，便于迅速检索块。

为了便于查找和使用，可以将某一组图形保存为块文件，其方法是：在命令提示中输入Wblock（或者W），出现如图11-27所示的对话框，在"创建块（Write Bolck）"对话框中，指定要写到文件的块或对象，其中包括三个选项：块（Block）——指定要保存为文件的块；整个图形（Entire drawing）——选择当前图形作为一个块；对象（Objects）——指定要保存为文件的对象。从"块"列表中选择要保存为文件的块名，在"基点（Base point）"下，使用"拾取点（Pick point）"按钮定义块的基点，在"对象（Objects）"下，使用"选择对象（Select objects）"按钮为块文件选择对象，输入新文件的名称（如果选定了块，系统自动把该块的名称作为新文件名），选择"确定"，则被选择的图形或者块就被保存为一个独立文件了。

📖**小提示** 组成块的图形构成的是一个整体，所有操作都是针对这一整体进行的，只有使用"分解（Explode）"命令才可以将它们分开；除了块还有一种组合方式——组（Group），尽管组也构成了一个整体，操作针对组进行，但是组中的成员可以随时从组中脱离开，成为独立的元素。所以组适合于暂时性组合，块适合于永久性组合。

（3）插入块 可以使用"插入（Insert）"命令将块或整个图形插入到当前图形中。在命令行中输入"插入（Insert）"命令，或者点击插入块图标" "，就会出现块插入对话框（图11-28），选择需要插入的块或者文件，点击确定即可。系统默认插入点为坐标原点，插入比例为1，不旋转。如果用户想自己控制这些参数，就需要点选对话框中参数列表下的"Specify On-screen"选项，如图11-28所示，插入块或图形时，就可以自己指定插入点、缩放比例和旋转角了。

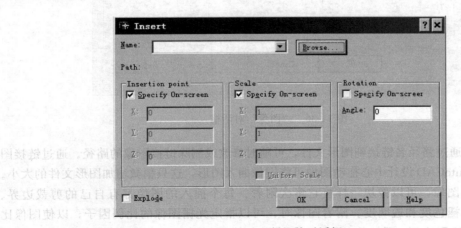

图11-28 插入块对话框

（4）块分解 如果要修改块图形，需要将其分解。方法很简单，点击分解图标" "，然后点选需要分解的块，回车即可。块分解后，用户可以分别点选各个组成部分，对它们进行编辑、修改。如果是嵌套块（块中还包含其它的块），需要进行多次的分解。

2.插入光栅图像

通过AutoCAD可将光栅图像添加到基于矢量的AutoCAD图形中，然后显示和打印。而在园林设计中往往利用这一过程插入底图，将手工绘图与计算机绘图联系起来。

插入光栅图像的步骤：从"插入（Insert）"菜单中选择"光栅图像（Raster image）"，在"选择图像文件"对话框（图11-29）的文件列表中选择文件名，然后选择"打开"。在"图像"对话框（图11-30）中指定插入点、比例或旋转角，选择"确定"。

图11-29　选择图像文件对话框

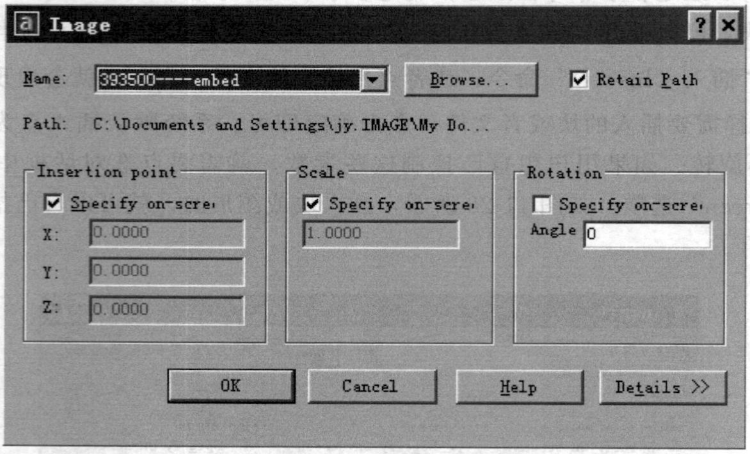

图11-30　"图像"对话框

此时，图像通过路径名链接到图形文件，可随时修改或删除链接图像的路径。通过链接图像路径或使用AutoCAD设计中心拖动图像可将图像插入图形，这只稍微增加图形文件的大小。

一旦附着了图像，可以像块一样将它多次附着。每个插入的图像都有自己的剪裁边界、亮度、对比度、褪色度和透明度。附着图像时，可以指定光栅图像的比例因子，以使图像比例与AutoCAD绘图比例一致。AutoCAD会按指定的比例因子缩放图形。缺省图像比例因子为1，并且所有图像的缺省单位都是"无单位"。

📖 **小提示**　在绘制园林设计图时通常采用与实际大小1∶1的比例关系绘制，首先按照默认值（AutoCAD指定的缺省图像比例因子1）插入图像，然后使用量取工具量取图中已知长度（如道路、房屋等）的图上距离，此长度的实际距离与图上距离之比就是图纸的缩放比例。绘图一般要以毫米（mm）为单位。如：道路实际宽度10米，图上量取的宽度为1，则图纸需要放大 10000 倍才可以保证图纸以毫米为单位按照实际大小绘制。

3. 外部参照

把图形作为块插入时，块定义和所有相关联的几何图形都将存储在当前图形数据库中，修改原图形后，块不会随之更新。外部参照是把其它图形链接到当前图形中，作为外部参照插入的图形会随着原图形的修改而更新。因此，包含外部参照的图形总是反映出每个外部参照文件最新的编辑情况。

📖 **小提示**　外部参照不会明显增加当前图形的文件大小，并且不能被分解。

附着外部参照的步骤如下：从"插入（Insert）"菜单中选择"外部参照（External Reference）"，在"选择参照文件（Select Reference File）"对话框（图 11-31）中选择需要参照的文件名，然后选择"打开"，将出现如图 11-32 所示的"外部参照"对话框，在"外部参照"对话框中的"参照类型（Reference Type）"下，选择"附加型（Attatchment）"或者"叠加型（Overlay）"，指定插入点、缩放比例和旋转角度，最后选择"确定"即可。

图 11-31　选择外部参照文件对话框

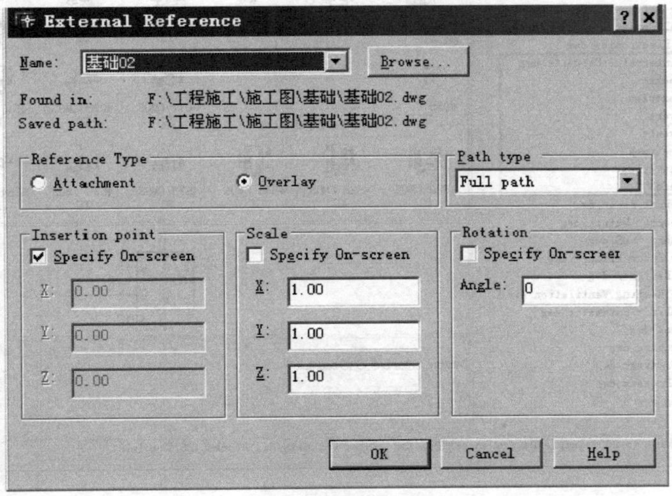

图 11-32　"外部参照"对话框

4. AutoCAD 设计中心

插入块和附着外部参照有助于重复利用图形内容。使用 AutoCAD 设计中心，可以管理块、外部参照、光栅图像以及来自其它源文件或应用程序的内容。不仅如此，如果同时打开多个图形，就可以通过在图形之间复制和粘贴内容（如图层定义）来简化绘图过程。

AutoCAD 设计中心也提供了查看和重复利用图形的工具，使用 AutoCAD 设计中心可以完成以下操作。

① 浏览不同图形内容，从经常打开的图形文件到网页上的符号库等。

② 查看图形文件中的对象（例如块和图层），将其插入、附着、复制和粘贴到当前图形中。

③ 创建指向常用图形、文件夹和 Internet 地址的快捷方式。

④ 在本地和网络驱动器上查找图形内容。例如，可以按照特定图层名称或上次保存图形的日期来搜索图形。找到图形后，可以将其加载到 AutoCAD 设计中心，或直接拖放到当前图形中。

⑤ 将图形文件（dwg）从控制板拖放到绘图区域中即可打开图形。

⑥ 将光栅文件从控制板拖放到绘图区域中即可查看和附着光栅图像。

AutoCAD 设计中心具体使用方法：从"工具（Tool）"菜单中选择"AutoCAD 设计中心（DesignCenter）"，出现设计中心窗口（图 11-33），这一窗口类似 Windows 的资源管理器，操作方式也比较相似，同样可以进行拖动、拉伸、文件查找等操作。点击某一文件名称前的"+"，展开下拉列表，列表中包括文件中的块、标注式样、文字式样、图层结构以及外部参照等内容，选择需要引入的部分，在右边的窗口中将出现该文件所包含的内容，如图 11-33 右侧窗口所示，列出的是该文件中包含的块及其预览图像。如果用户要引入某一块，点选该图标后单击鼠标右键出现如图所示的快捷菜单，点击"插入块（Insert Block）"即

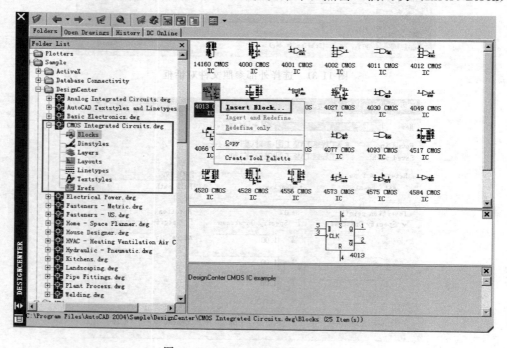

图 11-33　AutoCAD 设计中心窗口

可。其它操作与插入块相同，这里就不一一介绍了。

（七）实体选择操作

在 AutoCAD 中，许多命令都牵涉到选取对象。如何最快捷、方便地利用 AutoCAD 所提供的选择工具快速地选中图形是提高绘图速度的关键。在 AutoCAD 的命令行，键入"Select"后回车，将会看到各种实体选择方法的选项，下面针对常用的选择方式进行介绍。

1. 直接点取方式（默认）

当命令行出现"Select Objects"：提示时，通过鼠标或其它输入设备直接点取实体，如果实体呈高亮度显示，表示该实体已被选中，就可以对其进行编辑。

2. 默认窗口方式

当命令行出现"Select Objects"：提示时，点击所选范围以外的空白区域，并拖动鼠标到所选范围对角位置点击，并释放鼠标。如果鼠标由右下到左上（或右上到左下）的话，框选框会成虚线，凡是框选框接触到的图形都将被选中；如果鼠标由左下到右上（或左上到右下）的话，框选框会是实线，只有完全在框选框范围内的图形才会被选中。

3. 多边形交叉窗口方式

在"Select Objects"：提示下键入 CP（cpolygon 交叉多边形）并回车，则可以构造一个不规则多边形，在此多边形内的对象以及一切与多边形边线相交的对象均被选中（此时的多边形框是虚线框，它类似于从右向左定义的矩形窗口的选择方法）。

4. 组方式

将若干个对象编组，当提示"Select Objects"：时，键入 G（group）后回车，接着命令行出现"输入组名"：在此提示下输入组名后回车，那么所对应的图形均被选取，这种方式适用于那些需要频繁进行操作的对象。

小提示 如果在"Select Objects"：提示下，直接选取包含在某一个组中的一个对象，则此对象所属的组中的图形将全部被选中。

5. 前一方式和最后方式

（1）前一方式 在"Select Objects"：提示下键入 P（previous）后回车，则将执行当前编辑命令以前最后一次的选择集作为当前选择集。

（2）最后方式 在"Select Objects"：提示下键入 L（last）后回车，则 AutoCAD 自动选择最后绘制的那个对象。

6. 全部方式

利用此功能可选定当前图形中所有对象。在"Select Objects"：提示下键入 ALL（注意：不可以只键入"A"）后回车，AutoCAD 将自动选择所有的对象。

7. 多选

同样，要求选择实体时，输入 M（Multiple），指定多次选择而不高亮显示对象，从而加快对复杂对象的选择过程。如果两次指定相交对象的交点，"多选"也将选中这两个相交对象。

8. 快速选择

通过它可得到一个按过滤条件构造的选择集。输入命令 Qselect 后，弹出"快速选择"对话框，就可以按指定过滤对象的类型和指定对象过滤的特性、过滤范围等进行选择。也可以在绘图窗口中按鼠标右键，菜单中含有"Quickselect"选项。需要注意的是，如果我们所设定的选择对象特性是"随层"的话，将不能使用这项功能进行选择。

9. 用选择过滤器选择（Filter）

在命令行中输入"Filter"后,将弹出"对象选择过滤器"对话框,根据需要设置包括一系列过滤条件的"过滤器",并将其存盘,以便使用时可直接调用。在使用过滤器选择的时候要注意:在过滤条件中,不能以"随层"的对象特性作为过滤条件,必须是用 Colour 或者 Linetype 等命令特别指定的属性才可以。

第三节 实战演练

在设计阶段,对于 AutoCAD 的利用有两种形式,一种是根据已知的尺度关系直接在 AutoCAD 中设计、绘图。另一种方式就是手工绘制草图,导入计算机中,再用 AutoCAD 描图、修改、调整。由于计算机往往会限制设计者思路,尤其是对于自然式园林设计项目,计算机绘图往往无法像手工绘图那样自然、流畅,所以在园林设计过程中往往采用的是后者。下面就以图 11-34 中提供的设计图为例对整个制图过程进行介绍。

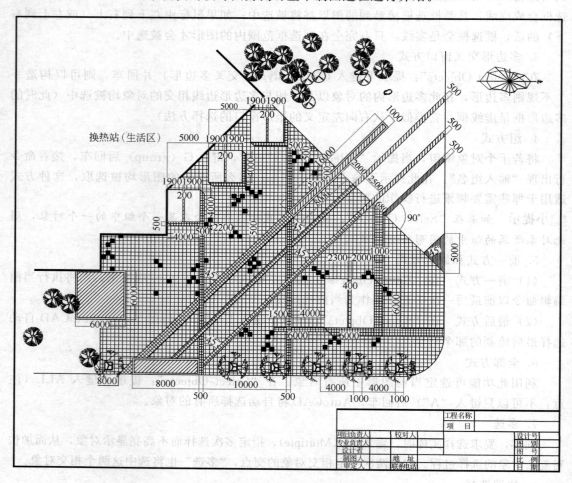

图 11-34 某楼前广场设计平面图

一、绘图步骤

(一)导入底图

首先手绘设计草图,在图纸上形成了基本的设计框架,应该确定出建筑物、道路、水体、地形等主要的构景元素的位置和尺度。利用扫描仪或者数码相机将草图导入到计算机中，变成计算机可以识别的文件，如 jpg、bmp 文件等。

打开 AutoCAD，按照前面所讲述的方法新建一个文件，插入底图，将其放置在适宜的位置，并按照比例缩放，使绘图比例为 1∶1。

📖**小提示** 绘图比例为 1∶1 主要是为了方便尺寸标注，实现精确作图。要注意：总图一般以米作为量度单位，详图采用毫米为单位。

（二）设置图层

根据设计项目、个人绘图习惯进行图层及其各项参数的设置。

点击特征工具栏中的"图层属性"图标，弹出图层对话框，点击新建图层，在 0 层下面出现新的一行，默认图层名为"layer1"，其它参数也与 0 图层相同，此时图层名称可以修改，改成容易识别记忆的名称，如园林小品。然后根据各图层所绘的内容调整图层的颜色、线型、线宽和是否打印等属性（方法参见图层操作），比如：植物图层一般采用绿色作为图层颜色，中轴线采用点划线作为图层线型，建筑轮廓线要采用粗实线，所以需要调整随层线宽为适宜值。需要注意的是：随层线宽只有在按下状态栏中的显示线宽按钮才可以显示，为了提高显示速度，一般要将线宽显示关闭。

📖**小提示** 在利用计算机绘图过程中，可以利用图层属性简化作图过程。

重复这样的操作过程，得到足够数量的图层，并赋予适宜的名称，也可以根据绘图的需要随时建立新的图层。实例中图层设计如图 11-35 所示，仅供参考。

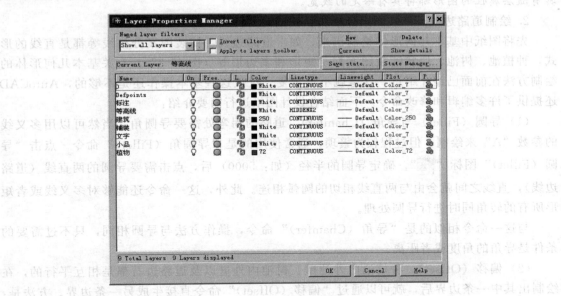

图 11-35　图层设置

（三）描绘底图

在底图的基础上按照给定的或者设计的尺寸绘制图纸内容，最好分层绘制。

1. 绘制建筑边界线

选择名为"建筑"的图层作为当前层，利用多义线（Pline）描绘建筑物的边界，如图 11-36 所示。因为建筑物的边界多为垂直正交，所以在绘制的时候最好将状态行中的"正交（Ortho）"打开。确定折点位置时，结合正交绘图状态，采用距离法定位（如图 11-36 中命令行输入的内容）。

301

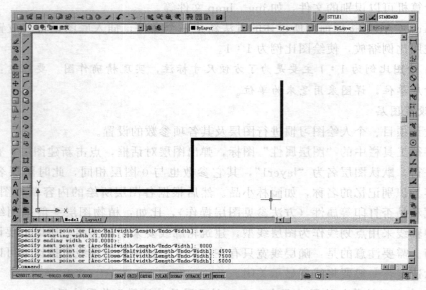

图 11-36　绘制建筑的边界线

📖 **小提示**　除了以上方法还可以利用图层属性设置线宽，参见上一个步骤，该图层上所有具有随层属性的图形都将具有给定的线宽。

2. 绘制道路边线、铺装图案分格线、种植池

先将图纸中基本几何形体绘制出来，如：道路边线、铺装图案分格线等都是直线的形式，种植池、树池、块状铺装图案都是矩形和多边形等（图 11-37）。有关基本几何形体的绘制方法在前面已经介绍过，这里就不再重复。仅仅这些基本操作还是不够的，AutoCAD 还提供了许多编辑和修改命令。下面结合设计图纸进行简要介绍：

（1）导圆（Filler）与导角（Chamfer）　道路的拐弯处需要导圆角，当然可以用多义线的参数"A"来绘制，但过程较为繁琐，通常使用的是"导圆角（Fillet）"命令。点击"导圆（Fillet）"图标" "，确定导圆的半径（如：5000）后，点击需要导圆的两直线（道路边线），直线之间就会由与两直线相切的圆弧相连。此外，这一命令还能够对多义线或者矩形所有的转角同时进行导圆处理。

与这一命令相似的是"导角（Chamfer）"命令，操作方法与导圆相同，只不过需要的条件是导角的角度或者距离。

（2）偏移（Offset）　种植池内外池壁、树池内外壁以及道路边石都是相互平行的，在绘制出其中一条边界后，就可以通过"偏移（Offset）"命令直接生成另一条边界。方法是：点击" "图标，在命令行中输入偏移的距离（如：300），或利用鼠标直接在屏幕上标示距离，然后点选要偏移的对象，点击偏移的方位（内侧或者外侧），则就会在这一位置上出现与偏移对象平行的新图形。

（3）阵列（Array）　如果某一图形在图中按照一定规律（如沿直线或圆周）重复多次出现，就可以运用"阵列（Array）"命令简化绘图过程。比如，图中路边的树池成直线摆列，且距离相等，就可以运用这一命令。首先利用正多边形绘制工具绘制出一个树池的图形，点击"阵列"图标" "，出现"阵列设置"对话框，在对话框中提供了阵列所需的参数。需要说明的是：图 11-38（a）列出的是矩形阵列（Rectangular Array）的对话框形式，

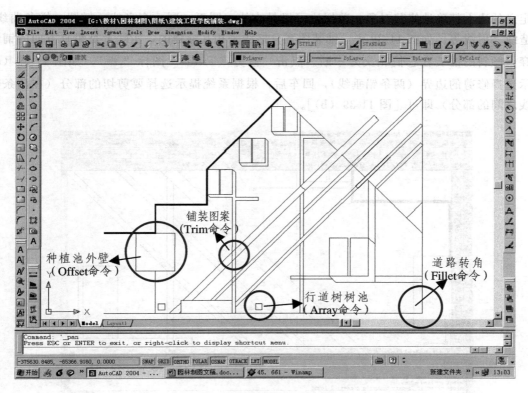

图 11-37 描图、修整过程

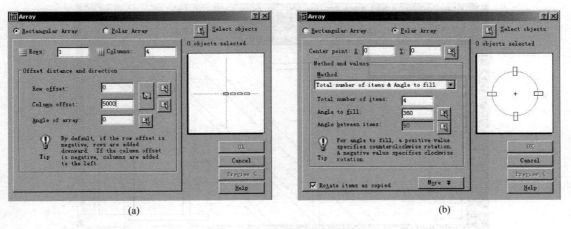

图 11-38 阵列命令对话框

这一形式是系统默认状态,而如果点选圆周阵列(Polar Array)的话,对话框如图 11-38 (b) 所示。按照图 11-38 (a) 输入参数,点击右上角的"选择物体(Set Object)"按钮,选择阵列对象,点击"确定"即可。

图 11-38 (a) 对话框中参数的含义是:阵列 1 行(Rows)、4 列(columns),列间距是 5000,行不发生偏移,旋转角度为 0。

📖 小提示 如果向左或向下阵列,阵列间距应该输入负值。

(4) 修剪(Trim)和延伸(Extend) 利用"修剪(Trim)"命令可以在一个或多个对

303

象定义的边上精确地修剪对象。剪切边可以是直线、圆弧、圆、多义线、椭圆、样条曲线、构造线、射线等。如图 11-39 中，铺装图案分格线是相互穿越的，实际上是铅垂方向的铺装贯穿，倾斜的铺装在它们相交处中断。点击"修剪（Trim）"图标" ┼ "，如图 11-39（a）所示选择修剪的边界（两条铅垂线），回车后，根据系统提示选择要剪切的部分（在两条铅垂线之间的部分）即可 [图 11-39（b）]。

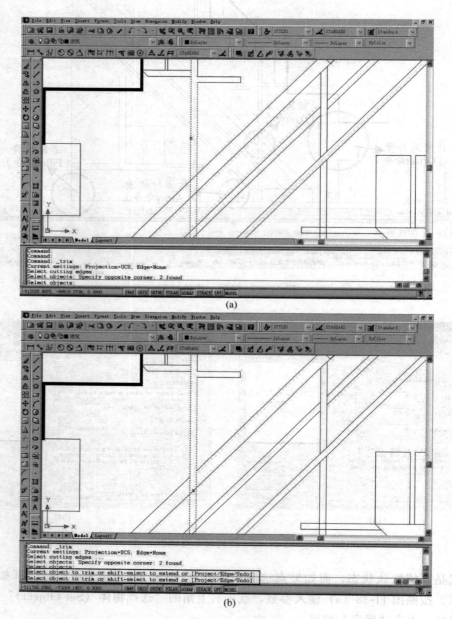

图 11-39 修剪命令的运用

修剪（Trim）除了剪切的功能之外，还具有延伸（Extend）的功能，当系统提示选择被修剪直线时，按住 Shift 键同时选择另一条直线，则直线会自动延伸与目标直线相交，如图 11-39（b）命令行所示。

延伸（Extend）的操作与修剪（Trim）相似，同样具有两种功能。

（四）填充图案、添加其它构景要素

1. 填充图案

为了增强图面的表现力，更好的区分所使用的材料，还须在特定的范围内填充图案。在填充之前需要确保填充范围是封闭的，否则无法正确填充。边界设置好之后，点击绘图工具栏中的"▦"图标，出现填充对话框［图11-40（a）］，点击"拾取点（Pick Point）"按钮，回到绘图区域，点击填充范围内任意位置，范围确定后按回车，回到填充对话框，点击"图案（Pattern）"窗口右侧按键或者点击"图案式样（Swatch）"的填充图案窗口［图11-40（a）中箭头所指示的位置］都将出现填充图案选择窗口［图11-40（b）］，选择适宜的填充图案并确认后再回到填充对话框，设置好其它参数（如填充图案的角度和比例以及填充的方式等），点击"确定"就可以了。

在填充对话框中还有两页——高级设置（Advanced）和渐变填充（Gradient），如图

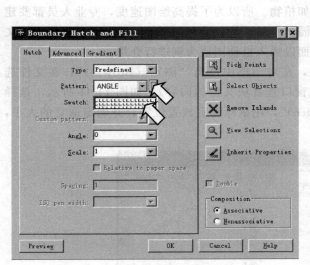
(a) 填充对话框

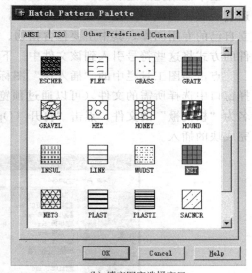
(b) 填充图案选择窗口

(c)

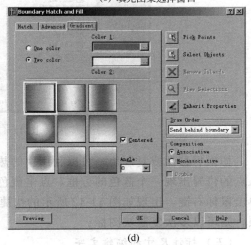
(d)

图11-40 填充图案

11-40（c）、（d）所示。它们主要区别在对话框的左半边，高级设置针对填充图案的填充方式进行设置；渐变填充中提供了一系列特殊的填充效果，并可以通过参数进行调解。利用这些设置能够组合出很多填充的效果，从而增强 AutoCAD 图面的表现效果。

小提示 填充范围的选择有两种形式，一种是点选（如实例中所用的方法），另一种是选择物体（Select Object），如果填充范围由一个封闭的图形（圆形、矩形或闭合的多义线等）构成，最好使用"选择物体"的方式。对于复杂的图形这种方式将节省计算时间，提高绘图速度。

按照上面所述的方法在铺装分格线中填充铺装图案，如果填充的效果不理想，还可以通过"修改Ⅱ（ModifyⅡ）"中的"编辑填充图案"命令进行调整。

小提示 填充图案应该放置在专门的图层中，以方便对其进行编辑，同时也避免影响其它操作。

2. 添加其它构景要素

基本框架完成之后在图中还需要添加其它的构景要素，有些对应专用的符号，如灯具；还有一些在图纸中反复出现，数量较多，如植物。所以为了提高绘图速度，专业人员都要建立自己的专用图库，其中主要包含植物、园林小品、指北针和图框等，需要时通过插入块文件的方式将这些符号引入到该文件中。下面以插入植物图块为例进行介绍。

点击绘图工具栏中的"插入块"图标，在对话框中点击"浏览（Browse）"，在文件选择窗口中选择所需的文件（可以通过预览窗口查看块文件的内容），如图 11-41 所示，选择名为"核桃楸"的文件，点击"打开（Open）"，用鼠标确定放置位置，并确定适宜的大小，完成块的插入。

图 11-41　插入块文件

如果想移动或复制块，可以利用块的热点（块的插入点）来完成。点击块图标后，在插入点的位置出现一个蓝色的方框，点击蓝色方框变成红色，这时可以直接移动块。此时如果单击鼠标右键，出现如图 11-42 所示的快捷菜单，其中就有"复制（Copy）"项，选择这一项，则可以多次复制块图标。

（五）标注尺寸和编辑文字

图纸绘制完成后，需要按照国家制图标准的要求对图纸进行尺寸标注，并进行文字注

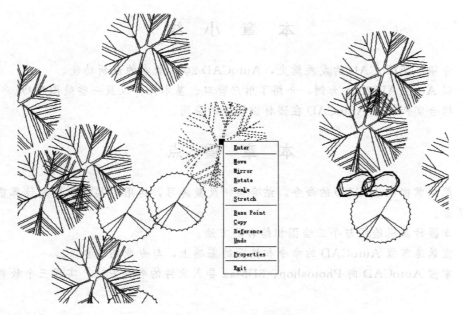

图 11-42 块的移动和复制

释,有关这两个方面的操作请参见前面相关的论述。除此之外还需要绘制指北针、比例尺和图框,一般这些使用频率较高的元素都需要制作成块文件,在需要的时候直接插入就可以了。

二、计算机绘图的注意事项

实例仅涉及 AutoCAD 的一部分命令和操作,其它内容还需在实践中逐步的熟练,其实最关键的问题就是熟悉 AutoCAD 的命令。除此之外,在绘图过程中还应该注意下列问题。

(1) 严格遵守国家制图标准的规定,并根据各个单位的需要设置相应的设计模板,以保证图纸的规范性和统一性。

(2) 养成分层绘制的习惯。根据需要设置图层,将图形分门别类安排在不同的图层中,充分利用图层对图纸进行管理。并且在绘制过程中适时地关闭某些图层将会提高制图的速度。

(3) 熟练运用快捷菜单和快捷键。一般在绘图区域中点击鼠标右键就会出现快捷菜单,快捷菜单中通常是常用的操作或者与正在执行的命令相关的操作,也就是说不同状态对应不同的菜单形式。运用快捷键将提高命令的输入速度,从而提高绘图速度,快捷键可以采用系统设置值(具体内容参见附录 C),也可以用户自定义。

(4) 定义块。将经常使用的图形定义成块或块文件,以便在使用过程中随时调用,这样可以大大提高绘图的速度,而且利用块本身的热键可以完成快速移动、快速复制等操作。

尽管计算机绘图有着许多优势,但是由于园林专业的特殊属性,常采用计算机和手工绘图两者结合的方式。尤其是方案设计阶段,一般的工作流程是:手工绘制草图→AutoCAD描图并进行调整→3DMax 建模赋材质→Photoshop 后期处理→打印输出→装订成册。如果绘制施工图那么程序就要简单些,往往仅利用 AutoCAD 软件就可以了,一般的流程是:AutoCAD 绘图并进行调整→打印输出→晒图→装订成册。

本 章 小 结

（1）介绍了 AutoCAD 的发展简史，AutoCAD 2004 版本的最新功能。
（2）以 AutoCAD 2004 为例，介绍了用户窗口、基本操作以及一些绘图技巧。
（3）结合实例介绍 AutoCAD 在园林设计中的应用。

本 章 重 点

（1）熟练掌握 AutoCAD 的命令，结合实例反复练习，运用一些技巧提高计算机绘图的速度和质量。
（2）掌握计算机绘图与手工绘图相结合的方法。
（3）在熟练掌握 AutoCAD 的命令和技巧的基础上，与专业相结合。
（4）掌握 AutoCAD 向 Photoshop、3DMax 导入文件的各种方法，实现三个软件的综合使用。

附录 A 常用建筑材料图例

图　例	名　称	图　例	名　称
	自然土壤		砂、灰土
	夯实土壤		砂砾石、碎石、三合土
	普通砖砌		混凝土
	天然石材		钢筋混凝土
	金属		耐火砖
	多孔材料		空心砖
	玻璃		饰面砖（铺地砖、人造大理石等）
	毛石		木材

附录 B 常用给排水图例

图例	名称	图例	名称
─Y─ / ─Y─	雨水管		自动排气阀
─X─ / ─X─	消火栓管道		水锤消除器
─W─ / ─W─	粪便污水管		压力调节阀
─J─ / ─J─	生活、生产给水管		持压阀
─P─ / ─P─	自动喷水管道		管道倒流防止器
─F─ / ─F─	生活废水管		水泵接合器
	角阀		阀门井、检查井
DN≥50 DN<50	截止阀		水表井
	浮球阀		跌水井
	闸阀		雨水口
	止回阀		喇叭口
	超压泄压阀	─ ─ RJ ─ ─>	管沟
	底阀	───>	排水明沟
	蝶阀	─ ─ ─>	排水暗沟
	信号闸阀 信号蝶阀		刚性防水套管
	安全阀		柔性防水套管
	减压阀		法兰连接
	电磁阀		承插连接
	温度调节阀		活接头
			管堵
			法兰堵盖
			多孔管

续表

图例	名　　称	图例	名　　称
—∣—	减压孔板		排水栓
	压力表		伸缩节
	温度计		乙字管
	电接点压力表		正三通
☒平面 ●系统	水泵		斜三通
☒平面 ●系统	立式水泵		正四通、立体四通
	管道泵		斜四通
	潜污泵		同心异径管
☒ ☒	污水池		偏心异径管
	存水弯		

附录 C AutoCAD 常用快捷命令

一、字母类

1. 对象特性

ADC，*ADCENTER（设计中心"Ctrl+2"）
CH，MO*PROPERTIES（修改特性"Ctrl+1"）
MA，*MATCHPROP（属性匹配）
ST，*STYLE（文字样式）
COL，*COLOR（设置颜色）
LA，*LAYER（图层操作）
LT，*LINETYPE（线形）
LTS，*LTSCALE（线形比例）
LW，*LWEIGHT（线宽）
UN，*UNITS（图形单位）
ATT，*ATTDEF（属性定义）
AET，*ATTEDIT（编辑属性）
BO，*BOUNDARY（边界创建，包括创建闭合多段线和面域）
AL，*ALIGN（对齐）

EXIT，*QUIT（退出）
EXP，*EXPORT（输出其它格式文件）
IMP，*IMPORT（输入文件）
OP，PR*OPTIONS（自定义 CAD 设置）
PRINT，*PLOT（打印）
PU，*PURGE（清除垃圾）
R，*REDRAW（重新生成）
REN，*RENAME（重命名）
SN，*SNAP（捕捉栅格）
DS，*DSETTINGS（设置极轴追踪）
OS，*OSNAP（设置捕捉模式）
PRE，*PREVIEW（打印预览）
TO，*TOOLBAR（工具栏）
V，*VIEW（命名视图）
AA，*AREA（面积）
DI，*DIST（距离）
LI，*LIST（显示图形数据信息）

2. 绘图命令

PO，*POINT（点）
L，*LINE（直线）
XL，*XLINE（射线）
PL，*PLINE（多段线）
ML，*MLINE（多线）
SPL，*SPLINE（样条曲线）
POL，*POLYGON（正多边形）
REC，*RECTANGLE（矩形）
C，*CIRCLE（圆）
A，*ARC（圆弧）

DO，*DONUT（圆环）
EL，*ELLIPSE（椭圆）
REG，*REGION（面域）
MT，*MTEXT（多行文本）
M，*MTEXT（多行文本）
B，*BLOCK（块定义）
I，*INSERT（插入块）
W，*WBLOCK（定义块文件）
DIV，*DIVIDE（等分）
H，*BHATCH（填充）

3. 修改命令

C，*COPY（复制）
MI，*MIRROR（镜像）
AR，*ARRAY（阵列）
O，*OFFSET（偏移）

RO，*ROTATE（旋转）
M，*MOVE（移动）
E，DEL 键*ERASE（删除）
X，*EXPLODE（分解）

TR，＊TRIM（修剪）
EX，＊EXTEND（延伸）
S，＊STRETCH（拉伸）
LEN，＊LENGTHEN（直线拉长）
SC，＊SCALE（比例缩放）

BR，＊BREAK（打断）
CHA，＊CHAMFER（倒角）
F，＊FILLET（倒圆角）
PE，＊PEDIT（多段线编辑）
ED，＊DDEDIT（修改文本）

4．视窗缩放
P，＊PAN（平移）
Z＋空格＋空格，＊实时缩放
Z，＊局部放大

Z＋P，＊返回上一视图
Z＋E，＊显示全图

5．尺寸标注
DLI，＊DIMLINEAR（直线标注）
DAL，＊DIMALIGNED（对齐标注）
DRA，＊DIMRADIUS（半径标注）
DDI，＊DIMDIAMETER（直径标注）
DAN，＊DIMANGULAR（角度标注）
DCE，＊DIMCENTER（中心标注）
DOR，＊DIMORDINATE（点标注）
TOL，＊TOLERANCE（标注形位公差）

LE，＊QLEADER（快速引出标注）
DBA，＊DIMBASELINE（基线标注）
DCO，＊DIMCONTINUE（连续标注）
D，＊DIMSTYLE（标注样式）
DED，＊DIMEDIT（编辑标注）
DOV，＊DIMOVERRIDE（替换标注系统变量）

二、常用 CTRL 快捷键
【CTRL】＋1＊PROPERTIES（修改特性）
【CTRL】＋2＊ADCENTER（设计中心）
【CTRL】＋O＊OPEN（打开文件）
【CTRL】＋N＊NEW（新建文件）
【CTRL】＋P＊PRINT（打印文件）
【CTRL】＋S＊SAVE（保存文件）
【CTRL】＋Z＊UNDO（放弃）
【CTRL】＋X＊CUTCLIP（剪切）

【CTRL】＋C＊COPYCLIP（复制）
【CTRL】＋V＊PASTECLIP（粘贴）
【CTRL】＋B＊SNAP（栅格捕捉）
【CTRL】＋F＊OSNAP（对象捕捉）
【CTRL】＋G＊GRID（栅格）
【CTRL】＋L＊ORTHO（正交）
【CTRL】＋W＊（对象追踪）
【CTRL】＋U＊（极轴）

三、常用功能键
【F1】＊HELP（帮助）
【F2】＊（文本窗口）
【F3】＊OSNAP（对象捕捉）

【F7】＊GRIP（栅格）
【F8】＊ORTHO（正交）

参 考 文 献

1. 何铭新等. 建筑工程制图（第二版）. 北京：高等教育出版社，2001
2. 陈文斌等. 建筑工程制图（第三版）. 上海：同济大学出版社，1997
3. 陈炽坤等. 建筑制图. 广州：广东科技出版社，1996
4. 弗朗西斯 D·K·陈. 建筑制图. 叶式穗译. 北京：机械工业出版社，2004
5. 朱福熙、何斌. 建筑制图（第三版）. 北京：高等教育出版社，1978
6. 王晓俊. 风景园林设计. 南京：江苏科学技术出版社，1993
7. 孟兆祯等. 园林工程. 北京：中国林业出版社，1996
8. 卢仁、金承藻. 园林建筑设计. 北京：中国林业出版社，1991
9. 黄钟琏. 建筑阴影和透视（第二版）. 上海：同济大学出版社，2000
10. 乐荷卿. 建筑透视阴影（第二版）. 长沙：湖南大学出版社，1996
11. 钟志金. 绘画透视新技法. 北京：大众文艺出版社，1998
12. 风景园林行业技术规范汇编. 辽宁省建设厅，2001

内 容 提 要

本书是针对园林专业教学需要编制的,内容的编排本着由浅入深的原则。首先介绍了最新制图规范和基本的投影理论,在此基础上引入组合形体的三视图、剖面图、断面图,并结合园林设计的需要介绍了投影理论的实际应用,即园林平面、立面、剖面图的绘制,轴测图、透视图、鸟瞰图的绘制以及阴影表现技法等。本书还针对园林施工图的绘制以及计算机在园林绘图方面的应用进行了介绍。

本书可作为高等学校园林专业及相关专业的教材,也可供从事相关工作的技术人员参考。

高等学校教材

园林制图习题集

金 煜 主编
阎去伟 主审

化学工业出版社
教材出版中心
·北京·

前 言

本习题集与《园林制图》教材配套使用。习题集根据教学的需要并结合教材讲授的内容安排练习,在讲授过程中可以结合实际情况进行增减。习题集中各题目配有文字说明,在绘制时请认真阅读、理解。具体要求如图框、图幅、标题栏等可以根据教师的需要适当变更。

本习题集在编写过程中得到了沈阳农业大学林学院各位老师的大力支持,在此表示衷心的感谢!

本书由金煜主编、闫壹伟主审。各章的编写分工如下:金煜(第一、六、七、九章),王浩(第二、四章),屈海燕(第三、八、十章),朱广师(第五、十一章)。

由于编者水平有限,书中难免有错误和遗漏的地方,不妥之处还望广大读者和同行师长指正。

编 者

2005 年 1 月于沈阳

目 录

第一章 制图基本知识 ……………………………………… 1
第二章 投影基础 …………………………………………… 11
第三章 曲线与曲面的投影 ………………………………… 23
第四章 立体的投影 ………………………………………… 30
第五章 投影视图 …………………………………………… 39
第六章 园林设计图绘制 …………………………………… 51
第七章 轴测投影 …………………………………………… 59
第八章 阴影 ………………………………………………… 61
第九章 透视图 ……………………………………………… 72
第十章 园林施工图绘制 …………………………………… 78
第十一章 计算机制图 ……………………………………… 91

第一章 制图基本知识

一、字体练习

丶一丿乀乚乛ㄴ亅冂匚冖ㄨ卩阝夊山厶艹扌宀尢匕口彡彳亻冫氵月

辶宀彑彐纟⺮广廾勹攵幺巛礻衤园林规划设计工程施工总平面剖断班级

号比例日期单位项目负责人制图员审核成绩绿化栽植定点放线给排水土方

基础结构照明配电假山瀑布喷泉道路铺装广场居住小区石灰水泥砂浆钢筋

第一章 制图基本知识

一、字体练习

作业：字体练习

1. 图名：字体练习。
2. 图幅大小：A3 横幅。
3. 目的
   (1) 按照国家制图标准的规定书写工程字（仿宋体），提高书写质量和书写速度；
   (2) 熟悉图纸绘制的要求及图纸布局的方法；
   (3) 熟练制图工具的使用。
4. 内容：按照长仿宋体字高与字宽的标准打好字格，然后仿照所给的样字进行练习。
5. 说明
   (1) 按照国家制图标准中的规定进行书写；
   (2) 字宽与字高之比是 $1:\sqrt{2}$，字间距是字高的 1/4，行间距是字高的 1/3；
   (3) 按照上面所说的标准绘制字格，字格采用铅笔绘制；
   (4) 仿照的样字用针管笔进行书写；
   (5) 注意图纸的布局，以及图纸中的图框、标题栏、会签栏等的绘制。

混凝土 防腐 木 建筑 小品 花架 景亭 长廊 果皮箱

0123456789

ABCDEFGHIJKLMNOPQRSTUVWXYZ

abcdefghijklmnopqrstuvwxyz α β γ φ

第一章 制图基本知识

二、图线练习

第一章 制图基本知识

二、图线练习

作业：图线练习

1. 图名：图线练习。
2. 图幅大小：A3 横幅。
3. 目的：熟悉制图标准，尤其是图线的绘制和运用。
4. 内容：根据所给的图样进行绘制。
5. 说明
   (1) 按照国家制图标准中的规定进行绘制；
   (2) 注意图线的线宽和线型；
   (3) 注意图纸的布局，以及图纸中的图框、标题栏、会签栏等的绘制。

+表示圆弧圆心

第一章 制图基本知识

三、制图标准练习（一）

1. 在右侧仿照左侧图样按照 1∶1 的比例绘制。

第一章 制图基本知识

三、制图标准练习（二）

2. 在右侧仿照左侧图样按照 1：1 的比例绘制。

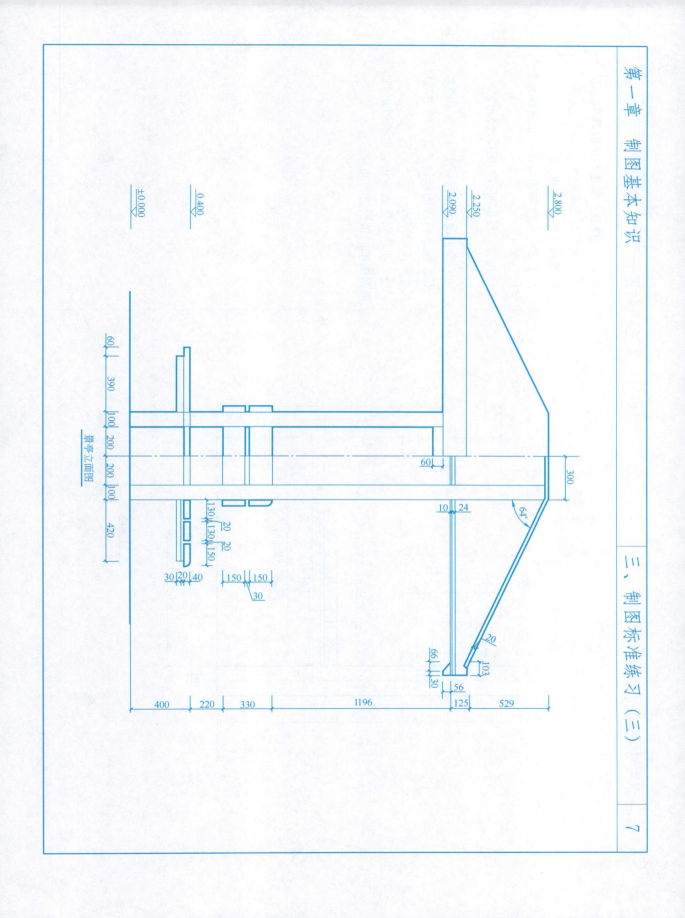

第一章 制图基本知识

三、制图标准练习（四）

作业：制图标准练习

1. 图名：制图标准练习。
2. 图幅大小：A3 横幅。
3. 目的：熟悉制图标准，正确使用制图工具。
4. 内容：根据所给的图样绘制。
5. 说明
   (1) 按照国家制图标准中的规定绘制；
   (2) 注意图线的绘制、文字的书写以及尺寸标注的方法；
   (3) 在绘制之前应该确定绘图比例，并根据图纸的情况进行布局。

座凳剖面图

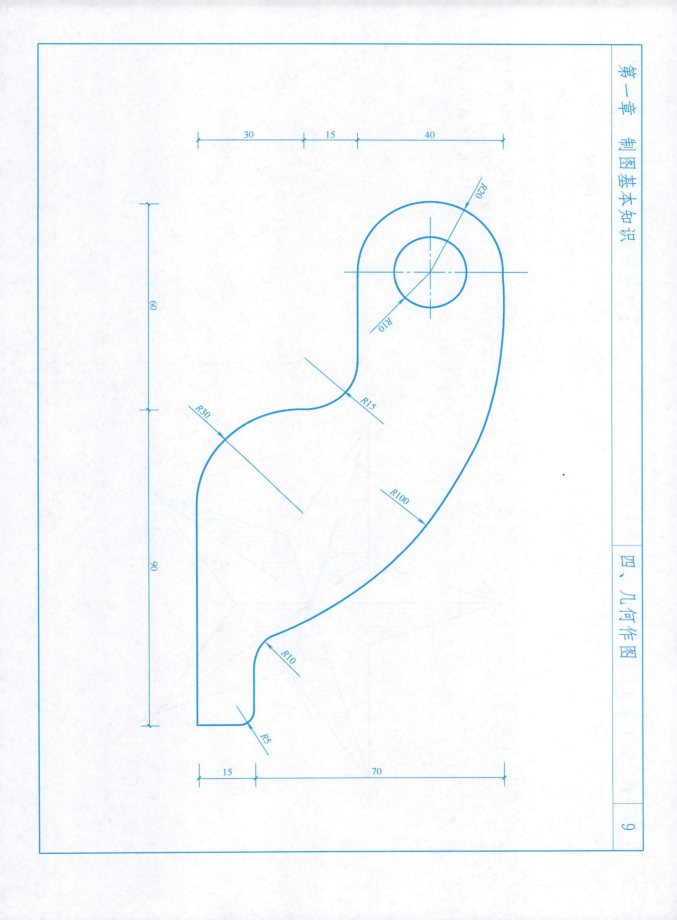

四、几何作图

作业：几何作图

1. 图名：几何作图。
2. 目的：熟练掌握基本几何作图的方法，并且进一步加强对图线、尺寸标注等方面运用的能力。
3. 图纸：A3 的幅面，绘图纸，上墨线，第 9 页图样采用竖幅，第 10 页图样采用横幅。
4. 内容：描绘图中两个图样，比例根据图幅自己确定。

10

第一章 制图基本知识

第二章 投影基础

一、点的投影(一)

1. 根据给定的投影,确定点的其他面投影。

2. 已知三点点 A (20, 18, 15), 点 B (15, 13, 10) 和点 C (10, 20, 25), 求作三个点的三面投影。

3. 已知点 A (15, 20, 26), 点 B 在点 A 之前 8mm, 之左 10mm, 之下 10mm, 求点 A 和点 B 的投影。

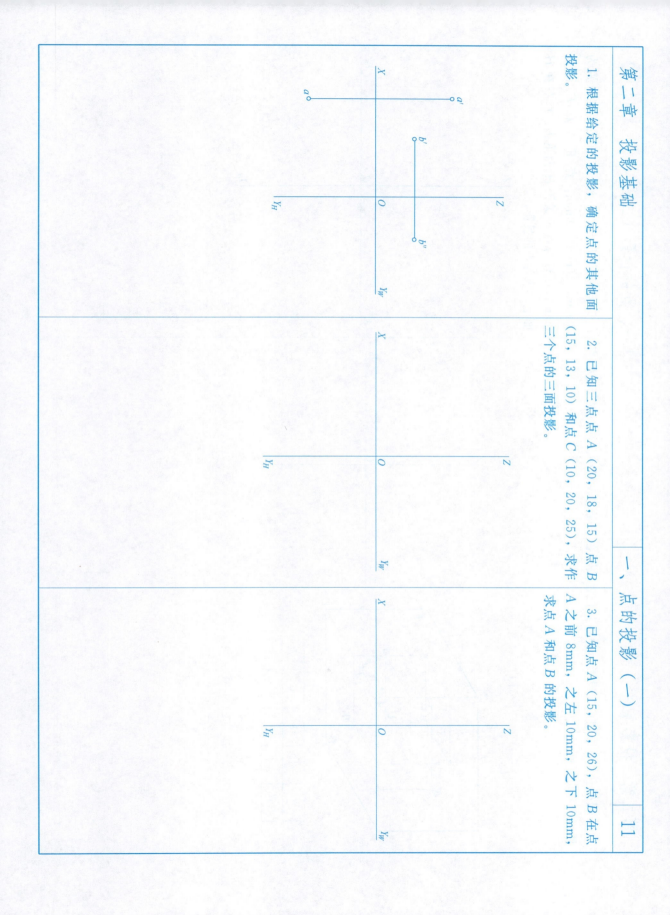

第二章 投影基础

一、点的投影（二） 12

4. 根据立体图绘制点的投影，并将其位置填写在下面的表格中。注意对于重影点要表现其可见性。

5. 已知点 E 与 V、H、W 面的距离分别为 20mm、18mm、30mm，点 F 在点 E 正前 8mm，点 G 与点 F 关于 H 面重影，点 G 在 H 面上，求各点的投影。

点	A	B	C	D
位置				

第二章 投影基础

二、直线的投影（一）

1. 判断下列直线类型。

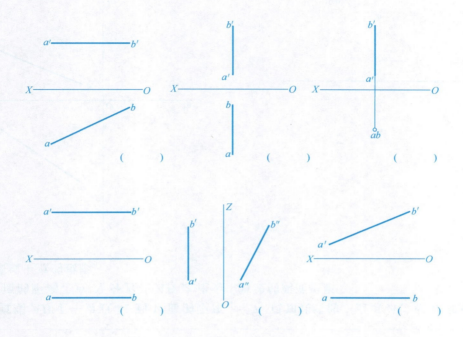

( )　　　　( )　　　　( )

( )　　　　( )　　　　( )

2. 判断下列直线类型。

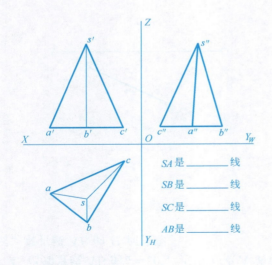

SA 是 _____ 线

SB 是 _____ 线

SC 是 _____ 线

AB 是 _____ 线

3. 求直线 AB 对 V、W 面的倾角。

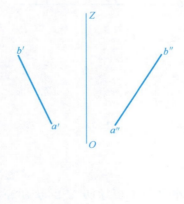

第二章 投影的基础

二、直线的投影（二）

4. 已知直线 AB 的 α=30°，点 B 在点 A 的后方，求其在 H 面的投影。

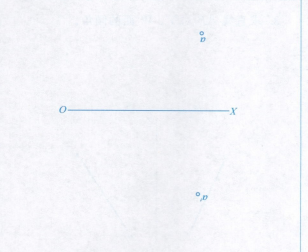

5. 已知直线 AB 的实长为 40mm，α=30°，β=45°，点 B 在点 A 的右上方，求其 AB 的两面投影。

6. 已知直线 AB 上一点 M 到 V 面的距离等于到 H 面的距离，点 N 分其直线 AB 之长为 3∶2，求其在上的投影。

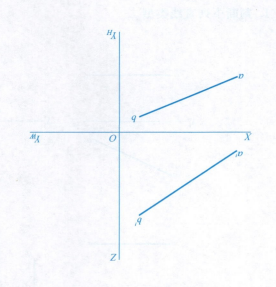

7. 已知并求其三点 A、点 B 和点 C，求作其他两面投影。

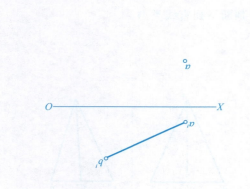

14

第二章　投影基础　　　　二、直线的投影（三）　　15

8. 判断两条直线的相对位置关系。

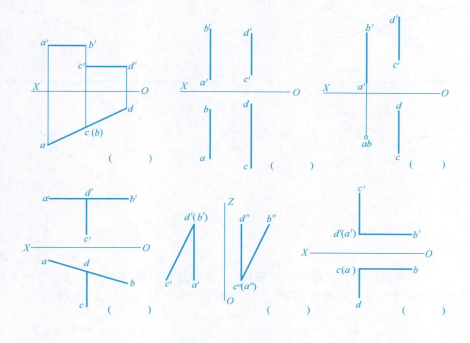

9. 过点 A 作一条直线使其与直线 BC 和直线 DE 相交。

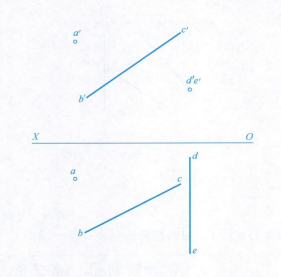

10. 已知平面四边形 ABCD 的 V 面投影以及 AB 和 AD 两边的 H 面投影，请补全四边形的投影。

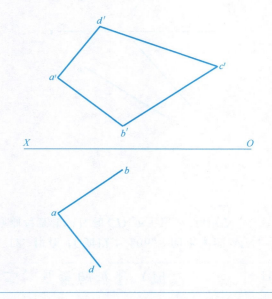

第二章 投影的基础

二、直线的投影（四）

11. 作一直线平行于直线AB，并与直线CD和EF相交。

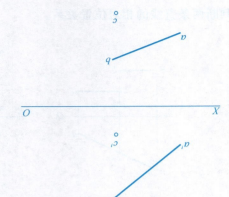

12. 作在H面以上20mm的水平线MN，并分别与直线AB和CD交于点M和点N。

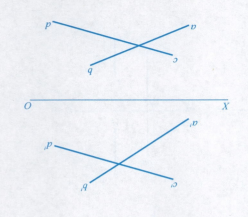

13. 过点C作直线CD平行于直线AB，且与直线AB同为right，CD=25mm，并求两直线CD的距离轮廓。

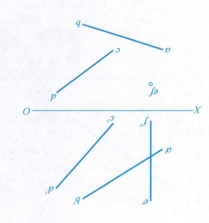

14. 已知两条交叉直线的两面投影，请画出重影点的投影，并标明可见性。

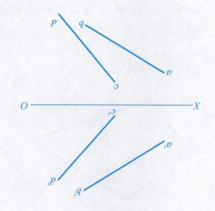

16

第二章 投影基础

二、直线的投影（五）

15. 求点 A 到直线 BC 的距离。

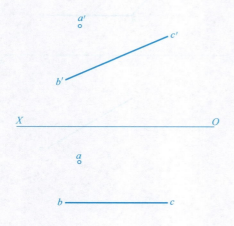

16. 求交叉直线 AB 和 CD 之间的距离（提示：交叉直线的距离就是公垂线的长度）。

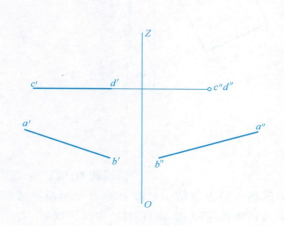

17. 已知直线 AB 与直线 CD 相互垂直，求直线 CD 的投影。

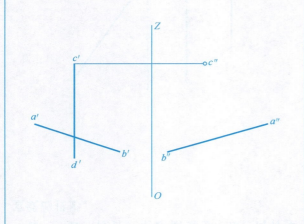

18. 求两条平行线的距离（投影与实长）。

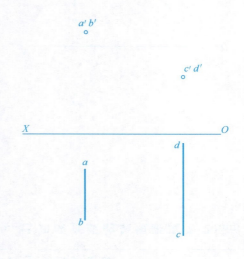

第二章 投影的基础

二、直线的投影（六）

19. 已知水平线AB其倾角度为20mm，求作其投影。

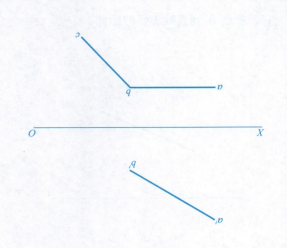

20. 已知侧平线其倾角度为20mm，求作 $c'd'$。

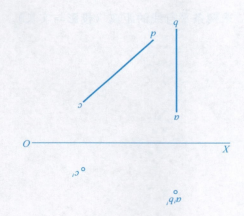

21. 逐步作出正三角形ABC的两面投影。

22. 已知正方形ABCD的W面投影和AB为V面投影，且点C在AB点的右侧，求作正方形ABCD的投影。

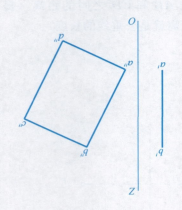

第二章　投影基础　　　　　　　三、平面的投影（一）　　　19

1. 已知正垂面 P 以及其上的三角形 ABC 的 H 面投影，请补全其投影。

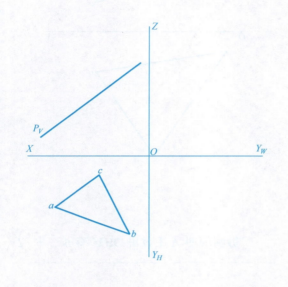

2. 求作三角形 ABC 角 A 的角平分线的两面投影。

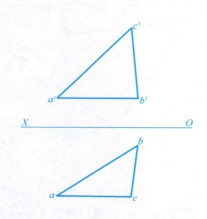

3. 等边三角形 ABC 是侧平面，已知点 A 的两面投影，AB = 20mm，α = 45°，方向向前、向下，点 C 在 AB 的前下方，作出 ABC 的三面投影。

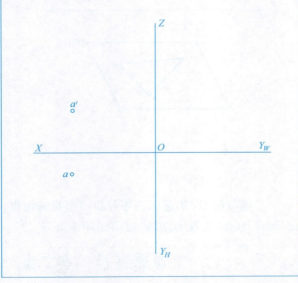

4. 已知正方形 ABCD 对角线 AC 的两面投影，正方形相对于 H 面的倾角 α = 60°，定点 B 在后上方，请补全正方形的投影。

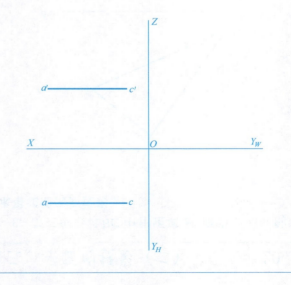

第二章 投影的基础

5. 已知水平面四边形 ABCD 及其 EFG 上的三角形的投影，画水平三角形 EFG 的投影。

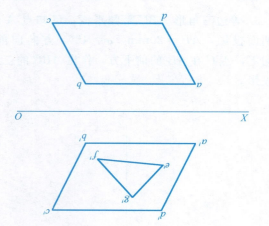

6. 在三角板 ABC 中作距离 H 面为 20mm 的水平线的两面投影。

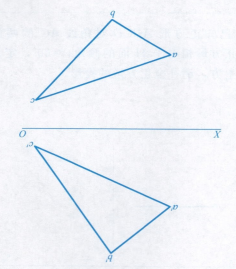

7. 求三角板 ABC 对于 V 面的倾角。

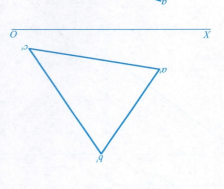

8. 求作平面四边形 ABCD 的投影，并求出 该板相对于 H 面的倾角。

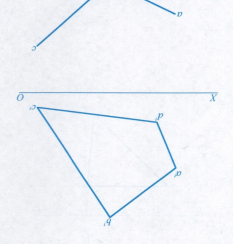

三、平面的投影（二）

第二章　投影基础　　　　　　　　　　三、平面的投影（三）　　21

9. 已知三角形 ABC 相对于 V 面的倾角 β＝30°，请补全三角形 ABC 的投影。

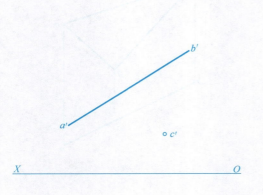

10. 已知等腰直角三角形 ABC 斜边 AB 的两面投影，三角形 ABC 相对于 H 面的倾角为 30°，直角的顶点点 C 在 AB 的左上方，请补全三角形 ABC 的投影。

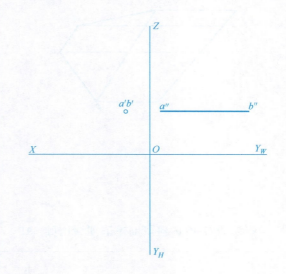

11. 已知直线 EF 平行于三角形 ABC，请绘制出直线 EF 的 V 面投影。

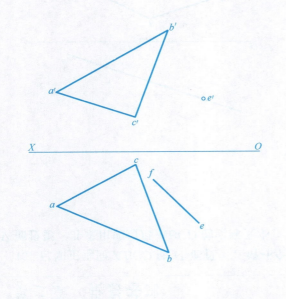

12. 已知矩形 ABCD 一条边 AB 的两面投影，矩形相对于 H 面的倾角为 30°，对边 CD 在 AB 的前上方，AB 的临边 BC 的真长为 20mm，请补全矩形 ABCD 的两面投影。

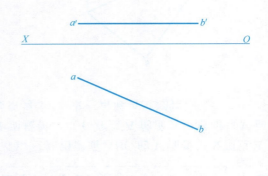

第二章 投影的基础

三、点面的投影（四）

13. 已知正垂面 ABCD 的 H 面投影，请补全 V 面投影，并求出四边形 ABCD 的实形和大小。

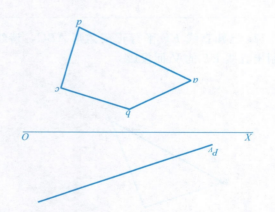

14. 已知铅锤面 ABC 的 V 面投影及顶点 A 的 H 面投影，点 C 在点 A 的后方，平面与 V 面的倾角为 30°，求三角形 ABC 的实形。

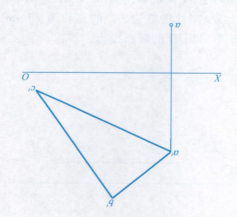

15. 利用换面法求三角形 ABC 的实形。

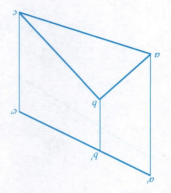

16. 利用换面法求四边形 ABCD 的实形。

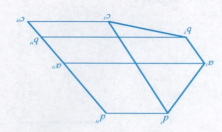

第三章 曲线与曲面的投影

一、曲线（一） 23

1. 已知在平面 P 中的平面曲线以及曲线的 V 面投影，请绘制其另外两面投影。

2. 已知平面四边形 ABCD 及位于其上的曲线的投影，请补全平面与曲线的其他投影。

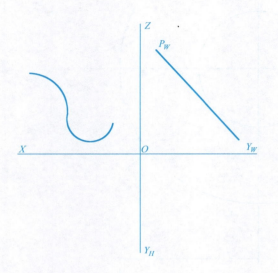

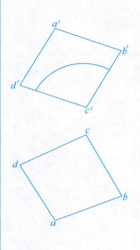

3. 已知圆周的 V 面投影，并且圆周的圆心距离 V 面 20mm，请绘制出其他投影。

4. 已知圆周圆心的两面投影，圆周的直径为 25mm，请绘制圆周的三面投影。

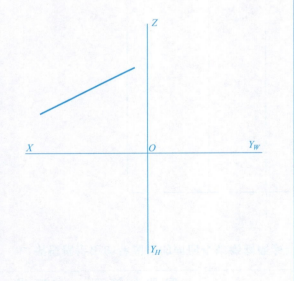

第三章 曲线与曲面 一、曲线（二）

5. 根据轴测图作出圆柱面的正投影视图并画出轴向与圆周方向接近侧素线的圆柱面轮廓线。

第三章　曲线与曲面　　　　　二、曲面（一）　　　25

1. 已知圆柱轴线和母线的投影，请作出圆柱的三面投影。

2. 已知回转面的轴线和母线的投影，请绘制出回转面的两面投影。

3. 已知环面垂直于 H 面，母线圆周直径为 16mm，圆心距离轴线 20mm，请绘制环面的两面投影。

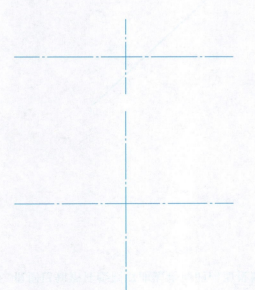

4. 已知锥状面的导线是平行于 V 面的半圆周和一条侧垂线，导平面为 W 面，求作锥状面的三面投影。

第三章　曲线与曲面

二、曲面（二）

5. 根据已知条件画双曲抛物面的投影图。

| 第三章　曲线与曲面 | 三、平螺旋面（一） | 27 |

1. 请根据给定的导圆柱的两面投影绘制平螺旋面的 V 投影。

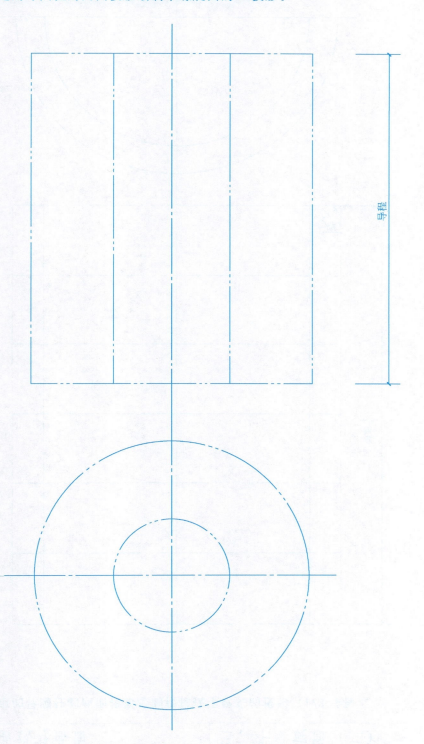

第三章 曲线与曲面 三、圆柱螺旋线（二）

2. 根据螺旋线的圆柱面展开图投影会制该展开图于每大小的矩形。（1/2 导程）

$\frac{1}{2}$ 导程

第三章 曲线与曲面

三、平螺旋面（三）

3. 请根据给定条件绘制螺旋楼梯的 V 面投影。

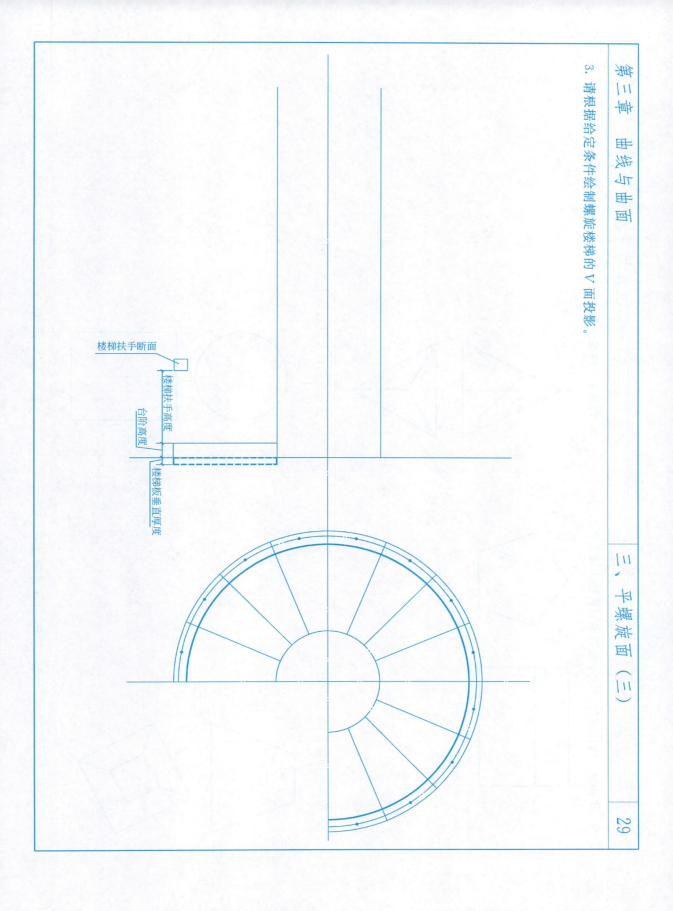

29

第四章 立体的投影

一、立体的投影（一）

1. 请补全五棱柱的投影，并绘制出五棱柱表面上各点的投影。

2. 请补全三棱锥及其表面上折线 ABC 的投影。

3. 请补全四棱台的三面投影。

4. 请补全圆柱及其表面上各点的投影。

一、立体的投影（二）

5. 请补全圆锥及其表面上各曲线的投影。

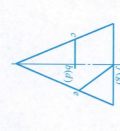
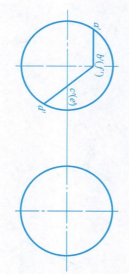

6. 请补全球及其表面上曲线的投影。

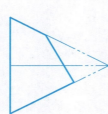

二、平面与平面立体相交（一）

1. 五棱柱被一正垂面所截，请补全截断体的投影，并作出截断面的实形。

2. 三棱锥被一正垂面所截，请补全图中截断体的投影，并作出截断面的实形。

31

第四章 立体的投影

二、平面与平面立体相交（二）

3. 请补全截断体的投影。

4. 六棱柱被一正垂面所截，请补全截断体的投影，并作出截断面的实形。

5. 一个四棱柱被一个水平面和一个正垂面所截，请补全投影。

6. 具有三棱柱空洞的四棱台被一个正垂面所截，求截断体的投影。

第四章 立体的投影

三、平面与回转体相交（一）

1. 圆柱被铅垂面所截，请补全截断体的投影，并作出截断面的实形。

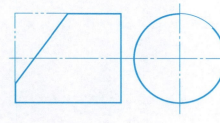

2. 圆锥被侧平面所截，请补全截断体的投影。

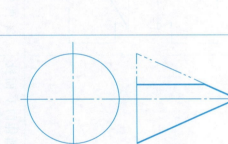

3. 请补全这一形体的投影。

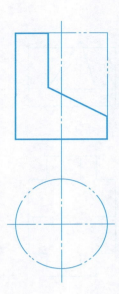

4. 请补全截断体的 H 面、W 面投影。

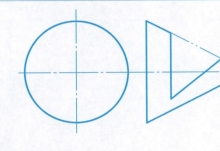

33

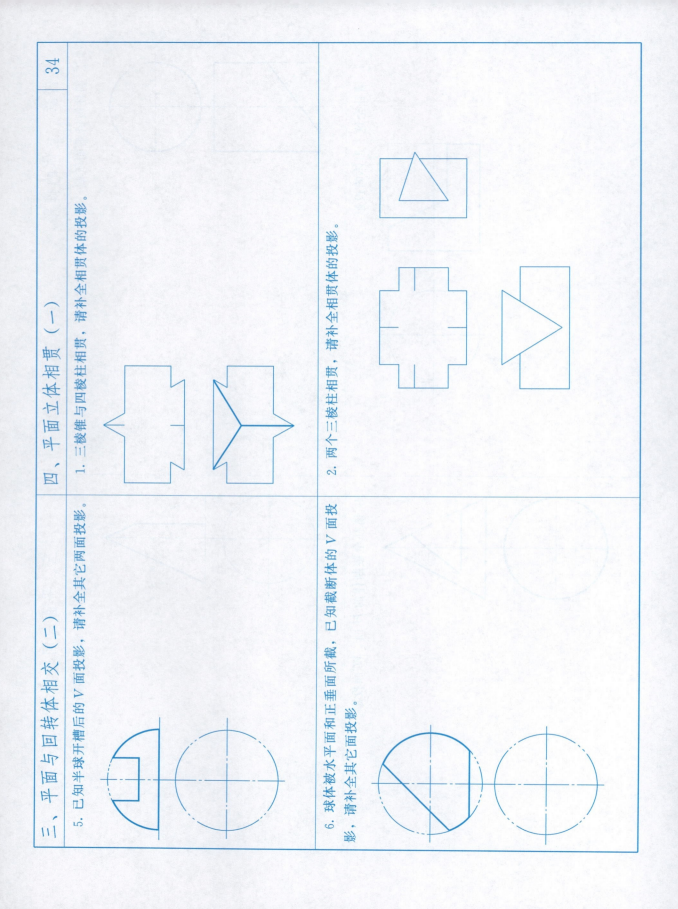

第四章 立体的投影

四、平面立体相贯（二）

3. 请补全房屋面交线的投影。

4. 六棱柱与四棱锥相贯，请补全相贯体的投影。

5. 已知一个正三棱锥挖去一个正垂的三棱柱，现给出V面投影，请补全立体的H面投影，并绘制W面投影。

6. 请补全屋面的H面投影。

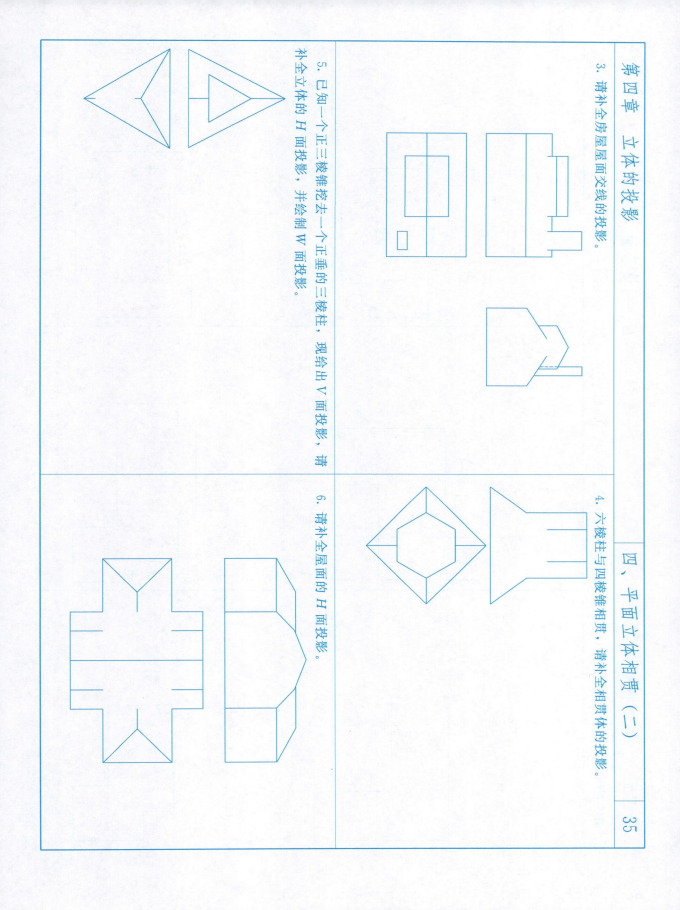

第四章 立体的投影

五、同坡屋面

请绘制出下列同坡屋面的投影（坡面的水平倾角都为 30°）。

第四章 立体的投影

六、曲面立体相贯（一）

1. 圆柱与六棱柱相贯，请补全相贯体的投影。

2. 圆拱屋面与坡屋面相交，求作屋面交线的投影。

3. 圆柱与四棱锥相贯，请补全相贯体的投影。

第四章 立体的投影

六、曲面立体相贯（二）

6. 图中的小品顶棚是由两个拱顶垂直相贯形成，下面由四根方柱支撑，请根据 V 面和 W 面投影补全 H 面投影。

5. 同轴的圆锥和球体相贯，请绘制出相贯体的两面投影。

4. 两圆柱相贯，请补全相贯体的投影。

第五章 投影视图

一、组合形体的三视图（一）

根据正等轴测图绘制组合形体的三视图（尺寸按照轴测图 1:1 的比例量取）。

1.

2.

3.

4.

一、组合形体的三视图（二） 一、组合形体的三视图（三） 40

根据正等轴测图绘制组合形体的三视图（尺寸按照轴测图 1:1 的比例量取）。

5.

6.

7.

8.

第五章 投影视图

一、组合形体的三视图（四）

根据正等轴测图绘制组合形体的三视图（尺寸按照轴测图 1:1 的比例量取）。

9.

10.

11.

12.

41

第五章 投影视图

二、补全组合形体的三视图（一）

补全组合形体的三视图。

1.

2.

3.

4.

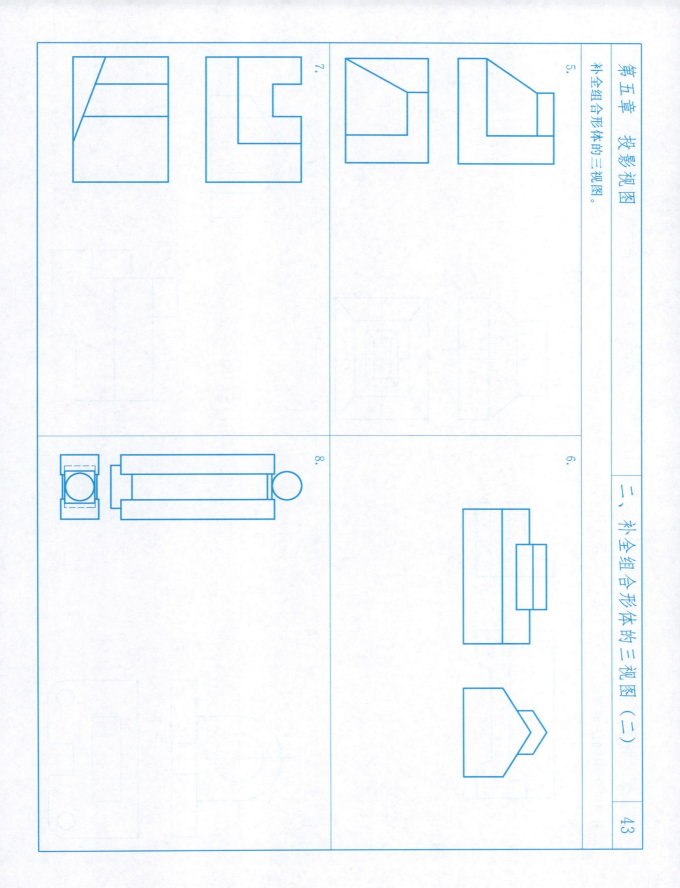

第五章 投影视图

二、补全组合形体的三视图（三）

补全组合形体的三视图。

9.

10.

11.

12.

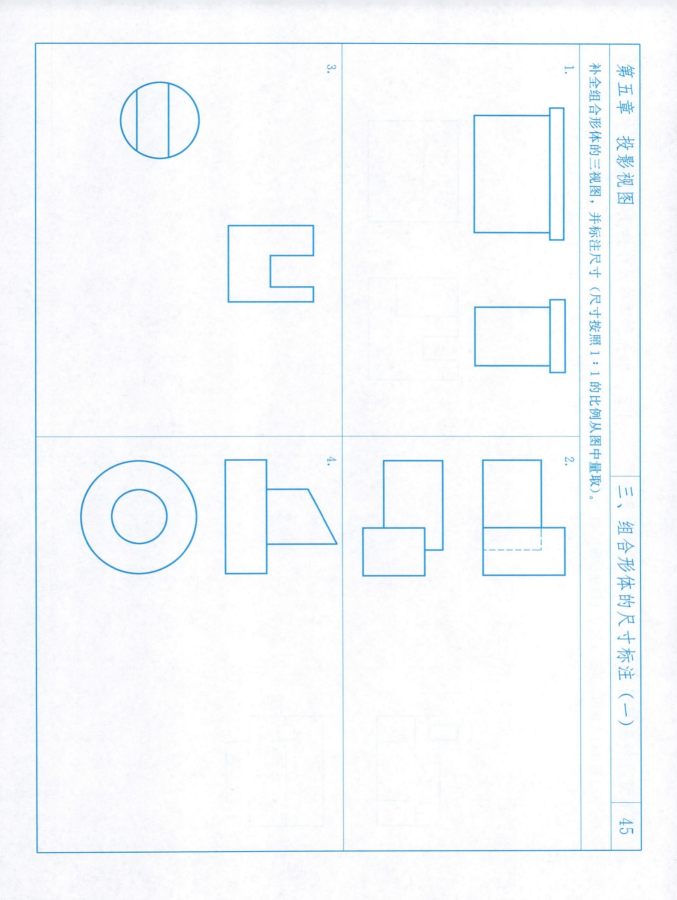

第五章 投影视图

三、组合形体的尺寸标注（二）

补全组合形体的三视图，并标注尺寸（尺寸按照 1:1 的比例从图中量取）。

5.

6.

46

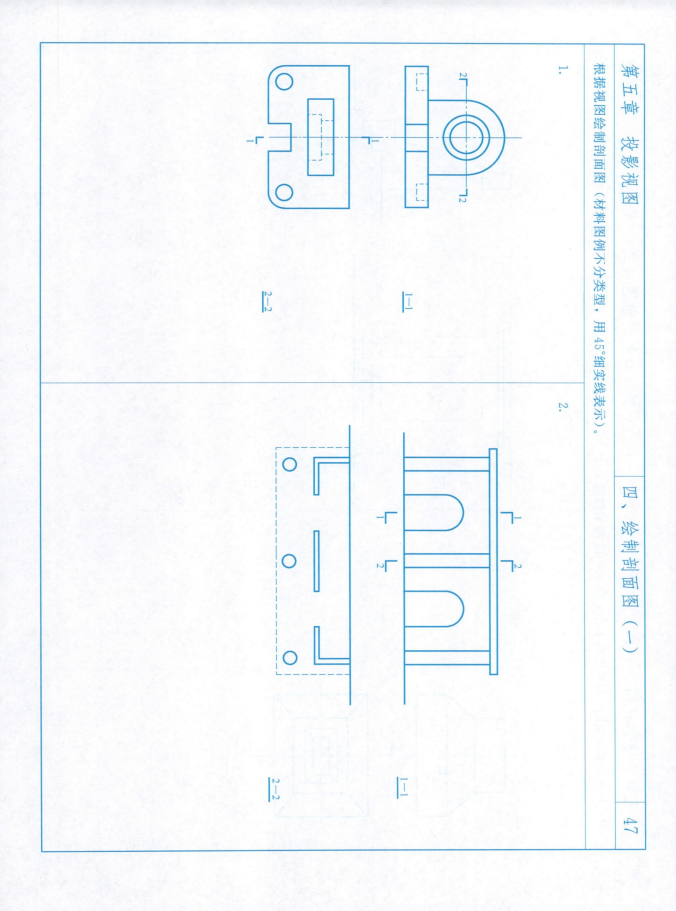

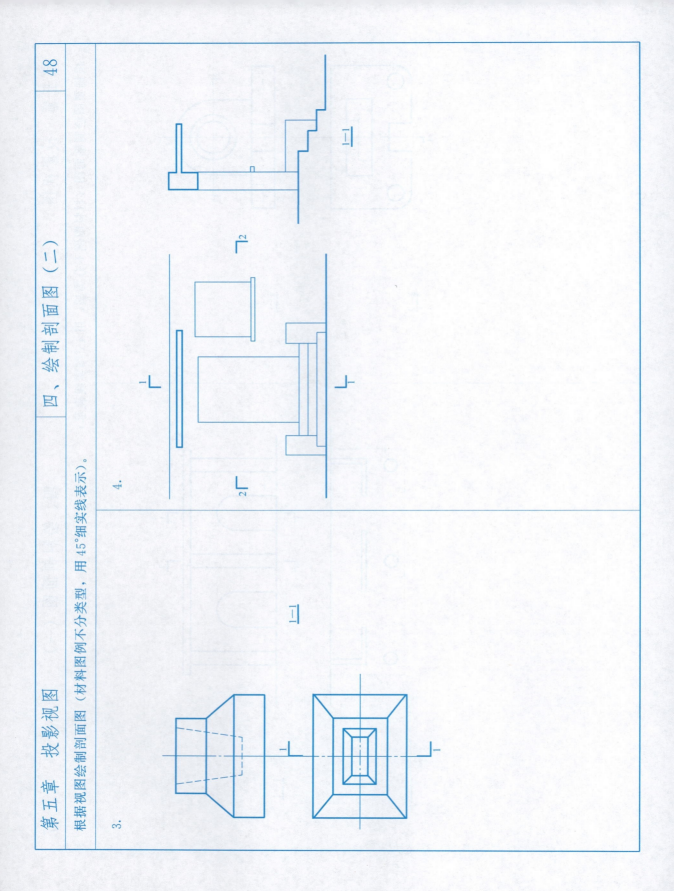

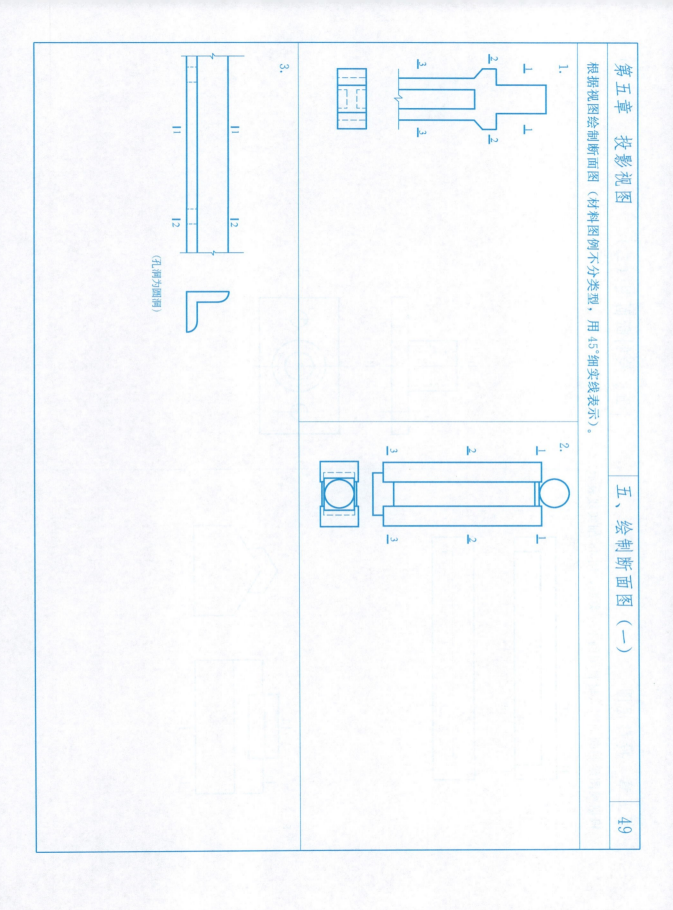

第五章　投影视图

五、绘制断面图（二）

根据视图绘制断面图（材料图例不分类型，用45°细实线表示）。

4.

5.

6.

第六章 园林设计图绘制

一、建筑立面图

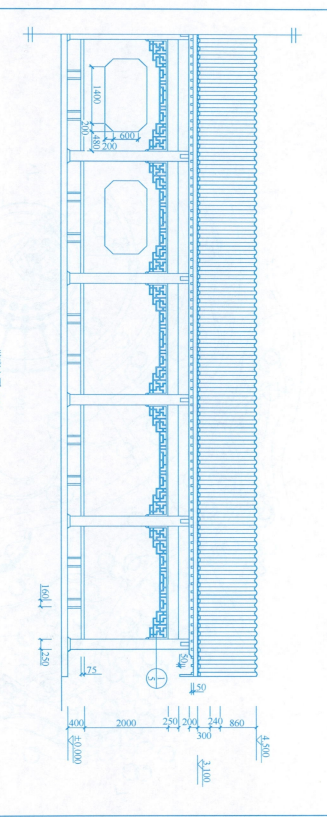

游廊立面 1:50

作业：游廊立面图

1. 图名：游廊立面图。
2. 图幅：A3 横幅。
3. 目的：练习建筑立面图的绘制，掌握园林建筑单体设计的基本方法。
4. 要求
   (1) 注意绘制的步骤；
   (2) 注意图线的使用；
   (3) 选取适宜的绘图比例。

第六章 园林设计图绘制

二、园林剖面图

要求：根据平面图绘制 A—A 和 B—B 剖面。

说明：地形等高线等高距为 1m，广场中台地每一级台地的高度为 0.2m，水体深度为 1.5m。

第六章 园林设计图绘制

三、树木平面图例（一）

三、树木平面图例（二）

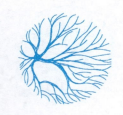

第六章 园林设计图绘制

四、树木立面图例（一）

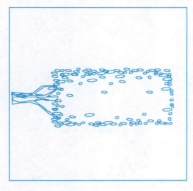
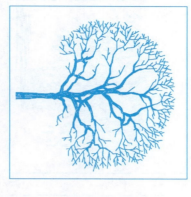
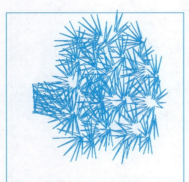

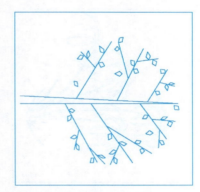

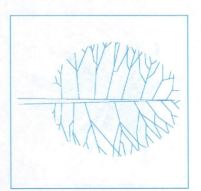

四、树木立面图例（二）

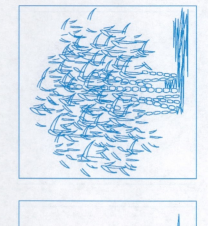

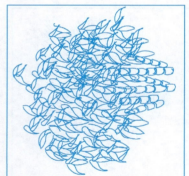

第六章 园林设计图绘制

第六章 园林设计图绘制

四、树木立面图例（三）

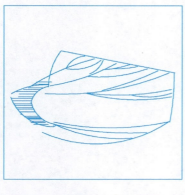

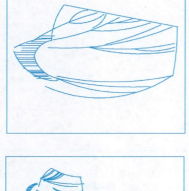

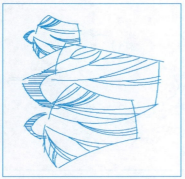
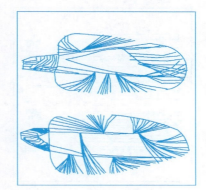

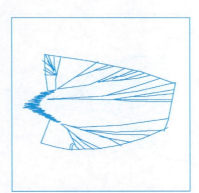
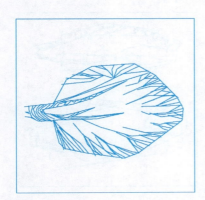

四、树木立面图例(四)

第七章 轴测投影

一、正轴测投影绘制

补全三视图，并根据组合形体三视图绘制形体的正等轴测投影。

59

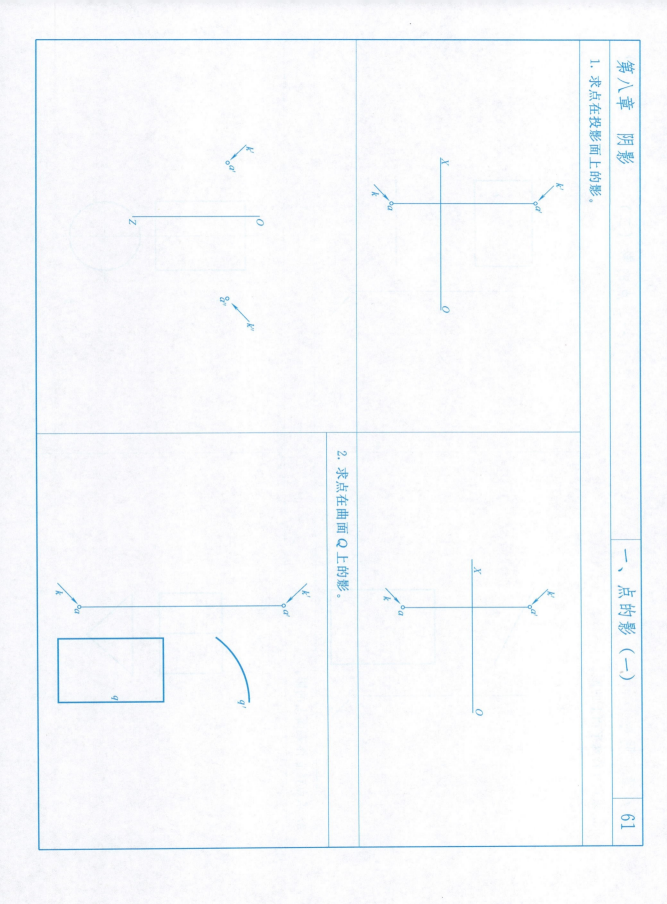

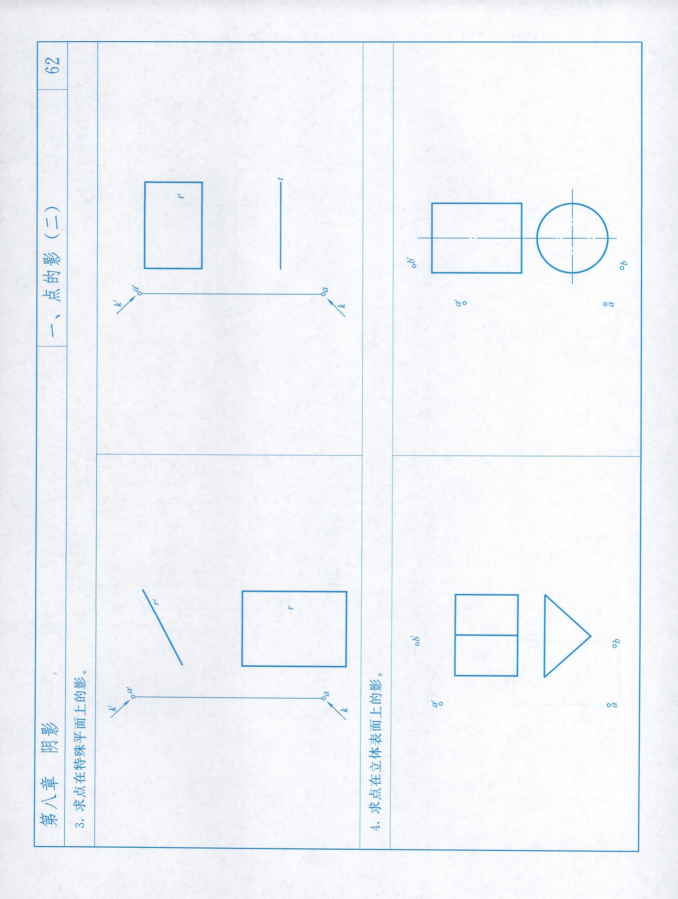

第八章 阴影

二、直线的影（一）

1. 求特殊直线在投影面上的影。

63

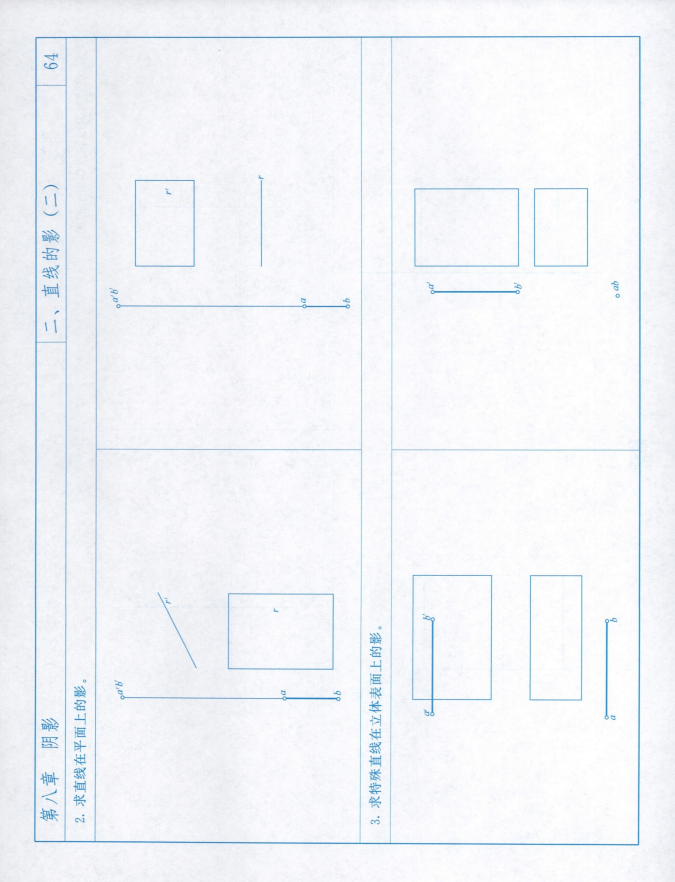

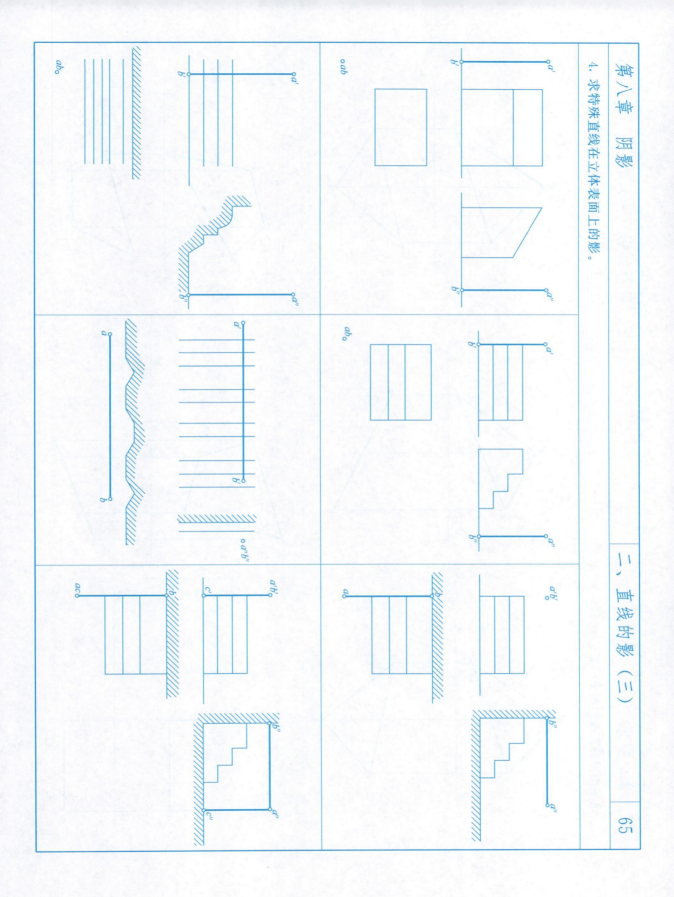

第八章 阴影　　三、平面的阴影（一）

1. 求平面图形在投影面上的影。

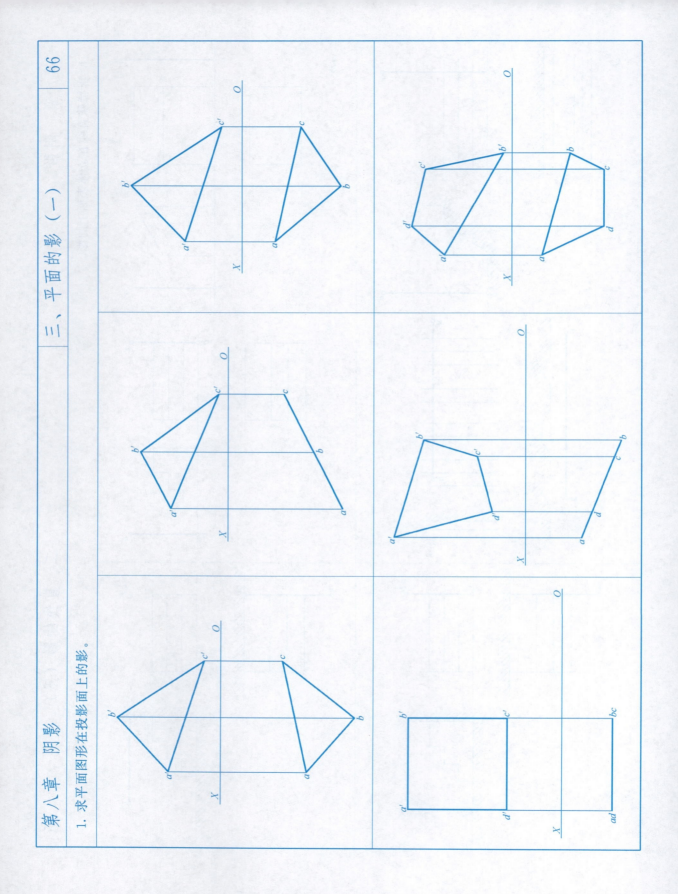

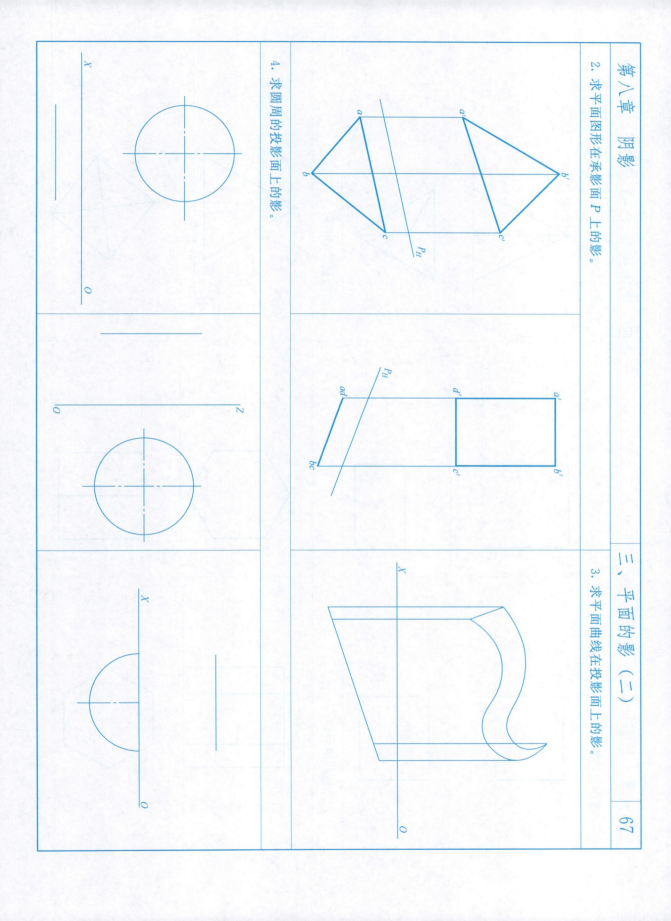

第八章 阴影　　　　　四、立体的影（一）　　　68

1. 求四棱柱的影。

2. 求三棱锥的影并标示出阴面。

3. 求六棱柱的阴影。

4. 求四棱锥的阴影。

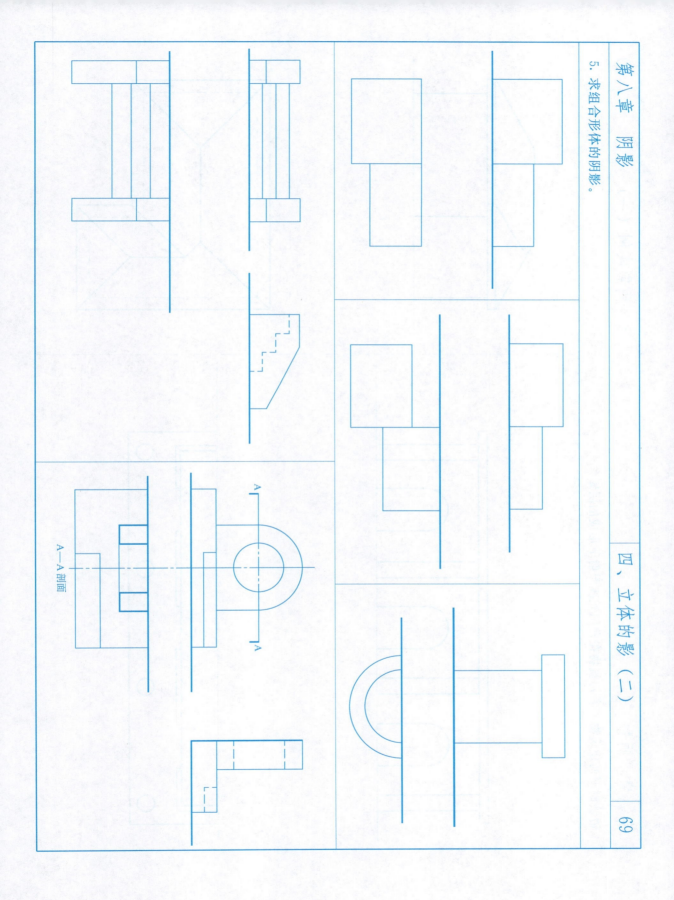

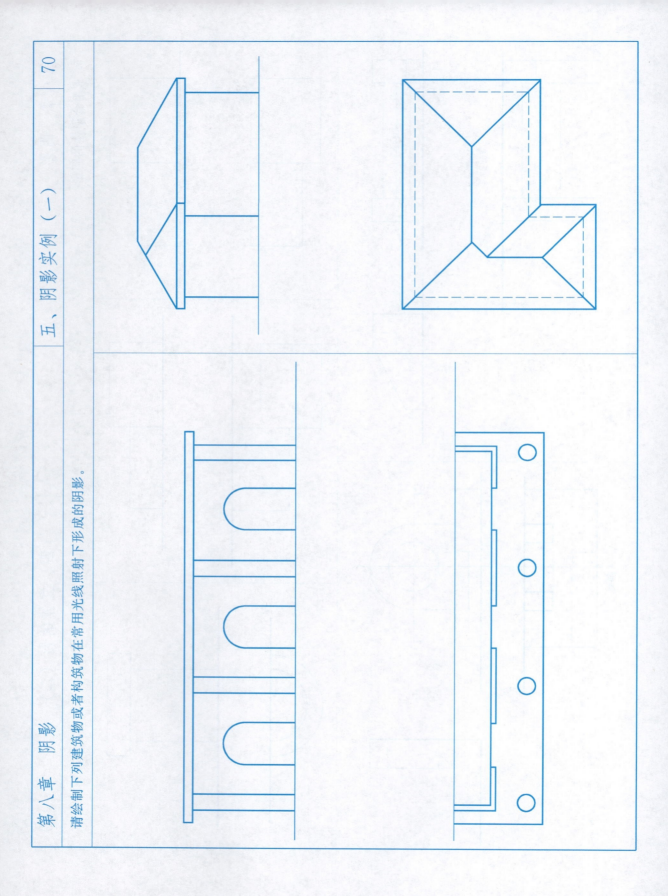

第八章 阴影

五、阴影实例（一）

请绘制下列建筑物或者构筑物在常用光线照射下形成的阴影。

第八章 阴影

请绘制构筑物在常用光线照射下形成的阴影。

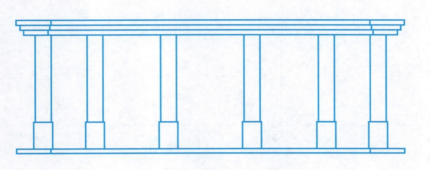

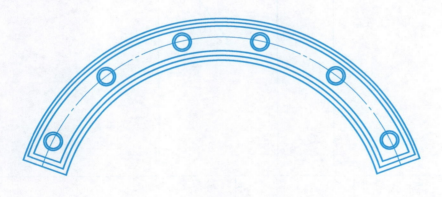

五、阴影实例（二）

第九章 透视图

一、点、线、面的透视（一）

1. 求各点的透视。

2. 利用视线法求作直线 AB 的透视。

第九章 透视 — 一、点、线、面的透视（二）

3. 请利用集中真高线法，根据位于基面上的三条铅垂线的基透视求取直线的透视。

4. 利用量点法求作基面上直线的透视。

5. 求作基面上多边形的透视。

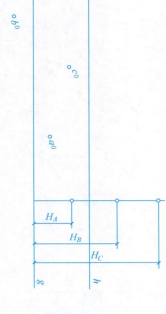

73

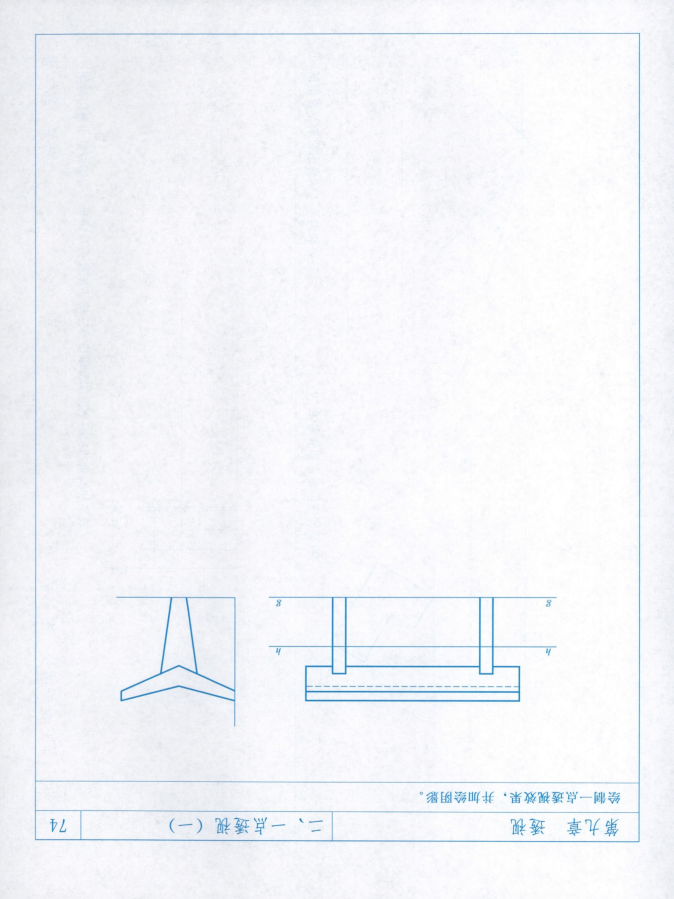

第九章 透视　　　二、一点透视（二）　　　75

绘制一点透视效果，并加绘阴影。

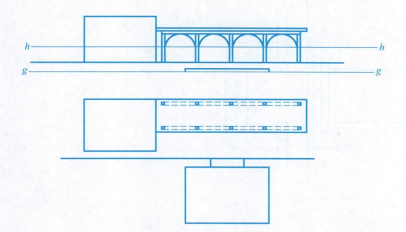

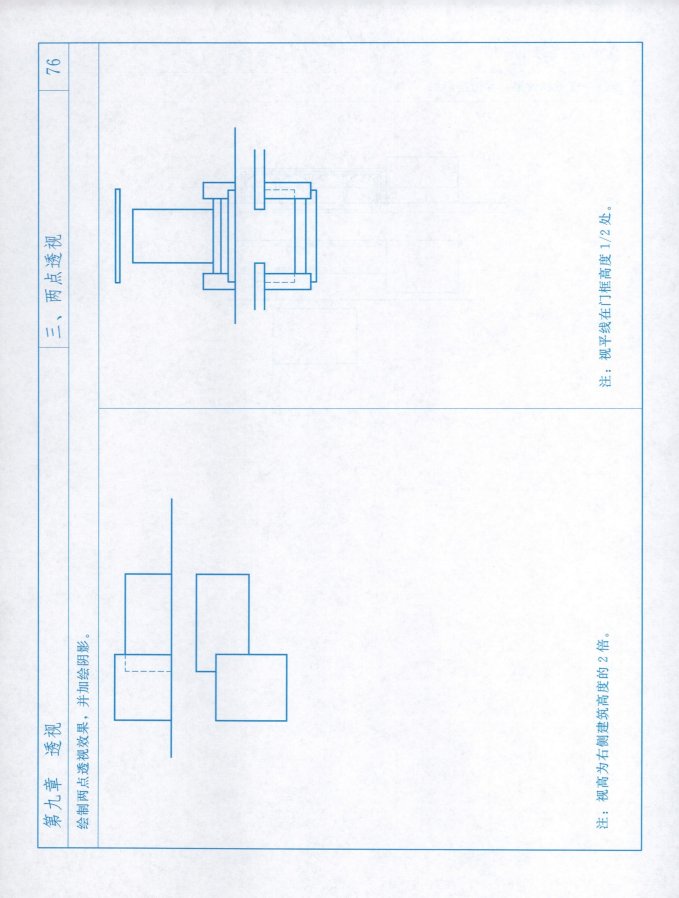

第九章 透视

四、鸟瞰图

请利用网格法绘制庭院两点透视鸟瞰。

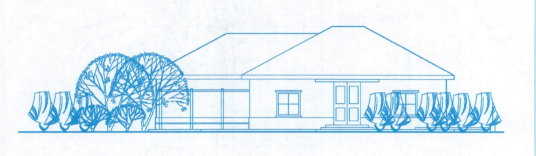

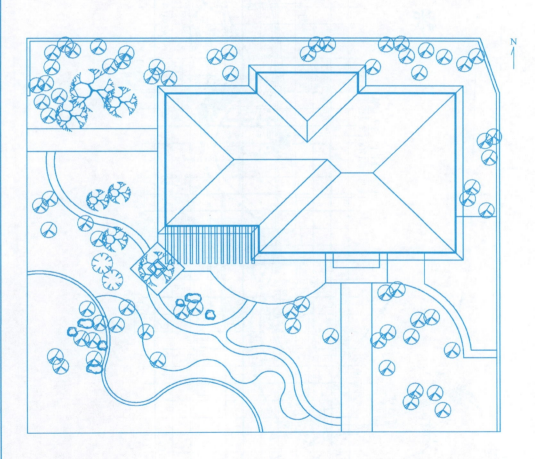

第十章 园林施工图绘制

一、施工放线图

第十章 园林施工图绘制

一、施工放线图

说明：
1. 本图为××××工程施工放线图。
2. 考虑到施工的需要及其施工场地的情况。本图的纵向网格与正北方向成55度，坐标原点为序列一的西南角点。图中网格间距为10m。
3. 图中采用相对标高，以自然地坪作为基准。具体施工时参考实际情况。
4. 本图中的尺寸标注单位为毫米，坐标或标高标注单位为m。
5. 图中涉及到的各种铺装的施工详图详见相应铺装节点详图。
6. 图中园林小品参见相应的施工详图。

规划坐标值 X46801752.6
Y65501438

规划坐标体系X值坐标
规划坐标体系Y值坐标

设计坐标值 X12.18
Y34.37

新建坐标体系横坐标
新建坐标体系纵坐标

名称	规格	单位	数量
土黄色SB砖	100×200×60	平方米	2861
黑色卵石铺装	D30~50	平方米	156
芝麻白花岗岩板	D30~50	平方米	21
芝麻黑花岗岩板	600×600×30	平方米	513
芝麻黑花岗岩板	600×600×30	平方米	128
花岗岩条石	300×300×30	平方米	79
花岗岩冰裂	混合	平方米	488
机刨板	600×300×30	平方米	495
机刨板订步	600×300×600	平方米	79
芝麻灰花岗岩边石	150×200×600	米	99
芝麻灰花岗岩边石	100×150×500	米	452
蘑菇石边石	300×200×500	米	226
			43

作业：施工放线图

1. 图名：园林施工放线图。
2. 图幅大小：A3横幅。
3. 目的：了解施工放线图的图幅型的使用；
4. 内容：按照所给的图样采用适当的比例绘制，并补充来未些重要节点的坐标。
5. 说明
   (1) 按照国家制图标准中的规定进行绘制；
   (2) 注意线型的使用；
   (3) 注意图中所使用的图框形式，如索引、坐标等的标注；
   (4) 注意图纸的布局，以及图中的图框、标题栏、会签栏等的绘制。

二、喷灌系统施工图

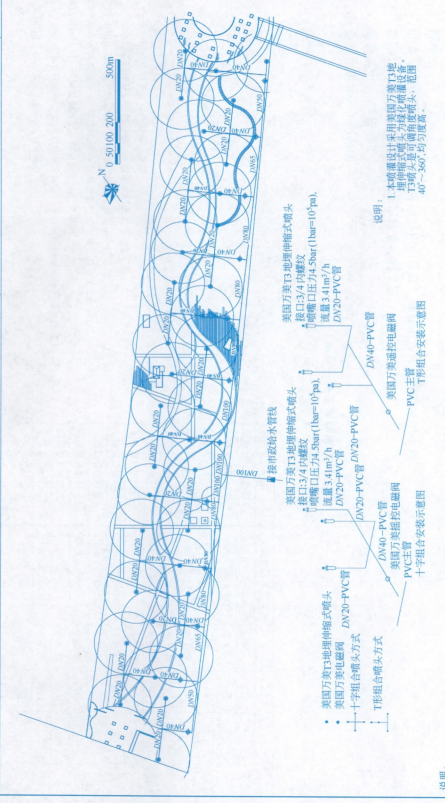

说明：
1. 本喷灌设计采用美国万美T3地埋伸缩式喷头为绿化喷灌设备。T3喷头是可调角度喷头，范围40°～360°，均匀度高。
2. 遥控控制设备采用万美遥控电磁阀，配备自动控制系统，可实现自动开闭。
3. 供水采用城市给水系统，如果压力不够则要采取管道加压，或做蓄水池再加压供水。
4. 主管水管道要设泄水阀，以利冬季排水。
5. 主管道埋深应不小于700mm深。
6. 美国万美T3地埋伸缩式喷头36个，电磁阀12个。

二、喷灌系统施工图

作业：喷灌系统施工图

1. 图名：喷灌系统施工图。
2. 图幅大小：A3 横幅。
3. 目的：在园林设计中标示喷灌系统也是非常重要的。喷灌系统设计常常与给排水系统设计相结合。尽管都要表现管线布局、方法、标注形式以及符号标示等方面略有差别。通过对该图的分析和绘制，掌握园林喷灌系统施工图绘制的要求和方法。
4. 内容：按照所给的样图采用适当的比例绘制。
5. 说明

   (1) 按照国家制图标准中的规定进行绘制；
   (2) 注意喷灌系统施工图绘制的要求及其方法，尤其是线型的使用；
   (3) 注意所使用的标注形式，如：图例，文字等；
   (4) 注意喷灌系统施工图与给排水系统施工图的区别和联系；
   (5) 注意图纸的布局，以及图纸中的图框、标题栏、会签栏等的绘制。

第十章 园林施工图绘制

三、植物种植图

第十章 园林施工图绘制

三、植物种植图

序号	植物名称	规格	单位	数量	说明
1	油松	H=5.0m	株	52	
2	油松	H=4.5m	株	20	平顶，树姿观赏性好
3	樟子松	H=5.0m	株	30	
4	云杉	H=4.0m	株	4	
5	塔桧	H=2.5~3.0m	株	16	
6	新疆杨	D7~8cm	株	542	
7	国槐	D7~8cm	株	6	
8	国槐	D12cm	株	69	
9	山杏	D7~8cm	株	3	
10	白桦	D7~8cm	株	44	
11	臭椿	D7~8cm	株	36	
12	京桃	D5~6cm	株	65	
13	暴马丁香	D5~6cm	株	18	
14	连翘	W=1.5m	株	45	
15	小桃红	W=1.2m	株	26	
16	珍珠绣线菊	W=1.0m	株	160	
17	红瑞木	W=1.5m	株	192	
18	忍冬	H=0.6m	株	110	
19	胶东卫矛	H=0.5m	m²	228	9株/m²
20	紫叶小檗	H=0.5m	m²	28	9株/m²
21	黄杨	H=0.5m	m²	13	9株/m²
22	水蜡	H=0.5m	m²	13	9株/m²
23	马蔺	H=0.3m	m²	56	16株/m²

说明：
1. 本图为段落一的种植设计图。
2. 本图中给定了植物的规格和数量，请尽量按图施工。
3. 植物标注方式：新疆杨（***）****。
分析对应：植物名称——株数或面积延长米——规格。
4. 园林小品及铺装施工参见采铺相应详图。

作业：植物种植图

1. 图名：植物种植图。
2. 图幅大小：A3横幅。
3. 目的：了解施植物种植图绘制方法。
4. 内容：按照所给的样图采用适当的比例绘制。
5. 说明
   (1) 按照国家制图标准中的规定进行绘制；
   (2) 注意图例的使用；
   (3) 注意图中所使用的标注形式，如：植物种类的标注；
   (4) 注意图纸的布局，以及图纸中的图框、标题栏、会签栏等的绘制。

第十章 园林施工图绘制

四、园林小品施工图

作业：园林小品施工图绘制

1. 图名：见标题栏。
2. 图幅大小：A3 横幅。
3. 目的
   (1) 综合应用表达形体的图样画法；
   (2) 熟悉施工图绘制的要求和方法；
   (3) 认真阅读、分析，学会读懂施工图。
4. 内容：按照所给的图样采用适当的比例绘制，并说出各个园林小品的施工方法、所用材料等内容。
5. 说明
   (1) 按照国家制图标准中的规定进行绘制；
   (2) 注意线型的使用；
   (3) 注意图中所使用的标注形式，如：索引、详图图名的标注等；
   (4) 注意图纸的布局，以及图纸中的图框、标题栏、会签栏等的绘制；
   (5) 具体内容参见相关图纸。

第十章 园林施工图绘制

四、(一) 廊架施工图

长廊立面图 1:50

长廊平面图 1:100

长廊基础平面图 1:100

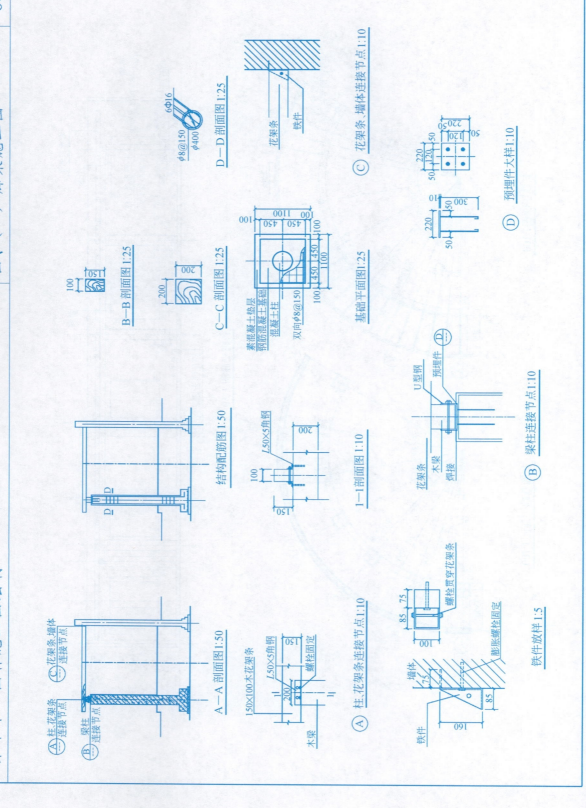

第十章 园林施工图绘制

四、（二）木质景亭施工图

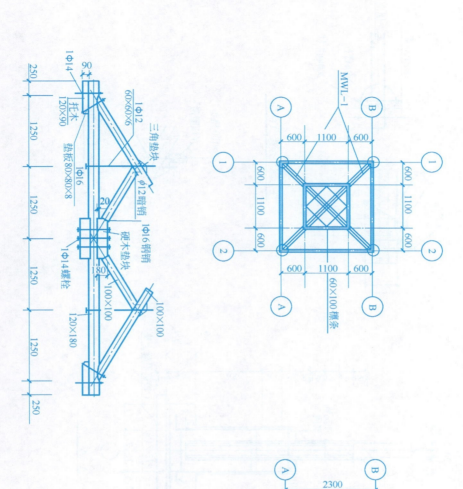

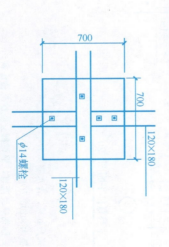

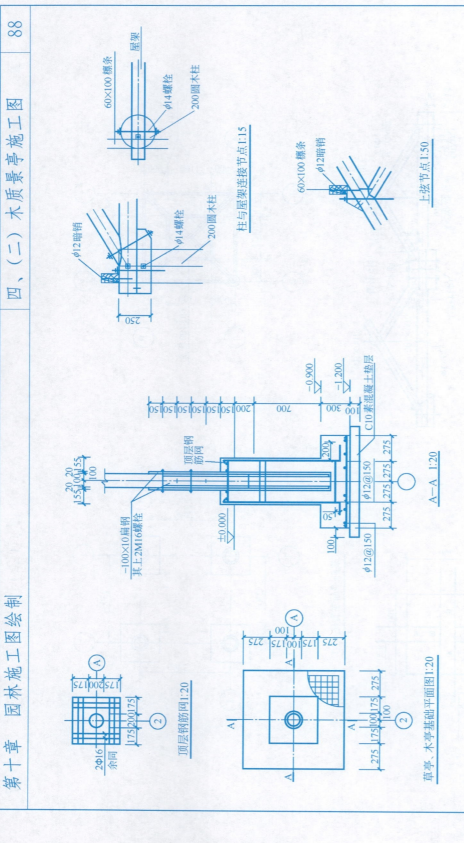

第十章 园林施工图绘制

五、铺装节点详图

1 花岗岩板铺装剖面图 1:15

- 粗砂扫缝
- 30厚花岗岩板材
- 50厚1:2水泥砂浆
- 100厚C10素混凝土
- 300厚级配砂石
- 素土夯实

2 铺装边石砌筑剖面图 1:15

- 粗砂扫缝
- 30厚花岗岩板材
- 50厚1:2水泥砂浆
- 100厚C10素混凝土
- 300厚级配砂石
- 素土夯实
- 花岗岩边石(600×150×200)
- 20厚1:2水泥砂浆
- 100厚C10素混凝土
- 300厚级配砂石
- 素土夯实

3 卵石铺装剖面图 1:15

- 卵石(D20~30cm)
- 50厚1:2水泥砂浆
- 100厚C10素混凝土
- 300厚级配砂石
- 素土夯实
- 圆明石镶边
- 20厚1:2水泥砂浆
- 100厚C10素混凝土
- 300厚级配砂石(95%密实度)
- 素土夯实

4 青石板汀步剖面图 1:15

- 100厚青石板
- 150厚垫础垫砂
- 素土夯实
- 草阶种植土

5 SB砖铺装平剖面图 1:15

- SB砖(100×200×60)人字纹铺装
- SB砖(100×200×60)顺砖双排镶边
- 粗砂扫缝
- SB砖 200×100×60
- 50厚中砂找平
- 300厚级配砂石
- 素土夯实
- 粗砂扫缝
- SB砖 200×100×60
- 20厚1:2水泥砂浆
- 100厚C10素混凝土
- 300厚级配砂石
- 素土夯实

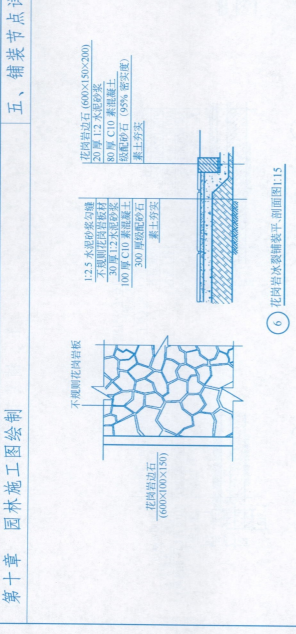

第十一章 计算机制图

一、基本操作练习（一）

按比例绘制下面图案，注意 AutoCAD 基本命令的练习。

第十一章 计算机制图

一、基本操作练习（二）

按比例绘制下面图案，注意 AutoCAD 命令的综合运用。

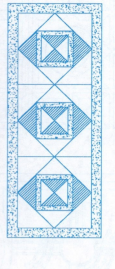

第十一章 计算机制图

二、实际操作

根据样图绘制广场设计图，注意 AutoCAD 命令的综合运用。

内 容 提 要

本习题集为《园林制图》教材的配套用书。习题集根据教学的需要并结合教材讲授的内容安排练习，精选题目，题量和难度适中。

本书适用于高等学校园林专业及相关专业的师生，也可供制图爱好者参考。